流体传动与控制

主编 周 忆 于 今

科学出版社

北 京

内 容 简 介

本书是普通高等学校教材。本书分为液压传动篇和气压传动篇两个部分。

液压传动篇系统地介绍了液压传动的流体力学基础理论，各种液压元件的工作原理、性能特点和基本结构，常用基本回路的原理、性能和应用，典型液压系统和液压系统设计的方法与步骤，以及液压伺服系统的一般工作原理和具体实例。

气压传动篇则着重于气压传动与液压传动不同的方面并注重了气压传动的系统性，对气压传动系统的基本组成及其设计方法和应用作了较充分的介绍。

本书可作为高等院校机械设计及制造、机械电子工程、车辆工程专业的流体传动与控制课程的教材，也可作为机械类其他专业的流体传动与控制课程教材或参考书，还可供工厂和研究单位的技术人员学习和参考。

图书在版编目(CIP)数据

流体传动与控制/周忆，于今主编 . —北京：科学出版社，2008
ISBN 978-7-03-021826-1

Ⅰ.流… Ⅱ.①周…②于… Ⅲ.①液压传动-高等学校-教材②气压传动-高等学校-教材 Ⅳ.TH13

中国版本图书馆 CIP 数据核字（2008）第 062066 号

责任编辑：朱晓颖 邓 静 /责任校对：包志虹
责任印制：张 伟 /封面设计：陈 敬

科 学 出 版 社 出版
北京东黄城根北街 16 号
邮政编码：100717
http://www.sciencep.com

北京虎彩文化传播有限公司 印刷
科学出版社发行 各地新华书店经销
＊

2008 年 9 月第 一 版 开本：B5（720×1000）
2023 年 7 月第十二次印刷 印张：27 1/4
字数：573 000

定价：**98.00 元**

（如有印装质量问题，我社负责调换）

前　　言

液压与气压传动技术是现代传动和控制技术的一种重要形式，微电子技术和控制理论学科的发展促进了液气压技术与控制技术的紧密结合和互相渗透，这种技术被广泛地应用于机床、工程机械、冶金机械、农业机械、塑料机械、锻压机械、航空、航天、航海、石油与煤炭等工业领域。为了满足现代工业对人才培养的要求，适应高等学校本科专业设置、教学计划、教学内容和课程体系改革的需要，编写了流体传动与控制教材。

本课程属专业基础课，适用于机械类各专业，且本课程涉及的知识面比较独立，也覆盖了有关专业基础理论、元器件及系统分析与设计等较多的教学和实践环节。通过本课程的学习，学生能较全面地掌握液压传动与气压传动系统的基础知识和专业技能，为后续专业课程的学习做知识准备，并为学生今后从事机电液、气设备的设计、制造及使用方面的工作打下基础。

本书具有以下几个特点：

（1）本书分为液压传动篇和气压传动篇两个独立的部分，各自保持了所讲授知识的完整性。

（2）本书注意到液压、气动元件及回路在结构、原理等方面具有的共性，因而在液压部分尽可能介绍流体传动基础的内容，而在气动部分则主要讲授气压传动与液压传动差异较大的地方，以利于学生对知识的理解和掌握。

（3）编写中，注意处理好教材内容与讲授内容的关系，教材内容尽量突出重点、系统详细，采用直观的原理图和结构图，并配以应用实例，有利于教师讲授和自学。

（4）编写的内容力求反映国内外有关液气压传动的新技术，气压传动部分介绍了国际先进的阀岛技术、现场总线控制技术、真空元件、气动逻辑控制回路、电-气控制系统设计等，突出了液气压技术的应用。

（5）为了巩固所学的知识，每章之后都提供思考题与习题，通过思考练习使学生掌握重点、难点。

本书分液压传动篇和气压传动篇。液压传动篇共 10 章，第 1 章绪论，介绍液压传动系统的基本工作原理、组成和特点，液压技术的应用与发展概况。第 2 章液压流体力学基础，介绍液压系统工作介质的特性和选用、液体静力学、动力学、能量损失及与液压传动相关的其他基础知识。第 3 章液压泵和液压马达，介绍各种液压泵和液压马达的工作原理、结构特点、正确选择和应用。第 4 章液压缸，介绍各种类型液压缸的特点、参数计算、使用和设计计算。第 5 章液压阀，介绍各种液压阀的工作原理、结构特点和应用。第 6 章液压辅助装置，介绍液压系统各种辅件的工作原理、类型、特点、选择与应用。第 7 章液压基本回路，介绍各类基本回路的工作特性，分析各类回路的特点及其应用。第 8 章典型液压传动系统分析，介绍典型液压传动系统的读图及分析方法。第 9 章液压系统设计计算，介绍液压系统的设计步骤、设计计算方法和实例。第 10 章液压伺服控制系统，简要介绍液压伺服控制系统的分类、工作原理和应用。

气压传动篇共 6 章，第 1 章气动基础及气源系统，介绍气动系统的组成、特点，空气压缩站及其处理和传输的基本知识。第 2 章气动执行元件，针对气动执行元件的特殊性，重点介绍各种形式的气缸、气马达结构和特点及其使用和维护。第 3 章气动控制元件，在与液压阀比较的基础上，介绍气动系统常用的压力阀和流量阀，以及阀岛。第 4 章气动辅助元件，介绍气动系统中常用且必需的辅助元件。第 5 章真空元件，在介绍真空发生器的工作原理和特点基础上，对真空吸盘和其他真空元件的基本知识进行了介绍。第 6 章气动程序控制系统，介绍气动常用回路，重点介绍气动逻辑基本知识、气动逻辑控制回路、电－气程序控制回路的设计方法。

本书由重庆大学周忆、于今任主编，贵州大学黄放、四川大学熊瑞平、重庆工商大学唐全波任副主编。周忆编写液压传动部分第 3、4、5、10 章，于今编写气压传动部分第 1、5、6 章，黄放编写液压传动部分第 6、7、8 章，熊瑞平编写液压传动部分第 1、2、8、9 章，唐全波编写气压传动部分第 2、3、4 章，贵州大学教师姜云、卢剑锋、尹瑞雪和重庆大学研究生何洁、杨淑娟参与本书液压传动部分章节的图表绘制工作，重庆大学研究生杨震、李绍军、谈进等参与了气压传动部分章节的编写和图表绘制工作。液压传动部分由周忆统稿，气压传动部分由于今统稿。

本书参考了大量文献，在此谨向有关作者表示衷心感谢。

由于编者水平有限，书中难免存在不足，恳请广大读者批评指正。

编　者

2008 年 3 月

目　　录

第二部分　气压传动篇

第一部分　液压传动篇

第1章 绪 论

1.1 液压传动技术的研究对象

每部机器都有传动机构，以达到对动力和运动传递的目的。按照传动所采用的装置或工作介质的不同，传动形式可分为：机械传动、电气传动、气压传动和液体传动等。

以液体为工作介质，传递能量和进行控制的叫液体传动，它包括液力传动和液压传动。

液力传动是以液体为介质，把液体的动能转换为机械能，这种只利用液体的动能的传动叫液力传动，如液力耦合器和液力变矩器。液力传动不属本教材的范围，在此就不对其作深入讨论。

液压传动是用密封在系统中的液体作为介质，把液压能转换为机械能，这种只利用液体的压力能的传动叫液压传动。液压传动相对于纯机械传动和电传动而言，具有许多突出的优点，因而发展迅速，特别是近年来，液压与微电子、计算机技术相结合，使液压技术的发展进入了一个新的阶段，成为发展速度最快的技术之一。液压技术已广泛地被用在机械制造、工程机械、交通运输、军工机械、石油化工、矿山、冶金、船舶、航空、航天、农业机械、渔业、林业等各个方面。液压技术和机械、电气等相结合，应用于各种机械设备中，成为机器中不可缺少的一部分。

1.2 液压传动的工作原理及系统构成

1.2.1 工作原理

下面以图1-1所示的液压千斤顶为例说明液压传动的工作原理。在图1-1中，大、小两油缸相互连通。由物理学可知，液体具有两个重要特性：液体几乎不可压缩，密闭容器中静止液体的压力以同样大小向各方向传递。用手向上搬动手柄时，小活塞向上移动，使小活塞下端密闭容积腔增大，形成真空。在大气压作用下，油经管道5、单向阀4进入小油缸下腔；用力下压手柄，小活塞下移，密闭容积腔内的油液受到挤压，下腔的油经管道6、单向阀7输入大油缸的下腔（此时单向阀4关闭，与油箱的油隔断），迫使大活塞8向上移动顶起重物（重力为W）。反复推动手柄，油液就不断地输入大油缸的下腔，推动大活塞缓慢上升。

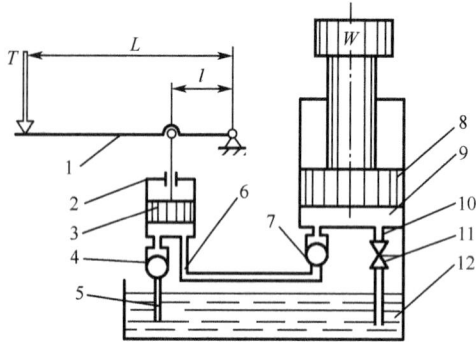

图 1-1 液压千斤顶原理图

1—手柄；2—小油缸；3—小活塞；4、7—单向阀；8—大活塞；5、6、10—管道；
9—大油缸；11—截止阀；12—液压油

现将图 1-1 简化为图 1-2 的密闭连通器，可更清楚地分析其动力传递过程：在大活塞上有负载 W，当小活塞上作用一个主动力 F 时，使密闭连通器保持力的平衡。此时，油液受压后在内部产生了压力。则有

$$大活塞上的压力 = \frac{W}{A} \tag{1-1}$$

$$小活塞上的压力 = \frac{F}{a} \tag{1-2}$$

式中，A 为大活塞的面积；a 为小活塞的面积。

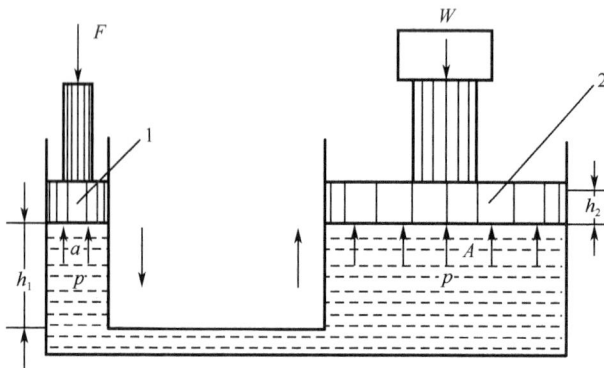

图 1-2 密闭连通器

1—小活塞；2—大活塞

因密闭容器中压力处处相等，故

$$\frac{W}{A} = \frac{F}{a} = p \tag{1-3}$$

这样，可用较小的力平衡大活塞上很大的负载力

$$W = \frac{A}{a}F \tag{1-4}$$

由此可知，在液压传动中，力不但可以传递，而且通过作用面积的不同 $(A > a)$ 可以放大。千斤顶之所以能够以较小的推力顶起较重的负载，原因就在这里。

图 1-3 中有机床工作台往复运动的液压传动工作原理图。该系统由油箱、液压泵、溢流阀、开停阀、节流阀、换向阀、液压缸以及连接这些元件的油管等组成。工作原理如下：液压泵由电机带动旋转后，从油箱中吸油，油液经滤油器过滤进入液压泵，当它从泵中输出进入压力管后，在图 1-3（a）所示的状态下，通过开停阀、节流阀、换向阀进入液压缸左腔，推动活塞和工作台向右移动。而液压缸右腔的油经换向阀和回油管 6 排回油箱。如将换向阀手柄转换成图 1-3（b）

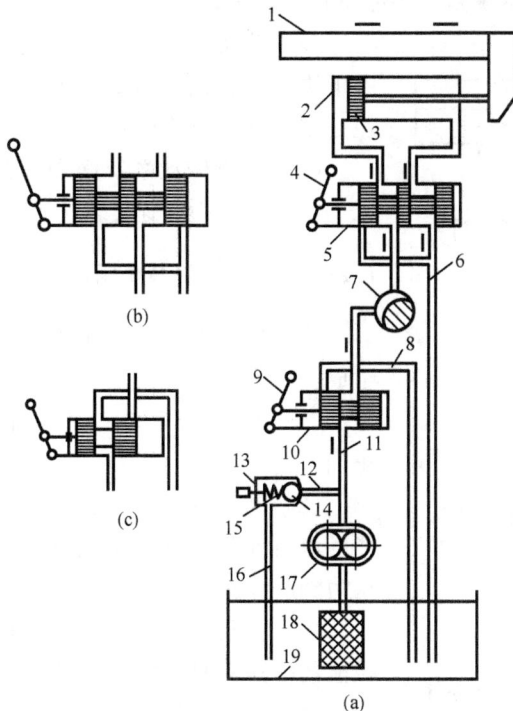

图 1-3　机床工作台液压系统的工作原理图和图形符号图

1—工作台；2—液压缸；3—活塞；4—换向手柄；5—换向阀；6、8、16—回油管；7—节流阀；9—开停手柄；10—开停阀；11—压力管；12—压力支管；13—溢流阀；14—钢球；15—弹簧；17—液压泵；18—滤油器；19—油箱

所示的状态，工作台向左移动。改变节流阀开口大小就可控制工作台的移动速度，当它开大时，进入液压缸的油液流量就增大，工作台的运动速度就快；当它关小时，进入液压缸的油液流量就减小，工作台的运动速度就慢。

在液压泵出口油路上并联安装了一个溢流阀，它限定系统油液压力的最大值。当工作台的负载增大时，系统压力升高，当系统压力超过溢流阀调定值时，溢流阀开启，油通过溢流阀回油箱，系统压力不再升高。

当需要短期停止工作台运动时，可以拨动开停手柄，使其阀芯处于左位（图1-3（c）所示状态）。这时液压泵输出的油液经压力管11、开停阀10、回油管8直接排回油箱，不再进入液压缸，工作台就停止运动。

1.2.2　液压系统的工作特性

通过以上例子可以看到：

（1）液压传动是依靠运动着的液体的压力能来传递力的；

（2）液压传动系统是一种能量转换系统；

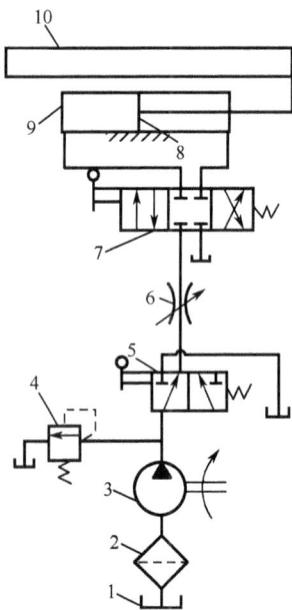

图1-4　机床工作台液压系统的
图形符号图

1—油箱；2—过滤器；3—液压泵；
4—溢流阀；5—手动换向阀；6—节
流阀；7—换向阀；8—活塞；9—液
压缸；10—工作台

（3）液压传动中的油液是在受调节控制的状态下进行工作的，因此，液压传动和液压控制往往是难以截然分割的；

（4）液压传动系统必须满足主机（此例为机床工作台）在力和速度等方面提出的要求。

1.2.3　液压传动系统组成

综合以上例子，一个液压系统由以下五部分组成：

（1）传递介质——传递能量的介质，即液压油。

（2）动力元件——把机械能转换成油液液压能的液压元件。这里常指液压泵，它给系统提供压力油。

（3）执行元件——把油液的液压能转换成机械能的液压元件。指做直线运动的液压缸或做回转运动的液压马达等。

（4）控制元件——对系统中油液压力、流量或流动方向进行控制或调节的液压元件。如上例中的溢流阀、节流阀、换向阀等。

（5）辅助元件——除上述三部分以外的其他

元件。如上例中的油箱、滤油器、油管等。

1.2.4 液压传动系统原理图及图形符号

液压系统可以用两种不同的图形符号来表达。

图 1-4 是一种半结构式的工作原理图，它直观性强，容易理解，但绘制起来比较麻烦，系统中元件数量多时更是如此，不适合工程上使用。

为了简化液压系统图，国际上对液（气）压元、辅件制定了相应的图形符号，用以代表有关元、辅件的职能，使液压系统图简单明了，便于绘制。但不代表其具体的结构，所以又称为职能符号。图 1-4 所示即图 1-3（a）的液压系统，是按 GB 786.1—1993 液压及气动职能图形符号绘制成的工作原理图。有些液压元件的职能如果无法用这些符号表达时，仍可采用它的结构示意形式。

1.3 液压传动系统的特点及应用

1.3.1 液压传动系统的特点

液压传动系统之所以能得到广泛应用，正是由于液压传动具有通用性、多功能性和可控性的特点。液压传动系统外形设计灵活、多样，不会受几何形状和外形尺寸方面的制约，现在越来越多的工业领域包括控制生产操作、机械设备、制造过程和物料传递等越来越多地依赖以自动化，以提高生产率、减少人力劳动强度、降低生产成本，这同时为液压系统的发展和广泛应用提供了条件、市场、要求和挑战。液压传动与其他传动方式相比，有如下优缺点。

液压传动的优点：

（1）在同等功率的情况下，液压装置的体积小，质量轻，结构紧凑。如液压马达的体积和质量只有同等功率电动机的 12% 左右。

（2）液压传动工作比较平稳，是理想的增力系统。液压油具有一定的缓冲和阻尼作用，在一定程度上可以消除或缓和系统刚性碰撞产生的冲击、振动和噪声。由于惯性小，反应快，易于实现快速启动、制动和频繁的换向，它也是一个简单而且高效的增力系统，可以轻而易举地实现增力和增大扭矩。

（3）能在大范围内实现无级调速（可达 1：2000），且能在运行过程中进行无级调速。

（4）操作简单、安全、经济。一般来说，液压传动系统比机械传动和电气传动所使用的运动部件少，因此系统简单、紧凑且便于操作和维护，同时增加了经济性、安全性和可靠性。当与电气控制或气动控制结合在一起使用时，容易实现自动控制和远程控制，以及实现复杂的程序动作。

（5）易于实现过载保护，且液压件能自行润滑，因此使用寿命较长。

（6）由于液压元件已实现标准化、系列化和通用化，液压系统的设计、制造和使用都比较方便。

尽管液压传动具有上述的许多优点，但它并非是一种万能的传动方式，也存在如下的一些不足。

（1）液压传动不能保证严格的传动比，这是由液压油的可压缩性和泄漏等因素造成的。

（2）液压传动的传动效率不高。在能量转换和传递过程中有较多的能量损失（摩擦损失、泄漏损失等），不宜做远距离传动。

（3）液压传动对油温的变化比较敏感，油温的变化会影响工作稳定性。因此，不宜在很高或很低的温度条件下工作。

（4）液压元件制造精度要求较高，造价较高，且对油液的污染比较敏感。

（5）液压系统出现故障时不易找出原因。

科学技术的不断进步，新技术、新工艺、新材料、新元件以及新型液压介质的不断涌现和推广应用，将在一定范围内消除、克服和避免液压传动存在的一些不足。

1.3.2　液压传动系统的应用

当前，液压技术已成为包括动力传动、控制、检测在内的对现代机械装备的技术进步有重要影响的基础技术，已广泛用于各工业部门和领域。例如，国外生产的95%的工程机械、90%的数控加工中心、95%以上的自动化生产线都采用了液压传动技术。液压技术的应用对机电产品质量和水平的提高起到了极大的促进和保证作用，世界上先进的工业国家均对液压技术的发展给了了高度重视。有人把液压传动称为现代工业领域的"肌肉"，这是因为在现代工业中液压传动技术几乎应用于所有机械设备的驱动、传动和控制。采用液压技术的程度已经成为衡量一个国家工业水平的重要标志。液压传动主要应用如下。

（1）轻工业用液压系统：塑料加工机械（注塑机）、皮革机械等；

（2）机床用液压系统：机床（组合机床、平面磨床、数控机床）、压力机械（液压机）、铸造机械（高压造型机）、各种机械手等；

（3）行走机械用液压系统：工程机械（挖掘机、装载机、推土机）、起重机械（汽车吊）、建筑机械（打桩机）、农业机械（拖拉机农具悬挂、联合收割机）、汽车（转向器、减振器）等；

（4）钢铁工业用液压系统：冶金机械（轧钢机）、提升装置（电极升降机）、轧辊调整装置等；

（5）土木工程用液压系统：防洪闸门及堤坝装置（浪潮防护挡板）、河床升降装置、桥梁操纵机构和矿山机械（凿岩机）等；

（6）特殊技术用液压系统：巨型天线控制装置、飞机起落架的收放装置及方向舵控制装置、升降旋转舞台等；

（7）船舶用液压系统：甲板起重机械（绞车）、船头门、舱壁阀、船尾推进器等；

（8）军事工业用液压系统：火炮操纵装置、舰船减摇装置、坦克火炮稳定系统等。

总之，用液压系统传递动力、运动和控制的应用范围相当广泛，它在当今的各个领域中都占有一席之地。

1.4　液压传动系统的发展概况

相对于机械传动来说，液压传动是一门发展较晚的技术。从 1795 年英国制成第一台水压机算起，液压传动只有 200 多年的历史。19 世纪末，德国制成了液压龙门刨床，美国制成了液压转塔车床和磨床。由于缺乏成熟的液压元件，一些通用机床到 20 世纪 30 年代才用上了液压传动。

第二次世界大战期间，军事工业需要反应快、动作准确、操作灵活的自动控制系统，促进了液压技术的发展。战后液压技术迅速转向民用，在机床、工程机械、矿山机械、冶金机械、农业机械、汽车、船舶、航空等行业中得到应用。20 世纪 60 年代以后，随着原子能工业、空间技术、计算机技术等的发展，液压技术得到了很大发展，渗透到国民经济的各个领域中。

从发展趋势来看，液压技术正向高压、高速、大功率、高效、低噪声、高可靠性和高度集成化等方向发展。同时，在完善发展比例控制、伺服控制、开发数字控制技术以及实现机电一体化方面均取得了许多新成就。液压领域中的新技术、新元件也不断出现，在液压系统的计算机辅助设计、液压元件的计算机辅助实验、计算机仿真、优化设计和微机控制等方面，也日益取得显著成果。随着科学技术的进步，为适应控制设备的使用要求，满足增强本身的竞争能力的需要，液压传动与控制技术仍然在不断发展，有些缺点正在不断被克服，其应用范围在不断扩大。

我国的液压工业开始于 20 世纪 50 年代，最初应用于机床和锻压设备中，后来又用于拖拉机的工程机构。60 年代从国外引进一些液压元件的生产技术，同时自行设计液压产品，并已形成系列，在各种机械设备上得到广泛的使用。自 80 年代我国改革开放以来，液压工业与其他工业一样，大量引进、消化国外新技术，使液压工业又上了一个新的台阶。尽管如此，我国的液压元件和液压产品与国外先进的同类产品相比，在性能上，在种类、规格上仍存在着较大的差距。因此尽快地缩小这种差距，自然成为我国液压技术界和工业界面临的迫切任务之一。

思考题和习题

1-1　什么是流体传动？除传动介质外，它由哪几部分组成？各部分的主要作用是什么？

1-2　液压系统中的压力取决于什么？执行元件的运动速度取决于什么？液压传动是通过液体静压力还是液体动压力实现传动的？

1-3　为什么要用图形符号（职能符号）来表示液压系统？

1-4　液压传动的主要优缺点有哪些？

第2章 液压流体力学基础

液压传动以液体作为传动介质，按照液体流体力学基本原理进行传动与控制。本章主要讲述与液压传动有关的流体力学的基本内容，其研究范围限于工作液体在封闭管路或容器内的流动，为后续章节的学习打下必要的理论基础。

2.1 液压系统的工作介质

2.1.1 液压工作介质的类型

目前液压传动中采用的工作液体主要有矿物油、浮化液和合成型液三大类。矿物油润滑性能好、腐蚀性小、品种多、化学安定性好，能满足各种黏度的需要，故大多数液压传动系统都采用矿物油作为传动介质。工作液体的种类如图2-1所示。

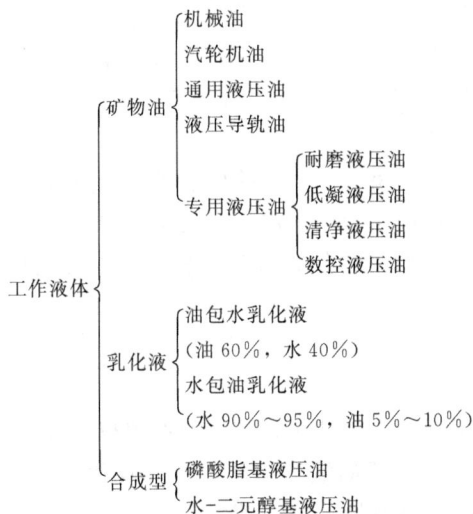

图 2-1 工业液体的种类

国外20世纪70年代初发展起来的高水基液压油现已演变到第三代。第一代是可溶性油，含水量大于90%，即原始的水包油乳化液。第二代是合成液，不含油，由无色透明的合成溶液和水按5：95的比例配制而成。第三代是微型乳化液，它既不是乳化液，也不是溶液，而是一种在95%水中均匀地扩散着水溶性抗磨添加剂的胶状悬浮液。高水基液压油适用于大型液压机以及环境温度较高的液压系统。

2.1.2　液压工作介质的性能

1. 可压缩性

单位压力变化下引起的液体体积的相对变化量称为体积压缩系数，用 β 表示，并以 β 来度量油的可压缩性的大小。

$$\beta = -\frac{1}{\Delta p} \cdot \frac{\Delta V}{V} \quad (\text{m}^2/\text{N}) \tag{2-1}$$

式中，Δp 为压力变化量，Pa；ΔV 为被压缩后油液体积的变化量，m^3；V 为油液压缩前的体积，m^3。

由于压力增大时液体的体积减小，式（2-1）右边加一负号，以使 β 为正值。

液体体积压缩系数的倒数称为液体的体积弹性模量，用 K 表示，即

$$K = \frac{1}{\beta} \quad (\text{N/m}^2) \tag{2-2}$$

各型液压油的体积弹性模量如表 2-1 所示。矿物油的压缩性是钢的 $100\sim150$ 倍。

表 2-1　各种液压油的体积弹性模量（20℃，大气压）

液压油的种类	$K/(\text{N/m}^2)$	液压油的种类	$K/(\text{N/m}^2)$
矿物型	$(1.4\sim2.0)\times10^9$	W/O 型	1.95×10^9
水-二元醇基	3.15×10^9	磷酸脂型	2.65×10^9

对于一般的液压系统，由于压力变化引起液压油的体积变化不大，可以认为液压油是不可压缩的。在液压油中若混入空气，其可压缩性将显著增加，严重影响液压系统的工作性能。因此在有动态性能要求或压力变化很大的高压系统中，必须考虑液压油的压缩性。

2. 黏性

当液体在外力作用下发生流动时，分子间的内聚力要阻止分子间的相对运动而产生一种内摩擦力。我们把油液在流动时产生内摩擦力的特性称为油液的黏性。油液只有在流动时才有黏性，静止液体不显示黏性。

黏性的大小用黏度来衡量。黏度是选择液压油的主要指标，它对油液流动特性影响很大。油液黏度过高会导致机械上和液体内部两方面的摩擦增加，产生高温、增大压力损失和能耗；黏度过低又会增加内外泄漏，增加泵的动力传递损耗和元件的磨损。

1）黏度的定义及其物理意义

如图 2-2 所示，两平行平板之间充满液体，下平板固定不动，而上平板以速

度 v_0 向右运动。由于油液的黏性，紧贴下平板的油液静止不动，即速度为零，而中间各层液体的速度呈线性分布。

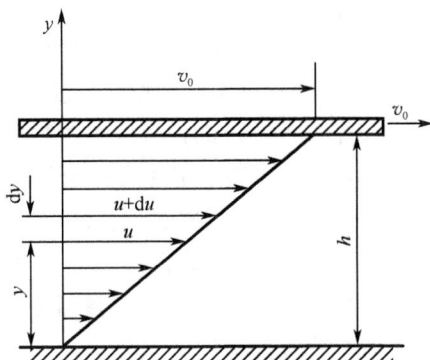

图 2-2　液体黏性示意图

根据牛顿液体内摩擦定律，液体流动时，相邻两液层间的内摩擦力 F_f 与液层接触面积 A、速度梯度 du/dy 成正比，即

$$F_f = \mu A \frac{du}{dy} \qquad (2\text{-}3)$$

式中，μ 为比例系数，称为黏度（黏度系数）；$\frac{du}{dy}$ 为速度梯度。

单位面积上的内摩擦力为

$$\tau = \frac{F_f}{A} = \mu \frac{du}{dy}$$

或

$$\mu = \tau \frac{dy}{du} \qquad (2\text{-}4)$$

由式（2-4）知，液体黏度的物理意义是液体在单位速度梯度下流动时，单位面积上产生的内摩擦力。它表示油液抵抗变形的能力。

2）黏度的表示方法

（1）动力黏度。

式（2-4）中的 μ 称为动力黏度，它的法定单位为 Pa·s（帕·秒），工程制中的单位为 P（泊），即达因·秒/厘米^2（dyne·s/cm^2），$1\text{Pa·s}=10\text{P}=10^3\text{cP}$（厘泊）。

（2）运动黏度。

液体的动力黏度与其密度的比值，称为液体的运动黏度，用 ν 表示，即

$$\nu = \mu/\rho \qquad (2\text{-}5)$$

运动黏度的法定单位为 m^2/s，工程制中的单位为 St（沲，cm^2/s），$1m^2/s=10^4\text{St}=10^6\text{cSt}$（厘沲）。就物理意义来说，$\nu$ 不是一个黏度量，但习惯上

常用它来表示液体黏度。油的牌号就是以其在 50℃ 时运动黏度的平均值来标注的。例如，20 号机械油表示其在 50℃ 时，它的平均运动黏度为 20cSt。

（3）相对黏度。

动力黏度和运动黏度在理论分析和计算中经常使用，但要实际测定出来却很麻烦。工程上常采用另一种黏度表示方法，即相对黏度。

相对黏度是在一定的测量条件下测定的，所以相对黏度又称条件黏度。我国、德国、原苏联等都采用恩氏黏度 °E，美国采用赛氏秒 SSU，英国采用雷氏 R。

恩氏黏度用恩格勒（Engler）黏度计测定。将 200cm³ 温度为 t℃ 的被测液体装入底部有 φ2.8mm 小孔的恩格勒黏度计的容器中，测出 200cm³ 液体从小孔流出的时间 t_1 与同体积的蒸馏水在 20℃ 时从恩氏黏度计小孔流出时间 t_2 的比值，即恩氏黏度。用 °E_t 表示，即

$$°E_t = \frac{t_1}{t_2} \tag{2-6}$$

式中，°E_t 称为液体在某温度 t 时的恩氏黏度。工业上一般以 20℃、50℃、100℃ 作为测定恩氏黏度的标准温度，相应地以符号 °E_{20}、°E_{50}、°E_{100} 表示。

恩氏黏度与运动黏度的换算关系为

$$\nu_t = \left(7.31°E_t - \frac{6.31}{°E_t}\right) \times 10^{-6} (\text{m}^2/\text{s}) \tag{2-7}$$

3）压力、温度对液体黏度的影响

液体黏度随液体压力、温度的变化而变化。对液压油而言，其黏度随压力的增大而增大，但压力对液体黏度的影响小，在压力不高且变化不大时，这种影响可以忽略不计。当液压系统的压力较高（$p \geqslant 20$MPa）或变化较大时，需要考虑压力对黏度的影响。

液体黏度对温度变化十分敏感，温度升高，黏度减小。图 2-3 表示了几种国产液压油的黏度与温度的关系。

3. 其他特性

除以上所述特性外，液压油还有其他一些性质，如稳定性（热稳定性、氧化稳定性、水解稳定性、剪切稳定性）、抗泡沫性、抗乳化性、润滑性、相容性等，对液压系统的性能和使用寿命等都有很大的影响，在选择液压油时必须考虑这些特性。

2.1.3 对液压工作介质的要求

液压油作为液压传动的工作介质，必须完成四项基本功能，即传递动力（力和运动）、润滑液压元件和运动零件、散发热量以及密封液压元件对偶摩擦中的

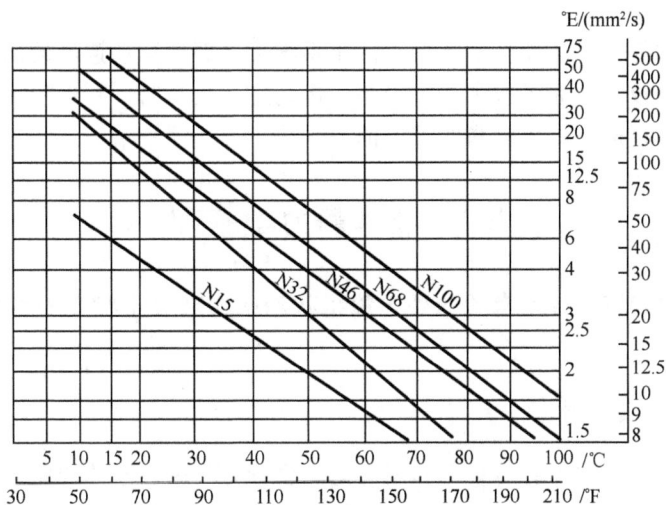

图 2-3　几种国产液压油的黏度-温度曲线

间隙，因此其性能好坏直接影响液压系统的性能。故对液压油有一定的要求。

（1）黏温性能要好。在使用的温度范围内，黏度随温度变化要小。

（2）良好的润滑性能。油液既是工作介质，又是运动部件之间的润滑剂，油液应能在零件相对滑动的表面上形成强度较高的油膜，以便形成液体润滑，避免发生干摩擦。

（3）液体中的杂质少，不允许有沉淀，以免磨损机件，堵塞管道及液压元件。

（4）对热、氧化、水解有良好的稳定性。

（5）对金属和密封件有良好的相容性。

（6）抗泡沫性、抗乳化性好以及凝固点低、闪点高。

2.1.4　液压工作介质的选用

选择液压传动的工作介质时，首先应根据液压传动系统的工作环境和工作条件来选择合适的液压油的类型，然后再选择液压油液的主要指标——黏度。另外，还应主要考虑以下因素。

（1）工作压力的高低。当系统工作压力较高时，宜采用黏度较高的液压油，以减少泄漏，提高容积效率。一般当工作压力低于 7MPa 时，宜选用黏度 $\nu_{50} = (20\sim40)\times10^{-6}\,\mathrm{m^2/s}$ 的液压油；压力在 $(7\sim20)$ MPa 时，宜选用黏度 $\nu_{50} = (30\sim60)\times10^{-6}\,\mathrm{m^2/s}$ 的液压油。

（2）环境温度。液压油的黏度对温度很敏感，为了保证在工作温度下有合适的黏度，在温度较高时，宜选用黏度较高的液压油；反之，宜选用黏度较低的液压油。

（3）工作部件运动速度的高低。液压系统工作部件运动速度的高低与油液流速的高低是一致的。为了减少压力损失，运动速度较高时，宜选用黏度较低的液压油；反之，宜选用黏度较高的液压油。

2.2　液体静力学基础

本节讨论与液压传动有关的处于静止状态或相对静止状态的液体受力平衡问题。

2.2.1　压力及其性质

作用在液体上的力有质量力和表面力。质量力作用在液体的所有质点上，如重力、惯性力等；表面力仅作用在液体的表面上，作用于单位面积上的表面力称为应力，它有法向应力和切向应力之分。当液体处于静止状态时，质量力只有重力，表面力只有法向力。这是因为液体静止时，液体质点间没有相对运动，不存在摩擦力，所以只有法向力。由于液体质点间的凝聚力很小，不能受拉，所以法向力总是向着液体表面的内法线方向作用的。习惯上把液体在单位面积上所受的内法线方向的法向应力称为压力，即在 ΔA 平面上作用有法向力 ΔF，则液体该点处的压力定义为

$$p = \lim_{\Delta A \to 0} \frac{\Delta F}{\Delta A} \qquad (2\text{-}8)$$

此外，液体的压力有如下重要性质：静止液体内任意点处的压力在各个方向上都相等。

2.2.2　液体静力学方程

如图 2-4 所示，在重力作用下的静止液体，其受力情况有：液体重力、液面上的压力和容器壁面作用在液体上的压力。如要求得离液面深度为 h 处的压力，可以从液体内取出一个底面通过该点的垂直小液柱。设液柱的底面积为 ΔA，高为 h，由于液柱处于平衡状态，于是有 $p\Delta A = p_0 \Delta A + F_G$，$F_G$ 为液柱重力，$F_G = \rho g h \Delta A$，因此有

$$p = p_0 + \rho g h \qquad (2\text{-}9)$$

式（2-9）即为液体的静力学方程式。由式（2-9）知：

（1）静止液体内任一点的压力随液体深度呈线性分布。

（2）离液面深度相同的各点的压力相等。压力相等的所有点组成的面叫做等压面。静止液体的等压面是一个水平面。

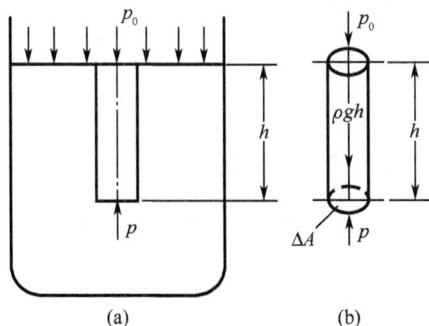

图 2-4　重力作用下的静止液体

2.2.3　液体静压力的传递

根据式（2-9），在密闭容器内的平衡液体中，施加于液体任一点的压力将以等值同时传到液体各点。这就是静压传递原理（帕斯卡原理）。

图 2-5 是液压千斤顶的工作原理图，两个互通的油缸内装满油液。设小活塞的面积为 A_1，大活塞的面积为 A_2，在小活塞缸上施加外力 F_1，则缸内压力 $p_1 = F_1/A_1$，在大活塞上放有重力为 W 的重物，则大活塞缸内压力 $p_2 = W/A_2$，根据帕斯卡原理，$p_1 = p_2$，则小活塞上应施加的力

$$F_1 \geqslant \frac{A_1}{A_2} W = \frac{W}{A_2/A_1} \qquad (2\text{-}10)$$

由式（2-10）可以看出，两活塞的面积比 A_2/A_1 越大，其举重倍率越高，液压千斤顶就是利用这一原理进行起重工作的。

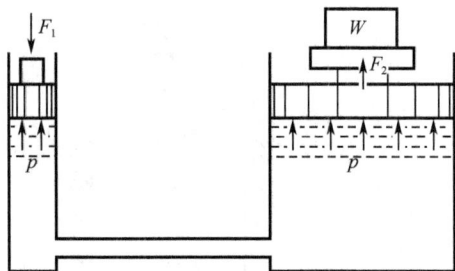

图 2-5　液压千斤顶工作原理简图　　　　　图 2-6　活塞上的受力

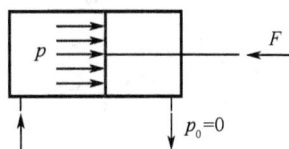

2.2.4　液体作用在固体壁面上的静压力

1. 作用在平面上的静压力

图 2-6 所示液压缸，作用在活塞左端的液压力为 p，作用在活塞杆上的负载

为 F，活塞直径为 D，回油腔压力为零。活塞做匀速运动时，分析活塞上的力平衡有

$$\frac{\pi}{4}D^2 p = F$$

即要推动负载 F，活塞左端所需液压力为

$$p = \frac{4F}{\pi D^2} \tag{2-11}$$

2. 作用在曲面上的静压力

由于液体的压力是垂直于承受压力的表面，所以作用在曲面上各点的压力其方向是互不平行的，液体作用在曲面上的力在不同的方向也是不一样的。因此要计算液体作用在曲面上的力时，必须明确要计算哪个方向上的力。

例如，图 2-7 所示的油缸中充满了压力为 p 的压力油，需要求 x 方向上压力油作用在液压缸右半壁上的力。设油缸缸筒半径为 r，长度为 l，在油缸壁上取一微小面积 $l\mathrm{d}s = lr\mathrm{d}\theta$，压力油作用在这一微小面积上的力为

$$\mathrm{d}F = plr\mathrm{d}\theta$$

$\mathrm{d}F$ 在 x 上的分力为

$$\mathrm{d}F_x = \mathrm{d}F\cos\theta = plr\cos\theta\mathrm{d}\theta$$

压力油作用在 x 方向的总作用力为

$$F_x = \int_{-\frac{\pi}{2}}^{\frac{\pi}{2}} plr\cos\theta\mathrm{d}\theta = plr\left[\sin\frac{\pi}{2} - \sin\left(-\frac{\pi}{2}\right)\right] = 2plr \tag{2-12}$$

式（2-12）说明，压力油在 x 方向的作用力 F_x 等于液压力 p 与曲面在该方向的投影面积的乘积。

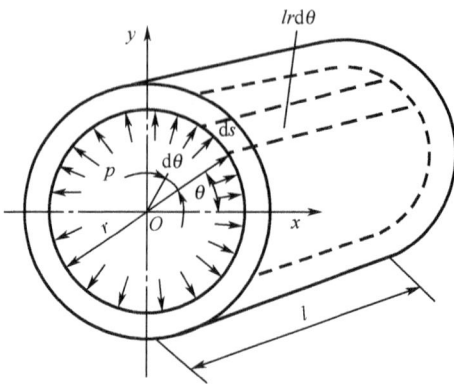

图 2-7 油缸压力

图 2-8 溢流阀阀芯受力

同理可得，图 2-8 所示的溢流阀，其油压力作用于钢球上所产生的向上的作用力为

$$F = \pi r^2 p \sin^2 \alpha \qquad (2\text{-}13)$$

2.2.5　压力的表示方法及单位

液体压力可以用绝对压力和相对压力来表示。以绝对真空为基准来度量的压力称为绝对压力，式（2-9）表示的压力为绝对压力。

以大气压力为基准来度量的压力称为相对压力，如式（2-9）中超过大气压的那部分压力 $\rho g h$ 即是相对压力。仪表指示的压力为相对压力。

若液体中某点的绝对压力低于大气压时，大气压与该点的绝对压力之差叫做真空度，即

真空度 = 大气压 - 绝对压力

绝对压力、相对压力、真空度的表示方法如图 2-9 所示。

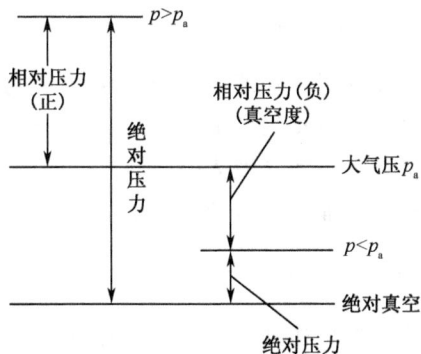

图 2-9　绝对压力、相对压力和真空度

我国现在采用法定计量单位 Pa 和暂时允许使用的单位 bar 来计量压力。

$1\text{Pa} = 1\text{N/m}^2$

$1\text{bar} = 1 \times 10^5 \text{N/m}^2 = 1 \times 10^5 \text{Pa} = 1.02 \text{ kgf/cm}^2$

曾用压力单位及其换算关系如下

1at（工程大气压）$= 1\text{kgf/cm}^2 = 9.8 \times 10^4 \text{N/m}^2$

$1\text{mH}_2\text{O}$（米水柱）$= 9.8 \times 10^3 \text{N/m}^2$

1mmH_g（毫米汞柱）$= 1.33 \times 10^2 \text{N/m}^2$

2.3　液体动力学基础

液体流动时，由于重力、惯性力、黏性摩擦力等的影响，其内部各处质点的

运动状态是各不相同的。本节主要讨论液体流动时的连续性原理、能量转换和流动液体对固体壁面的作用力,即三个基本方程——连续性方程、伯努利方程和动量方程。

2.3.1　几个基本概念

1. 理想液体和实际液体

在研究液体流动中的各种变化规律时,必须考虑黏性的影响,但是液体流动中的黏性阻力是非常复杂的问题。为了讨论问题的方便,引入理想液体的概念。先讨论理想液体,然后根据实验进行修正得出实际液体的运动规律。

(1) 理想液体。既无黏性又不可压缩的液体称为理想液体。这是一种假想液体。

(2) 实际液体。既有黏性又可压缩的液体称为实际液体。

2. 稳定流动和非稳定流动

(1) 稳定流动。液体流动时,如液体中任何点处的压力、速度和密度都不随时间变化,这种流动称为稳定流动(定常流动)。

(2) 非稳定流动。液体流动时,液体中任何点处的压力、速度和密度有一个随时间变化,这种流动就称为非稳定流动(非定常流动)。

3. 通流截面、流量和平均流速

(1) 通流截面。垂直于液体流动方向的截面称为通流截面,也叫过流断面。

(2) 流量。单位时间内流过某通流截面的液体体积称为流量(体积流量),即

$$q = \frac{V}{t} = vA \qquad (2-14)$$

式中,q 为流量,m^3/s;V 为液体体积,m^3;t 为流过液体体积 V 所需时间,s;A 为通流截面积,m^2;v 为平均流速,m/s。

(3) 平均流速。由于液体的黏性,通流截面上液体各点的流速是不相等的,如图 2-2 所示。为了方便起见,引出平均流速的概念。

设通流截面上各点的流速均匀分布,则平均流速为

$$v = q/A \qquad (2-15)$$

2.3.2　连续性方程

理想液体在管中做稳定流动时,根据质量守恒定律知,液体在管内既不能增

多，也不会减少，因此在单位时间内流过管中每一截面的液体质量是相等的，这就是连续性原理。

如图 2-10 所示，理想液体在非等截面的管中流动，设截面 1 和 2 的直径、截面积和平均流速分别为 d_1、A_1、v_1 和 d_2、A_2、v_2。理想液体不可压缩，故截面 1 和 2 处液体的密度相等，设都为 ρ。根据质量守恒定律，流经截面 1 和 2 的液体质量相等，即

$$\rho_1 v_1 A_1 = \rho_2 v_2 A_2 = 常数$$

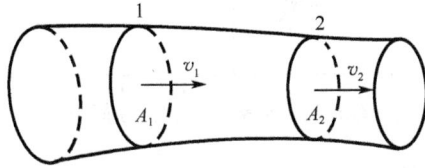

图 2-10　液流的连续性原理

如忽略液体的可压缩性，即 $\rho=$ 常数，则有

$$A_1 v_1 = A_2 v_2 \tag{2-16}$$

或
$$q = Av = 常数 \tag{2-17}$$

式（2-17）就是液体连续性方程。它说明在恒定流动中，液体流过管中某截面的流量 q 等于该截面上液体的流速 v 和截面积 A 的乘积，而且不同截面上液流的流速与截面积的大小成反比。

2.3.3　伯努利方程

由于实际液体在管中流动的能量关系较为复杂，先讨论理想液体在管中流动的能量关系，然后再扩展到实际液体中去。

1. 理想液体的伯努利方程

图 2-11 所示，设理想液体在截面大小和高低都不相同的管中流动。在很短的时间 t 内，AB 段液体从 AB 流动到 $A'B'$。因为流动的距离很小，在从 A 到 A' 和 B 到 B' 这两小段内，截面积、压力、流速和高度都可以看成是不变的。设在 AA' 和 BB' 处的截面积、压力、流速、高度分别为 A_1、p_1、v_1、h_1 和 A_2、p_2、v_2、h_2。如图 2-11 所示。

若液体在 A、B 截面的液压作用力分别为 F_1 和 F_2。有

$$F_1 = p_1 A_1, \quad F_2 = p_2 A_2$$

当 AB 段液体从 AB 运动到 $A'B'$ 时，F_1 和 F_2 对它所做的总功为

$$W = F_1 v_1 t - F_2 v_2 t = p_1 A_1 v_1 t - p_2 A_2 v_2 t \tag{2-18}$$

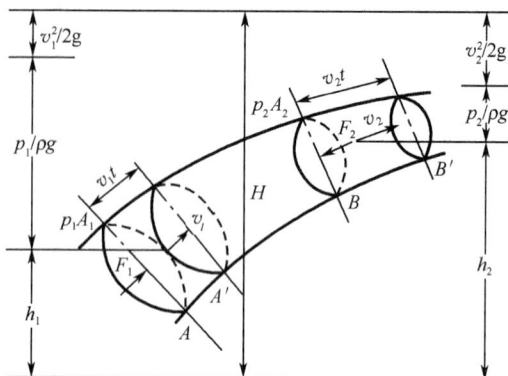

图 2-11　伯努利方程推导简图

根据连续性原理，有

$$A_1 v_1 = A_2 v_2 = q$$

$$A_1 v_1 t = A_2 v_2 t = qt = V \tag{2-19}$$

式中，V 为 AA' 和 BB' 小段液体的体积。

将式（2-19）代入式（2-18）得

$$W = p_1 V - p_2 V \tag{2-20}$$

另一方面，对于 $A'B$ 段液体，由于是稳定流动，所有运动参数（压力、流量等）都不发生变化，因此这段液体所具有的能量不会增减。而 AB 段液体移到 $A'B'$ 就相当于 AA' 段液体移到 BB'，这时它的位置高度和流速都改变了，即势能（由高度决定）和动能（由速度决定）都有变化。设这两小段的机械能分别为 W_1 和 W_2，则

$$W_1 = \frac{1}{2} m v_1^2 + mgh_1$$

$$W_2 = \frac{1}{2} m v_2^2 + mgh_2$$

式中，m 为 AA' 和 BB' 段液体的质量，$m = \rho V$。

增加的机械能为

$$W_2 - W_1 = \frac{1}{2} m v_2^2 + mgh_2 - \frac{1}{2} m v_1^2 - mgh_1 \tag{2-21}$$

因为假设管中流动的流体是理想液体，无黏性，所以没有能量损失。根据能量守恒定律，增加的机械能应等于外力对它所做的功，即

$$W = W_2 - W_1 \tag{2-22}$$

也即

$$p_1 V - p_2 V = \frac{1}{2} m v_2^2 + mgh_2 - \frac{1}{2} m v_1^2 - mgh_1$$

或

$$p_1 V + \frac{1}{2} m v_1^2 + m g h_1 = p_2 V + \frac{1}{2} m v_2^2 + m g h_2 \qquad (2\text{-}23)$$

对单位重力的液体而言，式（2-23）两端同除以 mg，并整理得

$$h_1 + \frac{p_1}{\rho g} + \frac{v_1^2}{2g} = h_2 + \frac{p_2}{\rho g} + \frac{v_2^2}{2g} \qquad (2\text{-}24)$$

由于 A_1 和 A_2 是任取的截面，故式（2-24）对管内任意截面都成立，即

$$h + \frac{p}{\rho g} + \frac{v^2}{2g} = 常数 \qquad (2\text{-}25)$$

式（2-24）或式（2-25）称为理想液体的伯努利方程，它表明了理想液体在管内做稳定流动时各运动参数之间的关系。

2. 实际液体的伯努利方程

实际液体是有黏性的，在管中流动有能量损失，另外，用平均流速与实际流速得出的动能有差别。若以 h_w 表示图 2-11 中实际液体从截面 A 流到截面 B 的能量损失，用 α_1、α_2 分别表示截面 A 和截面 B 的动能修正系数，则式（2-24）变成

$$h_1 + \frac{p_1}{\rho g} + \frac{\alpha_1 v_1^2}{2g} = h_2 + \frac{p_2}{\rho g} + \frac{\alpha_2 v_2^2}{2g} + h_w \qquad (2\text{-}26)$$

对于层流，$\alpha_1 = \alpha_2 = 2$；对于紊流，$\alpha_1 = \alpha_2 = 1$。

式（2-26）称为实际液体的伯努利方程。式中的 h 称为位置水头，$p/\rho g$ 称为压力水头，$v^2/2g$ 称为速度水头，h_w 称为损失水头。伯努利方程说明，液体在管中流动时，任一截面上的总水头（位置水头、压力水头、速度水头、损失水头）之和为常数。

3. 伯努利方程应用举例

例 2-1　计算泵吸油腔的真空度及允许的最大吸油高度。

解　如图 2-12 所示，设泵的吸油口距油箱中液面的高度为 h，取油箱液面为 I—I 截面，泵吸油口处为 II—II 截面，以 I—I 截面为基面，列写伯努利方程

$$\frac{p_1}{\rho g} + \frac{\alpha_1 v_1^2}{2g} = h + \frac{p_2}{\rho g} + \frac{\alpha_2 v_2^2}{2g} + h_w$$

因为 I—I 截面上 p_1 为大气压，即 $p_1 = p_a$，而 $v_1 \ll v_2$，故 v_1 可忽略不计，取 $\alpha_2 = 1$，故有

$$\frac{p_a}{\rho g} = h + \frac{p_2}{\rho g} + \frac{v_2^2}{2g} + h_w$$

泵吸油口的真空度为

$$p_a - p_2 = \rho g h + \frac{\rho}{2} v_2^2 + \rho g h_w = \rho g h + \frac{\rho}{2} v_2^2 + \Delta p \qquad (2\text{-}27)$$

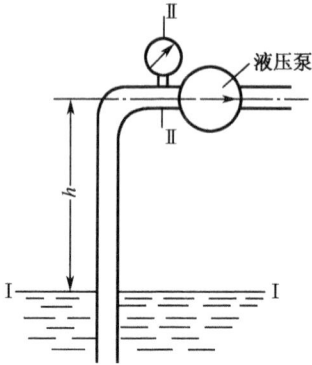

图 2-12　泵从油箱吸油

式中，Δp 为液体从 Ⅰ—Ⅰ 截面流到 Ⅱ—Ⅱ 截面的压力损失。

泵吸油口的真空度不能太大，即泵吸油口处的绝对压力不能太低。这是因为在常温和大气压下，液压油中溶解有 5%～6%（体积）的空气，当压力低于某个值时，溶于油中的空气会分离出来，形成气泡，这种现象称为空穴。这时的压力称为空气分离压力 p_{g}。混有气泡的液压油在压油区高压压缩，气泡破裂，压力和温度急剧升高，引起强烈的冲击和噪声。这一现象称为气蚀。气蚀对机件有很大的破坏作用，使泵的寿命大大缩短。为了避免这种现象的发生，允许的最大安装高度应满足式（2-28），即

$$h_{\max} \leqslant \frac{p_{\mathrm{a}} - p_{\mathrm{g}}}{\rho g} - \frac{v_2^2}{2g} - \frac{\Delta p}{\rho g} \tag{2-28}$$

例 2-2　试推导文丘里流量计的流量公式。

解　如图 2-13 所示为文丘里流量计。设其两个通流截面 Ⅰ—Ⅰ 和 Ⅱ—Ⅱ 的面积、流速、压力分别为 A_1、v_1、p_1 和 A_2、v_2、p_2。对理想液体，列写伯努利方程，有

$$\frac{p_1}{\rho g} + \frac{v_1^2}{2g} = \frac{p_2}{\rho g} + \frac{v_2^2}{2g}$$

由连续性方程有

$$v_1 A_1 = A_2 v_2 = q$$

以上两式联立解得

$$q = v_2 A_2 = \frac{A_2}{\sqrt{1 - \left(\dfrac{A_2}{A_1}\right)^2}} \sqrt{\frac{2}{\rho}(p_1 - p_2)} \tag{2-29}$$

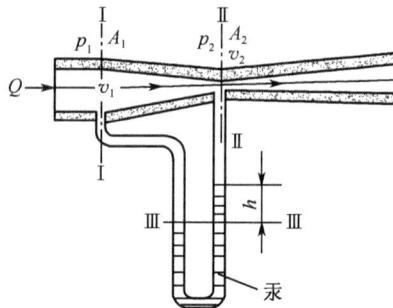

图 2-13　文丘里流量计

对于实际液体，由于液体的黏性，流动中存在摩擦而产生能量损失。故实际流量比式（2-29）计算出的小些。

2.3.4　动量方程

流动液体作用于限制其流动的固体壁面的总作用力用动量定理求解较为方便。根据理论力学中的动量定理：作用在物体上全部外力的矢量和等于物体在压力作用方向上的动量变化率，即

$$\sum \boldsymbol{F} = \frac{\Delta(m\boldsymbol{v})}{\Delta t}$$

这一定理推广到流体力学中去，就可以得出流动液体的动量方程。

在图 2-14 所示的管流中，任取被通流截面 1 和 2 限制的部分为控制体积，截面 1 和 2 称为控制表面。若截面 1 和 2 的液流流速分别为 v_1 和 v_2，设 1—2 段液体在 t 时刻的动量为 $(m\boldsymbol{v})_{1-2}$；经 Δt 时间后，1—2 段液体移动到 $1'$—$2'$，$1'$—$2'$ 段液体动量为 $(m\boldsymbol{v})_{1'-2'}$。在 Δt 时间内动量的变化为

$$\Delta(m\boldsymbol{v}) = (m\boldsymbol{v})_{1'-2'} - (m\boldsymbol{v})_{1-2}$$

而

$$(m\boldsymbol{v})_{1-2} = (m\boldsymbol{v})_{1-1'} + (m\boldsymbol{v})_{1'-2}$$

$$(m\boldsymbol{v})_{1'-2'} = (m\boldsymbol{v})_{1'-2} + (m\boldsymbol{v})_{2-2'}$$

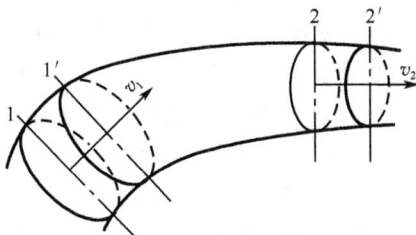

图 2-14　动量方程推导简图

若液体做稳定流动，则 $1'$—2 段液体各点流速未发生变化，故动量也未发生变化。于是

$$\Delta(m\boldsymbol{v}) = (m\boldsymbol{v})_{1'-2'} - (m\boldsymbol{v})_{1-2} = (m\boldsymbol{v})_{2-2'} - (m\boldsymbol{v})_{1-1'}$$

$$= \rho q \Delta t\, \boldsymbol{v}_2 - \rho q \Delta t\, \boldsymbol{v}_1$$

根据动量定理，则有

$$\sum \boldsymbol{F} = \frac{\Delta(m\boldsymbol{v})}{\Delta t} = \rho q(\boldsymbol{v}_2 - \boldsymbol{v}_1) \tag{2-30}$$

式（2-30）就是稳定流动液体的动量方程。它表明：作用在液体控制体积上的外力总和等于单位时间内流出控制表面与流入控制表面的液体动量之差。

例 2-3 求流动液体作用于阀芯上的稳态轴向液动力。

解 图 2-15 所示为液流流入阀腔和流出阀腔的示意图。取进、出口之间的液体体积为控制体积，液流流入或流出的射流角为 α，并设阀芯作用于控制体积上的力为 F。对于图 2-15 （a），有

$$F = \rho q v_2 \cos 90° - \rho q v_1 \cos\theta = -\rho q v_1 \cos\theta$$

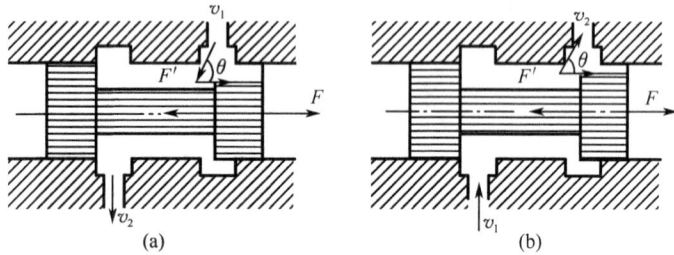

图 2-15 作用在滑阀上的稳态液动力

（a）液流流入阀腔；（b）液流流出阀腔

根据牛顿第三定律，作用在阀芯上的稳态液动力的大小为 F'，方向与 F 方向相反，即与 $\rho q v_1 \cos\theta$ 方向相同，是使阀芯关闭的方向。

对于图 2-15 （b），有

$$F = \rho q v_2 \cos\theta - \rho q v_1 \cos 90° = \rho q v_2 \cos\theta$$

同理，作用在阀芯上的稳态液动力 F' 的大小等于 $\rho q v_2 \cos\theta$，方向与 $\rho q v_2 \cos\theta$ 的方向相反，也是使阀芯关闭的方向。

由以上分析知，图 2-15 （a）、（b）这两种情况下，液流作用在滑阀阀芯上的轴向稳态液动力的方向都是使阀芯关闭的方向，其大小为

$$F' = \rho q v \cos\theta$$

例 2-4 如图 2-16 所示的锥阀，当液体在压力 p 下以流量 q 流经锥阀时，如通过阀口处的流速为 v_2，求液流作用在锥阀轴线方向上的力。

解 取图示阴影部分液体为控制体。设锥阀作用于控制体上的力为 F，列写控制体在锥阀轴线方向上的动量方程。

对于图 2-16 （a）有

$$\frac{\pi}{4}d^2 p - F = \rho q \left(v_2 \cos\theta_2 - v_1 \cos\theta_1 \right)$$

因为 $\theta_2 = \varphi$，$\theta_1 = 0°$，且 $v_1 \ll v_2$，v_1 可以忽略，故

$$F = \frac{\pi}{4}d^2 p - \rho q v_2 \cos\varphi$$

液体作用在阀芯上的力其大小与 F 相同，方向与 F 相反。而作用在阀芯上的稳态液动力的大小为 $\rho q v_2 \cos\varphi$，方向与 F 相同，即使阀芯关闭的方向。

对于图 2-16 (b)，有

$$\frac{\pi}{4}(d_2^2 - d_1^2)\,p - \frac{\pi}{4}(d_2^2 - d^2)\,p - F = \rho q\,(v_2\cos\theta_2 - v_1\cos\theta_1)$$

同样，$\theta_2 = \varphi$，$\theta_1 = 90°$，v_1 忽略，于是

$$F = \frac{\pi}{4}(d^2 - d_1^2)\,p - \rho q v_2\cos\varphi$$

稳态液动力的大小为 $\rho q v_2\cos\phi$，但是方向与 F 的方向相同，即使阀芯打开的方向。

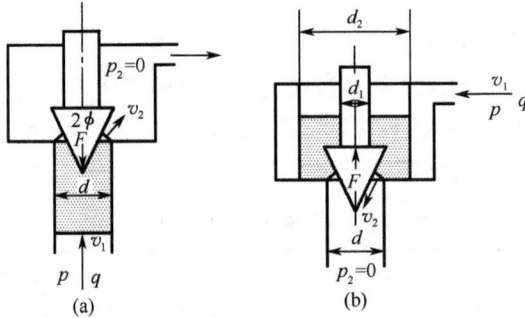

图 2-16　锥阀上的液动力

由以上分析知，对于锥阀，若压力油从锥阀尖端流入，稳态液动力使阀芯关闭；若从大端流入，稳态液动力使阀芯打开。

2.4　液体在管道中的流动状态和压力损失

实际液体具有黏性，在流动中由于摩擦而产生能量损失，能量损失主要表现为压力损失。这些损失的能量使油液发热、泄漏增加，系统效率降低、性能变坏。因此在设计液压系统时正确计算压力损失，并找出减少压力损失的途径，对于减少发热、提高系统效率和性能都有十分重要的意义。

压力损失与液体在管中的流动状态有关，故先讨论液体在管中的流动状态，然后再讨论液体在管中流动的压力损失。

2.4.1　液体的流态及其判别

1. 层流和紊流

19 世纪末，英国物理学家雷诺首先通过大量的实验发现液体有两种流动状态：层流和紊流。

层流——液体中质点沿管道做直线运动而没有横向运动。

紊流——液体中质点除沿管道轴线运动外，还有横向运动，呈杂乱无章的状态。液体在流动时，流动状态是层流或是紊流，采用雷诺数来判别。

2. 层流与紊流的判别

大量实验证明，圆管内液体的流动状态与液体的流速 v，管道的直径 d 和液体的运动黏度 ν 有关，并取决于 vd/ν 的大小，这是一个无量纲数，称为雷诺数，用 Re 表示，即

$$Re = \frac{vd}{\nu} \tag{2-31}$$

在管道几何形状相似的条件下，如果雷诺数相同，液体的流动状态也相同。流动液体从层流转变成紊流或从紊流转变成层流的雷诺数称为临界雷诺数，记作 Re_{cr}。当液流的雷诺数 Re 小于临界雷诺数 Re_{cr} 时，液流的流态为层流，反之为紊流。常用管道的临界雷诺数列于表 2-2 中。

表 2-2 常用管道的临界雷诺数

管道的形状	Re_{cr}	管道的形状	Re_{cr}
光滑的金属圆管	2000～2320	带环槽的同心环状缝隙	700
橡胶软管	1600～2000	带环槽的偏心环状缝隙	400
光滑的同心环状缝隙	1100	圆柱形滑阀阀口	260
光滑的偏心环状缝隙	1000	锥阀阀口	20～100

对于非圆形截面的管道，其雷诺数的表达式为

$$Re = \frac{4vR}{\nu} \tag{2-32}$$

式中，R 为通流截面的水力半径（$R = A/\chi$），m；A 为通流截面面积，m^2；χ 为湿周（有效截面的周界长度），m。

例如，直径为 d 的圆形截面管，其水力半径 $R = \frac{\pi}{4}d^2/\pi d = d/4$，将其代入式（2-32）即得式（2-31）；长为 a、宽为 b 的矩形截面，其水力半径 $R = \frac{ab}{2(a+b)}$；若边长为 a 的正方形，其 $R = a/4$，在截面积相同的情况下，形状不同的截面中，圆形截面的水力半径最大，即最不易堵塞。

2.4.2 液体在管中流动的压力损失

液体流动的压力损失有两种：一种是由黏性摩擦引起的损失，这种压力损失称为沿程压力损失；另一种是液流流经局部障碍（如阀口、弯头等），使液流速度和方向发生改变引起的损失，称为局部压力损失。

1. 沿程压力损失

经推导，液体在管中流动引起的沿程压力损失与管径 d、管长 l、液流流速 v 有关，其表达式为

$$\Delta p_{\mathrm{f}} = \lambda \frac{l}{d} \frac{\rho v^2}{2} \tag{2-33}$$

式中，λ 为沿程阻力系数。

沿程阻力系数 λ 与液体在管中的流动状态、液体的黏性、流速等有关。

1）层流时沿程阻力系数 λ 的确定

如图 2-17 所示，液体在一直径为 d 的直管中做层流运动。在液流中取一微小圆柱体，其直径为 $2r$，长度为 l。设该圆柱体从左向右流动，作用在其侧面上的内摩擦力为 F_{f}。根据力的平衡原理

$$F_{\mathrm{f}} = (p_1 - p_2)\pi r^2$$

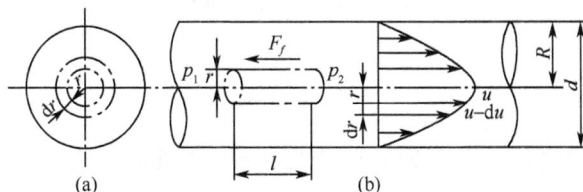

图 2-17　管中的层流

按式（2-3）知，内摩擦力 $F_{\mathrm{f}} = -2\pi r l \mu \mathrm{d}u/\mathrm{d}r$（因为图 2-17 中速度梯度为负值，式中冠以负号使 F_{f} 为正值）。将以上关系代入上式可得

$$\frac{\mathrm{d}u}{\mathrm{d}r} = -\frac{p_1 - p_2}{2\mu l} r \tag{2-34}$$

对式（2-34）积分，并考虑当 $r = d/2$ 时，$u = 0$，得

$$u = \frac{p_1 - p_2}{4\mu l}\left(\frac{d^2}{4} - r^2\right) \tag{2-35}$$

在管中心，即 $r = 0$ 处，液流流速最大，其值为

$$u_{\max} = \frac{(p_1 - p_2)d^2}{16\mu l}$$

由式（2-35）知，液体在直管中做层流运动时，其速度按抛物线规律分布，如图 2-17（b）所示。液体流经直管的流量为

$$q = \int_0^{d/2} 2\pi u r\,\mathrm{d}r = \frac{\pi d^4}{128\mu l}(p_1 - p_2) = \frac{\pi d^4}{128\mu l}\Delta p \tag{2-36}$$

式中，Δp 为压差，即液体在直管中做层流运动时的压力损失。由于管径不变且是直管，故没有局部损失，这一压力损失就是沿程压力损失。将 $q = \dfrac{\pi d^2}{4}v$，$\mu =$

$\rho \nu$，$Re = \dfrac{\nu d}{\nu}$代入式（3-36），整理后得

$$\Delta p_{\mathrm{f}} = \frac{64}{Re} \frac{l}{d} \frac{\rho v^2}{2} = \lambda \frac{l}{d} \frac{\rho v^2}{2} \tag{2-37}$$

对比式（2-33）可知，层流时沿程阻力系数 λ 的理论值 $\lambda = 64/Re$，水的实际沿程阻力系数与理论值很接近；液压油在金属管中流动时，取 $\lambda = 75/Re$；在橡胶软管中流动时，取 $\lambda = 80/Re$。

2）紊流时的沿程阻力系数

紊流时，由于紊流运动的复杂性，至今对它的规律尚未完全弄清楚，一般以经验公式确定。

当 $3 \times 10^3 < Re < 10^5$ 时

$$\lambda = 0.316 \, Re^{-0.25}$$

当 $10^5 < Re < 10^6$ 时

$$\lambda = 0.0032 + 0.221 \, Re^{-0.237}$$

当 $Re > 3 \times 10^6$ 时

$$\lambda = \left(3\lg \frac{d}{2\Delta} + 1.74 \right)^{-2}$$

式中，Δ 为管壁粗糙度，对于钢管取 0.04mm，铜管取 0.0015～0.01mm，铝管取 0.0015～0.06mm，橡胶软管取 0.03mm，铸铁管取 0.25mm。

另外，若知道雷诺数 Re，粗糙度与管径的比值 Δ/d，λ 的值也可从手册中查出。

2. 局部压力损失

局部压力损失是液流流经阀口、弯管以及通流截面突然发生变化时，使液流速度的大小、方向突然发生变化引起的压力损失。局部压力损失由式（2-38）计算

$$\Delta p_{\zeta} = \zeta \frac{\rho v^2}{2} \tag{2-38}$$

式中，ζ 为局部阻力系数。

各种液压阀在额定流量下的压力损失可从有关液压传动设计手册中查到。在计算局部压力损失时，局部阻力系数的具体数据也可查阅有关液压设计手册。

3. 管路系统的总压力损失

管路系统的总压力损失等于系统所有沿程压力损失之和与局部压力损失之和，即

$$\Delta p = \sum \Delta p_{\mathrm{f}} + \sum \Delta p_{\zeta} = \sum \lambda \frac{l}{d} \frac{\rho v^2}{2} + \sum \zeta \frac{\rho v^2}{2} \tag{2-39}$$

式（2-39）只有在两个相邻的局部障碍之间有足够距离（距离 L 大于管道内径 d 10~20 倍）才能简单相加。若两个相邻局部障碍距离太小，液流受前一个局部阻力的干扰还未稳定下来，又进入第二个局部障碍，阻力系数比正常状况大 2~3 倍，因此按式（2-39）计算出的压力损失比实际值小。

在液压传动系统中，管道一般都不长，而控制阀、弯头、管接头引起的局部压力损失则较大，沿程压力损失比起局部压力损失来是较小的，所以大多数情况下总压力损失以局部压力损失为主。

2.5　液体流经孔口及缝隙的特性

液压传动系统中，油液流经小孔和缝隙的情况较多。如液压系统中常用的节流阀、调速阀就是通过调节油液流经的小孔或缝隙的大小调节流量的；又如液压元件中有许多相对运动表面，这些相对运动面间都有间隙，压力油通过这些间隙泄漏，使液压系统的容积效率降低。本节讨论液流流经孔口及缝隙的流量–压差特性，以便找出改进节流阀特性以及减小泄漏的措施，提高液压传动系统的性能。

2.5.1　液体流经孔口的流量–压差特性

小孔可分为薄壁小孔和细长小孔，它们的流量–压差特性是不同的。下面分别加以讨论。

1. 液流流经薄壁小孔的流量

如图 2-18 所示，长度 l 与直径满足 $l/d \leqslant 0.5$ 的孔称为薄壁小孔。

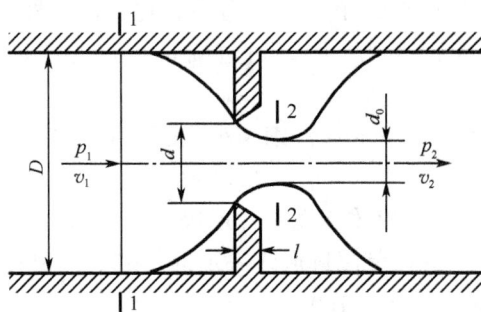

图 2-18　液体流过薄壁小孔的流量

图 2-18 中，小孔前后液流的压力、流速分别为 p_1、v_1 和 p_2、v_2，小孔直径和长度为 d 和 l，面积为 A_0，取 1—1 和 2—2 断面，根据实际液体的伯努利方程式有

$$\frac{p_1}{\rho g} + \frac{v_1^2}{2g} = \frac{p_2}{\rho g} + \frac{v_2^2}{2g} + \zeta \frac{v_2^2}{2g}$$

因为管道截面积比小孔大得多，因此 $v_1 \ll v_2$，则可得

$$\frac{p_1}{\rho g} = \frac{p_2}{\rho g} + \frac{v_2^2}{2g} + \zeta \frac{v_2^2}{2g}$$

$$v_2 = \frac{1}{\sqrt{1+\zeta}} \sqrt{\frac{2}{\rho}(p_1 - p_2)} = C_v \sqrt{\frac{2}{\rho} \Delta p}$$

式中，C_v 称为速度系数，$C_v = \dfrac{1}{\sqrt{1+\zeta}}$。

　　另外，液体流经小孔时，在孔口外面有断面收缩现象。所以流经小孔的流量为

$$q = A_c v_c = C_c C_r A_0 \sqrt{\frac{2}{\rho} \Delta p} \tag{2-40}$$

式中，A_0 为小孔截面积，m^2；A_c 为液体流经小孔时收缩的截面积，m^2；C_c 为截面收缩系数，$C_c = A_c / A_0$。

　　令 $C_d = C_c C_r$，C_d 称为流量系数，C_d 的值由实验确定，对于薄壁小孔，一般可取

$$C_d = 0.61 \sim 0.63$$

2. 液流流经细长小孔的流量

　　小孔的长度 l 与直径 d 的比 $\dfrac{l}{d} < 4$ 的小孔称为细长小孔；$0.5 < \dfrac{l}{d} < 4$ 的小孔称为短孔，短孔的流量公式仍是薄壁小孔的流量公式，但是流量系数是不同的。计算时可查阅有关资料。流经细长小孔的流量公式见式（2-36），即液流流经细长小孔的流量与孔前后压差 Δp 的一次方程成正比，而与液体的黏度成反比。因为液体黏度随温度变化而变化，所以通过细长小孔的流量是随温度变化而变化的。

　　薄壁小孔的流量公式（2-40）和细长小孔的流量公式可以综合写成

$$q = CA \Delta p^\varphi \tag{2-41}$$

式中，C 为由节流口形式、液体流态和性质决定的系数；A 为孔口通流截面积；Δp 为孔口前后压差；φ 为由节流口形式决定的指数，其值在 $0.5 \sim 1.0$，对薄壁小孔 $\varphi = 0.5$，对细长小孔 $\varphi = 1.0$。

2.5.2　液体流经缝隙的流量

　　液压系统中液压元件各运动件之间的间隙都是缝隙，而且大多数是圆环形缝隙。例如，活塞与缸筒之间的间隙、滑阀阀芯与阀体之间的间隙都是圆环形缝

隙。所以讨论影响液体流经圆环形缝隙流量的因素，从而找出减少液压元件泄漏的途径以改善液压元件的性能是很有必要的。

1. 液体流经平行平板缝隙的流量

液体流经平行平板间时，最一般的情况是既受到压差 $\Delta p = p_1 - p_2$ 的作用，又受到平行平板相对运动的作用。如图 2-19 所示。图中 h、b、l 分别为缝隙高度、宽度和长度，并有 $b \gg h$，$l \gg h$。

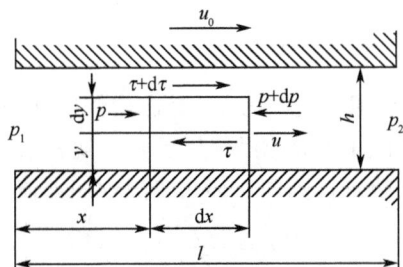

图 2-19　平行平板缝隙间的流动

在液流中取一个宽度为单位长，长和高分别为 dx 和 dy 的微元，作用在与液流相垂直的两个表面（面积为 dy）上的压力分别为 p 和 $p + dp$，作用在与液流相平行的两个表面（面积为 dx）单位面积上的摩擦力分别为 τ 和 $\tau + d\tau$。

其受力平衡方程为

$$p\,dy + (\tau + d\tau)dx = (p + dp)dy + \tau dx$$

前面已经推出 $\tau = \mu \dfrac{du}{dy}$，将其代入上式并整理得

$$\frac{d^2 u}{dy^2} = \frac{1}{\mu}\frac{dp}{dx}$$

对上式积分两次得

$$u = \frac{y^2}{2\mu}\frac{dp}{dx} + C_1 y + C_2 \qquad (2\text{-}42)$$

式中，C_1、C_2 为积分常数。

将边界条件 $y = 0$ 时，$u = 0$，$y = h$ 时，$u = u_0$，以及液体做层流时，p 只是 x 的线性函数（即 $dp/dx = (p_2 - p_1)/l = -\Delta p/l$）代入式（2-42），经整理后得

$$u = \frac{y(h - y)}{2\mu l}\Delta p + \frac{u_0}{h}y \qquad (2\text{-}43)$$

通过平行平板缝隙的流量为

$$q = \int_0^h ub\,dy = \int_0^h \left[\frac{y(h - y)}{2\mu l}\Delta p + \frac{u_0}{h}y\right]b\,dy = \frac{bh^3 \Delta p}{12\mu l} + \frac{u_0}{2}bh \qquad (2\text{-}44)$$

当平行平板间没有相对运动时（即 $u_0 = 0$），通过的液流完全由压差引起，这种流动称为压差流动。其值为

$$q = \frac{bh^3 \Delta p}{12\mu l} \tag{2-45}$$

当平行平板两端不存在压差时，通过的液流完全由平板运动引起，这种流动称为剪切流动，其值为

$$q = \frac{u_0}{2}bh \tag{2-46}$$

2. 液流流过同心环状缝隙的流量

图 2-20 为同心环状缝隙，缝隙为 h，缝隙内侧圆柱面的直径为 d，沿液流方向缝隙的长度为 l。如果将环形缝隙沿圆周展开，就相当于一个平面缝隙。用 πd 代替式（2-45）中的 b，就可得到同心环状缝隙中压差流动的流量计算式为

$$q = \frac{\pi d h^3}{12\mu l} \Delta p \tag{2-47}$$

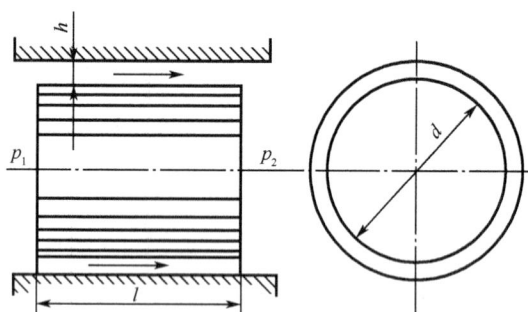

图 2-20　同心圆环形缝隙的流量计算简图

3. 液流流经偏心环状缝隙的流量

实际生产中，由于加工等原因，往往不一定都是形成同心环状缝隙，而是如图 2-21 所示的偏心环状缝隙。例如，活塞与缸筒、阀芯与阀体有时可能就不是同心而是有一定的偏心量，这样就形成了偏心环状缝隙。

图 2-21 中，形成环状缝隙的外侧和内侧圆柱表面的半径分别为 R 和 r，两圆柱的偏心距为 e。设半径 R 在任一角度 α 时，两圆柱表面间的间隙量为 h。由图 2-22 的几何关系可得

$$h = R - (r\cos\beta + e\cos\alpha)$$

因为角度 β 很小，故 $\cos\beta \approx 1$，上式可写成

$$h = R - (r + e\cos\alpha)$$

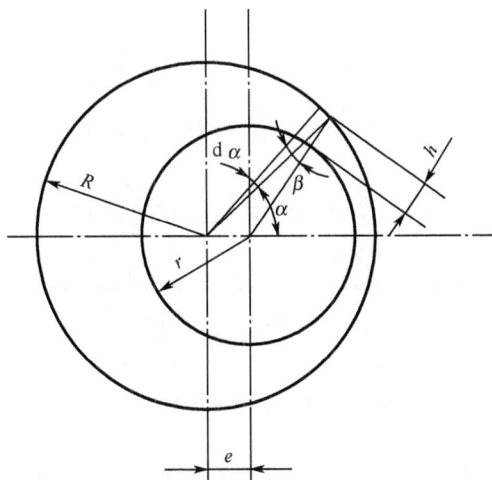

图 2-21　偏心环状缝隙流量计算图

在 $d\alpha$ 一个很小角度范围内通过缝隙的流量 dq 可应用平行平板间缝隙的流量公式（2-44），将公式中的 b 用 $R d\alpha$ 代替后可得

$$dq = \frac{Rh^3 d\alpha}{12\mu l}\Delta p + \frac{hR d\alpha}{2}u_0 \tag{2-48}$$

令 $h_0 = R - r$，相对偏心率 $\varepsilon = e/h_0$，且 $R \approx r = d/2$，代入式（2-48）得

$$dq = \frac{d\Delta p}{24\mu l}h_0^3(1 - \varepsilon\cos\alpha)^3 d\alpha + \frac{du_0}{4}h_0(1 - \varepsilon\cos\alpha)d\alpha$$

对上式积分得

$$q = \frac{dh^3\Delta p}{24\mu l}\int_0^{2\pi}(1 - \varepsilon\cos\alpha)^3 d\alpha + \frac{du_0}{4}h_0\int_0^{2\pi}(1 - \varepsilon\cos\alpha)d\alpha$$

$$= \frac{\pi dh_0^3\Delta p}{12\mu l}(1 + 1.5\varepsilon^2) + \frac{\pi dh_0 u_0}{2} \tag{2-49}$$

当内、外圆表面相互间没有轴向相对运动，即 $u_0 = 0$ 时，其流量为

$$q = \frac{\pi dh_0^3\Delta p}{12\mu l}(1 + 1.5\varepsilon^2) \tag{2-50}$$

由式（2-50）可知，当 $\varepsilon = 0$ 时，式（2-50）即为同心环状缝隙流量公式；当 $\varepsilon = 1$ 时，即在最大偏心的情况下，其流量为同心环状缝隙的 2.5 倍。因此，为了减少液压元件中的泄漏，应使其配合尽量处于同心的状态。

4. 液流流经圆环形平面缝隙的流量

图 2-22 为圆形平面缝隙。在静压止推平面中会遇到这种情况。例如，轴向

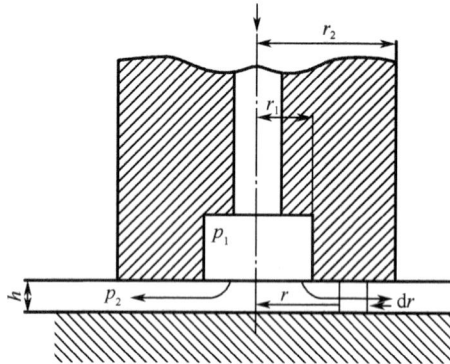

图 2-22　圆环形平面缝隙的液流

柱塞泵中的滑履。如图 2-22 所示，油液经中心孔流入油室，并经圆环形平面缝隙流出。其流量为

$$q = \frac{\pi h^3 \Delta p}{6\mu \ln \dfrac{r_2}{r_1}} \qquad\qquad (2\text{-}51)$$

2.6　液压冲击和空穴现象

2.6.1　液压冲击

在液压系统中，由于某种原因，液体压力在一瞬间会突然升高，产生很高的压力峰值，这种现象称为液压冲击。液压冲击产生的压力峰值往往比正常工作压力高好几倍，且常伴有噪声和振动，对液压元件、密封装置、管件都有很大的破坏作用，有时还会引起某些液压元件的误动作。所以应尽量避免和减小液压系统中的液压冲击。

产生液压冲击的原因如下。

(1) 液流通道迅速关闭或液流迅速换向使液流速度的大小或方向突然发生变化，液流的惯性引起液压冲击；

(2) 运动部件突然制动或换向时，工作部件的惯性引起液压冲击；

(3) 某些液压元件动作不灵敏，使系统压力升高引起液压冲击。

为了减小液压冲击，可采取以下措施。

(1) 使完全冲击改变为不完全冲击。可用减慢阀门关闭的速度或减小冲击波传播距离来实现。

(2) 限制管中油液的流速。

(3) 用橡胶软管或在冲击源处设置蓄能器，以吸收液压冲击的能量。

（4）在容易出现液压冲击的地方安装限制压力峰值的安全阀。

2.6.2　空穴现象

在液流中，如果某一点的压力低于当时温度下液体的空气分离压，溶解于液体中的气体会游离出来，形成气泡。这些气泡混杂在油液中，使原来充满管道或液压元件中的油液成为不连续状态，这种现象称为空穴现象。

如果液流中发生了空穴现象，当液流中的气泡随液流运动到压力较高的区域时，气泡因承受不了高压而破裂，引起局部的液压冲击，产生局部的高温、高压而使金属剥落，表面粗糙或出现海绵状小洞穴，并且发出强烈的噪声和振动。这种现象称为气蚀。

液压元件中，节流口下游部位、液压泵吸油口（因吸油管直径太小、吸油阻力太大、滤网堵塞或泵的转速太高）容易产生空穴现象。若液压泵产生空穴，会使吸油不足，流量下降，噪声增大，输出的流量和压力剧烈波动，系统无法正常稳定地工作，严重时使泵和机件损坏，寿命大大降低。

为了防止和减小空穴，就要防止液压系统中的压力过度降低，使之不低于液体的空气分离压。具体措施如下。

（1）减小阀孔前后的压差，一般希望阀孔前后的压力比小于 3.5；

（2）正确设计和选择泵的结构、参数，适当加大吸油管直径，限制吸油管中的液流的流速，尽量避免急剧转弯或局部狭窄，滤油器要及时清洗以防堵塞，对自吸能力较差的泵宜采用辅助泵向泵的吸油口供油；

（3）增加零件的机械强度，采用抗腐蚀能力强的金属材料，减小零件加工表面的粗糙度等以提高零件的抗气蚀能力。

思考题和习题

2-1　已知一油罐内径 $D = 150\text{mm}$，长 $L = 1000\text{mm}$，压力从大气压增加到 $p = 5\text{MPa}$。在不计油罐的变形和泄漏的情况下，油液的压缩量是多少？

2-2　一个潜水员在海深 300m 处工作，若海水密度 $\rho = 1000\text{kg/m}^3$，问潜水员身体受到的静压力等于多少？

2-3　液压油液的黏度有几种表示方法？它们各用什么符号表示？它们又各用什么单位？

2-4　一平板相距另一固定平板 0.5mm，二板间充满液体，上板在每平方米为 2N 的力作用下以 0.25m/s 的速度移动。求该液体的黏度。

2-5　如题 2-5 图所示，直径为 d、重力为 F_G 的活塞浸在液体中，并在力 F 的作用下处于静止状态。若液体的密度为 ρ，活塞浸入的深度为 h。试确定液体在侧压管内的上升高度 x。

2-6　如题 2-6 图所示，什么叫压力？压力有哪几种表示方法？液压系统的压力与外界负载有什么关系？

2-7　如题 2-7 图所示，在 U 形测压计中，已知 A 腔中液体的相对密度 $D_A = 0.85$，B 腔

中液体的相对密度 $D_B=1.2$，$Z_A=200\text{mm}$，$Z_B=180\text{mm}$，$h=60\text{mm}$，U 形测压计的测压介质为汞。求 A 和 B 的压差。

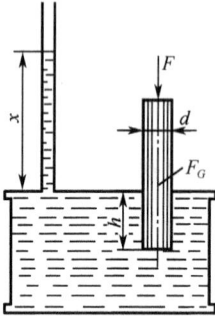

题 2-5 图

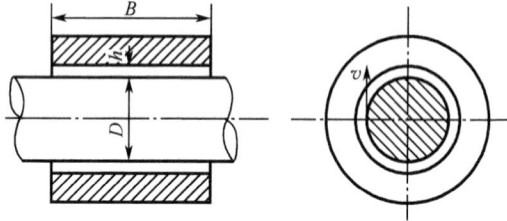

题 2-6 图

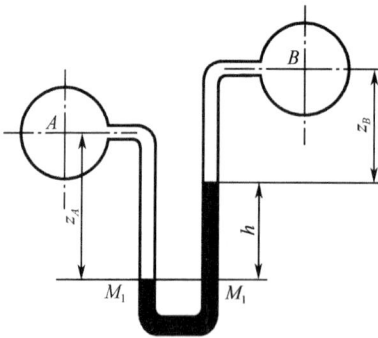

题 2-7 图

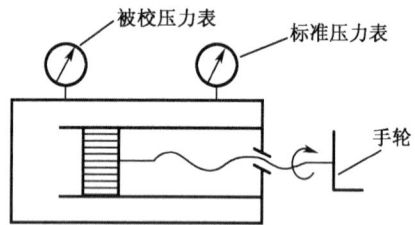

题 2-8 图

2-8　压力表校正装置原理如题 2-8 图所示，已知活塞直径 $d=10\text{mm}$，丝杆导程 $S=2\text{mm}$，装置内油液的体积弹性模量 $K=1.2\times10^3\text{MPa}$。当压力为 1 个大气压（约为 0.1MPa）时，装置内油液的体积为 200mL。若要在装置内形成 16MPa 压力，试求手轮要转多少转？

2-9　连续性方程的本质是什么？它的物理意义是什么？

2-10　说明伯努利方程的物理意义，并指出理想液体的伯努利方程和实际液体的伯努利方程有什么区别。

2-11　如题 2-11 图所示为串联液压缸，大、小活塞直径分别为 $D_2=125\text{mm}$，$D_1=75\text{mm}$；大、小活塞杆直径分别为 $d_2=40\text{mm}$，$d_1=20\text{mm}$，若流量 $q=25\text{L/min}$。求 v_1、v_2、q_1、q_2 各为多少？

2-12　如题 2-12 图所示，齿轮泵从油箱吸油。如果齿轮泵安装在油面之上 0.4m 处，泵的流量为 25L/min，吸油管内径 $d=30\text{mm}$，设滤网及吸油管道内总的压降为 $3\times10^4\text{Pa}$，油的密度为 900kg/m³。求泵吸油时泵腔的真空度。

2-13　求题 2-13 图所示液压泵的吸油高度 H_s。已知吸油管内径 $d=60\text{mm}$，泵的流量 $q=$

160L/min，泵入口处的真空度为 2×10^4 Pa，油液的运动黏度 $\nu = 0.34 \times 10^{-4}$ m²/s，密度 $\rho = 900$ kg/m³，弯头处的局部阻力系数 $\zeta = 0.5$，沿程压力损失忽略不计。

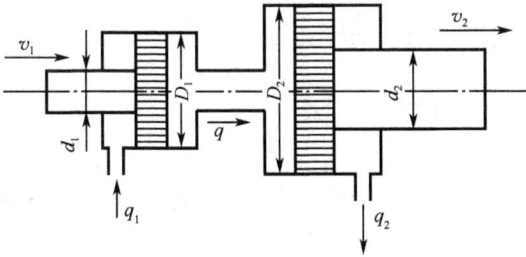
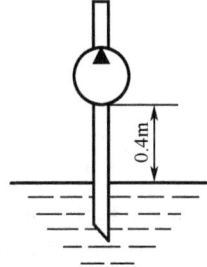

题 2-11 图　　　　　　　　　　　　　　题 2-12 图

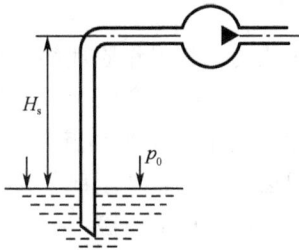
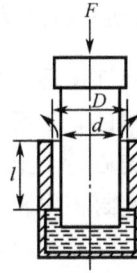

题 2-13 图　　　　　　　题 2-14 图

2-14　题 2-14 图所示的柱塞直径 $d = 20$mm，缸套的直径 $D = 22$mm；长 $l = 70$mm，柱塞在力 $F = 40$N 的作用下往下运动。若柱塞与缸套同心，油液的动力黏度 $\mu = 0.784 \times 10^{-6}$ Pa·s。求柱塞下落 0.1m 所需的时间。

2-15　题 2-15 图所示的活塞上的薄壁小孔，其直径为 d，活塞面积为 A，其下部的油腔中充满了油，油的密度为 ρ，流量系数为 C_d。若忽略活塞、活塞杆处的摩擦力和泄漏。求重物（重力为 W）的下降速度（写出表达式）。

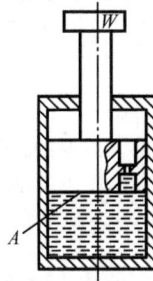

题 2-15 图

第3章　液压泵和液压马达

3.1　概　　述

在液压系统中，液压泵和液压马达都是能量转换元件。液压泵是将电动机的机械能转换成油液的压力能，为液压系统提供具有一定压力和流量的液体，所以又称为液压能源元件。液压马达则是把油液的压力能转换成机械能，来驱动工作机构，实现旋转运动，所以按职能来说，它属于液压执行元件。

3.1.1　液压泵和液压马达的基本工作原理

常用的液压泵和液压马达都是容积式的，其工作原理都是利用容积大小的变化来进行吸油、压油的。下面以图3-1所示的单柱塞泵为例来说明。图中柱塞2依靠弹簧3紧压在偏心轮1上，偏心轮1由电动机带动旋转，使柱塞往复运动，柱塞向右移动时，密封工作腔4的容积逐渐变大，产生部分真空，大气压力迫使油箱中的油液经吸油管顶开单向阀5，进入密封工作腔4，这就是吸油过程；当柱塞向左移动时，密封工作腔4的容积逐渐缩小，使其中的油液受挤而产生一定压力，顶开单向阀6流向系统中去，这就是压油过程。偏心轮不断地旋转，泵就不断地吸油或压油。这样，单柱塞泵就将电动机带动偏心轮转动的机械能转换为泵输出压力油的压力能。

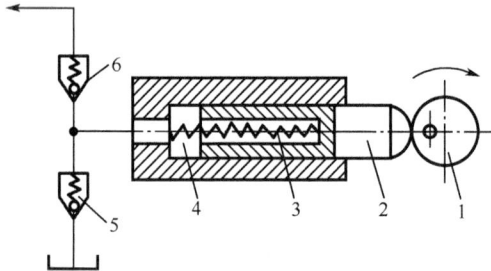

图 3-1　容积式泵的工作原理

1—偏心轮；2—柱塞；3—弹簧；4—密封工作腔；5、6—单向阀

由上述工作原理可知：

（1）液压泵必须具有一个或若干个密封工作腔，在工作过程中是靠密封工作腔的容积变化来吸油和压油的，其输出量是由这个工作腔容积变化的大小、变化

率及工作腔数目来决定的。这种靠密封工作腔容积的变化来工作的泵就叫容积式泵。

（2）在吸油过程中，油箱必须与大气相通（对开式油箱），泵必须具有自吸能力，即必须使泵的密封工作腔在吸油过程中逐渐增大，图 3-1 是靠弹簧力使柱塞向右移动来得到的。在压油过程中，输出压力的大小取决于油液从单向阀 6 排出时所遇到的阻力，即泵的输出压力决定于负载。

（3）必须使泵在吸油时密封工作腔与油箱相通，而与工作油路不通；在压油时密封工作腔与工作油路相通而与油箱不通，图 3-1 中是分别由单向阀 5 和 6 来实现的。单向阀 5、6 又称配流装置。配流装置是泵不可缺少的，只是不同结构类型的泵，具有不同形式的配流装置。例如，叶片泵、轴向柱塞泵等用配流盘，径向柱塞泵用配流轴或配流阀等。

从工作原理上来说，大部分液压泵和液压马达是互逆的，即只要输入压力油，就可输出转速和扭矩（用阀配流的径向柱塞泵除外），但在具体结构上还是有差异的。

3.1.2　液压泵和液压马达的分类

液压泵和液压马达种类较多，按其结构形式不同可分为齿轮式、叶片式和柱塞式三大类，每一类还有多种形式。例如，齿轮式有外啮合和内啮合之分，叶片式有单作用和双作用之分，柱塞式有径向和轴向之分，此外还有螺杆式等。按其在单位时间内输出（或输入）油液体积能否调节可分为定量泵（定量马达）和变量泵（变量马达）两类。

液压泵和液压马达的符号如图 3-2 所示。

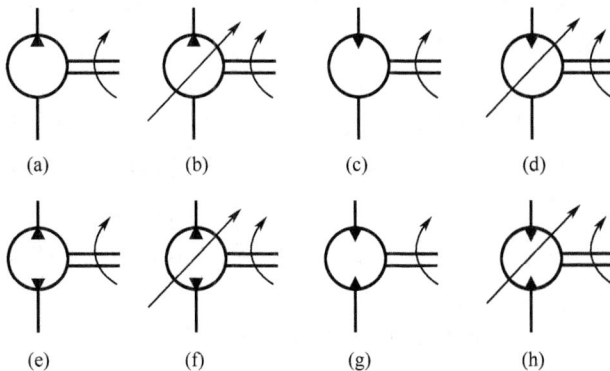

图 3-2　液压泵和液压马达的职能符号

（a）单向定量泵；（b）单向变量泵；（c）单向定量液压马达；（d）单向变量液压马达；
（e）双向定量泵；（f）双向变量泵；（g）双向定量液压马达；（h）双向变量液压马达

3.1.3　液压泵的主要性能参数

液压泵的主要性能参数是指液压泵的压力、排量和流量、功率和效率等。

1. 压力

液压泵的压力参数主要是工作压力和额定压力。

(1) 工作压力。液压泵的工作压力是指它的输出压力，泵输出压力的大小由负载决定。当负载增加时，泵的压力升高；当负载减小时，泵的压力降低。所以在液压系统的工作过程中，泵的压力是随负载的变化而变化的。如果负载无限制地增加，泵的压力也随之无限制地升高，直至密封零件或管路被破坏，这是容积式泵的一个重要特性。因此，在液压系统中必须设置安全阀，起过载保护作用。

(2) 额定压力。液压泵的额定压力是指泵在使用中允许达到的最大工作压力（泵铭牌上所标的压力）。超过此值就是过载。

压力的法定计量单位为 Pa（帕）或 MPa（兆帕）。

2. 排量和流量

(1) 排量 V。泵的排量是指在无泄漏的情况下，泵每转一转所排出的油液体积。它决定于泵的密封工作容积的几何尺寸，又称为几何排量，简称排量。排量常用的单位为 mL/r。

(2) 理论流量 q_t。泵的理论流量是指泵在无泄漏的情况下，单位时间内输出的油液体积，它等于泵的排量与其转速的乘积，即

$$q_t = Vn \tag{3-1}$$

(3) 实际流量 q。泵的实际流量是指泵工作时的输出流量，它小于理论流量，因为泵的各密封间隙有泄漏（Δq），故

$$q = q_t + \Delta q \tag{3-2}$$

泵的泄漏 Δq 除了与密封间隙、油的黏度有关外，还与泵的输出压力有关，压力升高，泄漏量增加，泵的实际流量减小。因此可得出如下结论：泵的理论流量与泵的输出压力无关，而泵的实际流量与泵的输出压力有关。

泵的实际流量还与泵的转速有关。当泵的转速增加时，泵的实际流量也随之增加，成正比关系。

(4) 额定流量 q_n。泵的额定流量是指在额定转速和额定压力下的实际输出流量。

3. 功率

(1) 理论功率 P_t。液压泵理论上产生的功率，用液压泵的理论流量与泵的

出口压力的乘积来表示，即

$$P_t = pq_t \tag{3-3}$$

（2）输入功率 P_i。它是实际驱动泵轴所需要的机械功率，即

$$P_i = \omega T = 2\pi nT \tag{3-4}$$

（3）输出功率 P_o。液压泵的输出功率用实际输出流量与泵的出口压力的乘积来表示，即

$$P_o = pq \tag{3-5}$$

4. 效率

泵的效率有容积效率 η_v、机械效率 η_m 和总效率 η_p。

（1）容积效率 η_v。它是泵的实际流量 q 与泵的理论流量 q_t 的比值，即

$$\eta_v = \frac{q}{q_t} = \frac{q_t - \Delta q}{q_t} = \frac{1 - \Delta q}{q_t} \tag{3-6}$$

（2）机械效率 η_m。它是泵的理论扭矩 T_t 与实际输入扭矩 T 的比值，即

$$\eta_m = \frac{T_t}{T} \tag{3-7}$$

机械效率与摩擦损失有关，当摩擦损失增大时，同样大小的理论输出扭矩需要较大的实际输入扭矩，故机械效率下降。

（3）液压泵的总效率 η_p。它是指输出功率 P_o 与输入功率 P_i 的比值。即等于泵的容积效率和机械效率的乘积，为

$$\eta = \frac{P_o}{P_i} = \eta_v \eta_m \tag{3-8}$$

3.1.4　液压马达的主要性能参数

从液压马达的输出来看，其主要性能表现为转速、扭矩和功率。液压马达的参数用带下标 M 的字母来表示，以与液压泵的参数有所区别。

1. 工作压力和额定压力

液压马达实际工作的压力称为马达的工作压力 (p_M)。马达入口压力和出口压力的差值称为马达的工作压差。在马达出口直接通油箱的情况下，为简化计算，通常近似认为马达的工作压力就等于工作压差。

液压马达在正常工作条件下，允许达到的最大工作压力称为额定压力。超过此值就是过载。

2. 流量和排量

液压马达入口的流量称为马达的实际流量 (q_M)。它等于液压马达的理论流

量加上马达的泄漏量。

液压马达每转一转所流入的油液体积，称为马达的排量（V_M）。

3. 转速

液压马达的输出转速 n 等于输入马达的理论流量与排量（V_M）的比值，即

$$n_M = \frac{q_{Mt}}{V_M} = \frac{q_M}{V_M}\eta_{Mv} \tag{3-9}$$

由于马达实际工作时存在泄漏量，因此在计算实际转速时应考虑马达的容积效率 η_{Mv}。当液压马达的泄漏量为 Δq_M 时，则此时实际供给液压马达的流量 q_M 应为 $q_M = nV_M + \Delta q_M$。则马达的容积效率为

$$\eta_{Mv} = \frac{q_{Mt}}{q_M} = 1 - \frac{\Delta q_M}{q_M} \tag{3-10}$$

4. 扭矩

不考虑马达的摩擦损失时，液压马达的理论输出扭矩为

$$T_{Mt} = \frac{p_M V_M}{2\pi} \tag{3-11}$$

由于液压马达在工作时存在机械摩擦损失，在计算实际输出扭矩时应考虑机械效率 η_{Mm}。当这个摩擦扭矩为 ΔT_M 的，则液压马达的实际输出扭矩 $T_M = T_{Mt} - \Delta T_M$，则液压马达的机械效率为

$$\eta_{Mm} = \frac{T_M}{T_{Mt}} = 1 - \frac{\Delta T_M}{T_{Mt}} \tag{3-12}$$

故马达的实际输出扭矩为

$$T_M = T_{Mt}\eta_{Mm} = \frac{p_M V_M}{2\pi}\eta_{Mm} \tag{3-13}$$

5. 功率和总效率

液压马达的输入功率为

$$P_{Mi} = p_M q_M \tag{3-14}$$

液压马达的输出功率为

$$P_{Mo} = 2\pi n_M T_M \tag{3-15}$$

液压马达的总效率为

$$\eta_M = \eta_{Mm}\eta_{Mv} = \frac{2\pi n_M T_M}{p_M q_M} \tag{3-16}$$

3.2　齿轮泵和齿轮马达

3.2.1　齿轮泵

齿轮泵由于其结构简单、质量轻、零件数目少、价格便宜、工作可靠、维护方便，已广泛应用于各种液压机械上。

齿轮泵有外啮合式和内啮合式两种，后者因加工困难，应用较少。本节将重点介绍常用的外啮合齿轮泵。

1. 外啮合齿轮泵

1）工作原理

外啮合齿轮泵一般由一对齿数相同的齿轮、传动轴、轴承、端盖和壳体等组成，如图 3-3 所示。齿轮两端面靠端盖密封，壳体、端盖和齿轮各个齿间槽这三者形成密封的工作空间，当齿轮按图 3-3 所示的方向旋转时，右侧吸油腔的轮齿逐渐分离，工作空间的容积逐渐增大，形成部分真空，因此油箱中油液在外界大气压力的作用下，经吸油管进入吸油腔。吸入到齿间的油液在密封的工作空间中随齿轮旋转带到左侧压油腔。因左侧的轮齿逐渐啮合，工作空间的容积逐渐减少，所以齿间的油液被挤出，从压油腔输送到压力管路中去。

随着齿轮的旋转，轮齿依次地进入啮合，吸油腔周期性地由小变大，压油腔也周期性地由大变小，于是齿轮泵就能不断地吸入油液和压出油液。

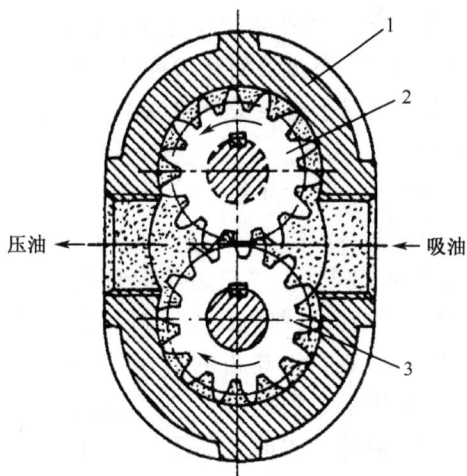

图 3-3　齿轮泵工作原理图

1—泵体；2—主动齿轮；3—从动齿轮

齿轮泵的吸油腔和压油腔是分别独立的，所以齿轮泵不需要配流机构，故其结构简单。因为通过调节齿轮泵的结构参数来改变其排量是比较困难的，所以齿轮泵只能作为定量泵使用。

2）齿轮泵排量和流量

根据齿轮泵的工作原理，齿轮泵轴转一转，两个齿轮排出油液的体积应是两个齿轮齿间槽容积之和，如果近似地认为齿间槽容积与轮齿体积相等，则当齿轮齿数为 Z，节圆直径为 D，齿高为 h，模数为 m，齿宽为 b 时，齿轮泵的排量为

$$V = \pi Dhb = 2\pi Zm^2 b \qquad (3\text{-}17)$$

考虑到齿间槽容积实际上比轮齿体积稍大，齿数少时大得更多，所以将 2π 取为 6.66，于是

$$V = 6.66 Zm^2 b \qquad (3\text{-}18)$$

齿轮泵的实际输出流量为

$$q = Vn\eta_v = 6.66 Zm^2 bn\eta_v \qquad (3\text{-}19)$$

式中，n 为齿轮泵的转速，r/min；η_v 为齿轮泵的容积效率。

式（3-19）表示的是齿轮泵的平均流量。实际中，若一对轮齿在相互啮合过程中，由于其啮合的位置是不断变化的（啮合点至节点的距离是瞬时变化的），因此，齿轮泵压油腔体积的瞬时变化率是不均匀的，即泵的瞬时输出流量具有脉动性。设其最大瞬时输出流量为 q_{max}，最小瞬时输出流量为 q_{min}，则流量脉动率 δ_B 为

$$\delta_B = \frac{q_{max} - q_{min}}{q} \times 100\% \qquad (3\text{-}20)$$

δ_B 越大，瞬时输出流量脉动越严重。齿轮泵的流量脉动率与齿轮泵的齿数有关，齿数越少，脉动率越大。泵流量的脉动将引起压力脉动，它将影响液压系统的工作平稳性。流量脉动又是引起泵噪声的主要原因之一。

3）齿轮泵的结构特点

下面讨论齿轮泵结构的几个共性问题。

（1）齿轮泵的困油现象及其消除方法。

为保证齿轮啮合运转的平稳性，要求齿轮的重叠（啮合）系数 ε 必须大于 1，即在前一对轮齿完全退出啮合之前，后面一对轮齿已进入啮合。因而在两对轮齿同时啮合的这段时间内，在两对轮齿的啮合点之间形成一个单独的密封容积，如图 3-4(a) 所示。当齿轮继续旋转时，这个密封容积逐渐减小，直到两啮合点 A、B 处于节点两侧的对称位置时，如图 3-4（b）所示，密封容积减至最小。由于油液的可压缩性很小，当密封容积减小时，被困的油受挤压，压力急剧上升，并从零件接合面的间隙中强行挤出，使齿轮和轴承受到很大的径向力，从而引起振动和噪声。当齿轮继续旋转时，这个密封容积又逐渐增大，当齿轮转到图 3-4(c) 所示的位置时，密封容积最大，于是产生部分真空，外面的油液不能

进入，容易产生气蚀现象。上述现象称为齿轮泵的困油现象。

消除困油现象的措施，通常是在前、后端面上各铣两个卸荷槽，如图 3-4（d）中的虚线所示。两卸荷槽之间的距离，必须保证在任何时候都不能使吸油腔和压力腔互相连通；而又要使密封容积在缩小时，通过右边卸荷槽与压力腔相通；密封容积增大时，通过左边卸荷槽与吸油腔相通，这样就基本上消除了困油现象。

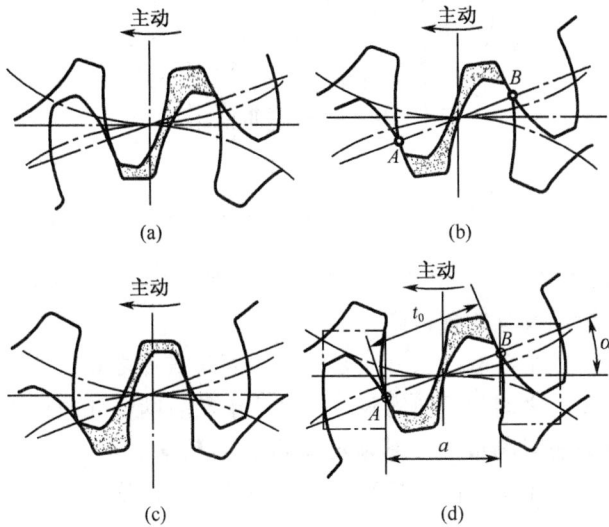

图 3-4　齿轮泵的困油现象及其消除

（2）径向不平衡力及其改善措施。

在实践中，常常会发现齿轮泵的零件中尤以从动齿轮轴承最易磨损，而且吸油区一侧的齿轮泵体内表面也常出现刮伤现象。造成上述现象的原因是齿轮轴承受到径向不平衡力的作用。

齿轮泵工作时，作用在齿轮轴承上的径向力由两部分组成：一部分是齿轮传递扭矩时产生的径向力，另一部分是沿齿顶圆周上液体压力产生的径向力。此力是沿齿顶从高压区到低压区逐渐降低的，其合力指向吸油区一侧，齿轮圆周上压力的近似分布情况如图 3-5 所示。图中 F_p 表示液压力，Ⅰ为主动齿轮，Ⅱ为从动齿轮，α 为压力角。从图中可以看出，由啮合产生的径向力 F_r 对主动齿轮来说是向上的，并与 F_p 呈钝角，合力为 F_1；对从动齿轮来说，F_r 是向下的并与 F_p 呈锐角，合力为 F_2。这就说明了从动齿轮轴承为何较主动齿轮轴承易于早期磨损的原因。

为了解决径向不平衡力的问题，CB-B 型齿轮泵在结构上采取缩小压油口尺寸的方法，使高压区压力油的作用面积减小，以达到减小径向力的目的。这种泵不能反转，也不能当液压马达使用。目前高压齿轮泵采用缩短径向间隙密封区

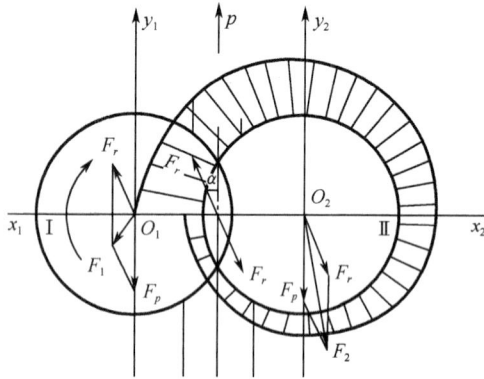

图 3-5　齿轮圆周压力近似分布图

（扩大压油区包角为 240°左右）的方法来解决径向不平衡力的问题。

（3）齿轮泵泄漏及其改善措施。

齿轮泵泄漏途径主要有三条：一是齿轮端面与盖板之间的轴向间隙，二是轮齿齿顶与泵体内表面之间的径向间隙，三是两个轮齿啮合处的接触间隙。其中尤以轴向间隙对泄漏的影响最大，其泄漏量占总泄漏量的 75%～80%。因此适当地控制轴向间隙的大小是提高齿轮泵容积效率的重要措施。

2．内啮合齿轮泵

内啮合齿轮泵有渐开线齿轮泵和摆线齿轮泵（又称为转子泵）两种。

1）渐开线内啮合齿轮泵

图 3-6 为渐开线内啮合齿轮泵的工作原理图。它主要由内齿环 2、齿轮 1、月牙形隔板 3 以及壳体等零件组成。齿轮 1 是主动齿轮，当其按箭头所示方向旋转时，通过啮合关系带动内齿环旋转。在轮齿脱开啮合的一侧，油液可以通过内齿环齿间槽底部小孔（图中未画出）进入齿间槽中，随着齿轮的旋转，油液被带到上半部，因为这一侧齿轮进入啮合状态，故齿间槽内的油液被挤压出去。

2）转子泵

图 3-7 为转子泵的工作原理图。

转子泵与渐开线内啮合齿轮泵很相似，它主要由外转子 1、内转子 2、壳体及传动轴等零件组成。内转子 2 是主动件，内转子的齿全部与外转子的齿相啮合，这样就形成了若干个密封容积。当内转子转动时，带动外转子做同向转动。由于内、外转子之间的啮合线将吸压油区隔开，若转子按图示箭头方向旋转时，左半部为吸油区，右半部为压油区。

内啮合齿轮泵结构紧凑，尺寸小，质量轻，由于齿轮转向相同，相对滑动速

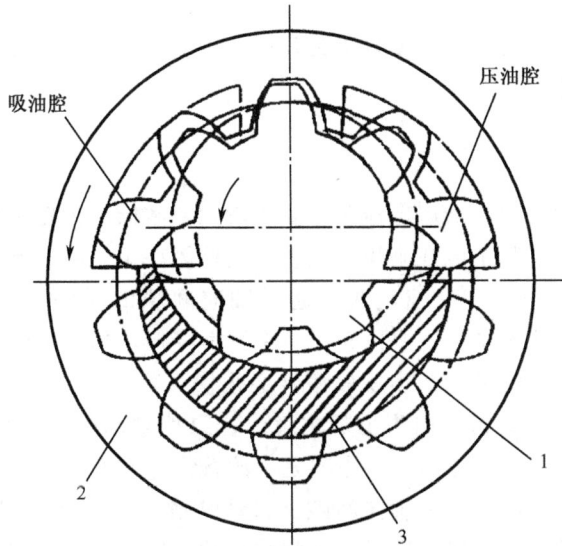

图 3-6　内啮合（渐开线）泵工作原理图

1—主动齿轮；2—内齿环；3—隔板

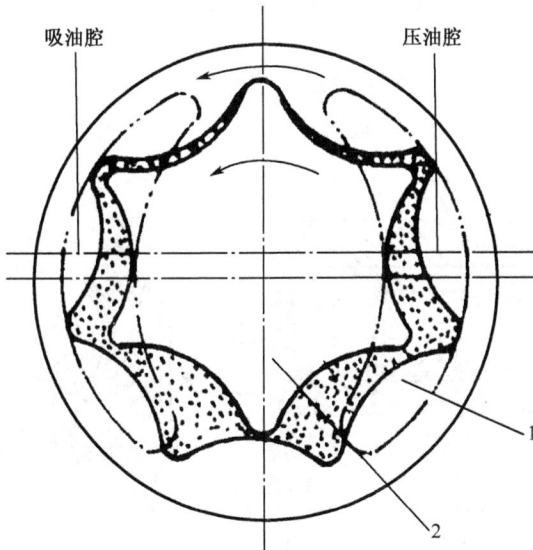

图 3-7　转子泵工作原理图

1—外转子；2—内转子

度小，磨损小，使用寿命长，流量脉动远比外啮合齿轮泵小，因而压力脉动和噪声都较小；内啮合齿轮泵容许使用高转速（高转速下的离心力能使油液更好地充入密封工作腔），可获得较高的容积效率。转子泵结构更简单，而且由于啮合的重叠系数大、传动平稳，吸油条件更为良好。内啮合泵的缺点是齿形复杂，加工精度要求高，价格高。

3. 高压外啮合齿轮泵

上面介绍的齿轮泵，均属低压泵。高压齿轮泵和低压齿轮泵的工作原理是相同的，但低压齿轮泵却不能在高压下使用。其原因在于：由于低压齿轮泵的轴向间隙和径向间隙都是一个定值，油液通过轴向间隙的泄漏量占泵总泄漏量的75%～80%。间隙泄漏加剧使泵的容积效率显著降低，即使把间隙做得很小，然而由于间隙磨损后不能补偿，容积效率又会很快下降，压力仍不能提高。再者，泵的压力过高，不平衡的径向力也随之增大，致使轴承受力恶劣而不能正常工作。因此提高齿轮泵的工作压力，主要是靠改善齿轮端面处（轴向间隙）的密封情况，使齿轮端面在磨损后其轴向间隙能自动补偿。在中高压和高压齿轮泵中，为了提高其容积效率，一般都采用轴向间隙自动补偿。轴向间隙的自动补偿一般是采用"弹性侧板"或"浮动轴套"。在液压力作用下使"弹性侧板"或"浮动轴套"压紧齿轮端面，使轴向间隙减小，以减少泄漏，使泵的工作压力提高。采用这种结构的齿轮泵压力可达到 10MPa 以上的中高压压力级。下面介绍两种端面间隙自动补偿的方法。

1）采用浮动轴套的轴向间隙自动补偿结构

图 3-8 为浮动轴套的结构原理图。

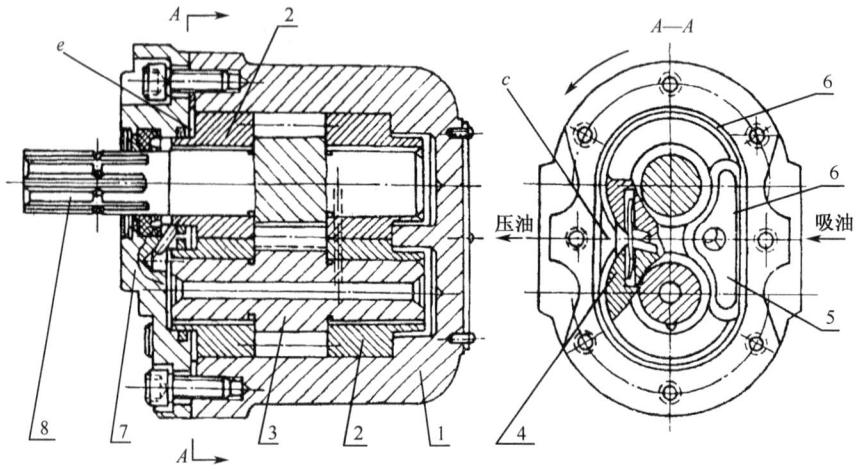

图 3-8 浮动轴套的结构原理图

1—泵体；2—浮动轴套；3—从动齿轮；4—弹性导向钢丝；5—卸压片；6—密封圈；7—泵盖；

8—主动齿轮

浮动轴套 2 可以在壳体内做轴向浮动；浮动轴套的轴颈、轴肩和泵的端盖以及壳体之间形成了一个密闭腔 e，e 腔通过端盖和腔 c 相通，腔 c 又和压油腔相通。当泵工作时，左浮动轴套左端面受到油压的作用向右方移动，使齿轮两端与左、右轴套间的轴向间隙减小，改善了端面处的泄漏情况。浮动轴套的压紧力和泵的工作压力成正比，压力越高，压紧力越大，端面间隙就越小，泄漏也就减小。当泵的压力降低时，浮动轴套的压紧力也减小。此时由于泵的压力低，泄漏量也不会增加，而磨损却下降。当泵工作一段时间后，齿轮端面和浮动轴套之间虽然有一定的磨损，但浮动轴套在压紧力的作用下，可以自动地消除轴向间隙，防止了泄漏的增加，所以齿轮泵采用浮动轴套后，容积效率提高，并且性能稳定。

浮动轴套与齿轮端面接触的部分，在压油区受到一个推开力，而在吸油区则无此推开力。因此左边浮动轴套，在对应于吸油区的一部分不应与压油区相通。否则轴套会由于倾覆力矩的作用，使端面倾斜，而遭到磨损。为此，该小区域装有卸压片，并用密封圈封闭。卸压片上有孔与吸油区相通。这样，整个浮动轴套受压接近平衡，不致出现倾斜。

2）采用弹性侧板的端面补偿装置

弹性侧板式轴向间隙补偿装置的工作原理与前述的浮动轴套一样，只不过后者是以弹性侧板来代替浮动轴套，把高压油引到弹性侧板的背部，侧板在高压油的作用下产生弹性变形，限制侧板与齿轮端面的间隙，起到轴向间隙的补偿作用。

图 3-9 为 CB-F$_B$ 型齿轮泵，采用了弹性侧板式的轴向间隙补偿装置。

CB-F$_B$ 型齿轮泵在齿轮端面和前、后盖板间夹有侧板 1 和 4，侧板是在钢板的内侧烧结了 0.5～0.7mm 厚的磷青铜后做成的，因此侧板与齿轮端面间有良好的摩擦性能。侧板的外侧为泵盖，在泵盖的槽内嵌有弓形密封圈 5 和密封挡圈 7，弓形密封圈的位置正好在齿轮泵压油区一侧，侧板 1 和 4 的厚度（2.4mm）比它外圈的垫板 2 和 3 的厚度小 0.2mm，因此在弓形密封圈内的侧板与盖板之间形成了一个密封腔 c，在这个密封腔中还有一个密封圈 6，使密封腔与泵的压油通道 a 隔开。在侧板 1 和 4 上各有两个小孔 b 和泵的过渡区的压力油相通，因此在弓形密封腔内充满了有一定压力的油液，侧板在压力油的作用下变形而紧贴在齿轮端面上，使侧板和齿轮端面仅有一层油膜的厚度。当端面磨损后，侧板继续弹性变形自动补偿间隙。弓形密封圈之所以要做成图中所示的形状，是考虑到侧板内侧的压力分布情况，从而使侧板外侧压紧力的作用点与侧板内侧反推力的作用点大体对准，达到良好的密封效果。而弓形密封圈内的压力油在侧板上的压紧力的大小是由弓形密封圈内油液的压力决定的，因为齿轮泵从吸油区到压油区的压力是逐渐分级增大的，因此只要适当选择侧板上小孔 b 的位置就可以使压紧

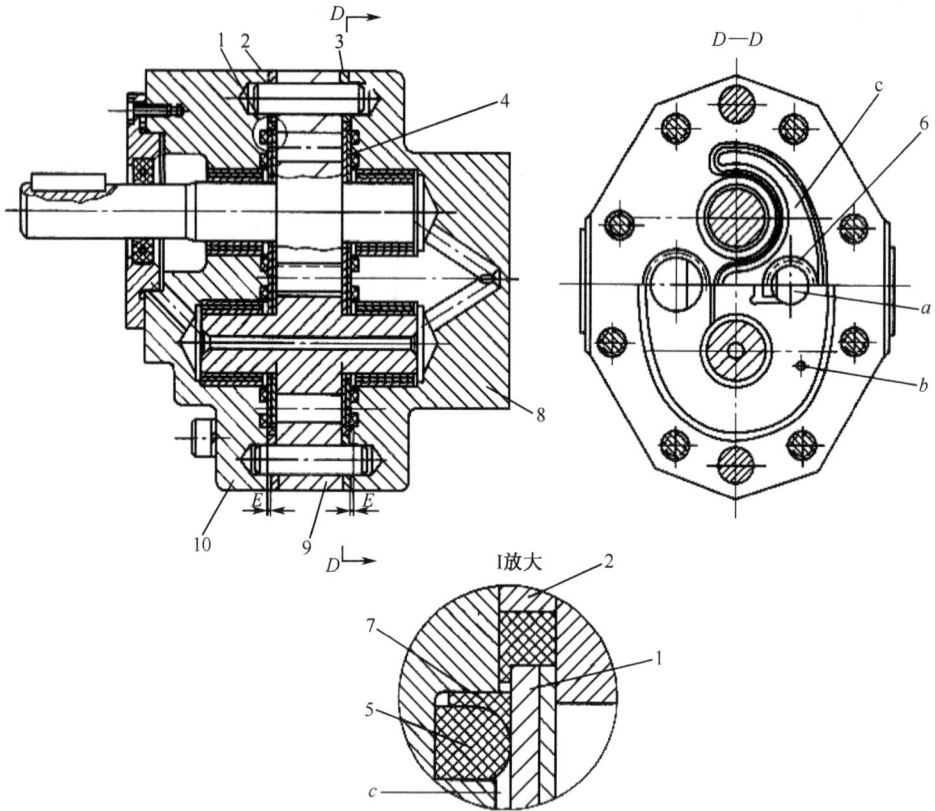

图 3-9　CB-F$_B$ 型齿轮泵

1、4—侧板；2、3—垫板；5—弓形密封圈；6—密封圈；7—密封挡圈；8—后泵盖；9—泵体；10—前泵盖；a—压油通道；b—小孔；c—密封腔

力的大小合适。这种补偿装置的特点在于：密封件结构复杂，又因侧板变形不均匀，所以侧板与齿轮端面间的磨损也不够均匀，端面磨损后补偿性能欠佳，因此没有得到广泛应用。

3.2.2　齿轮马达

　　如果将压力油输入齿轮泵，则压力油作用在齿轮上的转矩将使齿轮旋转，使齿轮输出轴输出一定的转矩，这时齿轮泵就成为齿轮马达。齿轮马达和齿轮泵在结构原理上是相同的，但具体结构上略有差异。

　　1. 工作原理

　　图 3-10 为外啮合齿轮马达的工作原理图。图中 P 点为两齿轮的啮合点，当压力油输入齿轮马达时，压力油分别作用在各齿面上。设齿高为 h，齿宽为 B，啮合

点到齿根的距离分别为 a 和 b。由图 3-10 知，在两个齿轮上各有一个使其产生转矩的作用力 $pB(h-a)$ 和 $pB(h-b)$，其中 p 为输入油液的压力，在上述作用力的作用下，两齿轮便按图示方向旋转，齿轮马达输出轴上就输出旋转力矩。

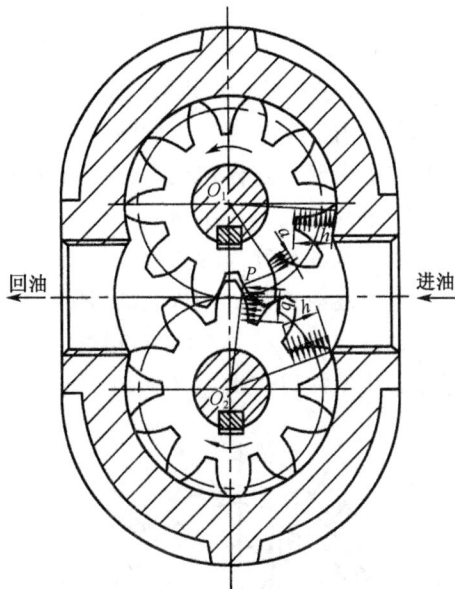

图 3-10　齿轮马达工作原理

2. 结构特点

（1）进、回油通道对称，孔径相同，以便正、反转时性能一样。

（2）采用外泄漏油孔。因马达回油有背压，另一方面，当马达正、反转时，其进、回油腔也相互变化，如果采用内部泄漏，易将轴端密封冲坏。所以，齿轮马达与齿轮泵的泄油方式不同。

（3）在结构上必须适应正、反转工作，因此浮动侧板、卸荷槽等亦须对称。

（4）常采用滚动轴承，主要是为了减少摩擦损失，改善马达的启动性能。

齿轮马达具有体积小、重量轻、结构简单、工艺性好、对污染不敏感、耐冲击、惯性小等优点。但由于密封性差，容积效率低，输出转矩较小，一般都用于高转速小转矩的场合。

3.3　叶片泵和叶片马达

叶片泵根据转子每转一转吸、压油次数的不同，分为双作用式叶片泵和单作用式叶片泵两种。前者为定量泵，后者一般为变量泵，而叶片马达则只有双作用式。

3.3.1 单作用叶片泵

1. 工作原理

单作用叶片泵的工作原理如图 3-11 所示。它由配油盘 1、转轴 2、转子 3、定子 4、叶片 5 和端盖组成。定子有圆柱形内腔，定子与转子之间存在偏心距 e。叶片装在转子槽中，并可在槽内滑动。当转子旋转时，叶片在离心力和叶片槽底部压力油的作用下，紧贴定子内壁，这样构成了若干密封容积。在端盖上设有配油窗口，左边为压油口，右边为吸油口，压油口与吸油口中间为封油区，它把吸油腔与压油腔隔开。封油区的宽度与叶片的间距大致相等。当转子按图示方向旋转时，叶片在右半部工作容积逐渐扩大，并从吸油口吸入油液。当相邻两个叶片转到上部，容积变得最大时，恰好处在封油区的位置。叶片继续旋转，在左半部工作空间逐渐缩小，将油液从压油口排出。

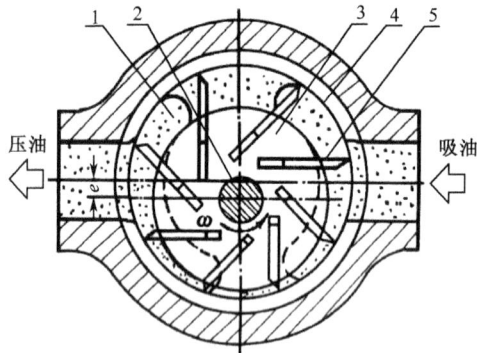

图 3-11　单作用叶片泵工作原理图
1—配油盘；2—转轴；3—转子；4—定子；5—叶片

这种叶片泵每转一圈，完成一次吸油和压油的工作，所以称为单作用叶片泵；它的缺点是转子受到来自压油腔作用的单向压力（径向力不平衡），使轴承受到较大的载荷，所以也称为非卸荷式叶片泵。单作用叶片泵通过调节偏心距 e，可以改变泵的流量，故可做成变量泵。

2. 排量计算

单作用叶片泵的排量 V 按下面的近似公式计算。当叶片沿转子径向安装时

$$V = 2eb(\pi D - \delta Z) \quad (\text{mL/r}) \tag{3-21}$$

式中，e 为定子与转子的偏心距，mm；D 为定子内径，mm；δ 为叶片厚度，mm；Z 为叶片数；b 为叶片宽度，mm。

转速为 n 时，理论流量为

$$q_t = 2e\, b(\pi D - \delta Z)n \quad (\mathrm{mL/min}) \qquad (3\text{-}22)$$

当叶片相对于转子径向偏斜 θ 时

$$V = 2e\, b\left(\pi D - \frac{\delta Z}{\cos\theta}\right) \quad (\mathrm{mL/r}) \qquad (3\text{-}23)$$

$$q_t = 2e\, bn\left(\pi D - \frac{\delta Z}{\cos\theta}\right) \quad (\mathrm{mL/min}) \qquad (3\text{-}24)$$

由上述计算式可以看出，改变单作用叶片泵转子和定子的偏心距 e，便可改变泵的排量（流量）。

单作用叶片泵的流量也有脉动。分析表明，叶片数越多，流量脉动越小；且奇数个叶片泵比偶数个叶片泵的流量脉动要小。因此，单作用叶片泵的叶片数均为奇数，一般为 13 片或 15 片。

3.3.2 双作用叶片泵

1. 工作原理

双作用叶片泵的工作原理如图 3-12 所示。它主要由叶片 1、定子 2、转子 3、壳体 4 和配流盘（图中未画出）等组成。当转子 3 和叶片 1 一起按图示方向旋转时，由于离心力的作用，叶片紧贴在定子 2 的内表面，把定子内表面、转子外表面和两个配流盘形成的空间分割为若干块密封容积。定子的内表面由八段曲线组成，即两段半径为 R 和两段半径为 r 的圆弧，以及连接这四段圆弧的过渡曲线。现观察其中任意两叶片间的密封容积：当这两叶片都在小半径 r 圆弧区内时，密封容积最小；而两叶片都在大半径 R 圆弧区内时，密封容积最大。因此随着转

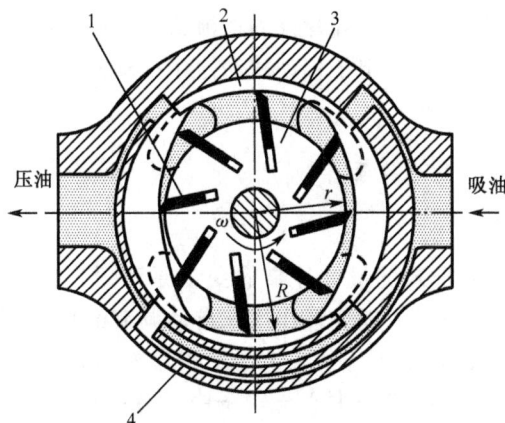

图 3-12 双作用叶片泵工作原理

1—叶片；2—定子；3—转子；4—壳体

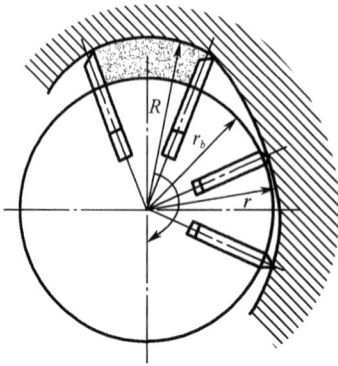

图 3-13   双作用叶片泵流量计算图

子的旋转，每一块密封容积周期性地变大和缩小，并通过位于转子两端面的配流盘的配流窗口吸油和排油。由于定子曲线的制约，转子转一圈，每个密封容积变化两个循环，所以密封容积每圈内吸油、压油各两次，故称为双作用泵。双作用使排量增加一倍，流量也相应增加。但双作用泵更重要的优点在于吸、压油口对称于旋转中心配置，旋转轴上受到的液压力是平衡的，轴和轴承上无径向载荷，有利于提高泵的工作压力。

2. 排量计算

如图 3-13 所示，双作用叶片泵的排量为

$$V = 2b(R-r)\left[\pi(R+r)-\frac{\delta Z}{\cos\theta}\right] \quad (\text{mL/r}) \qquad (3\text{-}25)$$

式中，r、R 分别为定子内表面圆弧部分的小、大半径，cm。

理论流量为

$$q_{\text{t}} = 2bn(R-r)\left[\pi(R+r)-\frac{\delta Z}{\cos\theta}\right] \quad (\text{mL/min}) \qquad (3\text{-}26)$$

3.3.3   限压式变量叶片泵

单作用叶片泵一般都做成变量泵。这类泵按其改变偏心距的方式不同，可分为手动变量叶片泵、限压式变量叶片泵和稳流式变量叶片泵等。限压式变量叶片泵又可分为内反馈和外反馈、定子移动式和定子摆动式两种。下面着重介绍机床中常用的限压式变量叶片泵。

1. 内反馈限压式变量叶片泵

1）变量原理

图 3-14 为内反馈限压式变量叶片泵的变量原理图。它是利用泵本身输出油对定子产生径向不平衡液压力的反馈作用来自动调节偏心距，从而达到改变流量的目的。转子 3 的中心 O_2 是固定的，定子 2 可以左右移动，在限压弹簧 4 的作用下，定子被推向左端，使定子中心与转子中心有一偏心距 e。流量调节螺钉 1 的调节位置决定了定子的最大偏心量，从而也决定了泵的最大流量。配流盘上的配流窗口不对称于水平轴，而是向限压弹簧 4 顺时针转过一个角 θ（一般为20°～35°）。因此当泵工作时，排油腔的压力油作用在定子上的合力 F 也转过一个角

θ，F 的大小随泵输出压力的大小而变化。F 在水平方向的分力 F_x 为 $F_x = F\sin\theta$，F_x 和限压弹簧 4 的作用力方向相反。当 F_x 大于弹簧力时，便将定子向右推移，于是偏心距 e 就减小，泵的流量便减小；当泵的工作压力较低，分力 F_x 尚不能克服弹簧力时，定子始终被弹簧推在最左边，此时偏心距最大，泵的流量也最大。

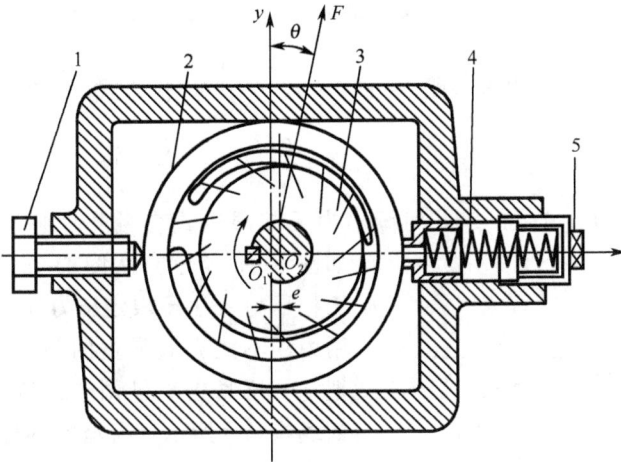

图 3-14　内反馈限压式变量叶片泵变量原理图
1—流量调节螺钉；2—定子；3—转子；4—限压弹簧；5—限压调节螺钉

2）变量特性

设限定压力为 p_B（用限压调节螺钉 5 来调节），与此相对应的限压弹簧 4 预压缩量为 x_0，则有

$$p_B A_x = K_s x_0 \qquad (3\text{-}27)$$

式中，A_x 为压力油作用于定子内表面在 x 方向的投影面积；K_s 为限压弹簧刚度。

当泵的压力 p 小于 p_B，即 $pA_x \leqslant K_s x_0$ 时，泵的流量为最大。当排油压力 p 升到高于限定压力 p_B 后，即 $pA_x \geqslant K_s x_0$ 时，这时压力油便进一步压缩弹簧，使偏心 e 减小，泵的流量也减小。

设最大偏心距为 $e_{\max}$，当偏心距减小为 e 时，则弹簧压缩量的增加值为 $x = e_{\max} - e$。此时定子的力平衡方程式为

$$pA_x = K_s(x_0 - x)$$

将 $x_0 = p_B A_x / K_s$，$x = e_{\max} - e$ 代入上式，整理后得

$$e = e_{\max} - \frac{A_x(p - p_B)}{K_s}, \quad p > p_B$$

泵的输出流量为

$$q = q_t - \Delta q = k_q e - k_l p \tag{3-28}$$

式中，k_q 为泵的流量常数；k_l 为泵的泄漏系数。

当 $pA_x < K_s x_0$ 时，定子处于极左端位置，这时有

$$\begin{cases} e = e_{max} \\ q = k_q e_{max} - k_l p \end{cases} \tag{3-29}$$

当 $pA_x > K_s x_0$ 时，定子右移，泵的流量减小，由式（3-25）得 $x = \dfrac{pA_x}{K_s} - x_0$，代入 $e = e_{max} - x$，得偏心距 $e = e_{max} + x_0 - \dfrac{pA_x}{K_s}$，代入式（3-27）得

$$q = k_q(x_0 + e_{max}) - \frac{k_q}{K_s}\left(A_x + \frac{K_s k_l}{k_q}\right)p \tag{3-30}$$

由式（3-29）、式（3-30）可画出内反馈限压式变量叶片泵的静特性曲线，

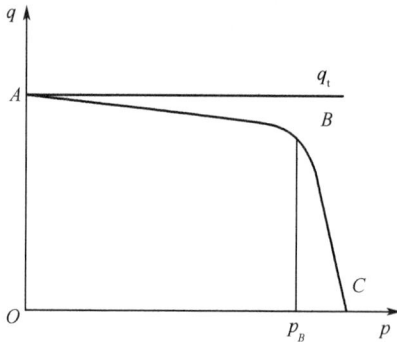

图 3-15　限压式变量叶片泵静特性曲线

如图 3-15 所示。从图 3-15 可知：当泵的工作压力 p 小于限定压力 p_B 时，油压的作用力还不能克服弹簧的预紧力，限压弹簧把定子压紧在流量调节螺钉上，泵的流量如线段 AB 所示（有泄漏的原因）。当泵的工作压力 p 超过 p_B 时，偏心距减小，输出流量随压力的增高而急剧减少，泵的流量按 BC 段曲线变化，C 点所对应的压力 p_C 为最大压力。调节流量调节螺钉，可使线段 AB 上下平移，即可得到不同的最大流量。调节限压调节螺钉可调节限定压力 p_B，从而使线段 BC 左右平移。改变限压弹簧的刚度 K_s 时，可改变线段 BC 的斜率。

限压式变量叶片泵适用于机床工作机构有快速轻载和慢速重载要求的液压系统中。当快速轻载时，变量泵工作在特性曲线的 AB 段；当慢速重载时，变量泵工作在特性曲线的 BC 段。与采用一个定量泵相比，限压式变量叶片泵可减少功率损耗，降低油液温升。因此它在机床液压系统中得到了广泛应用。

2. 外反馈限压式变量叶片泵

单作用式变量叶片泵还有一种外反馈式变量泵，如图 3-16 所示。从图 3-16 可知，它与内反馈限压式变量叶片泵结构原理基本相同，不同之处有：外反馈式配流盘上的配油窗口是对称于垂直轴线布置的；推动定子 5 移动的作用力是定子左边的外反馈柱塞 7，反馈柱塞的油腔是和压油腔直接相通的。设泵的输出压力

为 p，反馈柱塞的作用面积为 A_x，则作用在反馈柱塞上的液压作用力为 pA_x。当 p 较小，pA_x 小于右端限压弹簧调整力 F_s 时，定子不移动，泵处于用流量调节螺钉 8 调好的最大偏心距 e_{max} 下工作，泵的流量为最大。当由于负载增加，泵的输出压力增高到 pA_x 大于 F_s 时，外反馈柱塞 7 右移而压缩限压弹簧 4，使定子与转子的偏心距 e 减小，泵的流量也减小，直至处于稳定平衡状态（即 $pA_x = F_s$）为止，则泵的流量就处于某一值。当泵的输出压力大到使泵内偏心距很小，泵的流量全部用于补偿泄漏时，泵的输出流量为零。此时不管外负载怎么增加，泵的输出压力也不会再增加。所以其流量-压力特性（即静特性）曲线与内反馈式也是相同的。

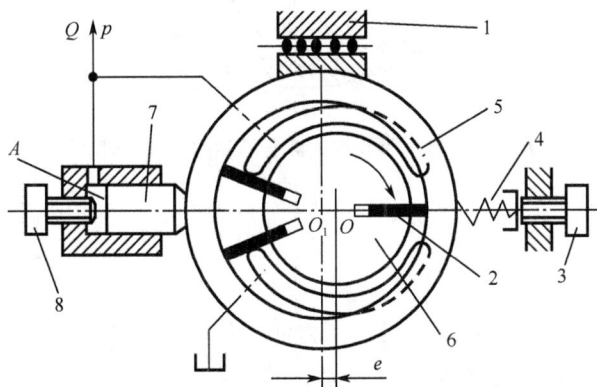

图 3-16　外反馈限压式变量叶片泵
1—滑块；2—叶片；3—压力调节螺钉；4—限压弹簧；5—定子；
6—转子；7—外反馈柱塞；8—流量调节螺钉

3.3.4　叶片式液压马达

1. 工作原理

图 3-17 为双作用叶片式液压马达的工作原理图。当压力为 p 的油液从进油口进入叶片马达时，位于进油腔中的叶片 4 因两面均受压力油的作用，所以不产生扭矩，位于封油区的叶片 1、5 和 3、7 受到方向相反的液压推力，但叶片 1、5 的伸出长度大于叶片 3、7 的伸出长度，所以叶片 1、5 受到的液压力作用面积大于叶片 3、7 受到的液压力作用面积，因而叶片 1、5 产生的扭矩大于叶片 3、7 产生的扭矩，因此转子带着马达轴做顺时针方向回转。定子长、短半径的差值越大，转子直径越大，以及输入油压越高时，液压马达输出扭矩也越大。改变输油方向时，就可改变液压马达的旋转方向。

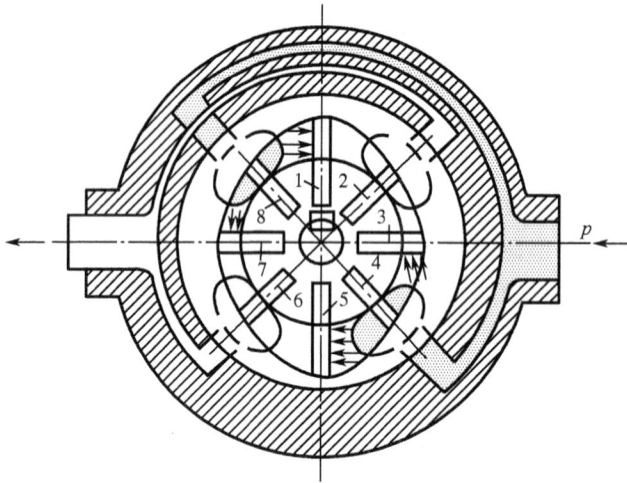

图 3-17　双作用叶片式液压马达的工作原理图
1～8—叶片

2. 结构特点

从原理上讲，只要向叶片泵输入压力油，就可以当作马达使用，但由于两者的作用不同，因此结构上还是有些差别。叶片马达和叶片泵在结构上的主要差别有：

（1）为使叶片顶部始终和定子保持紧密接触，在结构上采取了在转子两侧槽内装有压在叶片底部的燕形弹簧。

（2）叶片径向放置，其顶端两边对称倒角，以适应正、反转的要求。

（3）叶片底部有高压油，将叶片压向定子，以保证接触可靠。为保证变换进、出油口（正、反转）时叶片底部都通压力油，在泵体中装有两个单向阀。

叶片马达的体积小，转动惯量小，因此动作灵敏，允许高频换向，且输出角速度和输出扭矩的脉动小；但泄漏较大，不能在很低的转速下工作。叶片马达的转速最高可达 2000r/min，最低一般不低于 100r/min，因此适用于高转速小扭矩以及要求动作灵敏的场合。

3.4　柱塞泵和柱塞马达

柱塞泵是靠柱塞在缸孔中往复运动造成密封容积变化来实现吸油与压油的一类液压泵。由于柱塞泵压力高，结构紧凑，效率高，流量调节方便，故在需要高压、大流量、大功率的系统中和流量需要调节的场合，如龙门刨床、拉床、液压机、工程机械、矿山机械、冶金机械、船舶上得到广泛应用。

柱塞泵和柱塞马达按柱塞的排列和运动方向不同，可分为轴向柱塞式和径向柱塞式两大类。

3.4.1　轴向柱塞泵和轴向柱塞马达

轴向柱塞泵及马达，是指柱塞在缸体内轴向排列并沿圆周均匀分布，柱塞的轴线平行于缸体的旋转轴线。

因为轴向柱塞泵及马达的工作压力较高，可达 32～40MPa，转速为 1000～3000r/min，容积效率高（一般为 95％左右），并且在结构上容易实现变量等优点，故得到了广泛应用。

轴向柱塞泵按其结构的不同可分为斜盘式和斜轴式两大类。

1. 斜盘式轴向柱塞泵

1）工作原理

图 3-18 所示为斜盘式轴向柱塞泵（简称斜盘泵）的工作原理图。在旋转缸体 3 中安装柱塞 2 和弹簧 4，弹簧 4 一端使柱塞球头与斜盘 1 保持紧贴（强制柱塞回程吸油），另一端使缸体压向固定的配油盘 5。配油盘上有两个月牙形吸压油槽分别与泵的进出油口连通，两槽间隔大于与柱塞孔对应的缸体底部的椭圆孔，以不致互相沟通。当缸体按图示箭头方向转动时，斜盘和配油盘不动，柱塞 2 沿斜盘滑动，由于斜盘相对缸体轴线倾斜一个角度 α，迫使柱塞在缸体内做往复直线运动。按图示转向，在 $\overparen{ABC}$ 半周时，柱塞在弹簧作用下外伸，柱塞腔的容积增大，形成真空而吸油；在 $\overparen{CDA}$ 半周时，斜盘推动柱塞返回，柱塞腔容积减小而压油。

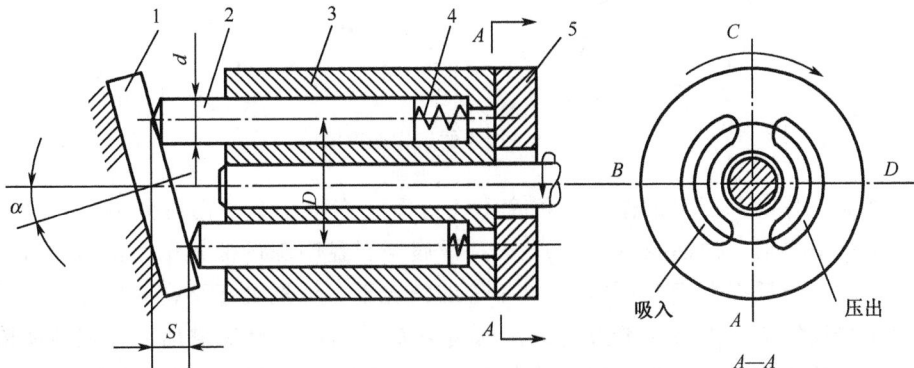

图 3-18　斜盘式轴向柱塞泵的工作原理图

1—斜盘；2—柱塞；3—旋转缸体；4—弹簧；5—配油盘

　　由于柱塞的吸压油是与缸体旋转时同时进行的,而外接的吸压油管是不动的,因此必须用配油盘将旋转的柱塞腔与固定不动的管子连通起来,配油盘上的月牙槽就是用来保证在 $\overparen{ABC}$ 半周的柱塞与吸油腔相通,在 $\overparen{CDA}$ 半周的柱塞与压油腔相通,以顺利实现柱塞腔的配油。

　　配油盘相对斜盘的安装位置很重要。必须使配油盘的月牙槽相对斜盘的两侧布置,如果按图示位置将配油盘转动90°安放,泵就不能工作。

　　斜盘的倾角 α 固定不变,则为定量泵;如果倾角 α 可调节,则为变量泵。

　　2)结构特点及其流量计算

　　(1)结构特点。

　　①静压平衡滑履。

　　静压平衡滑履结构如图 3-19 所示。柱塞的球形头与滑履内球面接触,并能沿任意方向转动。而滑履的平面与斜盘接触,这就大大降低了接触应力。通过柱塞的小孔 f 和滑履上的小孔 g 把压力油引到 A 腔,使滑履和斜盘间形成一定厚度的油膜,即形成静压支承。

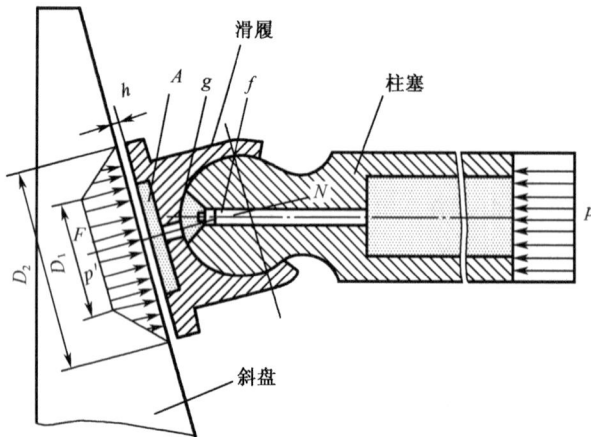

图 3-19　滑履的工作原理图

　　当泵工作时,压力油作用在柱塞上,对滑履产生一个法向压紧力 N,使滑履压向斜盘平面,而油腔 A 的油压 p' 及滑履与斜盘间隙的液体压力给滑履一个反推力 F,当反推力 F 与压紧力 N 相等的情况下,滑履处于平衡状态,并保持一个最佳间隙 h。如果反推力过大,则间隙 h 增加,使泄漏增加,容积效率降低;如果反推力过小,则间隙 h 减小,可能使油膜受到破坏,磨损严重。因此,保证滑履和斜盘间有一个最佳油膜厚度,既能使磨损小,又能保证有较高的容积效率,这是斜盘式轴向柱塞泵一个十分重要的问题。

②配油盘。

图 3-20 所示为 CY14-1 型轴向柱塞泵的配油盘。

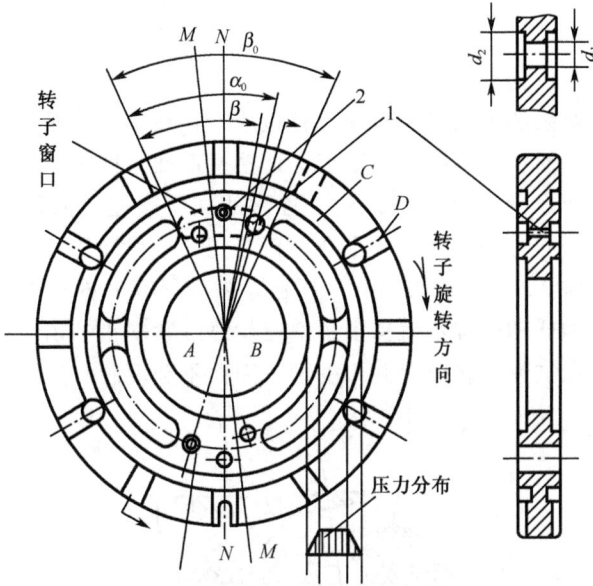

图 3-20　CY14-1 型轴向柱塞泵配油盘
1、2—阻尼孔

图中窗口 A、B 分别为吸、排油窗口，并分别与泵体上的吸、排油口相通。

该配油盘的特点是在过渡密封区内通过开阻尼孔 1 的办法来消除困油现象。阻尼孔 1 由直径为 d_1 和 d_2（$d_1 < d_2$）的两个节流小孔组成（图 3-20），d_1 是固定节流孔，而 d_2 却随着缸体上窗口遮盖它的程度而改变其节流面积，起可变节流孔的作用。阻尼孔 1 与窗口 B 相通，通孔 2 与 A 相通（它们均是通过壳体上开槽使之沟通的）。整个过渡密封区的包角为 β_0（吸油窗口 A 与排油窗口 B 端部边界的包角），而吸油窗口 A 到阻尼孔 1 的边界的包角为 β，而缸体底部的窗口包角为 α_0。此结构在设计时，使 $\alpha_0 > \beta$（一般为 $8' \sim 51'$），即所谓的负封闭。

在安装配油盘时，使配油盘的对称轴线 N—N 相对斜盘的垂直轴线 M—M 沿缸体旋转方向偏转角 α（一般 α 为 $5° \sim 60°$），其目的在于：当缸体的月牙形窗口对称于 M—M 轴线的中间位置时，恰好和吸油腔脱开，这样就消除了闭死容积由于体积增大、压力下降而形成真空的过程，当闭死容积从 M—M 轴线中间位置转向高压腔一边时，闭死容积减小，压力升高，但此时用阻尼孔 1 的结构来消除困油现象的影响，决定了配油盘必须偏转角 α；否则在过渡密封区将会使吸、压油腔相通，这是绝对不允许的。

由于配油盘偏转角 α，所以 CY14-1 型泵的旋转方向一定，不可逆转，因此该泵不能作为液压马达使用。

在配油盘的过渡密封区上还有几个盲孔，孔中储存着油液，当缸体完全遮盖它们时，孔中的油压会比油膜压力高一些，这样就形成了一个液压垫，起着润滑和缓冲作用。

③柱塞的回程机构。

由于轴向柱塞泵的滑履和斜盘间无直接连接，在排油阶段是靠斜盘强制推动柱塞缩入缸体的。但在吸油阶段却不能保证柱塞返回（即柱塞向外伸出），因此，轴向柱塞泵采用回程盘（图 3-21）解决柱塞的回程问题。回程盘 2 是一个圆盘形的零件，在一个同心圆上开有 n 个孔，正好把 n 个滑履压住，中间有一个半球形窝，内放一钢球 3，而钢球被内套 4 压住，内套里有一根小弹簧顶着，这根小弹簧通过内套、钢球和回程盘就保证了滑履始终贴紧斜盘。由于这根小弹簧处于中心位置，所以在缸体旋转时它并不变形，因而不会疲劳。

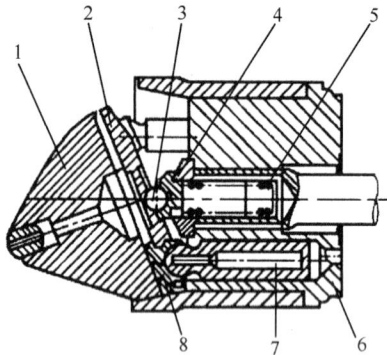

图 3-21　回程盘

1—斜盘；2—回程盘；3—钢球；4—内套；5—弹簧；
6—缸体；7—柱塞；8—滑履

（2）轴向柱塞泵的流量计算。

瞬时流量：泵的瞬时流量与柱塞运动的相对速度有关。从图 3-22 可以得到柱塞的轴向位移为

$$S = R\tan\alpha(1 - \cos\varphi) \tag{3-31}$$

式中，φ 为柱塞相对于斜盘中心线转过的角度。相应的相对速度为

$$v = \frac{\mathrm{d}S}{\mathrm{d}t} = R\omega\tan\alpha\sin\varphi \tag{3-32}$$

式中，R 为柱塞中心分布圆半径，mm；ω 为缸体的回转角速度，$\omega = \mathrm{d}\varphi/\mathrm{d}t$；$\alpha$ 为斜盘倾角。

根据相对速度 v 和柱塞的工作面积 A 可以求得单个柱塞的瞬时排量为

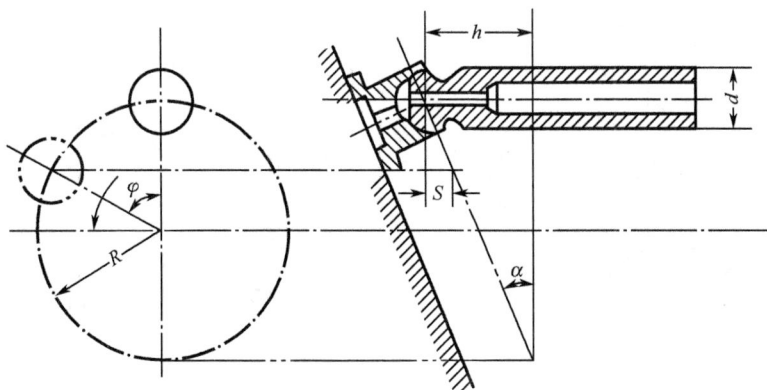

图 3-22　斜盘式轴向柱塞泵流量计算简图

$$V_{oi} = Av = \frac{\pi}{4} d^2 R \omega \tan\alpha \sin\varphi_i \qquad (3\text{-}33)$$

整个泵的瞬时流量 q_i 应为处于排油区同时工作的柱塞瞬时排量之和，即

$$q_i = \sum_{i=1}^{k} V_{oi}$$

$$= \frac{\pi}{4} d^2 \omega R \tan\alpha \left[\sin\varphi + \sin\left(\varphi + \frac{2\pi}{Z}\right) + \sin\left(\varphi + \frac{4\pi}{Z}\right) + \cdots \right] \qquad (3\text{-}34)$$

式中，K 为同时处于排油区的柱塞数；d 为柱塞直径，mm；Z 为柱塞总数。

从式（3-33）可以看出，轴向柱塞泵的瞬时流量与结构参数（d、R、α）、角速度（ω）和柱塞转角（φ）的正弦函数和柱塞数目（Z）有关。当斜盘倾角和泵转速一定时，瞬时流量是一条随转角 φ 而变化的正弦函数曲线。通过进一步的数学分析可知，轴向柱塞泵的流量脉动率 δ_B 和脉动周期 T 与柱塞总数 Z 有关。随着 Z 的增加，δ_B 逐渐减小，而脉动频率增大，且奇数柱塞泵的脉动频率较偶数柱塞泵为大，即流量脉动率小，如图 3-23 所示。

平均排量：由图 3-22 知斜盘泵一个柱塞腔每转一圈的平均排量为

$$V' = \frac{\pi}{4} d^2 h = \frac{\pi}{2} d^2 R \tan\alpha \quad (\text{mL/r}) \qquad (3\text{-}35)$$

式中，h 为柱塞的最大行程，mm。

所以，泵每转一圈的平均排量 V 和每分钟的实际流量 q 分别为

$$V = \frac{\pi}{2} d^2 R Z \tan\alpha \quad (\text{mL/r}) \qquad (3\text{-}36)$$

$$q = \frac{\pi}{2} d^2 R Z n \eta_v \tan\alpha \times 10^{-3} \quad (\text{L/min}) \qquad (3\text{-}37)$$

式中，Z 为柱塞数；n 为泵的转速，r/min；η_v 为泵的容积效率。

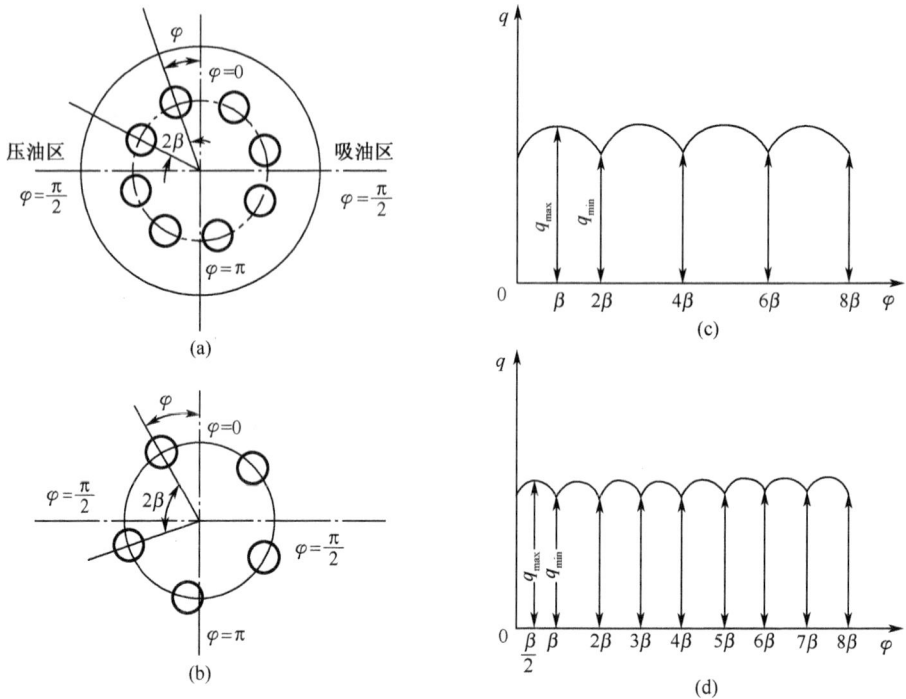

图 3-23　斜盘泵瞬时流量变化图

3）变量机构

易于实现变量是轴向柱塞泵的优点之一。如果斜盘倾角在 0 到 $+\alpha$ 范围内变化，为单向变量泵，即只能改变液体流量的大小，而不能改变液体流动的方向；如果在 $+\alpha$ 到 $-\alpha$ 范围内变化，则为双向变量泵，既能改变液体流量的大小，又能改变液体流动的方向。下面分别介绍手动变量、手动伺服变量和压力补偿变量机构的结构和工作原理。

（1）手动变量机构。

图 3-24 所示为 CY14-1 型手动变量斜盘泵。

用手转动手轮 1，使调节螺杆 2 转动，带动变量活塞 3 沿轴向移动，通过销轴 6 使斜盘 8（又叫变量头）绕其耳轴转动，以改变倾角 α 的大小和方向，从而改变排量的大小和液流的方向。

手动变量机构的结构简单，但操纵力大，一般适用于中小功率变量泵。

（2）手动伺服变量机构。

图 3-25 所示为 CY14-1B 型轴向柱塞泵的手动伺服变量机构。泵输出的高压油由通道 a 经单向阀，进入变量壳体 5 的下腔 d，作用在变量活塞 4 的下端。当拉杆不动时，上腔 g 处于封闭状态，变量活塞不动。当拉杆向下移动时，推动

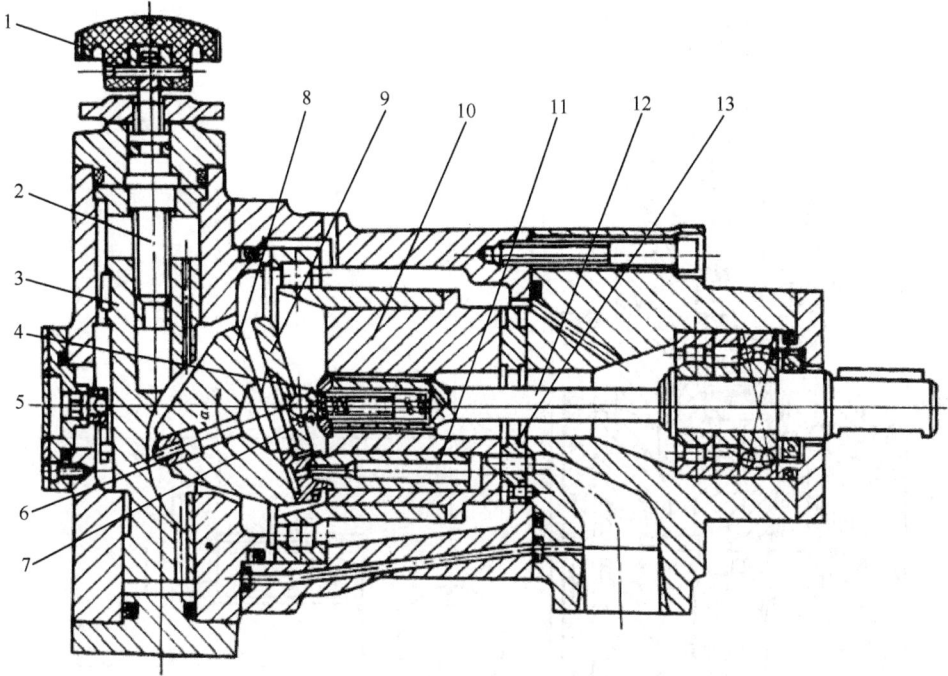

图 3-24　CY14-1 型手动变量斜盘泵结构简图

1—手轮；2—调节螺杆；3—变量活塞；4—外套；5—钢球；6—销轴；7—内套；8—斜盘；
9—回程盘；10—缸体；11—柱塞；12—传动轴；13—配流盘

伺服滑阀 1 一起向下移动，d 腔的压力油经通道 e 进入上腔 g。由于上腔 g 的作用面积大于下腔 d 的面积，故向下的液压力大于向上的液压力，使变量活塞向下移动，直到伺服滑阀 1 将变量活塞上的油道 f 的油口封闭为止，所以变量活塞的移动量等于拉杆的移动量。当变量活塞向下移动时，通过轴销带动斜盘 3 绕钢球中心逆时针摆动，斜盘倾角增加，泵的输出流量随之增加。当拉杆向上拉时，伺服滑阀将通道 e 关闭，上腔 g 通过卸压油道 f 接通油箱而卸压，变量活塞向上移动，直到伺服滑阀将卸压通道关闭为止。它的移动量也等于拉杆的移动量。这时，斜盘也被带动做相应的摆动，使倾角减小，泵的流量相应减小。

　　由上可知，伺服变量机构是通过操纵液压伺服滑阀动作，利用泵输出的压力油来推动变量活塞实现变量的。

　　2. 斜轴式轴向柱塞泵

　　斜轴式轴向柱塞泵（简称斜轴泵）是由传动轴经连杆强制柱塞做往复运动，而缸体与传动轴轴线倾斜一个倾角。

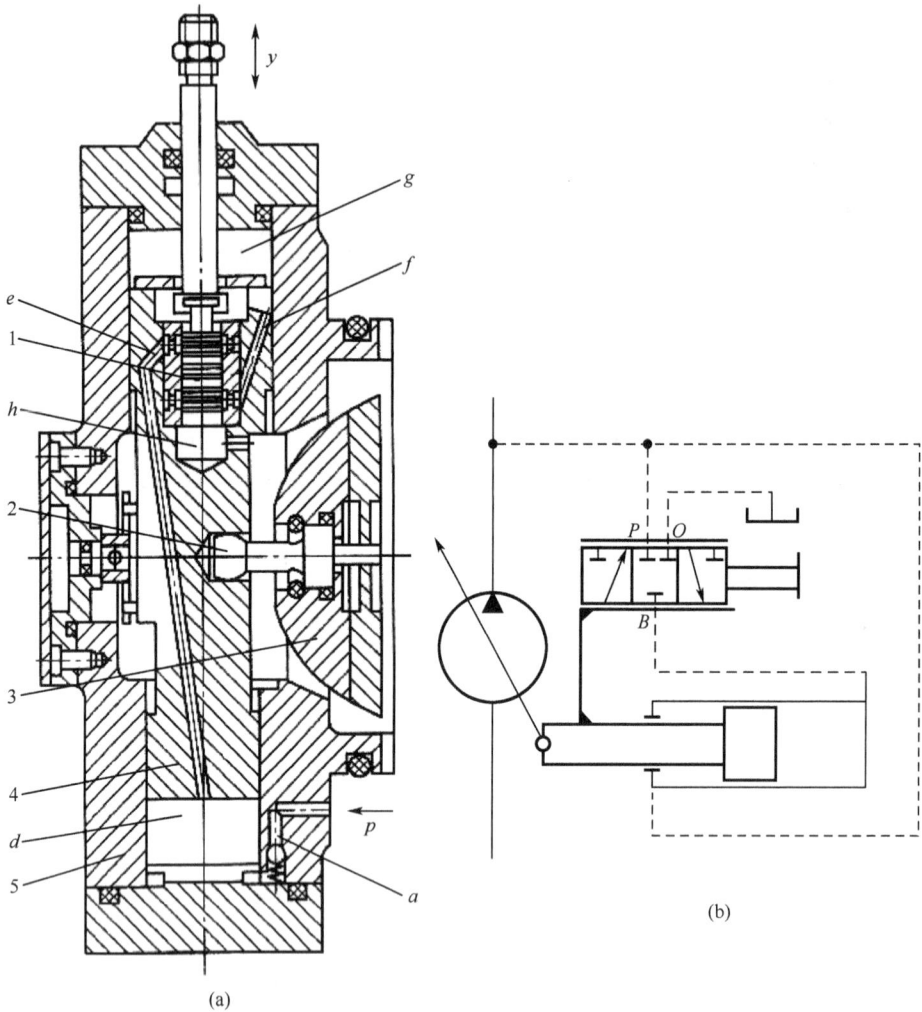

图 3-25　手动伺服变量机构

1—伺服滑阀；2—轴销；3—斜盘；4—变量活塞；5—变量壳体

由于斜轴式轴向柱塞泵具有自吸能力强、耐冲击性能好、结构强度高等优点，因而广泛应用于冶金、矿山、建筑和工程机械中；但由于结构较复杂、体积较大、重量较重，故在采煤机、挖掘机上应用较多。

1）工作原理

斜轴泵的工作原理如图 3-26 所示。

斜轴泵由法兰传动轴 1、连杆 2、柱塞 3、缸体 4 和配流盘 5 等主要零件组成。

法兰传动轴 1 为驱动轴，轴的前端做成法兰盘状，盘上有 Z 个球窝（Z 为柱

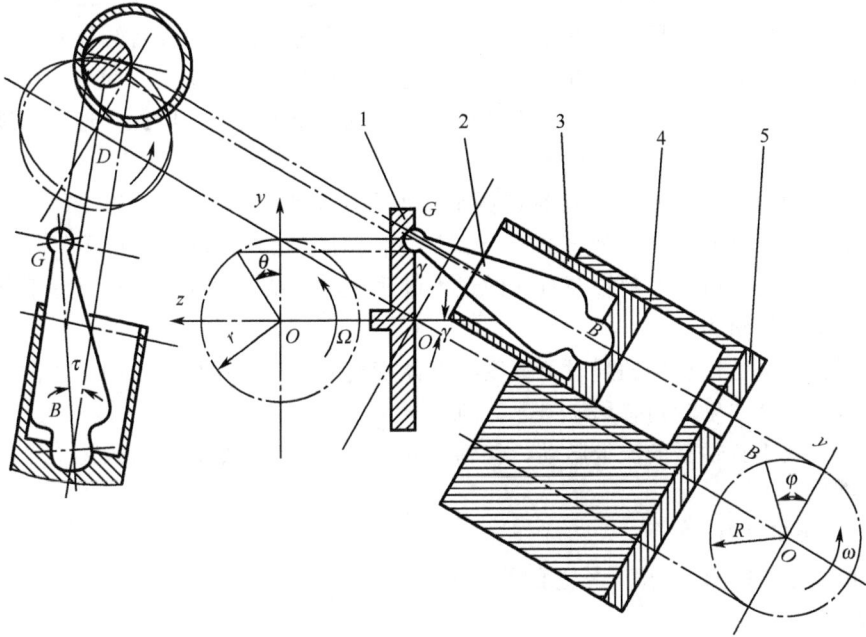

图 3-26　斜轴泵的工作原理图

1—法兰传动轴；2—连杆；3—柱塞；4—缸体；5—配流盘

塞数），均布在同一个圆周上，用以支承连杆 2 的球头，并用压板与法兰盘连在一起形成球铰，其中心点为 G，分布圆半径为 r。连杆 2 的另一端球头铰接于柱塞 3 上，其中心点为 B，分布圆半径为 R。

法兰传动轴 1 是等速旋转的，其角速度为 Ω，当法兰传动轴 1 旋转某角度 θ，在连杆 2 的轴线与柱塞 3 的轴线之间形成夹角 τ 时，连杆锥面就与柱塞内壁接触，带动缸体旋转，缸体的转角为 φ，缸体的旋转角速度为 ω，则 $\varphi = \omega t$，由于斜轴泵的连杆数与柱塞相同，所以这些连杆将在不同的时间内轮流与柱塞内壁接触而带动缸体旋转。因此，在运动过程中，从一根连杆与柱塞内壁接触转换为另一根连杆与柱塞内壁接触的过程中，要发生撞击现象。

由于缸体相对于传动轴轴线具有倾角 γ，因而在法兰传动轴旋转时，法兰盘通过连杆带动柱塞在缸体内做直线往复运动。当柱塞向外伸出时，柱塞腔密封容积增加，形成局部真空而吸入液体，这就是斜轴泵的吸油过程；当柱塞向缸体内运动时，柱塞腔密封容积减小而排油，这就是斜轴泵的排油过程。通过固定的配流盘进行配流，使吸油过程和排油过程分别与吸油管路和压油管路相通。由于柱塞在连杆的强制作用下做往复运动，所以，斜轴泵的自吸能力强，这是斜轴泵的优点之一。

当泵工作时，在排油过程中，压力油作用在柱塞上的力使连杆受压，所以，斜轴泵主要靠连杆受压传递有效转矩，对柱塞不产生径向力，而且缸体基本上不受径向力，因此，斜轴泵耐冲击性能好，这也是斜轴泵的一个主要优点。而缸体的旋转是靠连杆与柱塞内壁接触来带动的，只克服摩擦力矩。因此，连杆必须是圆锥杆，其锥度由设计计算时严格决定。

缸体倾角 γ 固定不变，则为定量泵；如果缸体倾角 γ 可以调节，则为变量泵。缸体倾角 γ 的调节值为 $-25°\sim+25°$。由于柱塞在连杆的强制作用下在缸体内做往复运动，所以，斜轴泵缸体的最大倾角比斜盘泵斜盘倾角要大（一般斜盘泵最大斜盘倾角为 20°）。

斜轴泵法兰传动轴的瞬时角速度与缸体旋转的瞬时角速度并不相等，两者间存在转角差。如果转角差用 ψ 表示，则 $\psi=\theta-\varphi$。

为了减小斜轴泵的流量脉动，斜轴泵的柱塞数也取奇数，一般采用 7 个柱塞的较多。

2）排量计算

由图 3-26 中可看出，柱塞的行程 L 为

$$L = 2r\sin\gamma$$

所以，斜轴泵排量为

$$V = \frac{\pi}{4}d^2LZ = \frac{\pi}{2}d^2rZ\sin\gamma \tag{3-38}$$

因此，斜轴泵的平均流量 q 为

$$q = \frac{\pi}{2}d^2rZn\sin\gamma\eta_v \tag{3-39}$$

式中，d 为柱塞直径，mm；r 为连杆球铰心在法兰盘上的分布圆半径，mm；Z 为柱塞数；n 为泵主轴转速，r/min；η_v 为泵的容积效率；γ 为斜轴泵缸体倾角。

3. 轴向柱塞马达

轴向柱塞泵和马达具有可逆性（阀式配流除外）。斜盘式和斜轴式马达工作原理相同。因此，下面以斜盘式轴向柱塞马达为例，其工作原理如图 3-27 所示。斜盘和配油盘固定不动，缸体及其中的柱塞可绕缸体的水平轴线旋转。当压力油经配油盘通入缸孔进入柱塞底部时，柱塞受油压力作用向外顶出，紧紧压在斜盘面上。这时斜盘对柱塞的反作用力为 N。由于斜盘有一倾角，所以力 N 可分解为两个分力：一个是轴向分力 S，平行于柱塞轴线，并与柱塞油压力平衡；另一个分力是 F_T，垂直于柱塞轴线。它们的计算值分别为 $S = p\frac{\pi}{4}d^2$，$F_T = S\tan\alpha$。分力 F_T 对缸体轴线产生扭矩，带动缸体旋转；缸体再通过主轴（图中未标明）向外输出转矩和转速，成为液压马达。由图可见，处于压油区（半周）内每个柱

塞上的分力对缸体产生的瞬时转矩为

$$T_{Mi} = F_T h = F_T R \sin\alpha'$$ (3-40)

式中，h 为力 F_T 与缸体轴线的垂直距离；R 为柱塞分布圆半径；α' 为压油区内柱塞对缸体轴线的瞬时方位角。

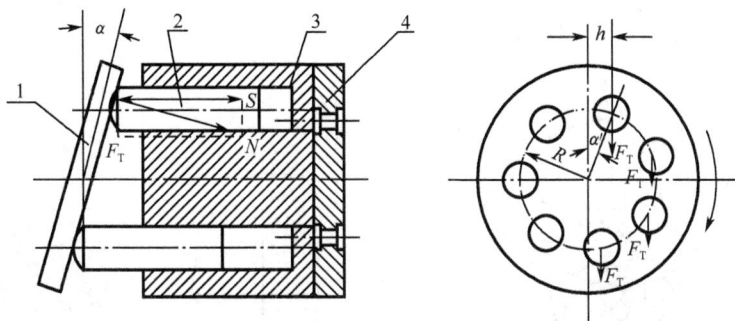

图 3-27　轴向柱塞马达工作原理图

1—斜盘；2—柱塞；3—缸体；4—配油盘

　　液压马达的输出转矩等于处于压油区（半周）内各柱塞瞬时转矩 T_i 的总和。由于柱塞的瞬时方位角是变化的，使 T 也按正弦规律变化，因而马达输出的转矩也是脉动的。

　　马达输出的平均转矩为

$$T_M = \frac{\Delta p_M V_M}{2\pi} \eta_{Mm}$$ (3-41)

而

$$V_M = \frac{\pi}{4} d^2 2R \tan\alpha Z$$ (3-42)

故

$$T_M = \frac{1}{4} \Delta p d^2 R \tan\alpha Z \eta_m$$ (3-43)

式中，Δp_M 为马达进出口压差；V_M 为马达理论排量；η_{Mm} 为马达的机械效率。

　　马达平均转速的计算式为

$$n_M = \frac{q_M}{V_M} \eta_{Mv}$$ (3-44)

式中，q_M 为输入马达的流量；η_{Mv} 为马达的容积效率。轴向柱塞马达的容积效率 η_{Mv} 较高，达 95% 以上。

3.4.2　径向柱塞泵和径向柱塞马达

1. 径向柱塞泵

柱塞的安装和运动方向与传动轴半径方向一致的柱塞泵统称为径向柱塞泵，它的工作原理如图 3-28 所示。

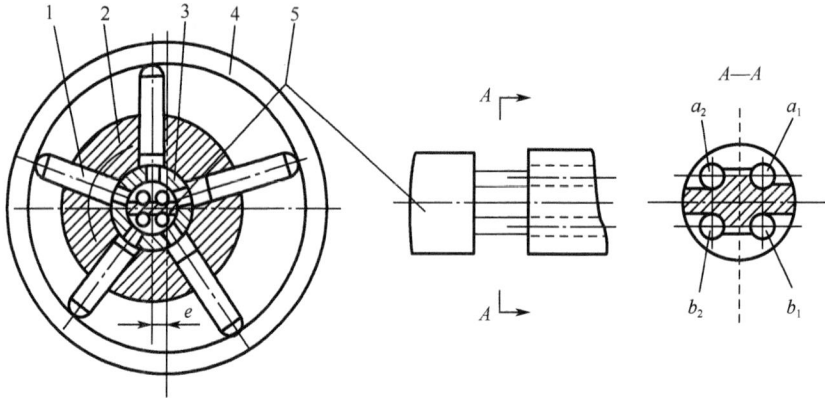

图 3-28　径向柱塞泵工作原理图
1—柱塞；2—缸体；3—轴套；4—定子；5—配油轴

配油轴上轴向钻有 4 个孔，a_1、a_2、b_1、b_2。a_1、a_2 左端接吸油管，b_1、b_2 左端接排油管，4 个孔右端堵死。在配油轴和装有轴套的缸体配合处，轴上、下各开一缺口，如图 3-28 中 A—A 断面所示。因配油轴是不转的，当原动机带动缸体顺时针方向转动时，柱塞在离心力和液压力作用下伸出，紧紧顶住定子 4 的内表面上。由于偏心的存在，转在上半周的柱塞逐渐伸出，柱塞底部的密封腔容积将逐渐增大，形成局部真空，油箱的油液即通过轴向孔 a_1、a_2，由轴套上孔道进入柱塞底部缸孔内。当柱塞转到下半周时，柱塞被定子内表面强迫压进缸孔，其容积逐渐减小，油液被挤压并通过轴套孔进入孔 b_1、b_2 而排出泵外。a_1、a_2 与 b_1、b_2 中间被隔开，分成吸油区和压油区。

泵的输出流量的大小与偏心距 e 有关。如果将偏心距 e 做成可调的，使定子能在水平方向移动以改变偏心距 e，就成为变量泵了。偏心距越大，输出流量也越大；偏心距为零，输出流量为零；偏心距方向改变，则泵的吸油和排油方向也互相变换。配油轴 5 与轴套 3 之间的配合间隙既不能过小，又不能过大。过小易造成咬死或磨伤，过大会引起严重泄漏。可见，这个配合间隙直接影响泵的工作压力和容积效率。配油轴上的上下缺口一边受高压，另一边受低压，使配油轴承受很大的单向负载。为此，配油轴一般都做得比较粗，以免变形过大。上下缺口的密封宽度应正好能遮住轴套上的油口。宽度过小，两缺口相接通而产生泄漏；宽度过大，则易产生困油现象。

径向柱塞泵目前广泛用于拉床、压力机、船舶等需要高压的设备上。径向柱塞泵的性能稳定，耐冲击性好，工作可靠，寿命长；但结构复杂，外形尺寸和质量较大，故近年有逐渐被轴向柱塞泵代替的趋势。

2. 径向柱塞马达

径向柱塞马达类型较多，下面只介绍径向低速大扭矩液压马达。

由于低速大扭矩液压马达的输出扭矩大，转速低，可直接和工作机构连接，不用减速器，使整个机械结构紧凑，尺寸小，重量轻，在起重运输、矿山机械与工程机械上得到广泛的应用。

目前低速大扭矩液压马达主要有三种结构形式：单作用的曲轴连杆式、静力平衡式、多作用的内曲线式。

1）曲轴连杆式液压马达

曲轴连杆式是一种单作用低速大扭矩液压马达，即当转子旋转一圈时，每个柱塞往复工作一次。这种马达结构简单、制造容易、价格低，但其体积和质量较大，存在转速和扭矩脉动，低速稳定性比内曲线马达差。目前连杆式马达的额定工作压力可达 21MPa，最高工作压力可达 31.5MPa，最低稳定转速为 5r/min。

曲轴连杆式液压马达工作原理如图 3-29 所示。五星壳体 1 内，沿圆周均布有 5 个缸孔，缸孔内装有柱塞 2 并与连杆 3 的球头铰接，连杆的另一端做成鞍形曲面并紧贴在曲轴 4 的偏心圆柱上，配油轴 5 与曲轴相连，曲轴转动将同时带动

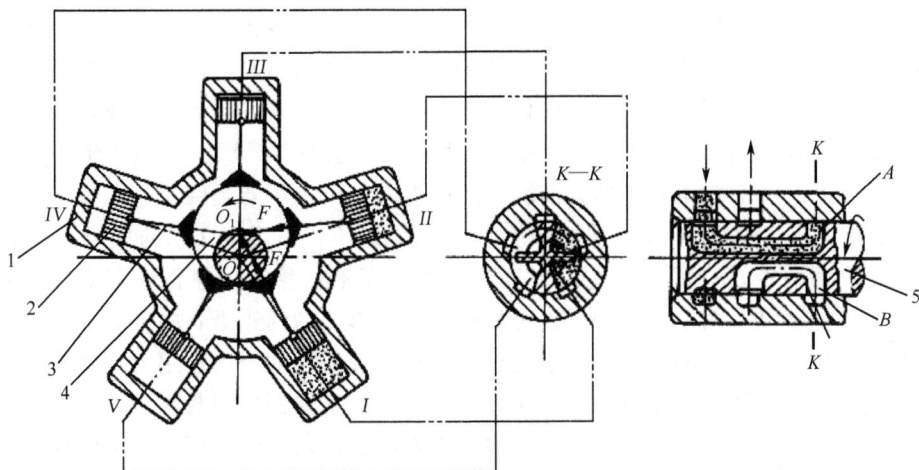

图 3-29　曲轴连杆式液压马达工作原理图
1—五星壳体；2—柱塞；3—连杆；4—曲轴；5—配油轴

配油轴一起转动。

马达是怎样驱动曲轴转动从而输出扭矩的呢？假定泵供给的压力油液经管道输入马达配油轴的 A 腔，然后分配到柱塞缸孔 I、II 腔的顶部。柱塞在压力油液的作用下在缸孔中做轴向运动，并通过连杆 3 把液压力传递到曲轴上。各柱塞所产生的液压力都通过曲轴大圆的几何中心 O_1，对曲轴的回转中心 O 将形成一个扭矩，驱动曲轴按逆时针方向旋转而输出扭矩。与此同时，和配油轴 B 腔相通的柱塞孔 IV、V 中的柱塞在曲轴和连杆的作用下沿缸的轴向运动，通过 B 腔排油。柱塞缸 III 处于瞬时被封闭状态，此时柱塞恰好运动到缸孔的顶部而瞬时停止。随着曲轴的转动，配油轴在曲轴的带动下也相对于壳体转动，使压力油腔 A 和排油腔 B 将依次与各柱塞缸接通，凡是与压力油腔 A 相通的柱塞缸就对轴产生扭矩。驱动曲轴旋转而输出扭矩。凡是与排油腔 B 相通的柱塞孔均处于排油状态，对曲轴不产生有效扭矩。凡是与 A、B 两腔瞬时均不接通的柱塞缸，则处于瞬时封闭状态，柱塞位于缸孔的顶部或底部而瞬时停止运动。该柱塞缸的轴线与曲轴的 OO_1 连线在一条直线上。从整个马达来看，总是有两个缸或三个缸与压力油腔相通，因而马达可以连续不停地运转并输出扭矩。如果把马达的进回油方向改变，马达则反向转动。

曲轴连杆式马达有轴转式和壳转式两种类型，以上介绍的是轴转式马达的工作原理。如果把曲轴固定，将进排油管直接连接到配油轴上就能实现壳转。壳转式马达多用在工程机械的行走机构的驱动中。

2）静力平衡式液压马达

为了改善润滑性能、提高启动扭矩和工作特性，可采用静力平衡式液压马达。它是从曲轴连杆式马达改进发展而来的，其特点是取消了连杆，并在主要摩擦副之间实现了油压静力平衡，从而减小了摩擦，改善了马达的工作性能。

静力平衡式液压马达可做成壳体固定曲轴回转的形式，也可做成壳体回转曲轴固定的形式。图 3-30 是轴转式液压马达的工作原理图。压力油经曲轴 5 上的配油孔 a 进入五星轮 4 和一部分油缸（图中为三个，也可能是两个）的空心柱塞 2 内形成"压力油柱"，压力油的作用力 F 经压力环 3 作用于曲轴的偏心 O'，使曲轴绕其回转中心 O 回转。这时五星轮 4 做平面平行移动，空心柱塞 2 做往复运动。其他油缸（图中为两个，也可能是三个）排出的油则沿着曲轴 5 上对应的另两条通道孔 b 从排油口排出。空心柱塞 2 是靠弹簧和油压的作用力贴紧在压力环 3 的端面上，使其与压力环、五星轮一起运动，又能保持密封。

静力平衡式液压马达是靠压力油柱（由壳体、柱塞、压力环、五星轮内孔及曲轴偏心圆围成）直接推动曲轴或壳体旋转的。柱塞、压力环以及五星轮是主要起传力及密封作用的部件，使工作油腔的油柱保持一定的压力。由于柱塞与压力环之间、五星轮与曲轴偏心圆之间保持着油压静力平衡，故称为静力平衡式液压马达。

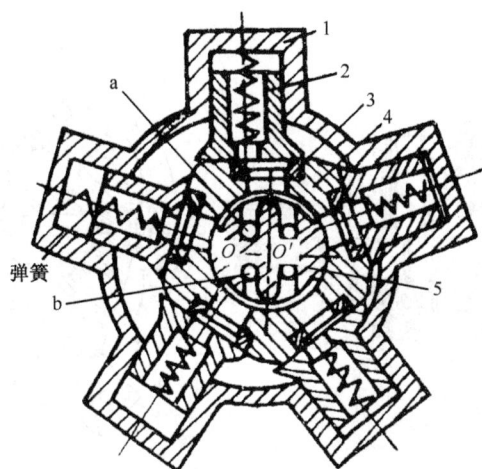

图 3-30　静力平衡马达工作原理图

1—壳体；2—空心柱塞；3—压力环；4—五星轮；5—曲轴

这种液压马达曲轴的配油部分，一边是输入的高压油，另一边为排出的低压油，因此它受到单向的径向力，并使一对轴承也承受径向载荷，所以并未完全平衡。如果把这种液压马达做成双排柱塞，并使两个偏心轮在相位上相差 180°，那么这一径向载荷就可基本达到相互平衡了。

静力平衡式液压马达的优点是结构较简单，工艺性较好，主要运动件间采用了静压平衡，所以工作压力较高，使用寿命较长，扭矩脉动小，低速稳定性较好（最低稳定转速可达 2r/min）。它的缺点是柱塞的侧向力较大，引起柱塞与缸孔的磨损。同时，五星轮的摆动要占一定的空间，所以外形尺寸和质量都较大。

3）多作用的内曲线液压马达

前两种低速大扭矩马达都是单作用的。内曲线马达是多作用的，其作用次数 $x \leqslant 3$，通过增大作用次数来增加排量。

内曲线马达由定子 1、转子 2、配油轴 6、柱塞 4、滚轮 5、输出轴 3 等主要零件组成，如图 3-31 所示。

壳体是整体式的，定子内表面由 6 个完全相同的导轨曲面组成，输出轴 3 与转子体连接在一起，柱塞 4 与滚轮 5 组成柱塞组件，转子体内有 8 个柱塞孔，柱塞安放其中，配油轴固定不动，均布 12 个配油窗口，交替分成两组经轴向孔分别与进、回油口 A、B 相通。每一组的 6 个配油窗口应分别对准 6 个同向半段曲面 a 或 b。微调凸轮 7 用来调整配油轴，校正因加工误差产生的配油不准确性。

内曲线马达的工作原理以图 3-31（b）来说明。假定定子内曲线 a 段对应高

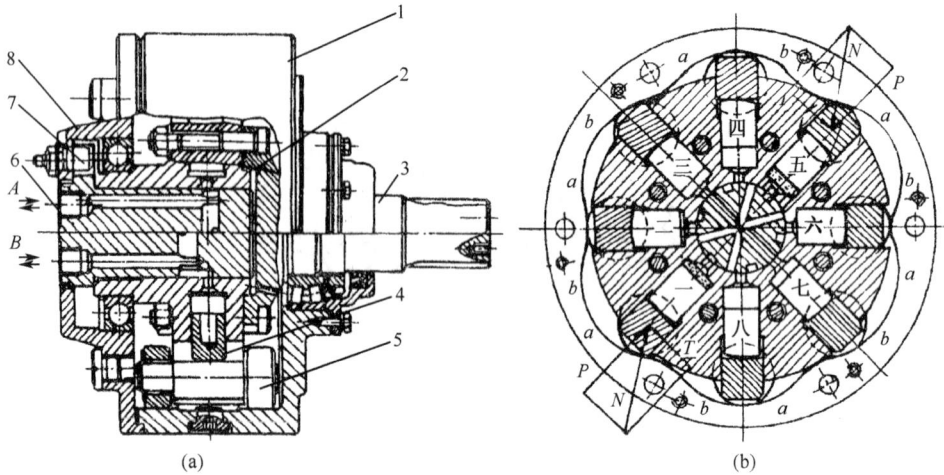

图 3-31　内曲线马达

1—定子；2—转子；3—输出轴；4—柱塞；5—滚轮；6—配油轴；7—微调凸轮；8—左侧盖

压区，b 段对准低压区，则在图示位置，柱塞一、五处于压力油作用下，柱塞三、七处于回油状态，柱塞二、六、四、八处于过渡状态。

柱塞一、五在压力油作用下产生力 F，作用在定子上，定子给柱塞一个反作用力 N。N 分解成两个力，一个力为 P，与压力油作用在柱塞上的液压力平衡；另一个力为切向分力 T，该力经横梁传到转子体上，带动输出轴沿顺时针旋转，使马达输出扭矩。

处于 a 段的柱塞都产生扭矩，处于 b 段的柱塞都为回油。在 a、b 段的连接点处，柱塞腔处于封闭状态，即是从高压区向低压区，或从低压区向高压区过渡。由于作用次数 x 和柱塞数 Z 不等，因此总有柱塞处于 a 段（即高压区），使马达输出轴连续旋转。这就是内曲线马达的工作原理。

内曲线马达的优点是多作用，因此输出扭矩较大；在柱塞数 Z 和作用次数 x 都为偶数时，径向力平衡，轴承受力小；启动效率高；低速稳定性好。如果定子内曲线设计合理，可使扭矩脉动和角速度脉动在理论上为零。所以，内曲线马达应用较广泛。

内曲线马达一般为定量马达；但可以通过改变柱塞排数的方法，或通过改变有效作用柱塞的方法，或通过改变有效作用次数的方法，实现有级变速。

内曲线马达的工作压力可达 25MPa。

内曲线马达也存在结构比较复杂、加工比较困难、造价较高等缺点。

3.5　泵和马达的性能比较和选用

3.5.1　泵和马达的性能比较和应用范围

1. 泵的性能比较和应用范围

齿轮式、叶片式和轴向柱塞式三种类型的泵，其性能比较见表 3-1。

就目前国内产品情况来看，当系统工作压力大于 14MPa 时，一般都用轴向柱塞泵。斜盘式轴向柱塞泵具有体积小、重量轻、调节方便等优点，但强度较差，多用于负载稳定的场合。在振动和冲击较严重的地方，多采用斜轴式轴向柱塞泵。近年来由于斜盘式轴向柱塞泵的结构逐步完善，耐冲击振动的性能不断提高，因而它也可以用于工作条件较差的机器上。

当系统的工作压力在 14MPa 以下而又无变量要求时，一般采用齿轮泵或双作用叶片泵。它们与轴向柱塞泵相比，具有结构简单、体积小、重量轻、价格低廉等优点，其中尤以齿轮泵的应用更为广泛。国内外的使用经验表明：齿轮泵还具有牢固、耐冲击振动、工作可靠和对油的过滤精度要求低等特点，因而它适用于工作条件比较恶劣的场合。叶片泵的流量和压力脉动小，运转较平稳，但使用条件要求苛刻，因此在矿山、工程机械中应用较少，多用于要求工作平稳和功率较小的场合，如在机床的液压传动系统中应用较为普遍。

表 3-1　几种液压泵的主要性能比较

性能	齿轮泵	叶片泵	轴向柱塞泵
额定压力范围/MPa	2.5～17.5	2.5～17.5	14～32
输油量/(L/min)	200 以下	200 以下	400 以下
转速范围 /(r/min)	一般小于 2400 可达 700	一般小于 2400 可达 4000	一般小于 4000 可达 6000
功率	小	中等	大
容积效率	0.70～0.95	0.80～0.95	0.80～0.98
总效率	0.65～0.80	0.65～0.85	0.80～0.90
输油均匀性	差	均匀	稍差
功率重量比	中等	中等	大
能否变量	不能	单作用,能 双作用,不能	能
噪声	大	小	中等
泵轴受力情况	径向力	单作用,径向力 双作用,力平衡	轴向力 径向力

续表

性能	齿轮泵	叶片泵	轴向柱塞泵
结构	简单	较复杂	复杂
外形	小	紧凑、中等	紧凑而轴向尺寸大
自吸能力	好	较好	较差
对油的清洁要求	低	中等	高
价格	低	中等	高

2. 马达的性能比较和应用范围

高速小扭矩马达（齿轮马达、叶片马达、单斜盘式和斜轴式轴向柱塞马达）的性能与同类型泵相近（见表 3-1），它们的共同特点是外形尺寸和转动惯量小，换向灵敏度高，因而适用于要求扭矩小、转速高、换向频繁以及安装尺寸受到一定限制的场合。根据矿山、工程机构的负载特点和使用要求，目前低速大扭矩马达应用较普通。几种低速大扭矩马达的主要性能比较见表 3-2。

表 3-2　几种低速大扭矩液压马达的主要性能比较

性能	双斜盘轴向柱塞液压马达	单作用径向柱塞液压马达	内曲线多作用径向柱塞液压马达
常用压力/MPa	16～32	12～20	16～32
排量范围/（L/r）	0.25～25	0.1～10	0.25～50
最低稳定转速/（r/min）	2～4	5～10	≥0.5
容积效率	0.90～0.98	0.85～0.95	0.90～0.96
总功率	高	较高	较低
质量扭矩比	较大	较小	小
启动扭矩	较大	连杆式，较小 静力平衡式，较大	大
滑移量	小	5～600	大
调速范围/（r/min）	3～1200	较大	1～200
外形	较小	一般	小
工艺性	结构简单，易加工		结构复杂，难加工

表 3-2 中所介绍的三种低速大扭矩液压马达虽各有特点，但其使用范围没有泵那样明显，在许多场合可以互相代用，选用时可根据主机的具体要求而定。一般来说，对于低速稳定性要求不高、外形尺寸不受严格限制的场合，可以采用结构简单的单作用径向柱塞马达；对于要求转速范围较宽、径向尺寸较小、轴向尺

寸稍大的场合，可以采用双斜盘轴向柱塞马达；对于要求传递扭矩大、低速稳定性好的场合，通常采用内曲线多作用径向柱塞马达。

3.5.2　泵和马达的选择

1. 泵的选择

泵的类型主要根据系统要求的最大工作压力（含负载压力和系统压力损失）p_{max} 和最大流量 q_{max} 以及前面的有关原则而定。当类型选定以后，便可进一步确定其规格和所需原动机的功率。确定泵容量时必须保证泵的额定压力

$$p_H > p_{max} \quad \text{（MPa）} \tag{3-45}$$

同时应使所选泵在预选的原动机转速和 p_{max} 情况下的流量

$$q \geqslant k_q q_{max} \quad \text{（L/min）} \tag{3-46}$$

式中，k_q 为系统的泄漏系数，一般取 $k_q = 1.1 \sim 1.3$。

当泵的类型和规格选定以后，便可按下式计算原动机的功率：

$$P = p_{max} \frac{q}{\eta} \tag{3-47}$$

式中，η 为泵的总效率。

2. 马达的选择

马达的类型主要是根据扭矩、转速、安装尺寸和系统的最大工作压力来选择的，如果采用马达调速时，还应考虑其变量方式。

当负载（扭矩）较小、要求的转速较高和压力小于 14MPa 时，可选用齿轮马达或叶片马达；压力超过 14MPa 时，则选择轴向柱塞马达。

若负载（扭矩）较大而要求的转速又较低时，可直接采用低速大扭矩马达，也可以根据实际需要采用高速马达加减速器组合使用。一般认为：

（1）在功率相等条件下，低速马达的重量比高速马达大。但是，用高速马达实现低速运转时，高速马达加减速器的总重和低速马达的重量一般相近。若使用一齿差等高性能减速器时，则高速方案的总重比低速方案的重量轻一些。

（2）低速马达的可靠性较高，使用寿命较长，同时低速马达的总效率比高速马达加减速器的总效率高。

（3）直接采用低速马达的机构较简单，便于布置，易于维修，但输出轴扭矩大，如机构需使用附加制动器，则制动器的尺寸较大。

在实际使用中，必须根据以上特点和具体情况灵活选择。

马达的类型选定以后，便可计算马达的排量

$$V_M = \frac{2\pi T_{Mmax}}{p' \eta_{Mm}} \tag{3-48}$$

式中，T_{Mmax} 为马达的最大外负载，N·m；p' 为拟定的系统工作压力，MPa；η_{Mm} 为马达的机械效率。

根据拟定采用的马达类型和由式（3-48）计算出的排量，便可选择参数较为接近的马达，然后根据选定马达的排量，计算出它的实际需油量为整个系统的计算和选择泵提供参数。马达的实际流量为

$$q_M = \frac{V_M n_{Mmax}}{\eta_{Mv}} \tag{3-49}$$

式中，V_M 为选定的马达的排量，m^3/r；n_{Mmax} 为马达的最高转速。

3.5.3　泵和马达的使用、保养

1. 泵的安装、使用和保养

1）泵安装时必须注意的事项

（1）泵与其他机械连接时应保证同心度要求或采用柔性连接，对不能承受径向力的泵，严禁直接采用皮带或齿轮传动。

（2）泵的泄漏油管要畅通，一般不设背压。如泄漏油管太长引起背压升高，或因某种原因（如保证停机时泵壳内的油液不致全部流回油箱）而设背压时，其压力不得超过低压密封所允许的数值。

（3）泵的吸油管尺寸应与其吸油口相当，并力求短和直，以减小吸油阻力；油箱中的吸、回油管间的距离应尽可能远，以免吸入气泡。

2）泵的使用条件应符合的性能要求

（1）转速和工作压力应按规定使用。转向若有规定时，应按规定要求使用，否则将使低压密封破坏，并产生冲击振动和叶片折断等事故。

（2）对于具有自吸能力的泵，其真空度（一般不大于 200mmHg）或吸油高度（一般不大于 500mmHg）应在规定范围之内；对于没有自吸能力的泵，则应按规定设置辅助泵，以免由于吸油不足而产生气蚀、噪声和振动。

3）泵的维护和保养必须注意的条件

（1）油液的黏度和工作油温应适宜。当周围环境温度低时，应用黏度小的油；反之，用黏度大的油。尤其是叶片泵，对油的黏度要求更为严格。

（2）应经常保持油液的清洁，并经常检查滤油器的阻塞情况和管道的密封情况，以免产生气蚀和充气现象。

（3）启动时应断续开启数次以排除内部空气和保证内部润滑，待运转平稳后才逐渐加载至正常工作。

2. 马达的特点和使用要求

马达的使用和保养与泵类似。但是由于马达的工作条件和泵不同，还有一些

不同的特点和使用要求。

（1）马达的启动扭矩（在额定压力下转速为零时输出轴上所产生的扭矩），由于静摩擦力等因素的影响而比正常运转时的额定扭矩小，在需要满负载条件下启动的场合，应使所选马达的启动扭矩与其最大负载相适应，否则工作机构将无法启动。

（2）由于间隙泄漏的存在，马达的进、排油口关闭时，仍然会出现滑移现象（关闭进、排油口后由于负载力的作用，使输出轴产生的转动）。滑移量是反映马达自锁性能的一项指标，它取决于马达的密封性能、油的黏度和负载力的大小等因素。在需要长时间制动或快速刹车的场合，必须附加其他制动装置。

（3）当被拖动的负载惯性较大（转动惯量大或转速高）而要求短时间制动或换向时，必须在回油路中设置安全阀（缓冲阀），以防出现液压冲击而造成事故。

（4）马达作为起吊或行走机械的动力时，在回路中必须设置限速阀，以防重物迅速下落或行走机械下坡时超速等事故发生。

（5）使用定量马达时，如果要求启动、制动平缓，应在回路中设置必要的压力或流量控制装置。

（6）在一般工作条件下，马达进、回油口的压力均高于大气压力，因此不存在泵的吸入性能问题。但如果马达有可能在泵工况下工作（如惯性大的物体制动或重物下落）时，其吸油口必须具有与转速相适应的油压以保证充分供油，否则将由于吸油不足而产生气蚀、噪声和振动。

（7）某些马达（如内曲线多作用径向柱塞马达）必须具有足够的回油背压才能正常工作，并且转速越高，所需回油背压也越大。

（8）马达一般均需双向回转，而回油压力又高于大气压力，所以其泄漏油管应单独接回油箱而不能和回油口相接，以免冲坏密封而破坏正常工作。

思考题和习题

3-1　要提高齿轮泵的压力须解决哪些关键问题？通常都采用哪些措施？

3-2　叶片泵能否实现正、反转？请说出理由并进行分析。

3-3　简述齿轮泵、液片泵、柱塞泵的优缺点及应用场合。

3-4　已知液压泵的输出压力 p 为 10MPa，泵的排量 q 为 100mL/r，转速 n 为 1450r/min，泵的容积效率 $\eta_v = 0.90$，机械效率 $\eta_m = 0.90$，计算：

（1）该泵的实际流量 q；

（2）驱动该泵的电机功率。

3-5　某机床液压系统采用一限压式变量泵，泵的流量-压力特性曲线 ABC 如题 3-5 图所示。液压泵总效率为 0.7。如机床在工作进给时，泵的压力 $p = 4.5$MPa，输出流量 $q = 2.5$ L/min，在快速移动时，泵的压力 $p = 2$MPa，输出流量 $q = 20$L/min，问限压式变量泵的流量-压力特性曲线应调成何种图形？泵所需的最大驱动功率为多少？

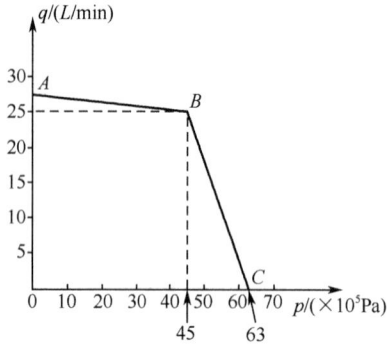

题 3-5 图

3-6 一个液压马达的排量是 40mL/r，而且马达在压力 $p=6.3$MPa 和转速 $n=1450$r/min 时，马达吸入的实际流量为 63L/min，马达实际输出转矩是 37.5N·m。求：马达的容积效率 η_v、机械效率 η_m 和总效率 η。

3-7 某液压马达的进油压力 $p=10$MPa，理论排量 $q_0=200$mL/r，总效率 $\eta=0.75$，机械效率 $\eta_m=0.9$。试计算：

（1）该马达所能输出的理论转矩 M_0。

（2）若马达的转速 $n=500$r/min，则进入马达的实际流量应是多少？

（3）当外负载为 200N·m（$n=500$r/min）时，该马达的输入功率和输出功率各为多少？

第4章 液 压 缸

液压缸和液压马达，均为液压系统中的执行元件。从能量转换的角度看，它们都是油液的压力能转变为机械能的能量转变装置，不同之处是，前者用于实现直线往复运动，或摆动，而后者常用来实现连续的回转运动。

液压缸是一种构造简单、工作可靠、自重轻、传动比大、传动效率高的液压元件，它得到了极为广泛的应用。

4.1 液压缸的类型及其特点

4.1.1 液压缸的类型

液压缸的种类繁多，主要分类见表 4-1。

表 4-1　常用液压缸分类

名称				符号	特点
直线动作液压缸	单作用缸	1	柱塞式	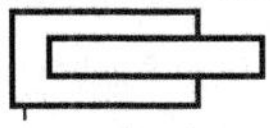	活塞仅单向运动，由外力使活塞反向运动
		2	活塞式	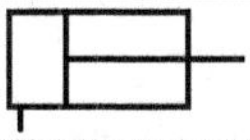	同上
		3	弹簧复位式	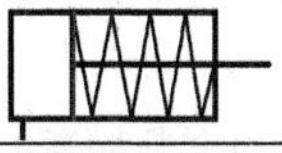	活塞单向运动，由弹簧使活塞复位
		4	多级伸缩式	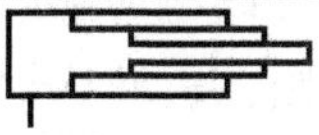	有多个互相连动的活塞的油缸，其行程可改变，由外力使活塞返回
	双作用缸	5	单活塞杆式	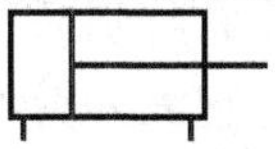	活塞两端的面积差较大，使油缸往复的作用力和速度差较大对系统工作特性有明显作用
		6	双活塞杆式	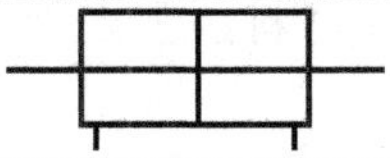	活塞往复运动速度与行程皆相等
		7	多级伸缩式	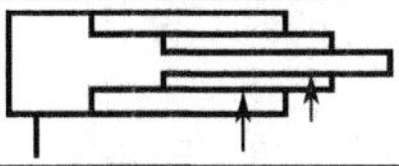	有多个互相连动的活塞的油缸，其行程可变，活塞可双向运动
	特种缸	8	齿条传动式	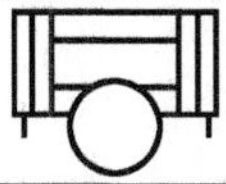	活塞经齿条传动，小齿轮便产生回转运动
摆动液压缸		9	单叶片	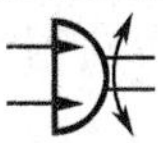	往复摆动角度小于300°
			双叶片		往复摆动角度小于110°

　　液压缸按作用方式，可分为单作用液压缸和双作用液压缸。单作用液压缸只有一个油口，在压力油的作用下活塞杆或柱塞伸出，返回行程靠重力或弹簧力等实现（表 4-1 中的 1～4）。双作用液压缸有两个油口，活塞的往复运动都是在压力油作用下实现的。

　　液压缸按结构分，可以分为柱塞式液压缸、活塞式液压缸、伸缩套筒式液压缸、组合缸等。

4.1.2　常用液压缸及其特点

1. 柱塞式液压缸

　　柱塞式液压缸的结构如图 4-1 所示。它主要由缸筒 1、柱塞 2、导向套 3、密封圈 4 等组成。液压缸的右端有进油口与油路相通，当压力油进入液压缸右端时，推动柱塞向左运动，柱塞反方向缩回时，靠外力作用。

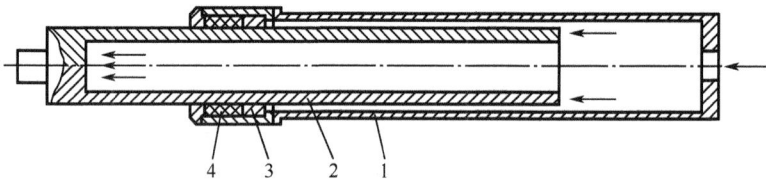

图 4-1　柱塞式液压缸的结构简图
1—缸筒；2—柱塞；3—导向套；4—密封圈

　　柱塞式液压缸具有下列特点。

　　（1）柱塞端面是承受油压力的工作面，动力是通过柱塞本身来传递的。

　　（2）缸体内壁加工精度要求不高，可以粗加工或不加工，因此大大简化了缸体的加工工艺。由于加工较长的柱塞外圆柱表面比加工较长的缸体内圆柱表面方便得多，而且容易达到较高的精度，所以它特别适用于工作行程长的场合。

　　（3）只能做成单作用液压缸，返回行程靠外力作用。

　　（4）柱塞总是受压，因此可以发挥材料的强度性能，但必须有足够的刚度，所以柱塞一般都比较粗。

　　柱塞式液压缸的推力和运动速度的计算式为

$$\begin{cases} F = Ap = \dfrac{\pi}{4}d^2 p \quad (\mathrm{N}) \\[2mm] v = \dfrac{4q}{\pi d^2} \quad (\mathrm{m/s}) \end{cases} \qquad (4\text{-}1)$$

式中，A 为柱塞的有效工作面积，m^2；d 为柱塞直径，m；p 为缸筒内油液的工作压力，Pa；q 为输入柱塞缸的油液流量，m^3/s。

2. 活塞式液压缸

活塞式液压缸主要由缸体、缸盖、活塞、活塞杆、密封件等零件组成。活塞式液压缸有双杆活塞式、单杆活塞式（图 4-2）和无杆活塞式。活塞杆有实心的，也有空心的。

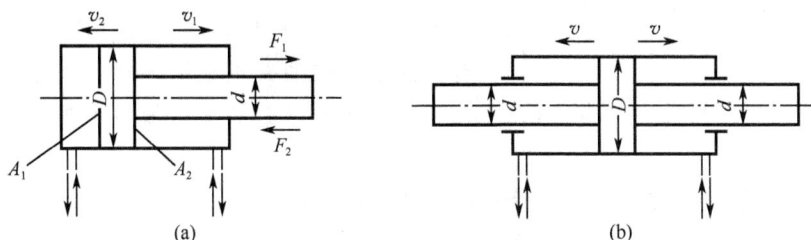

图 4-2　活塞式液压缸
（a）单杆活塞液压缸；（b）双杆活塞液压缸

1）单杆活塞液压缸

单杆活塞液压缸的活塞一侧有活塞杆，另一侧无活塞杆，因此，活塞两侧的有效受压面积不相等，所以具有下列特点。

（1）活塞往复运动的速度不等。当供油流量不变时，活塞杆伸出速度为

$$v_1 = \frac{q\eta_v}{A_1} = \frac{4q\eta_v}{\pi D^2} \quad (\text{m/s}) \tag{4-2}$$

活塞杆缩回速度为

$$v_2 = \frac{q\eta_v}{A_2} = \frac{4q\eta_v}{\pi(D^2 - d^2)} \quad (\text{m/s}) \tag{4-3}$$

式中，v_1、v_2 为活塞杆伸出和缩回的速度，m/s；q 为供油流量，m^3/s；D、d 为缸筒内径和活塞杆外径，m；η_v 为液压缸的容积效率，用橡胶密封圈时，取 $\eta_v = 1$，用金属活塞环时，取 $\eta_v = 0.98 \sim 0.99$；A_1、A_2 为无杆腔和有杆腔活塞有效面积，m^2。

（2）活塞两方向运动时的作用力不相等。活塞杆推力为

$$F_1 = \left[\frac{\pi}{4}D^2 p - \frac{\pi}{4}(D^2 - d^2)p_0\right]\eta_m \times 10^6 \quad (\text{N}) \tag{4-4}$$

活塞杆拉力为

$$F_2 = \left[\frac{\pi}{4}(D^2 - d^2)p - \frac{\pi}{4}D^2 p_0\right]\eta_m \times 10^6 \quad (\text{N}) \tag{4-5}$$

式中，F_1、F_2 为活塞杆推力和拉力，N；p、p_0 为液压缸进、回油口压力，MPa；η_m 为液压缸的机械效率，常取 0.95。

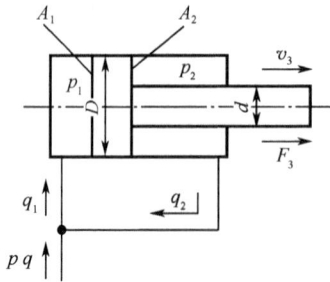

图 4-3　单杆活塞液压缸的差动连接

（3）液压缸的差动连接。单杆活塞液压缸在其左、右两腔相互接通并输入压力油时，称之为"差动连接"（图 4-3），作差动连接的单杆活塞缸叫做差动液压缸。虽然差动连接时两腔的油压力相等，但活塞受压面积不同，有杆腔小，无杆腔大，所以两侧总液压力不能平衡，活塞杆要向外伸出。差动连接时，有杆腔排出的油并不返回油箱，而是又进入无杆腔，使无杆腔的输入流量增加，活塞运动速度加快。

不计容积损失时，差动连接缸活塞的伸出速度为

$$v_3 = q/(A_1 - A_2) = 4q/\pi d^2 \quad (\text{m/s}) \qquad (4\text{-}6)$$

活塞推力为

$$F_3 = p(A_1 - A_2)\eta_{\text{m}} = (\pi d^2 p \eta_{\text{m}}/4) \times 10^6 \quad (\text{N}) \qquad (4\text{-}7)$$

单杆活塞液压缸很容易通过换向阀转换成差动连接，获得快速外伸功能，这样就可以得到快伸、慢伸、快缩三种速度，扩大了这种缸的使用范围。

2）双杆活塞液压缸

双杆活塞液压缸的活塞两侧均有活塞杆（见表 4-1 中 6），而且两杆的直径相等，因此，活塞两侧的受压面积相等。它的特点为：当分别输入缸两侧的油液压力 p 和流量 Q 相同时，正、反两个方向的运动速度和推力都相等。若将缸筒固定，缸的运动范围长度约为工作行程的 3 倍；如果活塞杆固定，其运动范围长度约为工作行程的 2 倍。

3. 伸缩式液压缸

伸缩式液压缸分单作用和双作用两种形式（见表 4-1 中 4、7）。这种缸的总行程较长，收缩后很短，特别适用于空间小而行程又要求较长的场合。

在供油流量不变时，各级活塞杆依次伸出的速度为

$$v_i = 4q\eta_{\text{vi}}/\pi D_i^2 \quad (\text{m/s}) \qquad (4\text{-}8)$$

推力为

$$F_i = [\pi D_i^2 p_i/4 - \pi(D_i^2 - d_i^2)p_0/4]\eta_{\text{mi}} \times 10^6 \quad (\text{N}) \qquad (4\text{-}9)$$

以上两式中，v_i 为第 i 级活塞杆伸出速度，m/s；F_i 为第 i 级活塞杆推力，N；D_i 为第 i 级活塞外径，m；d_i 为第 i 级活塞杆外径，m；p_i 为第 i 级活塞杆伸出时的油压力，MPa；η_{vi}、η_{mi} 为第 i 级活塞杆运动时的容积效率和机械效率。

无论是单作用还是双作用，各级活塞杆的缩回动作顺序都与伸出顺序相反。

双作用伸缩缸各活塞杆的缩回运动速度 v_i' 和牵引力 F_i' 为

$$v'_i = 4q\eta'_v / [\pi(D_i^2 - d_i^2)] \quad (\text{m/s}) \tag{4-10}$$

$$F'_i = [\pi(D_i^2 - d_i^2)p'_i/4 - \pi D_i^2 p_0/4]\eta'_m \times 10^6 \quad (\text{N}) \tag{4-11}$$

以上两式中，v'_i 为第 i 级活塞杆缩回速度，m/s；F'_i 为第 i 级活塞杆缩回时拉力，N；p'_i 为第 i 级活塞杆缩回时的油压力，MPa；η'_v、η'_m 为第 i 级活塞杆缩回时的容积效率和机械效率。

伸缩套筒式缸在工程机械、矿山机械、农业机械、汽车起重吊、潜艇升降装置上应用较多。

4. 摆动液压缸

摆动液压缸的工作原理与叶片液压马达相似，图 4-4 是其工作原理图。两者的主要区别是摆动液压缸没有配油功能，高、低压腔之间有隔墙，不能做整周回转。

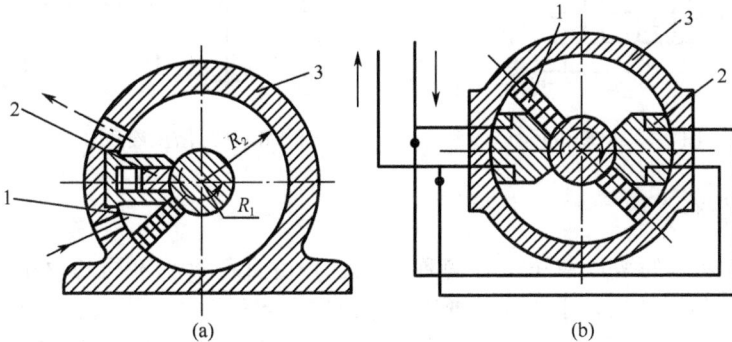

图 4-4 摆动液压缸
(a) 单叶片式；(b) 双叶片式
1—叶片；2—限位块；3—缸体

图 4-4 (a) 为单叶片的摆动液压缸，其输出扭矩和回转角速度分别为

$$T = b\int_{R_2}^{R_1} \eta_m \Delta pr\, dr = \frac{b}{2}(R_1^2 - R_2^2)\Delta p\eta_m \quad (\text{N} \cdot \text{m}) \tag{4-12}$$

$$\omega = \frac{8q}{(D^2 - d^2)b}\eta_v \quad (1/\text{s}) \tag{4-13}$$

以上两式中，r 为叶片半径，mm；b 为叶片宽度，mm；R_1、R_2 为叶片的顶端、底端半径，mm；d、D 为叶片的底端、顶端直径，mm；Δp 为进、出口压差，MPa。

单叶片摆动液压缸的运动范围不超过 360°，而双叶片摆动液压缸的运动范围不超过 180°。

采用单叶片式摆动液压缸可以得到较大的摆角范围，而采用双叶片式摆动液压缸可使扭矩增加一倍，并且转轴上的受力可以平衡，不过转速是单叶片式摆动液压缸的二分之一。

4.1.3　其他液压缸及其特点

1. 串联液压缸（增力缸）

图 4-5 所示是一种由一根活塞杆将两个缸体串联起来的串联缸，其油路是并联的，两个缸体的左、右腔相互连通。当压力油通入两缸左腔时，串联活塞向右移动，两缸右腔的油液同时排出。由于两个活塞的同一侧面同时承受油液压力的作用，相当于增大了活塞的有效面积，其推力等于两缸推力的总和。这种缸一般用于径向尺寸受限制而且要求出力较大的情况下。

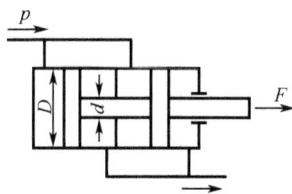

图 4-5　串联液压缸　　　　　　　　图 4-6　增压液压缸

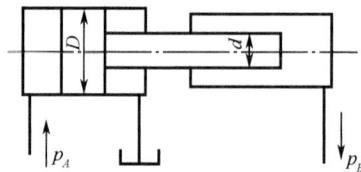

2. 增压液压缸

图 4-6 所示的增压液压缸（简称增压缸）由直径大小不同的两个缸串联而成。大缸作为原动缸，小缸则为增压的输出缸。当低压油通入大缸推动活塞前进时，小缸内的油液通过柱塞受压，由于柱塞的有效作用面积小，所以产生的压力就比大缸内的压力大，从而达到增压的目的。

由图知
$$p_A \frac{\pi}{4} D^2 = p_B \frac{\pi}{4} d^2 \tag{4-14}$$

即
$$p_B = \left(\frac{D}{d}\right)^2 p_A \tag{4-15}$$

可见，输出压力 p_B 为输入压力 p_A 的 $\left(\dfrac{D}{d}\right)^2$ 倍。它能将低压泵提供的低压油转换成高压油供给液压系统的某一部分，可省去低压系统中由于某一部分需要高压油而设置的高压泵。

增压缸有单向和双向两种。单向增压缸只能单方向间断地供油，油液的压力是不稳定的，有脉动冲击。为了使增压缸在往复运动中能连续不断地将低压油转换成高压油，常常采用连续式增压缸。这种缸相当于两个输出缸共用两个双作用原动液压缸，在正、反两个方向上都有增压作用，压力比较稳定。

3. 齿条液压缸

图 4-7 为一种齿条液压缸，它由两个活塞缸和一套齿条齿轮传动装置组成。

将活塞的移动通过传动机构转换成齿轮的转动，它可用来实现机床上工作部件的往复摆动。

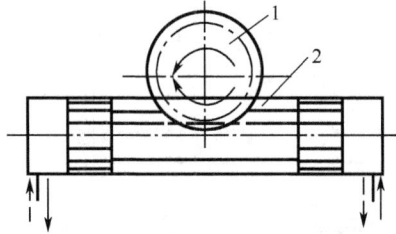

图 4-7 齿条液压缸

1—齿轮；2—齿条

4.1.4 液压缸的结构和材料

液压缸的典型结构如图 4-8 所示，图 4-8 为一双作用单活塞杆液压缸，它主要由缸体 10、活塞 5、活塞杆 15、缸底 1 和缸盖 13 等组成。无缝钢管制成的缸底与缸筒焊接在一起，另一端缸盖与缸筒采用螺纹连接，以便拆装检修。活塞用卡环 4（两个半环）、套环 3 和弹簧挡圈 2 等定位。活塞上套有一个用聚四氟乙烯制成的支撑环 7，密封则靠一对 Y_x 形密封圈 9。O 形密封圈 6 用以防止活塞杆与活塞内孔配合处产生泄漏。导向套 12 用于保证活塞杆不偏离中心，其外径和内孔配合处都有密封圈。缸盖上还有防尘圈 14，活塞杆左端带有缓冲柱塞。

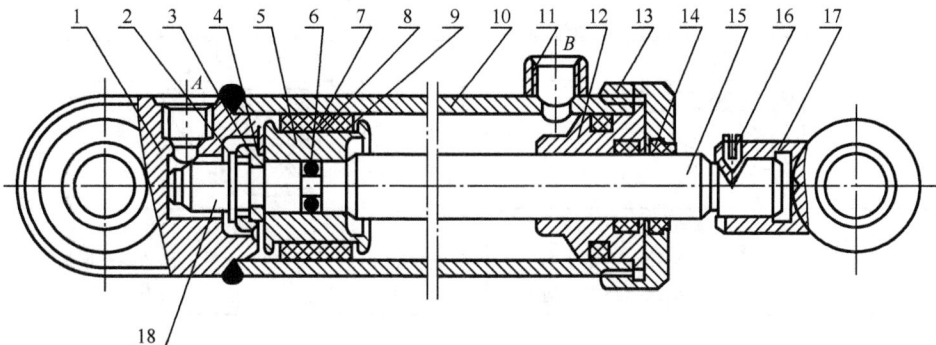

图 4-8 双作用单杆活塞式液压缸

1—缸底；2—弹簧挡圈；3—套环；4—卡环；5—活塞；6—O 形密封圈；7—支撑环；8—挡圈；

9—Y_x 形密封圈；10—缸体；11—管接头；12—导向套；13—缸盖；14—防尘圈；15—活塞杆；

16—定位螺钉；17—耳环；18—缓冲柱塞

1. 液压缸主要零件的结构

1) 缸筒与缸盖的连接

缸筒与缸盖的连接结构及其优缺点如表 4-2 所示。其中焊接连接只能用于缸筒的一端，另一端必须采用其他结构。

表 4-2　缸筒与缸盖的连接

法兰连接		螺纹连接	
优点	缺点	优点	缺点
1. 结构较简单	1. 比螺纹连接重	1. 重量较轻	1. 端部结构复杂
2. 易加工	2. 外形较大	2. 外形较小	2. 装卸要用专门工具
3. 易装卸			
半环连接		拉杆连接	
优点	缺点	优点	缺点
1. 结构简单	键槽使缸筒壁的强度有	1. 缸筒最易加工	重量较重，外形尺寸较大
2. 易装卸	所削弱	2. 最易装卸	
		3. 结构通用性大	
焊接		钢丝连接	
优点	缺点	优点	缺点
1. 结构简单	1. 缸筒有可能变形	1. 结构简单	1. 轴向尺寸略有增加
2. 尺寸小	2. 缸底内径不易加工	2. 尺寸小，重量轻	2. 承载能力小

2) 活塞与活塞杆的连接结构

液压缸行程较短且活塞与活塞杆直径相差不多时，可将活塞与活塞杆做成整体，但在大多数情况下，活塞与活塞杆是分开的。在一般工作条件下，这两者采用螺纹固定（图 4-9 (a)）。当缸工作压力较高或负载较大，而活塞杆直径又较小时，活塞杆的螺纹可能过载；另外，工作机械振动较大时，固定活塞的螺母可能松动，因此需采用半环连接（图 4-9 (b)）或弹簧挡圈连接（图 4-9 (c)）。

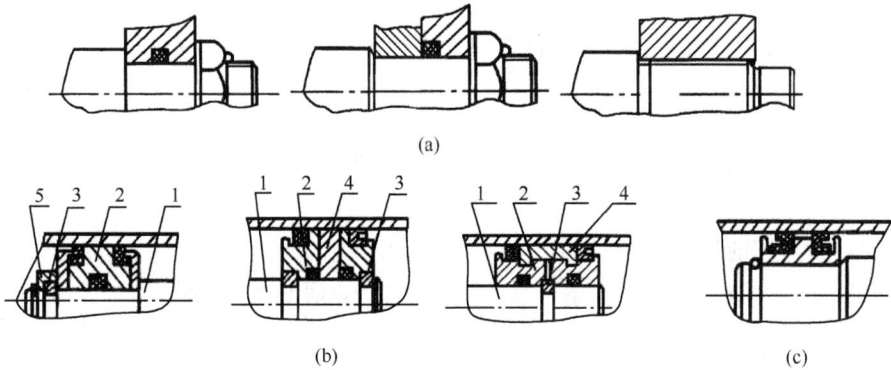

(a)

(b)   (c)

图 4-9 活塞与活塞杆连接结构

1—活塞杆；2—活塞；3、4—半环；5—套环

3）活塞杆的结构

活塞杆有实心（图 4-10（a））和空心（图 4-10（b））两种。空心活塞杆的一端要留出焊接和热处理用的通气孔 d_2。

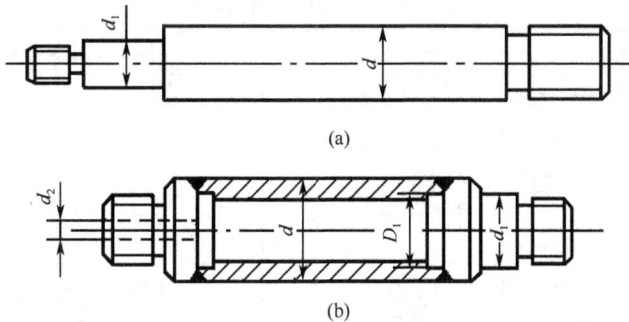

(a)

(b)

图 4-10 活塞杆

2. 液压缸主要零件的材料

1）缸体的材料

工程机械、矿山机械和锻压机械用的液压缸，一般工作压力较高，可用 20、35、45 钢无缝钢管。20 钢用得较少，因其机械性能低而且不能调质。与缸盖、管接头、耳轴等零件焊接在一起的缸体用 35 钢，并在粗加工后调质。与其他零件不焊接在一起的缸体，用 45 钢调质，调质处理是为了保证强度高，加工性好，一般调质到 241～285HBS。

一般机床上用的液压缸多数采用高强度铸铁，压力较高的则采用无缝钢管。

缸盖的材料为 35、45 钢锻件或铸钢，以及灰铸铁。

活塞杆导向套可以是缸盖自身。这时缸盖最好用铸铁，并在其工作表面熔堆黄铜、青铜或其他耐磨材料。导向套也可做成一个套筒，压入缸盖，材料为耐磨铸铁、黄铜、青铜等。

2）活塞的材料

若是整体式的，用 35、45 钢；若是装配式的，则用铸铁、耐磨铸铁或铝合金。

3）活塞杆的材料

实心的活塞杆用 35、45 钢；空心的用 35、45 钢的无缝钢管。

3. 液压缸的安装定位

液压缸与机体的各种安装方式见表 4-3。当缸筒与机体间没有相对运动时，可采用支座或法兰来安装定位；如果缸筒与机体间需相对转动，则可采用轴销、耳环或球头等连接方式。当液压缸两端都有底座时，只能固定一端，另一端浮动，以适应热胀冷缩的需要，在缸较长时这点更为重要。采用法兰或轴销安装定位时，法兰或轴销的轴向位置会影响活塞杆的压杆稳定性，这点应予以注意。

表 4-3　液压缸的安装定位

支座式	径向底座	法兰式	头部外法兰
	切向底座		头部内法兰
	轴向底座		尾部外法兰
轴销式	头部轴销	耳环式	单耳环
	中部轴销		双耳环
	尾部轴销	球头式	尾部球头

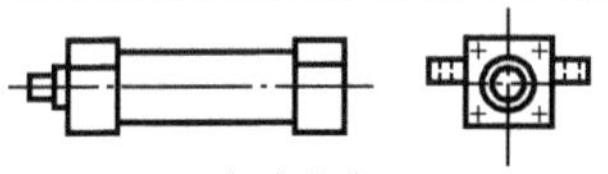

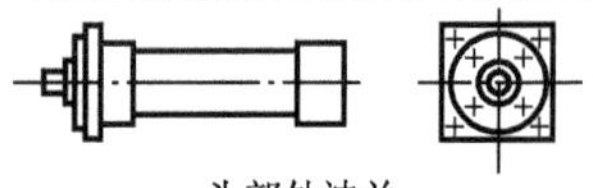

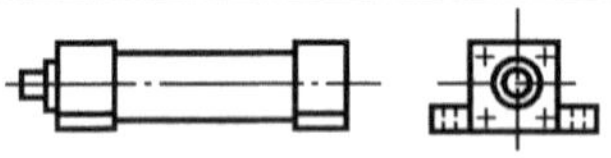

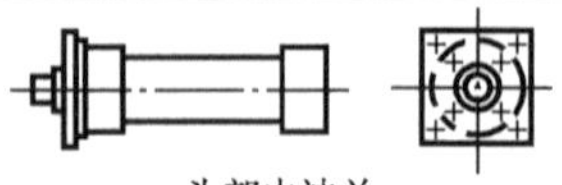

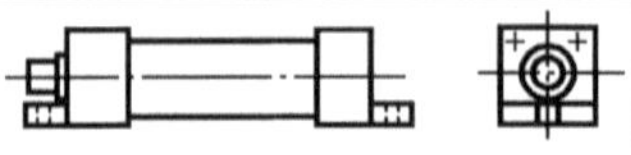

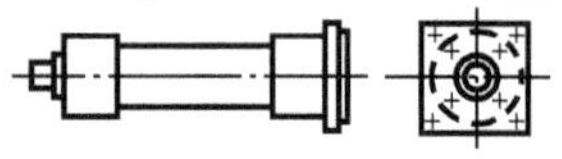

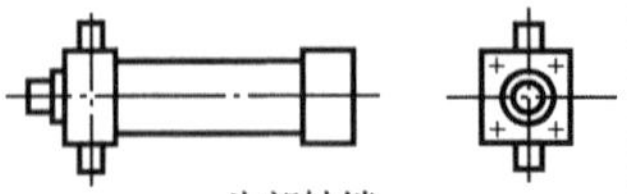

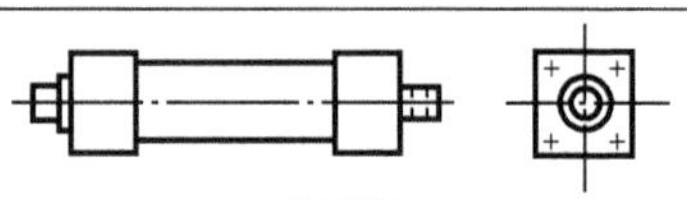

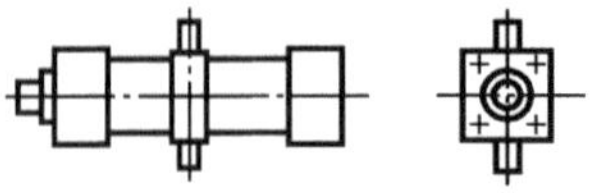

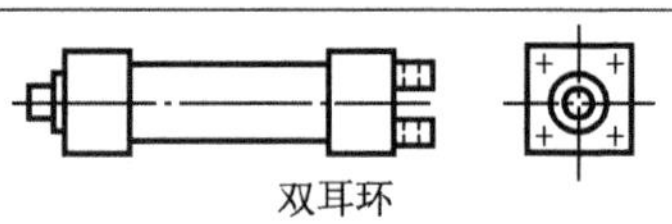

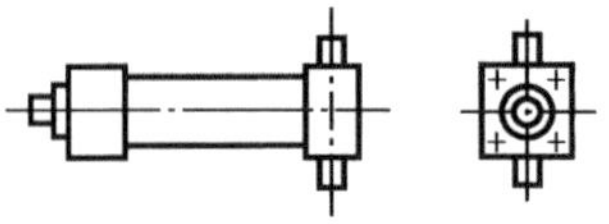

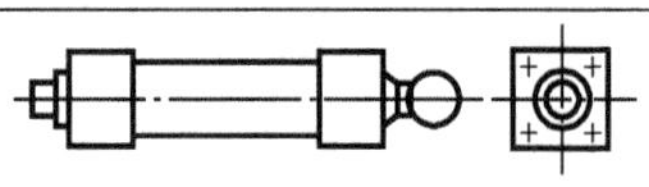

4. 缓冲装置

当液压缸带动质量较大的移动部件以较快的速度（＞12m/min）运动时，由于惯性力较大，具有很大的动量，使行程终了时，活塞与缸盖发生撞击，造成机械冲击和噪声，引起破坏性事故或严重影响机械精度。为此，大型、高速或高精度的液压缸常设有缓冲装置。缓冲装置分可调式和不可调式两类。它们的工作原理相同，都是使活塞在接近缸盖时，在缓冲油腔内产生足够的缓冲压力，也就是增大缸的回油阻力，降低活塞的移动速度，避免撞击缸盖。

图 4-11 为常用缓冲装置结构简图。

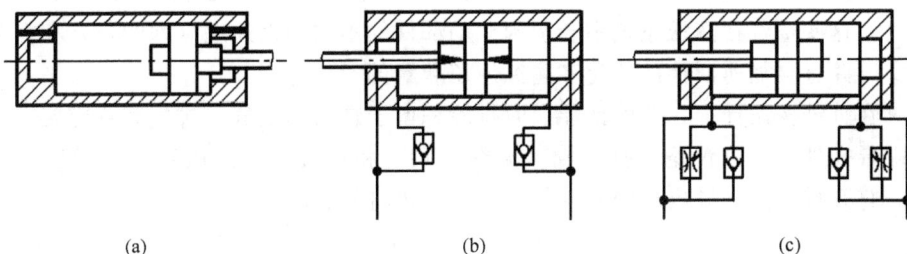

图 4-11　常用缓冲装置结构简图

图 4-11（a）为间隙缓冲，缓冲柱塞进入缸端孔时，孔内油液从柱塞与孔壁间的环形间隙挤出，形成缓冲压力，吸收惯性引起的机械动能。图 4-11（b）为可变节流缓冲。缓冲柱塞进入缸端孔时，回油通路封闭，迫使回油经由缓冲柱塞上的节流口（轴向三角槽）流出而建立缓冲压力。节流口面积随柱塞行程而变化。图 4-11（c）为可调节缓冲。缓冲柱塞进入缸端孔时，封闭了回油通路，迫使回油通过一个可调节流阀而建立缓冲压力。

图 4-11（a）和（c）所示装置在缓冲过程中，节流面积不变，而液压油基本上是不可压缩的，所以在缓冲柱塞进入缸端孔的瞬间，产生较大的缓冲压力，即冲击压力。缓冲压力在缓冲过程开始时为最大，随着缓冲行程增大而减小。这种缓冲方式的缓冲效果较好，但瞬时缓冲压力大。

设计缓冲装置。必须考虑缓冲压力所造成的液压能，确实能够吸收由惯性力所产生的全部机械能，并保证缸有足够的强度承受缓冲行程中所产生的冲击压力，而不致遭到破坏。为了缓和冲击压力，也可在缓冲柱塞顶端加工成 1.5°～5° 的锥面，或开轴向三角槽。采取这类措施后，虽可缓和冲击压力，但将造成吸收能量减少。锥面参数如图 4-12 所示。当移动部件速度＜15m/min 时，θ 为 1.5°～3°，$L \geqslant 5mm$；而移动部件速度为 15～40m/min 时，θ 为 3°～5°，$L \geqslant 10mm$。

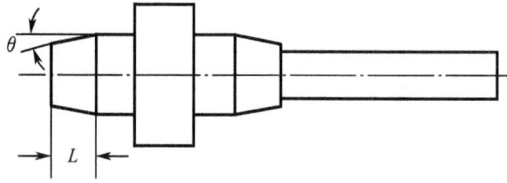

图 4-12   制动锥锥面参数

5. 排气装置

液压系统在安装和停车以后，往往会渗入空气；油液中也常常会溶解和混入空气。这些空气在液压系统中会引起运动部件的不均匀性运动（即爬行）和振动现象，并且会加速油液的氧化和腐蚀液压装置的元件等。

在缸结构设计上，要保证能及时排除积留于缸内的空气。排气装置应装在缸两端最高处。通过管路与排气阀（见图 4-13）相连接，在液压系统正常工作之前，打开排气阀，排出缸中的空气，排气后再将阀关闭。

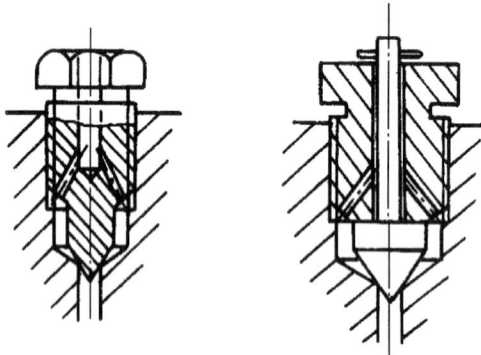

图 4-13   缸的排气阀

4.2   液压缸的设计计算

液压缸设计计算的目的，是为了确定缸的主要结构参数，并验算其强度和稳定性。

4.2.1   设计依据、原则和步骤

1. 设计依据

液压缸与机械及机械上的机构有着直接的联系，对于不同的机构，液压缸的

具体用途和工作性能也不同，因此设计前要进行全面的分析研究，收集和整理必要的原始资料作为设计依据。主要包括：

（1）了解和掌握液压缸在机械上的用途和动作要求。满足机构的动作要求和用途，是设计液压缸的主要目的。

（2）了解液压缸的工作条件。工作条件不同，液压缸的结构和设计参数也不尽相同。

（3）了解外部负载情况。主要是外部负载的重量、大小、形状、运动轨迹、摩擦阻力以及连接部位的连接形式等。

（4）了解液压缸的最大行程，运动速度或时间，安装空间所允许的外形尺寸以及缸本身的动作（指缸是摆动或是转动，是直线运动还是间歇运动，是缸体运动还是活塞杆运动）。以作用力为主要要求的液压缸和以运动速度或时间为主要要求的液压缸，设计时所考虑的出发点是不一样的。

（5）设计已知液压系统的液压缸，应了解液压系统中液压泵的工作压力和流量的大小、管路的通径和布置情况、各种液压阀的控制情况。

（6）了解有关国家标准、技术规范及其参考资料。

2. 设计原则

（1）保证缸运动的出力（包括推力、拉力或者扭矩）、速度和行程。

（2）保证缸每个零件有足够的强度、刚度和耐用性。

（3）在保证以上两个条件的前提下，尽量减小缸的外形尺寸。

（4）在保证缸性能的前提下，尽量减少零件数量，简化结构。

（5）要尽量避免缸承受横向负载，活塞杆工作时最好承受拉力，以免产生纵向弯曲。

（6）缸的安装形式和活塞杆头部与外部负载的连接形式要合理，尽量减小活塞杆伸出后的有效安装长度，增加缸的稳定性。

（7）密封件的选用要合理，确保性能可靠、泄漏少、摩擦力小、寿命长、更换方便。

（8）根据缸的工作条件和具体情况设置适当的缓冲、防尘和排气装置。

（9）各零件的结构形式和尺寸应尽量采用标准形式和尺寸系列，尽量选用标准件。

（10）要求做到成本低、制造容易、维修简单方便。

3. 设计步骤

不同类型和结构的液压缸，设计内容是有所区别的。由于各参数之间往往具有内在的联系，所以缸的设计步骤没有硬性的规定。一般情况下，应根据已掌握的各种资料和条件，灵活地选择设计程序和步骤，反复推敲和验算，直到符合设计原则，获得满意的结果为止。

一般设计工作可参考下列步骤进行：

（1）根据设计依据，初步确定设计方案，会同有关人员进行技术经济分析。

（2）对缸进行受力分析，选择适当的结构形式、安装方式。

（3）根据工作负载、重力、摩擦力和惯性力确定液压缸在行程各阶段上负载的变化规律及有关的技术数据。

（4）根据工作负载和选定的额定（工作）压力，确定活塞端面面积并计算活塞直径和缸筒外径。

（5）根据缸径和运动速度之比或者工作负载和材料的许用应力，确定活塞杆的直径。

（6）根据运动速度、工作出力和活塞直径，确定液压泵的压力和流量。

（7）选择缸盖的结构形式，计算厚度和强度。

（8）审定全部设计计算资料，进行修改补充。

（9）选择适当的密封结构，设计缓冲、排气和防尘等装置。

（10）绘制装配图和零件图，编制技术文件。

4.2.2　基本参数计算

1. 工作负载 F_R

缸的工作负载包括机构稳定工作状态下的静负载 F_e、摩擦阻力 F_f 和启动惯性阻力 F_i

$$F_R = F_e + F_f + F_i \tag{4-16}$$

式中，各项载荷均应在机构满负荷状态下计算，其中摩擦阻力按启动状态的静摩擦阻力计算。缸自身的摩擦阻力已经用机械效率 η_m 的形式在牵引力计算中加以考虑，故不再计入。缸的牵引力等于工作负载。

2. 速比 φ

速比是指双作用单杆液压缸活塞杆缩回速度 v_2 与伸出速度 v_1 之比。由式（4-2）和式（4-3），可知

$$\varphi = v_2/v_1 = D^2/(D^2 - d^2) \tag{4-17}$$

φ 可按 JB 1068—67 系列标准，根据不同的压力级别，从表 4-4 的推荐值中选取。

表 4-4 速比 φ

工作压力/MPa	$p \leqslant 10$	$10 < p < 20$	$p > 20$
速比 φ	1.33	1.46~2	2

3. 缸筒内径 D

(1) 动力较大的液压设备（如拉床、刨床、车床、组合机床、工程机械及矿山机械等）的缸筒内径，通常根据最大牵引力 F_R 来确定。然后再按速度要求计算所需流量，或者按已选定的流量验算速度。

对于无杆腔

$$D = \sqrt{\frac{4F_R \times 10^{-6}}{\pi(p - p_0)\eta_m} - \frac{p_0 d^2}{(p - p_0)}} \quad (\text{m}) \tag{4-18}$$

对于有杆腔

$$D = \sqrt{\frac{4F_R \times 10^{-6}}{\pi(p - p_0)\eta_m} + \frac{p d^2}{(p - p_0)}} \quad (\text{m}) \tag{4-19}$$

以上两式中，F_R 为缸的最大推力，N；η_m 为缸的机械效率，通常取 $\eta_m = 0.95$；p_0 为回油背压，MPa；p 为进口工作压力，MPa；d 为活塞杆直径，m。

选取上述两种计算值中的较大者，并按有关液压缸内径系列参数圆整为标准值。

活塞杆的直径 d 可参考表 4-5 确定。

表 4-5 活塞杆的直径选择

工作压力 p/（MPa）	活塞杆直径 d	工作压力 p/（MPa）	活塞杆直径 d
小于 2	(0.2~0.3) D	5~10	0.7D
2~5	0.5D		

(2) 动力较小的液压设备（如磨床、珩磨及研磨类机床等）常根据缸的流量 q 和活塞的运动速度 v 来决定，即

$$D = \sqrt{\frac{4q}{\pi v_1}} \quad (\text{m}) \tag{4-20}$$

或

$$D = \sqrt{\frac{4q}{\pi v_2} + d^2} \quad (\text{m}) \tag{4-21}$$

式中，q 为缸所需流量，m^3/s；v_1、v_2 为活塞的伸出、缩回运动速度，m/s。

同样要将计算值圆整到标准值。

4. 活塞杆直径 d

活塞杆直径通常是先按选定的速比和缸筒的内径 D 初算，然后再验算其强

度和稳定性。

由式（4-17）知活塞杆的直径为

$$d = D \sqrt{\frac{\varphi - 1}{\varphi}} \quad (\text{m}) \tag{4-22}$$

计算结果亦应按有关标准圆整。

5. 最小导向长度 H

最小导向长度是在活塞杆全部伸出时，导向套滑动面中点到活塞支撑面中点的距离。导向长度的大小影响缸的初始挠度、稳定性和活塞杆强度，因此必须使其不小于规定的最小值 H。关于最小导向长度的精确计算方法，还有待于进一步实验研究，目前对于一般的液压缸，可用下面的经验公式（4-23）计算，即

$$H \geqslant \frac{L}{20} + \frac{D}{2} \quad (\text{m}) \tag{4-23}$$

式中，L 为缸的最大工作行程。

4.2.3　液压缸强度计算

1. 缸筒壁厚和外径

缸筒壁厚 δ（或缸外径 $D_{外}$）由缸的强度条件来确定。根据材料力学可知，承受内压力的圆筒，其内应力分布规律因壁厚的不同而各异。一般计算时有薄壁圆筒（$\delta/D \leqslant 1/10$）和厚壁圆筒（$\delta/D > 1/10$）之分。

薄壁圆筒壁厚计算式为

$$\delta \geqslant \frac{p_y D}{2 [\sigma]} \quad (\text{m}) \tag{4-24}$$

厚壁圆筒壁厚计算式为

$$\delta \geqslant \frac{D}{2} \left(\sqrt{\frac{[\sigma] + 0.4 p_y}{[\sigma] - 1.3 p_y}} - 1 \right) \quad (\text{m}) \tag{4-25}$$

式中，p_y 为实验压力，当液压缸的额定压力 $p_n \leqslant 16\text{MPa}$ 时，$p_y = 1.5 p_n$，当额定压力 $> 16\text{MPa}$ 时，$p_y = 1.25 p_n$；$[\sigma]$ 为缸筒材料许用应力，MPa，$[\sigma] = \sigma_b / n$；n 为安全系数，对无缝钢管，$n = 3.5 \sim 5$；σ_b 为缸筒材料抗拉强度极限，MPa。

常用液压缸材料的许用应力 $[\sigma]$：无缝钢管为 $100 \sim 110\text{MPa}$，锻钢为 $100 \sim 120\text{MPa}$，铸钢为 $100 \sim 110\text{MPa}$，铸铁为 60MPa。

缸筒壁厚计算出后，便可计算缸的外径

$$D_{外} = D + 2\delta \quad (\text{m}) \tag{4-26}$$

最后确定缸外径 $D_{外}$ 时，应将计算出的外径圆整到标准系列中去，并向大的

方向圆整。

在缸筒计算之初，尚不知所设计的缸筒属厚壁或是薄壁圆筒时，可首先按薄壁圆筒公式计算壁厚 δ，若超出薄壁圆筒范围，则重新按厚壁圆筒公式计算。

在中低压液压系统中，缸筒的壁厚往往由结构工艺上的要求决定，强度问题是次要的，一般都不作计算。

2. 活塞杆的计算

活塞杆的计算中应包括活塞杆的强度计算和稳定性校核（即压杆稳定性计算）。

1）活塞杆的强度计算

活塞杆主要受拉力和压力作用，因此有

$$d \geqslant \sqrt{\frac{4F_R}{\pi[\sigma] \times 10^6}} \quad (\text{m}) \tag{4-27}$$

式中，F_R 为液压缸负载，N；d 为活塞杆直径，m；$[\sigma]$ 为活塞杆材料的许用应力，MPa；$[\sigma] = \sigma_b/n$，σ_b 为材料抗拉强度，n 为安全系数，一般取 $n \geqslant 1.4$。

2）稳定性验算

活塞杆所能承受的负载 F_R，应小于使它保持工作稳定的临界负载 F_k。F_k 的值与活塞杆材料的性质、截面形状、直径和长度，以及缸的安装方式等因素有关，可按材料力学中的有关公式进行计算，即

$$F_R \leqslant F_k/n_k \tag{4-28}$$

式中，n_k 为安全系数，一般取 $n_k = 2 \sim 4$。

当活塞杆细长比 $l/r_k > \varphi_1\sqrt{\varphi_2}$ 时

$$F_k = \frac{\varphi_2 \pi^2 EJ}{l^2} \tag{4-29}$$

当活塞杆细长比 $l/r_k \leqslant \varphi_1\sqrt{\varphi_2}$，而 $\varphi_1\sqrt{\varphi_2} = 20 \sim 120$ 时

$$F_k = \frac{fA}{1 + \frac{a}{\varphi_2}\left(\frac{l}{r_k}\right)^2} \tag{4-30}$$

式中，l 为安装长度，其值与安装方式有关，见表 4-6；r_k 为活塞杆横截面的最小回转半径，$r_k = \sqrt{J/A}$；J 为活塞杆横截面惯性矩。对实心杆 $J = \pi d^4/64$，对空心杆 $J = \pi(d_2^4 - d_1^4)/64$；$A$ 为活塞杆横截面面积；φ_1 为柔性系数，对钢，$\varphi_1 = 85$；φ_2 为末端系数，其值见表 4-6；E 为材料的弹性模量，对钢，$E = 2.06 \times 10^{11}$，N/m^2；f 为材料强度实验值，对钢，$f = 4.9 \times 10^8$，N/m^2；a 为实验常数，对钢，$a = 1/5000$。

表 4-6　液压缸的支承方式和末端系数 φ_2 的值

支承方式	支承说明	末端系数 φ_2
	一端自由，一端固定	$\dfrac{1}{4}$
	两端铰接	1
	一端铰接，一端固定	2
	两端固定	4

3. 端盖厚度计算

端盖的结构形式多种多样，现讲述法兰端盖厚度的计算方法，其他结构形式可以依此推导。

当活塞运动到最前端时，全部推力由端盖承受，如图 4-14 所示。端盖的厚度为

$$h = D\sqrt{p/[\sigma]}\sqrt{\frac{d_H - d_m}{D_e - d - 2d_b}}\quad \text{(m)}\qquad (4-31)$$

式中，D 为缸筒内径，m；d_H 为螺钉孔圆周直径，m；d_m 为作用力圆周直径，

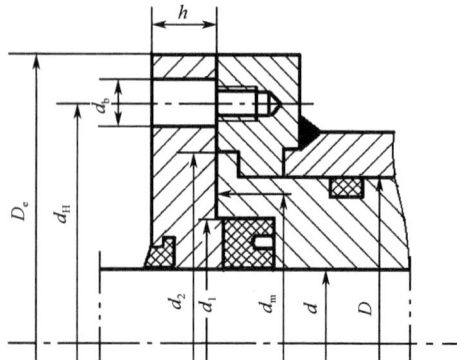

图 4-14　法兰端盖

m，$d_m = \dfrac{d_1 + d_2}{2}$；$d_b$ 为螺钉孔直径，m；d 为活塞杆孔直径，m；D_e 为端盖外径，m；p 为工作压力，MPa；$[\sigma]$ 为材料的许用应力，MPa。

4. 缸底厚度计算

1) 平缸底

缸底无孔时（图 4-15 (a)）

$$h = 0.433d \sqrt{p/[\sigma]} \quad (\text{m}) \tag{4-32}$$

缸底有孔时（图 4-15 (b)）

$$h = 0.433D \sqrt{\frac{pD}{(D - d_0)[\sigma]}} \quad (\text{m}) \tag{4-33}$$

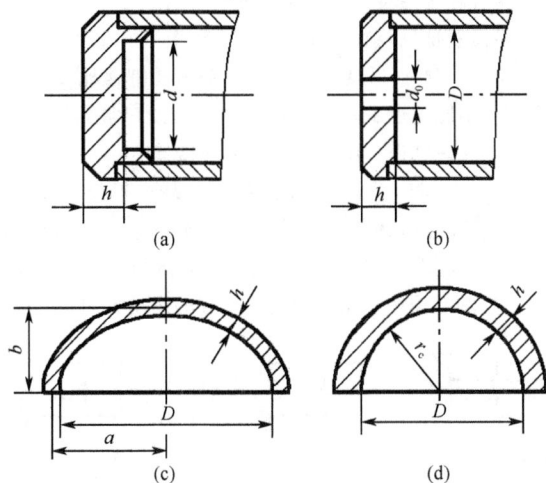

图 4-15　缸底
(a) 无孔平缸底；(b) 有孔平缸底；(c) 椭圆缸底；(d) 半球形缸底

2) 椭圆缸底（图 4-15 (c)）

$$h = \frac{V_p D}{2[\sigma] - 0.2p} \quad (\text{m}) \tag{4-34}$$

式中，V 为系数，$V = \dfrac{1}{6}(2 + K^2)$，其中 $K = a/b$。

3) 半球形缸底（图 4-15 (d)）

当 $h \leqslant 0.356r_e$ 或 $p \leqslant 0.665[\sigma]$ 时

$$h = \frac{pD}{4[\sigma] - 0.4p} \tag{4-35}$$

当 $h > 0.356r_e$ 或 $p > 0.665[\sigma]$ 时

$$h = r_1 (y^{\frac{1}{3}} - 1) = r\left(\frac{y^{\frac{1}{3}} - 1}{y^{\frac{1}{3}}}\right) \qquad (4\text{-}36)$$

式中，r 为缸筒内半径，m；r_1 为缸筒外半径，m；y 为系数，$y = \dfrac{2([\sigma]+p)}{2[\sigma]-p}$。

5. 缸体连接计算

为了保证连接的可靠性，对于工作压力较高的液压缸，应该对缸体的连接强度进行计算。具体计算方法参考有关设计手册。

思考题和习题

4-1　套筒缸在外伸、内缩时，不同直径的柱塞以什么样的顺序运动？为什么？

4-2　液压缸为什么要设置缓冲装置？应如何设置？

4-3　液压缸为什么要设置排气装置？

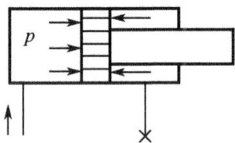

4-4　如题 4-4 图所示的液压缸速比 $\varphi = 2$，缸内允许工作压力不能超过 16MPa。如果缸的回油口被封闭且外载阻力为零，是否允许缸进口压力 p 提高到 10MPa。

4-5　如题 4-5 图所示，某一单杆活塞式液压缸的内径 $D = 100\text{mm}$，活塞杆直径 $d = 70\text{mm}$，$q_0 = 25\text{L/min}$，$p_0 = 2\text{MPa}$。

题 4-4 图

求：在图示三种情况下，缸可承受的负载 F 及缸体移动速度各为多少？（不计损失）。要求在图中标出三种情况下缸的运动方向。

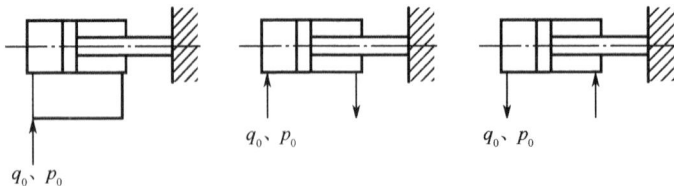

题 4-5 图

4-6　有一单叶片摆动液压缸，其叶片轴半径为 40mm，缸体内孔半径为 100mm，叶片宽度为 10mm，若负载扭矩为 600N·m，求输入的油液压力应为多少？

4-7　分别写出摆动液压缸的输出扭矩和角速度的计算公式，并注明式中各符号的物理意义。

4-8　一单杆液压缸，快速伸出时采用差动连接，快速退回时高压油液输入缸的有杆腔。假设此缸往复快动时的速度都是 0.1m/s，慢速移动时，活塞杆受压，其推力为 25000N；已知输入流量 $q = 25 \times 10^3\ \text{cm}^3/\text{min}$，背压 $p_2 = 0.2\text{MPa}$。

（1）试决定活塞和活塞杆的直径；

（2）如缸筒材料采用 45 钢，试计算缸筒的壁厚；

（3）如缸的活塞杆铰接，缸筒固定，其安装长度 $l = 1.5\text{m}$，试校核活塞杆的纵向稳定性。

第 5 章 液 压 阀

5.1 概 述

液压阀是用来控制或调节液压系统中液流的流动方向、压力和流量，以满足机械各种运动和动力的需要。液压阀的类型很多，本章着重介绍液压传动系统中最常见的液压阀的工作原理及其性能特点。

5.1.1 液压阀的分类

1. 按阀的职能分类

(1) 方向控制阀。控制油液流动方向的阀称作方向控制阀，如单向阀、换向阀等。

(2) 压力控制阀。控制油液压力大小的阀称作压力控制阀，如溢流阀、减压阀、顺序阀等。

(3) 流量控制阀。控制油液流量大小的阀称作流量控制阀，如节流阀、调速阀、分流阀等。

随着液压工业的发展，为减少液压系统中的液压元件和管路，产生了一个阀体内组装多个阀的复合阀以及一阀多能的数字阀等。

2. 按阀的操纵方式分类

液压阀可以分为手动、脚踏、机动、气动、电动、液动等，有时是几种方式组合的形式。

3. 按阀的安装形式分类

(1) 管式连接。管式阀采用螺纹连接，它直接串联在系统管路上，无须专用连接板，但装拆不便，占地面积较大。

(2) 板式连接。板式阀需专用连接板，但它元件集中，系统紧凑，操纵、调整和维修都较方便。

(3) 叠加式连接。叠加阀采用标准化的液压元件，通过螺钉将阀体叠接在一起，组成一个系统。叠加阀是自成系列的新型元件，每个叠加阀既起控制阀作用，又起通道体的作用。

　　（4）插装式连接。插装阀以二位二通插装式锥阀为基础元件，插装入通用或专用的油路块体中，用不同的控制元件所组成的控制盖板来实现方向、压力及流量等控制。插装阀具有阻力小、密封性好、换向速度快、流量大等优点。

　　另外，流量大于 300L/min 的阀常常采用法兰连接。

5.1.2　对液压阀的基本要求

　　对于液压阀的基本要求大致如下：

　　（1）动作准确，灵敏、可靠、工作平稳、无冲击和振动。

　　（2）密封性能好，内泄漏小。

　　（3）油液流过时压力损失小。

　　（4）结构简单、通用性好，制造、装配方便。

5.2　液压阀的力学知识

　　液压阀的阀芯在工作过程中受到的作用力是多种多样的。下面将介绍液压阀分析中常见的几种作用力。

5.2.1　液动力

　　许多液压阀都是滑阀结构，如换向阀、溢流阀、减压阀等。这些滑阀靠阀芯移动来改变阀口启闭或开口的大小，从而达到控制液流的目的。其工作性能对液压系统有很大的影响。液流流过阀口时，在阀芯上所产生的液动力对液压阀的性能影响极大。

　　由液流的动量定律可知，作用在阀芯上的液动力有稳态液动力和瞬态液动力两种。

　　1. 稳态液动力

　　稳态液动力是阀芯处于某开口位置，液流流过阀口时因动量变化而作用在阀芯上的力。

　　图 5-1 表示液流流过阀口的两种情况。取阀芯两凸肩之间的容腔液体为控制体，对于某一固定的阀口开度 x_v，根据动量方程可求得控制体对阀芯的轴向液动力都是

$$F_s = \rho q v \cos\theta \tag{5-1}$$

图 5-1 中两种情况下液动力方向指向阀口关闭的方向。将阀口视为薄壁孔，依据式（2-39）、式（2-40），上式可写成

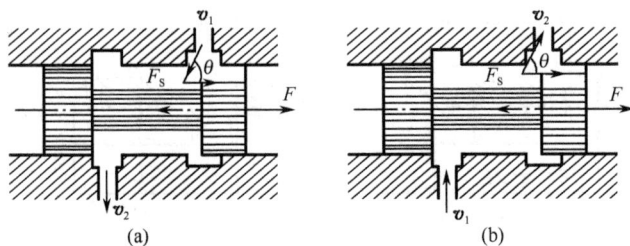

图 5-1　滑阀的稳态液动力

（a）液流流入阀腔；（b）液流流出阀腔

$$F_s = \rho C_c C_v A_0 \sqrt{\frac{2}{\rho}\Delta p} C_v \sqrt{\frac{2}{\rho}\Delta p}\cos\theta \qquad (5\text{-}2a)$$

式中，A_0 为阀口过流面积，$A_0 = W\sqrt{C_r^2 + x_v^2}$，$W$ 为面积梯度；C_r 为阀孔与阀芯间的径向间隙；x_v 为阀的开度；θ 为流速与滑阀轴线间的夹角。对于理想滑阀的阀口来说，$\theta = 69°$，$C_r = 0$。

将式（5-2a）整理为

$$F_s = (2C_q C_v W\cos\theta)x_v\Delta p = K_s x_v\Delta p \qquad (5\text{-}2b)$$

式中，K_s 为液动力系数。

当压差 Δp 一定时，由式（5-2b）可知，稳态液动力与阀口开度 x_v 成正比。所以稳态液动力相当于刚度为 $K_s\Delta p$ 的液压弹簧。

稳态液动力对滑阀性能的明显影响是加大了操纵滑阀所需的力。在高压大流量的情况下，这个力相当大，使阀芯的操纵成为突出的问题。为克服这种现象，常采取一些结构措施，抵消此力的影响。

2. 瞬态液动力

瞬态液动力是滑阀在移动过程中，阀腔中液流因速度变化而产生对阀芯的作用力，此力大小主要取决于阀口开度的变化率。

如图 5-2 所示，为阀芯移动时出现瞬态液动力的情况。当阀口开度发生变化时，阀腔内油液的轴向速度也发生变化，于是阀芯上就受到一个轴向的反作用力 F_i，也就是瞬态液动力。若流过阀腔的瞬时流量为 q，阀腔截面积为 A_0，阀腔内速度变化的油液质量为 m_c，阀芯移动的速度为 v，则有

$$F_i = -m_c\frac{\mathrm{d}v}{\mathrm{d}t} = -\rho A_0 l\frac{\mathrm{d}v}{\mathrm{d}t} = -\rho l\frac{\mathrm{d}q}{\mathrm{d}t} \qquad (5\text{-}3)$$

依据式（2-40），当阀套与阀芯径向间隙忽略不计时，有 $A_0 = Wx$；且当阀口前后压差变化不大时，则有

$$\frac{\mathrm{d}q}{\mathrm{d}t} = \frac{\mathrm{d}}{\mathrm{d}t}\left(C_d W_x\sqrt{\frac{2}{\rho}\Delta p}\right) = C_d W\sqrt{\frac{2}{\rho}}\frac{\mathrm{d}x_y}{\mathrm{d}t}$$

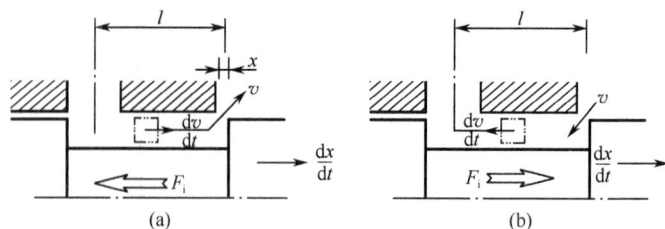

图 5-2　瞬态液动力

(a) 液流流出阀口；(b) 液流流入阀口

将上式代入式 (5-2)，得

$$F_i = -C_d Wl \sqrt{2\rho\Delta p} \frac{dx_v}{dt} \tag{5-4}$$

滑阀上瞬态液动力的大小与滑阀的移动速度成正比，而瞬态液动力的方向，视油液流入阀口还是流出阀口而定，无论阀口开度是增大或是减小，油液流出阀口时，作用在阀芯上的瞬态液动力与阀芯的移动方向相反。油液流入阀口时，作用在阀芯上的瞬态液动力与阀芯的移动方向相同。前者相当于一个正阻尼力，后者相当于一个负阻尼力。

在阀芯所受的各种作用力中，瞬态液动力的数值所占比例不大，在一般液压阀中通常忽略不计，只在分析计算动态响应较高的阀（如伺服阀或高响应的比例阀）时，才予以考虑。

5.2.2　液压卡紧力

为了防止阀的内漏，一般阀芯和阀体之间的间隙很小，当缝隙中有油液时，移动只需克服黏性摩擦阻力，其数值很小；但若加工、装配不当，特别是在中高压系统中，当阀芯停止运动一段时间（几分钟）后，这个阻力可能很大，使阀芯重新移动十分费力。这就是所谓滑阀的液压卡紧现象。

引起液压卡紧的原因，除由于脏物进入缝隙和由于阀芯与阀体间隙过小因热膨胀而卡死之外，主要的原因是滑阀阀芯与阀体间的几何形状误差所产生的径向不平衡力而造成的。图 5-3 表示滑阀产生径向不平衡力的几种情况。图 5-3(a) 为阀芯与阀孔无几何形状误差，轴心线平行但不重合时的情况，这时阀芯周围缝隙内的压力分布是线性的（如图 5-3(a) 中 A_1 和 A_2 直线所示），且各向相等。因此阀芯所受径向力平衡。图 5-3(b) 为阀芯因加工误差而呈倒锥形，即高压侧的阀芯直径大于低压侧的直径，阀芯与阀孔轴心线平行但不重合时的情况。阀芯受到径向不平衡力的作用（图中曲线 A_1 和 A_2 间的阴影部分）使阀芯与阀孔间的偏心距越来越大，直到两者表面接触为止，这时径向不平衡力达到最大值，产生液压卡紧。但是，如阀芯带有顺锥，即高压侧的阀芯直径小于低压侧阀芯直径

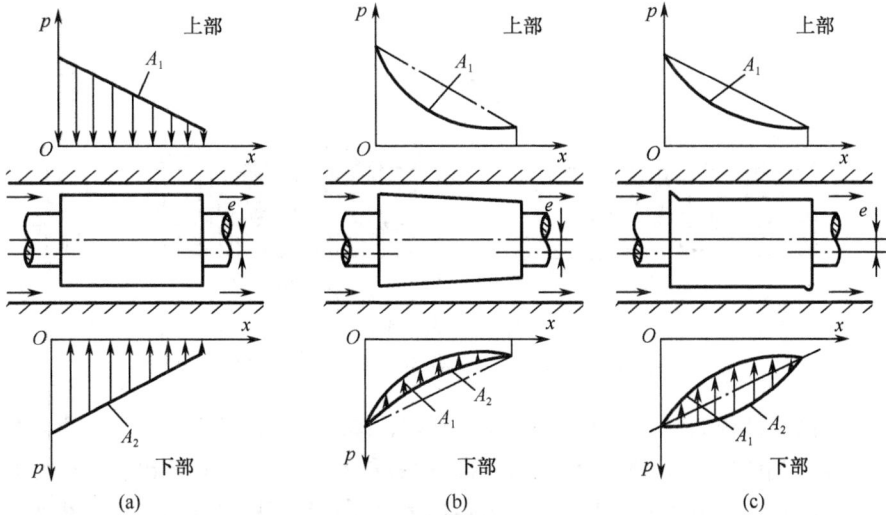

图 5-3 滑阀上的径向力

时，产生的径向不平衡力使阀芯和阀孔间的偏心距减小，不会产生液压卡紧现象。图 5-3(c) 为阀芯表面有局部凸起（相当于阀芯碰伤、残留毛刺或缝隙中楔入异物）时，阀芯受到的径向不平衡力将使阀芯的凸起部分推向孔壁。当阀芯受到径向不平衡力作用而和阀孔相接触后，缝隙中的油液被挤出，阀芯和阀孔间的摩擦变成近于干摩擦，从而产生液压卡紧现象。

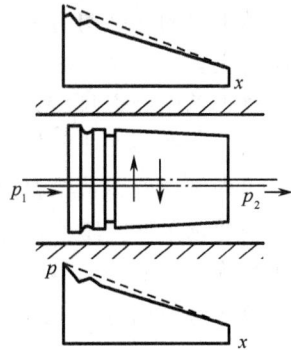

图 5-4 滑阀的平衡槽

为了减小径向不平衡力，采用在阀芯上开平衡槽的方法，使阀芯圆周上的径向力趋于平衡，如图 5-4 所示，平衡槽一般开在高压侧，数量以两个为宜，超过两个效果就不明显。平衡槽一般宽 $0.2\sim0.5$mm，深 $0.5\sim0.8$mm，槽距 $1\sim5$mm。

为了减小径向不平衡力，应严格控制阀芯和阀孔的制造精度。一般阀芯的不圆度和锥度允差为 $0.003\sim0.005$mm，而且要求顺锥布置；阀芯的表面粗糙度 $R_a\leqslant0.20\mu$m，阀孔的 $R_a\leqslant0.40\mu$m，配合间隙不宜过大。

5.3 方向控制阀

方向控制阀通过控制阀口的启闭来控制液流的方向，它主要有单向阀和换向阀两大类。

5.3.1　单向阀

单向阀能控制液流向一个方向流动而不能反向流动，所以又称作止回阀。

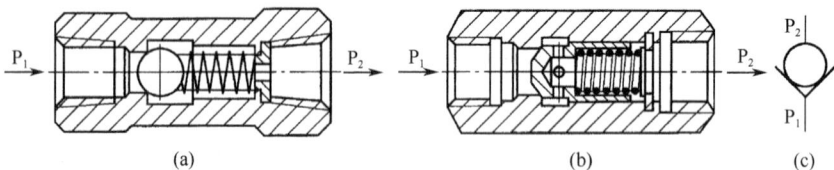

图 5-5　单向阀

(a) 钢球式单向阀；(b) 锥阀式单向阀；(c) 单向阀符号

单向阀的结构如图 5-5 所示，主要由阀体、阀芯、弹簧组成。当压力油自左端油口 P_1 进入单向阀时，克服弹簧力使阀芯向右移动，再从 P_2 口流出；若压力油反向进入单向阀，阀芯在弹簧力和液压力作用下，压紧在阀座密封面上，截断油路。

单向阀的阀芯有球形（图 5-5（a））、锥形（图 5-5（b））和滑阀形。因为滑阀形式的单向阀密封性较差，目前已很少使用，应用较广的是球形单向阀和锥形单向阀。

球形单向阀结构简单，容易制造，但钢球没有导向，圆度误差对其密封性能影响很大，一般用于流量和压力较小及要求不高的系统。

锥形单向阀密封性好，应用较广，适用于大流量和高压系统，但是它的工艺较复杂，制造精度要求较高，阀芯与阀座需进行研磨加工。

单向阀中的弹簧主要用来克服阀芯的摩擦力和惯性力，使其抵住阀座。一般来说，要求单向阀工作灵敏可靠，压力损失小，所以弹簧力应小一些，弹簧的开启压力为 $(0.35 \sim 0.5) \times 10^5$ Pa，全流量通过时压力损失不应超过 $(1 \sim 3) \times 10^5$ Pa；作为背压阀使用时，一般为 $(2 \sim 6) \times 10^5$ Pa。

5.3.2　液控单向阀

图 5-6 所示为液控单向阀的结构。单向阀阀芯受活塞的控制，当活塞左端的控制油口 K 没有通入压力油时，单向阀只能正向流动，不能反向流动。当控制油口通入压力油时，活塞通过顶杆打开单向阀，使油液在油口 P_1 和 P_2 之间自由流动。因其活塞右腔 a 与专门的泄油口相通（图中未示出），液控单向阀的最小控制压力为主油路压力的 30% 左右。

图 5-7 所示为用于高压系统的液控单向阀当 B 腔油压比 A 腔油压高很多时。控制压力油通入油口 K 使活塞 3 运动时，它首先打开装于单向阀 1 中的卸荷阀 2，使 A、B 两腔形成通路，并使 B 腔泄压，然后再打开单向阀 1。因其活塞上端 D 腔通过 C 孔与 A 腔相通，故称内泄式。

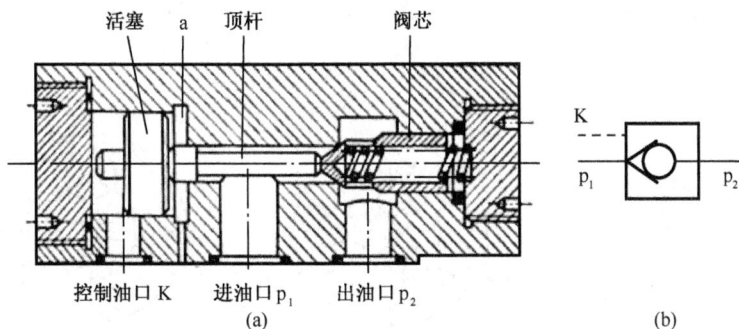

图 5-6 液控单向阀及符号

5.3.3 换向阀

换向阀的作用是利用阀芯和阀体之间的相对运动开启和关闭油路,从而变换液流的方向,使液压执行元件启动、停止或变换运动方向。

对换向阀的一般要求为:通油时的压力损失小;通路关闭时密封性好,各油口之间的泄漏少;动作灵敏、平稳、可靠,没有冲击和噪声。

换向阀的种类很多,按阀芯的结构可分为滑阀和转阀两种,按操作方式可分为手动、机动、电动、液动、气动和电液动等多种,按阀芯工作时在阀体内所处的位置可分二位和三位两种,按换向阀的通口可分二通、三通、四通和五通等多种。许多常用的换向阀已标准化、规格化和系列化,并由专业厂家生产。

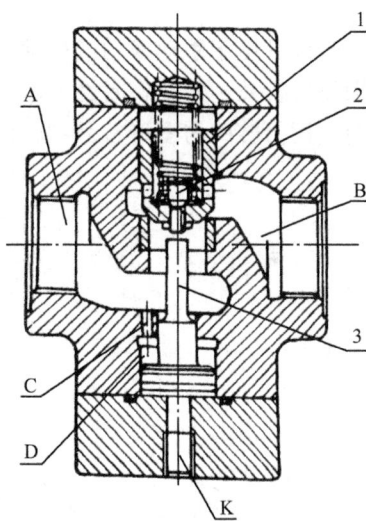

图 5-7 用于高压系统的液控单向阀
1—单向阀;2—卸荷阀;3—活塞

1. 转阀

转阀是通过阀芯的旋转运动实现油路启闭和换向的方向控制阀。图 5-8 所示为三位四通转阀原理图,通油口分别用 P、T、A、B 标识,P 为进油口,与压力油源接通;T 为回油口,一般接油箱;A、B 与执行元件(液压缸、液压马达)的进出油口接通作为工作油口,其工作原理如下:

当阀芯处于图 5-8(a)的位置时,油口 P、A、B、T 互不相通。当阀芯向顺时针方向转一角度而处于图 5-8(b)的位置时,油口 P、B 相通,油口 A、T 相通。当阀芯逆时针方向转一角度变为图 5-8(c) 所示状态时，则油口 P、A 相通，B、T 相通。

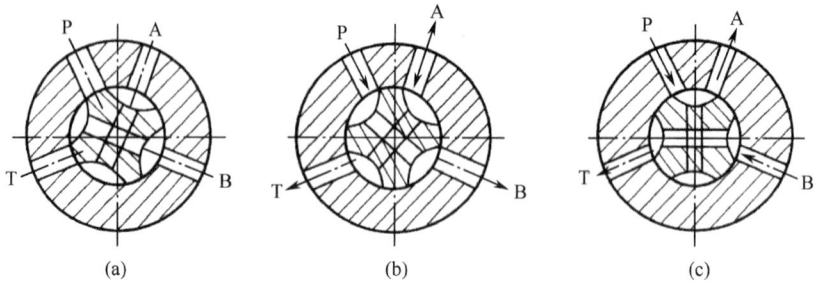

图 5-8　转阀的工作原理

转阀可用于手动换向或机动换向。由于转阀的径向力不平衡，旋转阀芯所需的操作力较大，而且密封性能较差，所以一般用于小流量的低压系统，或作为先导阀使用。转阀的图形符号和转阀的结构如图 5-9 所示。

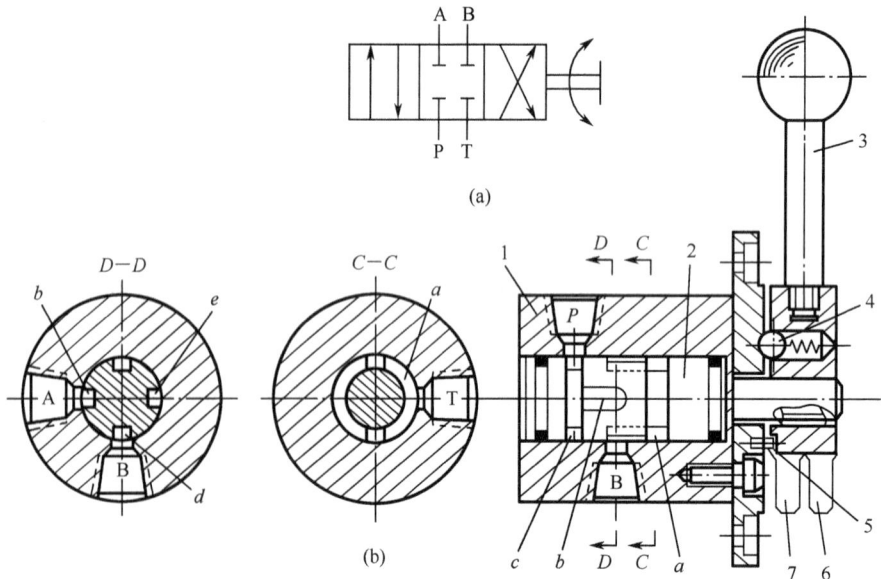

图 5-9　三位四通转阀结构图

(a) 符号；(b) 结构

1—阀体；2—阀芯；3—手柄；4—钢球、弹簧；5—限位销；6、7—拨叉

2. 滑阀式换向阀

滑阀是通过阀芯在阀体内轴向移动实现油路启闭和换向的方向控制阀，它是

液压系统中应用非常广泛的阀。

滑阀式换向阀由阀的主体部分和控制阀芯运动的操纵定位机构部分组成。

1）主体部分结构形式

阀体和阀芯是滑阀式换向阀的结构主体，表 5-1 所示是常见的结构形式。由表可见，滑阀的阀体上开有多个油槽通口，通过阀芯的移动（即处于不同的工作位置上）可改变油路的通断态。

表 5-1　滑阀式换向阀主体部分的结构形式

名称	结构原理图	职能符号	使用场合	
二位二通阀	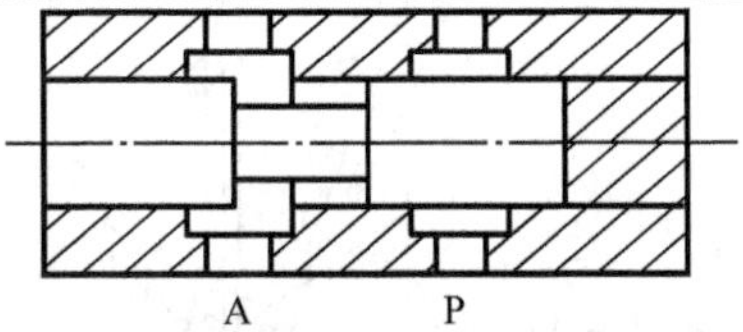	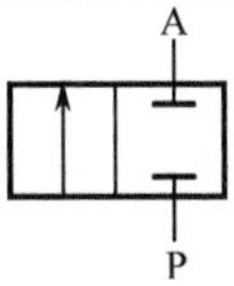	控制油路的接通与切断（相当于一个开关）	
二位三通阀	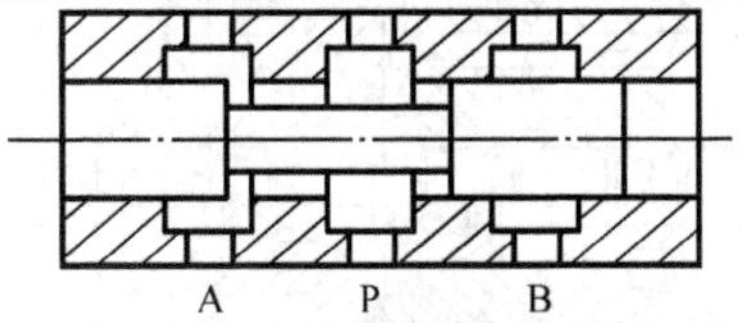	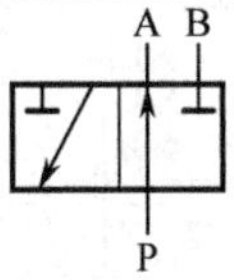	控制液流方向（从一个方向变换成另一个方向）	
二位四通阀			不能使执行元件在任一位置停止运动	执行元件正反向运动时回油方式相同
三位四通阀	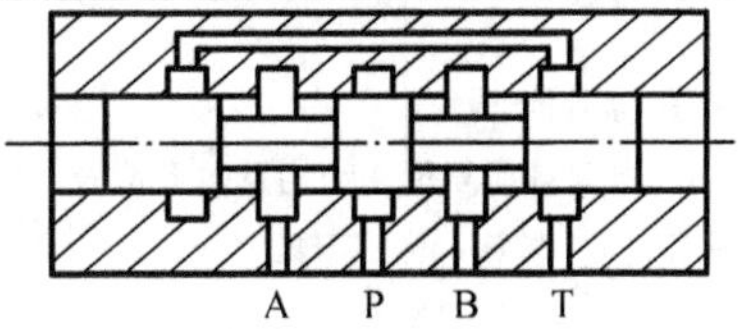	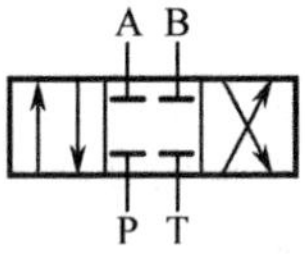	能使执行元件在任一位置停止运动	控制执行元件换向
二位五通阀	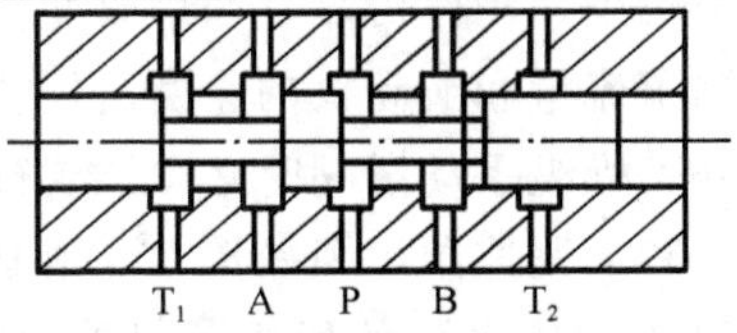	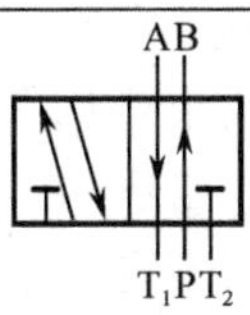	不能使执行元件在任一位置停止	执行元件正反向运动时可以得到不同的回油方式
三位五通阀	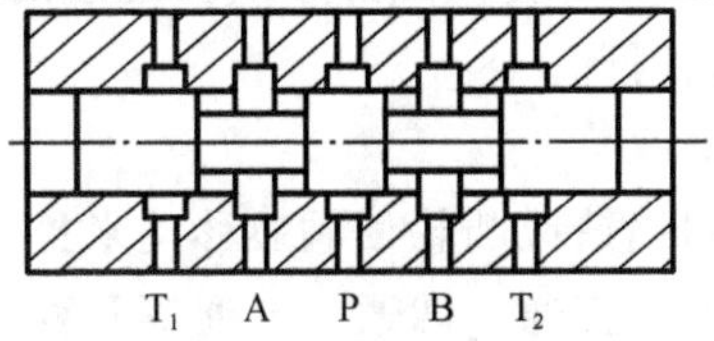	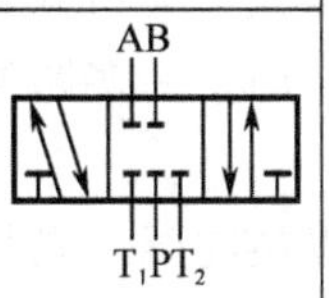	能使执行元件在任一位置停止运动	

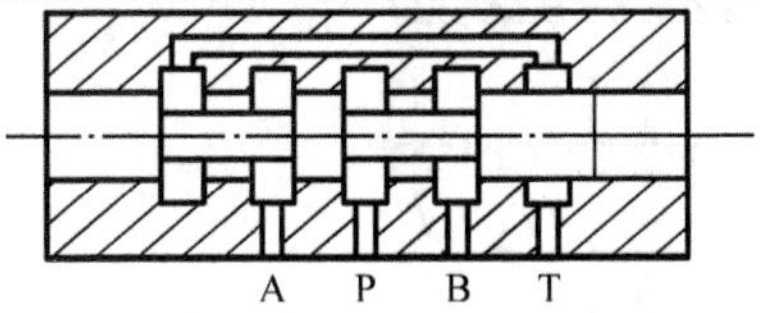

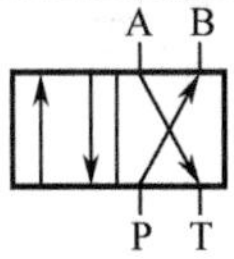

　　2）滑阀式换向阀的操纵定位装置

　　（1）手动式换向阀。

　　手动式直接用手操纵滑阀换向，它有自动复位和定位两种形式。图 5-10(b)
是弹簧自动复位式三位四通手动换向阀的结构，它由操纵手柄 1、阀体 2、阀芯
3、弹簧 4 等组成。搬动手柄即可换位，当松手后，滑阀在弹簧力作用下，自动
回到中间位置。定位式手动滑阀与自动复位式大致相同，如图 5-10(a) 所示手动
换位后，借助钢球 5 使阀芯保持在该位置上。

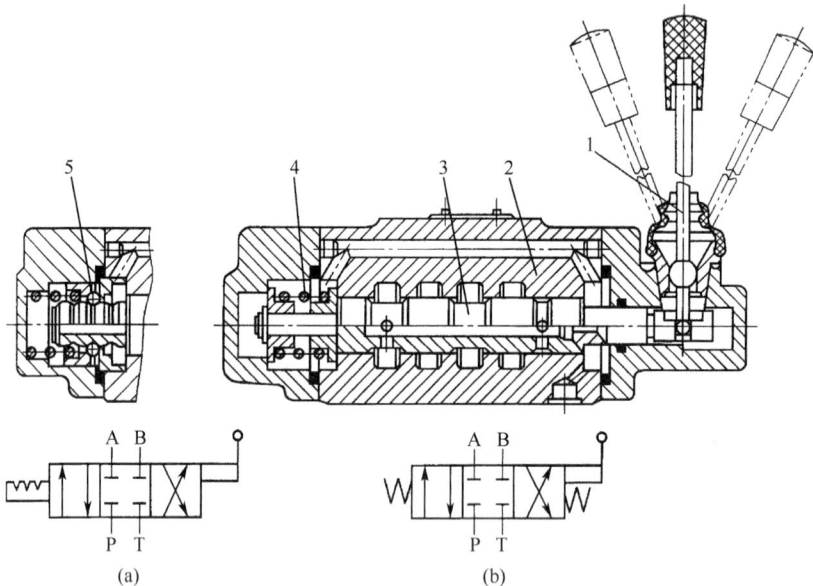

图 5-10　三位四通手动换向阀

（a）弹簧钢球定位式的结构及图形符号；（b）弹簧自动复位式结构及图形符号

1—操纵手柄；2—阀体；3—阀芯；4—弹簧；5—钢球

　　手动换向阀结构简单，成本低廉，故障较少，动作可靠。如果改变操纵手柄
倾斜角度，可控制阀的开口大小，从而控制了流量和液动机的速度。但须注意的
是，在急剧换向时容易引起冲击压力。另外，操纵手动滑阀时必须能观察液动机
或执行部件的动作。手动滑阀不宜用于自动和远程控制。因操作力受限制，它的
压力和流量不能太大。定位或手动滑阀都可以制成多位的形式。起重运输机械、
工程机械等行走机械，常采用手动多路换向滑阀。

　　（2）机动式换向阀。

　　机动式换向阀也叫行程换向阀，它是用挡铁或凸轮使阀芯移动来控制液流的
方向。机动式换向阀通常是二位的，有二通、三通、四通、五通等几种。二通的
分常闭和常开两种形式，如图 5-11 所示。

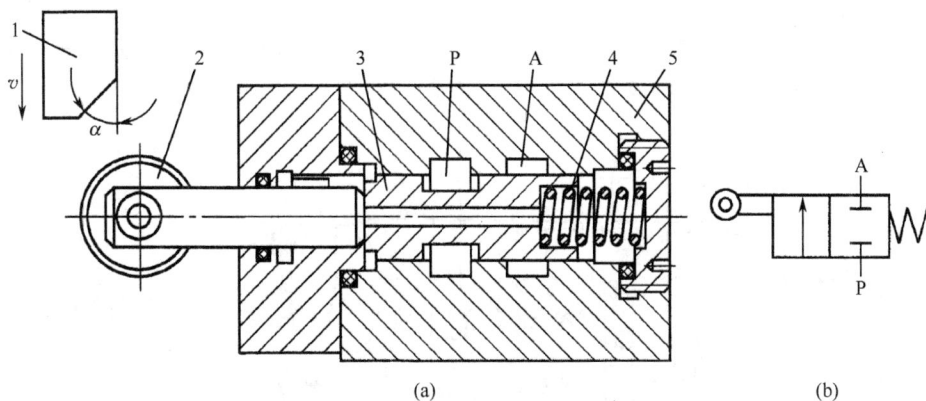

图 5-11　二位二通机动式换向阀

(a) 结构；(b) 图形符号

1—挡铁；2—滚轮；3—阀芯；4—弹簧；5—阀体

（3）电磁式换向阀。

电磁式换向阀借助于电磁铁吸力推动阀芯在阀体内做相对运动来改变阀的工作位置，一般为二位和三位，通道数多为二、三、四、五。

根据电磁铁所用电源的不同，电磁式换向阀又分为交流和直流两种。

①交流电磁铁的使用电压有 380V、120V、110V，频率为 50Hz。交流电磁铁换向时间短，为 0.01～0.07s，推力大，电器控制系统简单，成本较低；但可靠性较差，工作不稳定，换向冲击大，易产生噪声，铁芯吸不到位时，易烧毁，寿命短。

②直流电磁铁的使用电压一般为 110 V、24V、12V。电源电压不得低于额定电压的 85%，不得高于额定电压的 110%，太高易烧坏电磁铁，太低则吸力不足。直流电磁铁工作可靠，当过载、电压过低或因污物卡住吸不到位时，不会烧毁，换向冲击小，在潮湿环境下工作时，击穿的可能性小，寿命长；它的缺点是换向时间较长，一般为 0.1～0.15s，启动力较小，因需整流装置，费用较高。

电磁铁又有干式和湿式两种。湿式电磁铁浸泡在工作油液中，取消了推杆处的密封，因此摩擦力小，复位性能好，冷却润滑好，工作寿命长，但系统中使用的工作油液必须有高的介电性。干式电磁铁的电磁部分和阀体能分开，更换电磁铁方便，铁芯和轭铁的间隙为空气。因为电磁铁吸力有限，电磁式换向阀的流量不能太大，一般在 63L/min 以下，在使用时，回油口的背压不宜过高，否则容易烧毁电磁铁线圈。

图 5-12 所示为交流干式二位三通电磁式换向阀，图中推杆处设置了动密封，铁芯与轭铁间隙中的介质为空气，因此该交流电磁铁为干式电磁铁。当电磁铁不

得电，无电磁吸力时，阀芯在右端弹簧力的作用下，处于最左端位置（常位），油口 P 与 A 通，与 B 不通；若电磁铁得电，产生一个向右的电磁吸力，通过推杆推动阀芯向右移动，则阀左位工作，油口 P 与 B 通，与 A 不通。

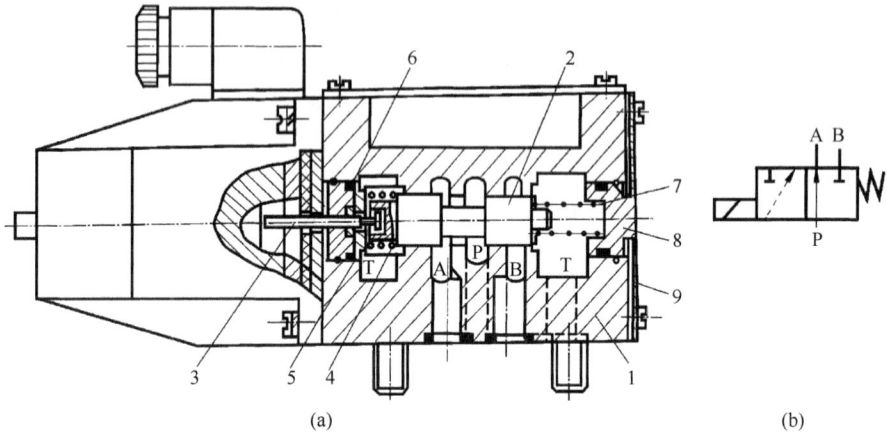

图 5-12　交流干式二位三通电磁式换向阀

(a) 结构图；(b) 图形符号

1—阀体；2—阀芯；3—推杆；5、8—弹簧座；4、7—弹簧；6—O 形圈；9—后盖

图 5-13 所示为直流三位四通电磁式换向阀。当两边电磁铁都不得电时，阀芯 2 在两边对中弹簧的作用下处于中位，P、T、A、B 油口互不相通；当左边电磁铁得电时，推杆将阀芯 2 推向左端，P 与 A 通，B 与 T 通；当右边电磁铁得电时，推杆将阀芯 2 推向右端，P 与 B 通，A 与 T 通。

（4）液动式换向阀。

电磁式换向阀由于受到电磁铁吸力较小的限制，所以只适用于流量不大的场合。对于流量较大的换向阀，就必须采用液压驱动、电液驱动等方式。

液动式换向阀是利用控制油路的压力油在阀芯端部产生的液压力来推动阀芯移动而实现换向的。图 5-14 为三位四通液动式换向阀（弹簧对中型），阀芯两端分别接通控制油口 K_1 和 K_2。当 K_1 接通压力油，K_2 通回油时，阀芯右移，P 与 A 通，B 与 T 通；当 K_2 接通压力油，K_1 通回油时，阀芯左移，P 与 B 通，A 与 T 通；当 K_1、K_2 通回油时，阀芯在两端对中弹簧的作用下处于中位。

（5）电液动式换向阀。

电液动式换向阀由电磁滑阀和液动滑阀组合而成。如图 5-15 所示，下部液动滑阀为主阀，上部为电磁阀，起先导作用，用来改变液动滑阀控制压力油的方向，推动液动滑阀阀芯移动。由于控制压力油的流量很小，因此电磁滑阀的规格较小，其工作位置由液动滑阀的工作位置相应确定。液动换向阀作为主阀，用于实现主油路的换向。由于较小的电磁铁吸力被放大为较大的液压推力，因此主阀

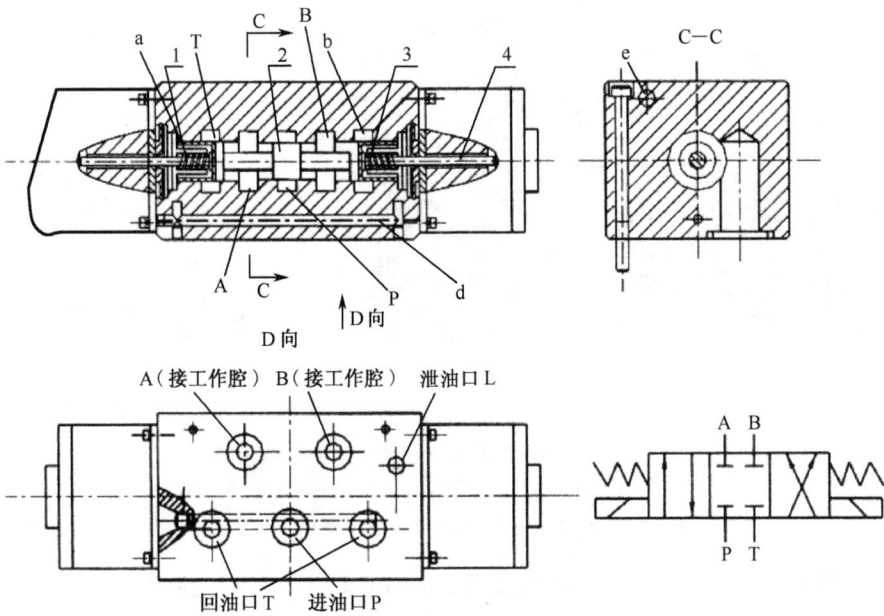

图 5-13 直流三位四通电磁式换向阀

1、3—弹簧；2—阀芯；4—推杆

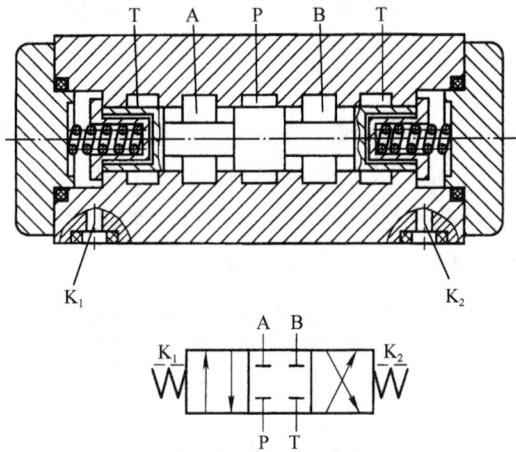

图 5-14 三位四通液动式换向阀（弹簧对中型）

芯的尺寸可以做得较大，允许大流量通过。

电液动式换向阀有弹簧对中和液压对中两种形式。

液压对中电液动式换向阀的结构如图 5-15 所示，其先导阀中位机能为 P 型，因此两端电磁铁断电时，主阀左、右两腔都通入压力油。主阀芯 5 在右腔压

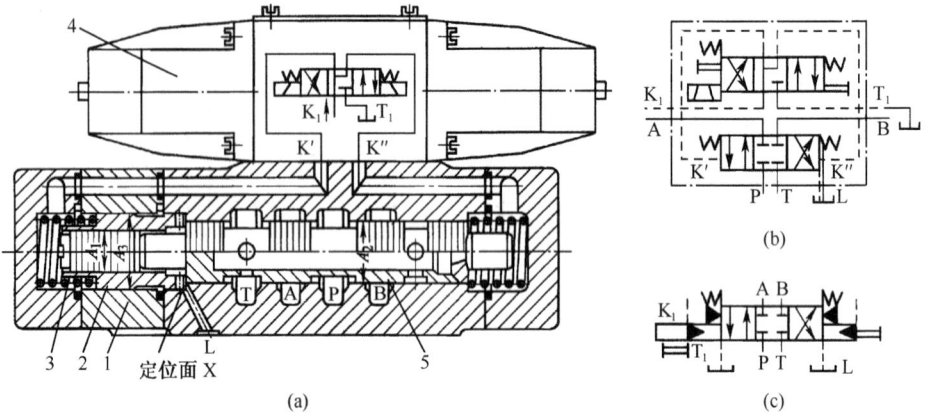

图 5-15　液压对中三位四通电液动式换向阀结构及符号

(a) 结构图；(b) 详细符号；(c) 简化符号

1—中盖；2—缸套；3—柱塞；4—先导阀；5—主阀芯

力油作用下向左运动，由于左腔的缸套 2 的直径较大，使得左腔有效工作面积大于右腔，因此强行将阀芯抵到中位。当先导电磁阀使 K″油口通压力油时，主阀芯 5 推动柱塞 3 和缸套 2 一起左移，P 与 A 通，B 与 T 通；当先导电磁阀使 K′油口通压力油时，柱塞 3 推动主阀芯 5 右移，P 与 B 通，A 与 T 通，实现了换向。液压对中电液动式换向阀的回中位可靠性好，但其结构复杂，轴向尺寸长。

3. 滑阀的中位机能

三位四通和三位五通换向滑阀，滑阀在中位时各油口的连通方式称为滑阀的中位机能。不同的中位机能可满足系统不同的要求。常见的中位机能及作用见表 5-2。不同的中位机能是在阀体尺寸不变的情况下，通过改变阀芯的台肩结构、轴向尺寸以及阀芯上径向通孔的个数得到的。

表 5-2　三位四通换向阀的中位机能

滑阀机能	中位时的滑阀状态	中位符号		中位时的性能特点
		三位四通	三位五通	
O				各油口全部关闭，系统保持压力，执行元件各油口封闭

续表

滑阀机能	中位时的滑阀状态	中位符号		中位时的性能特点
		三位四通	三位五通	
H	 T(T₁)　A　P　B　T(T₂)	A B P T	A B T₁ P T₂	各油口 P、T、A、B 全部连通，泵卸货，执行元件两腔与回油连通
Y	 T(T₁)　A　P　B　T(T₂)	A B P T	A B T₁ P T₂	A、B、T 口连通，P 口保持压力，执行元件两腔与回油连通
J	 T(T₁)　A　P　B　T(T₂)	A B P T	A B T₁ P T₂	P 口保持压力，缸 A 口封闭，B 口与 T 口连通
C	 T(T₁)　A　P　B　T(T₂)	A B P T	A B T₁ P T₂	执行元件 A 口通压力油，B 口与回油口 T 不通
P	 T(T₁)　A　P　B　T(T₂)	A B P T	A B T₁ P T₂	P 口与 A、B 都连通，回油口 T 封闭
K	 T(T₁)　A　P　B　T(T₂)	A B P T	A B T₂ P T₂	P、A、T 口连通，泵卸货，执行元件 B 口封闭
X	 T(T₁)　A　P　B　T(T₂)	A B P T	A B T₁ P T₂	P、T、A、B 口半开启连通，P 口保持一定压力
M	 T(T₁)　A　P　B　T(T₂)	A B P T	A B T₁ P T₂	P、T 口连通，泵卸货，执行元件 A、B 两油口都封闭

续表

滑阀机能	中位时的滑阀状态	中位符号		中位时的性能特点
		三位四通	三位五通	
U	 T(T₁)　A　P　B　T(T₂)	 A B P T	 A B T₁P T₂	A、B 口接通，P、T 口封闭，缸两腔连通，P 口保持压力

4. 多路换向阀

多路换向阀是由两个以上的换向阀组合而成，控制多个执行元件的组合阀。与其他类型的阀相比，多路换向阀具有结构紧凑、压力损失小以及安装、操作简便等优点。它主要用于工程机械、起重运输机械和其他要求多缸集中控制的行走机械。按阀体的结构形式，多路换向阀有整体式和组合式两种；按油路连接方式，多路换向阀有并联、串联、串并联及复合油路等四种。

图 5-16(a)所示为并联油路，从进油口来的压力油直接和各联换向阀的进油腔相连，而各联换向阀的回油腔则直接汇集到多路换向阀的总回油口。各换向阀可独立操作，但若同时操作两个或两个以上换向阀时，负载轻的执行机构先动作，而分配到各执行元件的油液仅是泵流量的一部分。

图 5-16(b)所示为串联油路，后一联换向阀的进油腔和前一联换向阀的回油腔相连。该油路可以实现两个或两个以上执行机构同时动作，但此时泵出口压力等于各工作机构压力之和，因而压力较高。

图 5-16(c)所示为串并联油路，各联换向阀的进油腔都和前一联换向阀的中位油道相连，而各联换向阀的回油腔则直接和总回油口相连。操作上一联换向阀时，下一联换向阀不能工作，保证了前一联换向阀的优先供油。

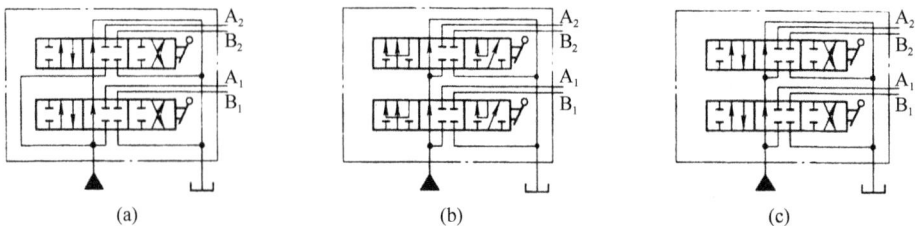

图 5-16　多路换向阀的油路连接方式

(a) 并联连接；(b) 串联连接；(c) 串并联连接

5.4　压力控制阀

液压系统中控制油液压力高低的液压阀，统称为压力控制阀。压力控制阀是利用阀芯上的液压作用力和弹簧力保持平衡来进行工作的。常用的压力控制阀有溢流阀、减压阀、顺序阀和压力继电器等。

5.4.1　溢流阀

常用的溢流阀有直动式和先导式两种。

1. 溢流阀的结构和工作原理

（1）直动式溢流阀。

直动式溢流阀的结构主要有锥阀、滑阀、球阀等形式。滑阀型直动式溢流阀的结构如图 5-17(a) 所示。图示位置，阀芯在调压弹簧力 F_s 的作用下处于最下

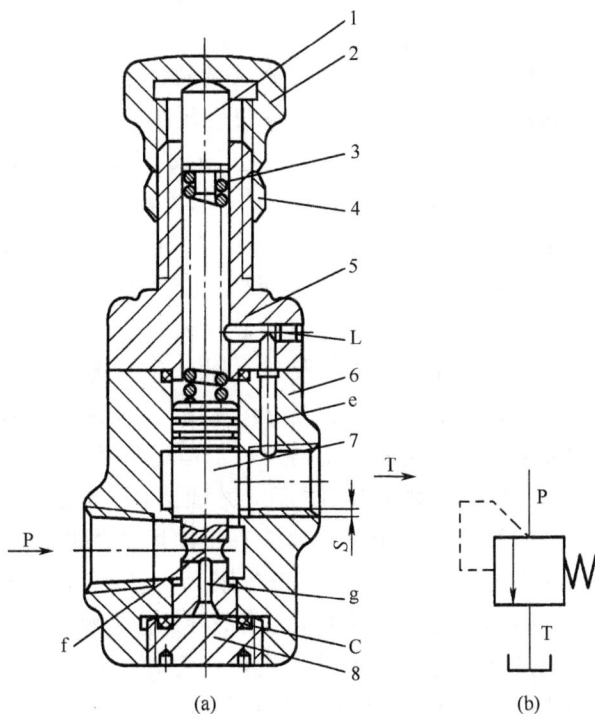

图 5-17　直动式溢流阀及职能符号

1—调节杆；2—调节螺母；3—调压弹簧；4—锁紧螺母；5—上盖；6—阀体；7—阀芯；8—螺塞

端位置，压力油从进口 P 进入阀后，经孔 f 和阻尼孔 g 进入阀芯底部，形成液压力作用在阀芯下端承压面上。当进油压力 p 较小时，滑阀在弹簧力 F_s 作用下，处于关闭状态，将进出油腔 P、T 隔开；当压力 p 升高到滑阀上的液压力超过弹簧力时，滑阀上升，阀口打开，P、T 接通，油液从 T 口溢回油箱，调节螺母 2 可改变弹簧压紧力，从而改变进油腔 P 的控制压力。当压力降低时，弹簧压滑阀使阀口关闭。当溢流阀开启，且处于稳定工作状态时，作用在阀芯上的力平衡方程为

$$pA_R = F_s + F_g + F_f + F_{bs}$$

$$p = \frac{F_s + F_g + F_f + F_{bs}}{A_R} \tag{5-5}$$

式中，p 为进油口压力，MPa；A_R 为阀芯承压面积，m^2；F_s 为弹簧力，$F_s = k_s(x_0 + x_R)$，N；k_s 为弹簧刚度，m/N；x_0 为开口量为零时弹簧的预压缩量，m；x_R 为开口量，m；F_g 为阀芯自重力，N；F_f 为摩擦力，其方向与阀芯运动方向相反，N；F_{bs} 为稳态液动力，N。

由式（5-5）看出，A_R 是不变的，若要获得较高的液压力 p，必须提高弹簧力 F_s。

另外还应当说明，溢流阀的压力随溢流流量的大小而变化，如图 5-24。溢流阀开始溢流时，阀的开口极小，弹簧压缩量也较小，所以溢流阀开启压力 p_k 较低，此时溢流流量也极少。溢流流量增加时，阀的开口变大，此时进一步压缩弹簧，使弹簧力增大，因而压力 p 增高。当全部溢流时，阀芯升到最高位置，这时的压力为调定压力 p_s。溢流阀的调定压力与开启压力的差值称作静态调压偏差。溢流阀的调压偏差越大，系统压力的波动也越大。

当然，上述状态的实现是有一定过程的，当 $pA_R > F_s$ 时，阀芯上升，阀口打开，部分油液从溢流阀流出，但是由于惯性的作用，阀芯的运动不能立即停止，致使阀口开得过大，使 p 降低，出现 $pA_R < F_s$ 的情况；接着阀芯下降，阀口又关小，排出的油液减少，使 p 再度增大，于是阀芯又上升。如此几经反复，压力变化幅度一次比一次小，数次振荡之后，才能达到平衡状态。

直动式溢流阀结构简单，由于压力油液直接作用在阀芯上与弹簧力取得平衡，因此溢流阀的开启压力取决于调压弹簧的刚度。直动式溢流阀在通过流量大或压力高的液流时，阀芯直径及作用于阀芯上的液压力都将增大，需要刚度很大的弹簧相匹配，使阀的结构庞大。此外，流量变化时，溢流压力的变化也将加大，因而直动式溢流阀一般多用于低压小流量系统。

（2）先导式溢流阀。

在中高压、大流量的情况下，采用先导式溢流阀。先导式溢流阀由先导阀和主阀两部分组成，先导式溢流阀常见的结构有三级同心式和两级同心式。

YF 型三级同心式溢流阀如图 5-18 所示。主阀部分与直动式溢流阀相似，所不同的是溢流阀进口的液压力 p 除直接作用在主阀芯的下腔作用面积上外，还经主阀芯上的阻尼孔 5 作用到先导阀的锥阀上。当进油口压力较低，作用在锥阀上的液压力小于先导阀弹簧的预紧力 F_{sc} 时，先导阀锥阀在弹簧力的作用下关闭，主阀上腔为密闭静止容腔，阻尼孔 5 中没有液流流动，主阀芯上下两端油腔液压力相等，因上腔作用面积稍大于下腔作用面积，作用于主阀芯上下腔的液压力与上端弹簧力共同作用下将主阀芯压紧在主阀座 7 上，主阀阀口关闭。当进油口压力 p 升高，到作用在先导锥阀上的液压力大于锥阀上的弹簧作用力时，锥阀打开，压力油就通过阻尼孔 5、阀盖上的流道 a、先导阀口、主阀芯中心泄油孔 b 流回油箱。由于液流通过阻尼孔 5 时要产生压力损失，使主阀芯上端的压力 p_1 小于下端压力 p。当这个压力差 $(p - p_1)$ 作用在主阀芯产生的液压力超过主阀弹簧力、摩擦力和主阀芯自重时，主阀打开，油液经主阀阀口流回油箱，实现溢流作用。

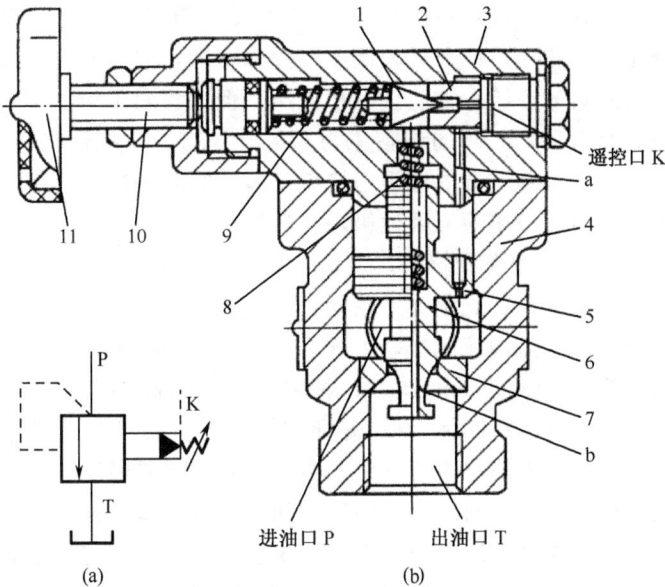

图 5-18 YF 型先导式溢流阀（管式）

（a）符号；（b）结构

1—先导锥阀；2—先导阀座；3—阀盖；4—阀体；5—阻尼孔；6—主阀芯；
7—主阀座；8—主阀弹簧；9—调压弹簧；10—调节螺钉；11—调节手轮

主阀开启时，主阀芯受力平衡方程式为

$$pA_R = p_1 A_R + F_s + F_g + F_f + F_{bs}$$

$$p = \frac{F_s + F_g + F_f + F_{bs}}{A_R} + p_1 \qquad (5\text{-}6)$$

式中，A_R 为阀芯上下腔的承压面积，m^2；p 为进油腔压力，MPa；p_1 为阀芯上腔的液压力，MPa；F_s 为主阀弹簧力，N，$F_s = k_s(x_0 + x)$；k_s 为弹簧刚度；x_0 为阀口开口量为零时弹簧的预压缩量；x 为开口量；F_g 为阀芯自重，N；F_f 为阀芯与阀体间的摩擦力，方向与运动方向相反，N；F_{bs} 为阀芯的轴向稳态液动力，N。

式(5-6)与式(5-5)相比，式(5-6)中仅多了一项 $p_1 A_R$，由于主阀弹簧仅起复位作用，因此 F_s 较小，而仅由先导阀弹簧调定，因此改变先导阀弹簧的压紧力便可改变先导式溢流阀的调定压力，故称先导阀弹簧为调压弹簧。

由式(5-6)可知，即使进油口压力较大，由于上腔压力 p_1 的抵消作用，主阀弹簧力并不大，可以做得较软，溢流开口大小变化时，主阀弹簧力变化小，因而调压偏差较小。另外，由于先导阀底座孔较小，调压弹簧也较软，所以调整压力比较轻便。

先导式溢流阀有一个远程控制口 K，如果 K 口与另一个远程调压阀（结构与先导阀部分相同）相接，调节远程调压阀的弹簧力，即可调节主阀芯上端的液压力，从而对溢流阀的溢流压力实现远程调压，但远程调压阀所能调节的最高压力不得超过溢流阀本身先导阀的调整压力。另外，当远程控制口 K 通过二位二通阀接通油箱时，主阀芯上端的液压力接近于零，阀芯抬起，P 处的压力油就可以在很低的压力下通过溢流阀流回油箱，实现卸荷。

图 5-18 所示的 YF 型溢流阀中，主阀芯 6 有三处分别与阀盖 3、阀体 4 和主阀座 7 有同心配合要求，因此称为三级同心式。

图 5-19 所示的 DB 型溢流阀中，要求主阀芯 1 的圆柱导向面、圆锥面与阀套 11 配合良好，因此称为两级同心式。这种溢流阀的主阀芯上没有阻尼孔，而 3 个阻尼孔 2、3、4 分别设在阀体 10 和先导阀体 6 上。其工作原理与 3 级同心式溢流阀相同，只不过压力油从主阀下腔到主阀上腔，需要经过三个阻尼孔。阻尼孔 2 和 4 串联，在主阀下腔与先导阀前腔之间产生压力差，再通过阻尼孔 3 作用在主阀上腔，控制主阀芯开启。阻尼孔 3 的主要作用是提高主阀芯的稳定性。

与三级同心式结构相比，两级同心式结构的特点有：

①主阀芯的圆柱导向面、圆锥面与阀套的内圆柱面和阀座有同心度要求，与先导阀无配合要求，因此结构简单，加工装配方便。

②过流面积大，在相同的开启情况下，其通流能力大。

③主阀芯与阀套可通用化，便于批量生产。

2. 溢流阀的性能指标

溢流阀的性能包括静态特性和动态特性。静态特性是指在稳定情况下，溢流

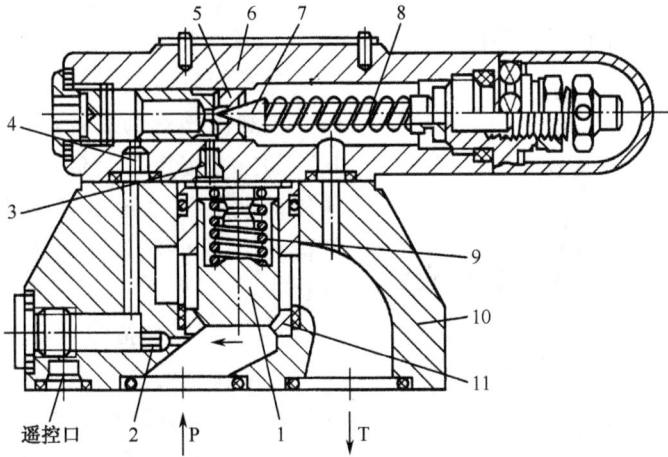

图 5-19　DB 型溢流阀（管式）

1—主阀芯；2、3、4—阻尼孔；5—先导阀座；6—先导阀体；7—先导阀芯；
8—调压弹簧；9—主阀弹簧；10—阀体；11—阀套

阀的流量压力特性。动态特性是指溢流阀被控参数在发生瞬态变化的情况下，某些参数之间的关系。

1）静态特性指标

（1）压力调节范围。

压力调节范围系指某调压弹簧在规定的范围内调节时，系统压力能平稳地上升或下降的压力范围。

（2）最大流量和最小稳定流量。

最大流量和最小稳定流量决定了溢流阀的流量调节范围，流量调节范围越大，溢流阀的应用越广。其最大流量就是公称流量；而最小稳定流量取决于压力稳定性要求，一般规定为公称流量的 15%。

（3）启闭特性。

启闭特性是指溢流阀从开启到闭合过程中，通过溢流阀的流量与其对应的控制压力之间的关系，是衡量溢流阀的一个重要指标。一般用开始溢流时的开启压力 p_k 以及停止溢流时的闭合压力 p_b 与公称流量下的调定压力 p_s 的比值 p_k/p_s、p_b/p_s 的百分率来衡量，分别为开启压力比、闭合压力比。

$$\overline{p_k} = \frac{p_k}{p_s} \times 100\% \tag{5-7}$$

$$\overline{p_b} = \frac{p_b}{p_s} \times 100\% \tag{5-8}$$

比值越大且开启和闭合的压力越接近，溢流阀的启闭特性越好。由于溢流阀的阀芯在工作中受到摩擦力的作用，阀口开大和关小时的摩擦力方向刚好相反，致使阀的开启特性和闭合特性产生差异，如图 5-20 所示。

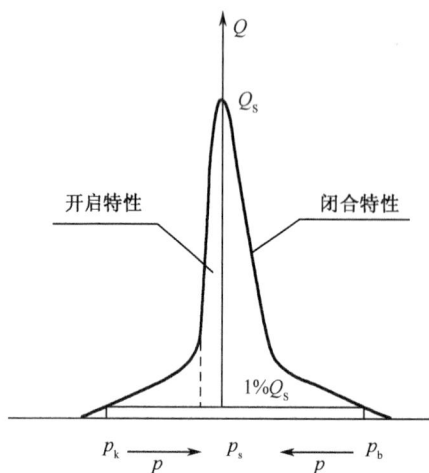

图 5-20　溢流阀启闭特性

（4）卸荷压力。

当溢流阀作为卸荷阀用时，额定流量下的压力损失称为卸荷压力。它反映了卸荷状态下系统的功率损失。显然，卸荷压力越小越好，一般为 $(1.5 \sim 3) \times 10^5 \mathrm{Pa}$。

2）动态特性指标

当溢流阀的溢流量由零阶跃变化至额定流量时，其进口压力如图 5-21 所示迅速升高并超过其调定压力值，然后逐步衰减到最终的稳定压力，从而完成其动态过程。其动态性能指标主要有：

（1）压力超调量。定义最高瞬时压力峰值与调定压力值 p_s 为压力超调量 Δp，并将 $(\Delta p / p_n) \times 100\%$ 称为压力超调率。压力超调量是衡量溢流阀动态定压误差的一个重要指标，一般压力超调率要求小于 30%。

（2）响应时间。响应时间是从起始稳态压力 p_0 与最终稳态压力 p_n 之差的 10% 上升到 90% 的时间 t_1，即图 5-21 中 A、B 两点的时间间隔。t_1 越小，溢流阀的响应越快。

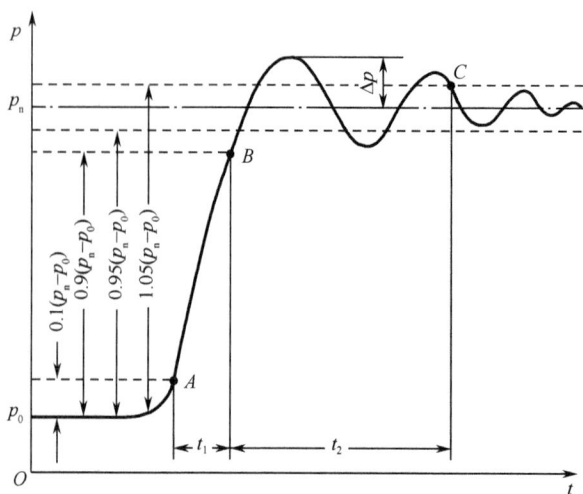

图 5-21　流量阶跃变化时溢流阀进口压力响应特性

(3) 过渡过程时间。过渡过程时间是指从 $0.9(p_n - p_0)$ 的 B 点到瞬时过渡过程的最终时刻 C 点之间的时间 t_2。t_2 越小，溢流阀的动态过渡过程越短。

(4) 升压时间。升压时间是指流量阶跃变化时，$0.1(p_n - p_0)$ 至 $0.9(p_n - p_0)$ 的时间 Δt_1，即图 5-22 中 A、B 两点的时间，与响应时间一致。

(5) 卸压时间。卸压时间是指卸压信号发出后，$0.9(p_n - p_0)$ 至 $0.1(p_n - p_0)$ 的时间 Δt_2，即图 5-22 中 C、D 两点的时间。

升压时间 Δt_1 和卸压时间 Δt_2 越小，溢流阀的动态性能越好。

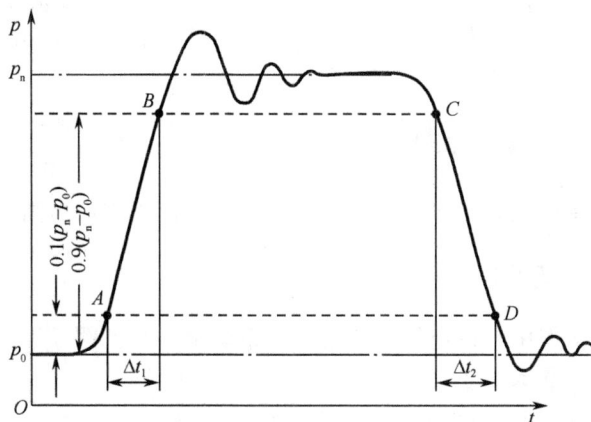

图 5-22 溢流阀的升压与卸压特性

3）静态特性分析

以图 5-17 所示的直动式溢流阀为例，来研究它的静态特性。式（5-5）为阀芯上的受力平衡方程，在一般情况下，忽略阀芯自重和摩擦力。将式（5-1）代入，略去 C_r，取 $C_v = 1$，则有

$$p = \frac{F_s}{A_R - 2C_d W x_R \cos\varphi} = \frac{k_s(x_0 + x_R)}{A_R - 2C_d W x_R \cos\varphi} \qquad (5-9)$$

溢流阀将开而未开时，即 $x_R = 0$ 时的压力，即为溢流阀的开启压力 p_k。

$$p_k = \frac{k_s}{A_R} x_0 \qquad (5-10)$$

溢流阀溢流时通过阀口的流量可由式（2-40）求出，将式（5-9）、式（5-10）代入，有

$$q = \frac{C_d A_R W}{k_s + 2p C_d W \cos\varphi}(p - p_k)\sqrt{\frac{2p}{\rho}} \qquad (5-11)$$

式（5-11）就是直动式溢流阀的"压力-流量"特性方程。依据它画出的曲线称为溢流阀特性曲线，如图 5-23 所示。

对先导式溢流阀（图 5-19）来说，由式(5-6)对应于式(5-9)有

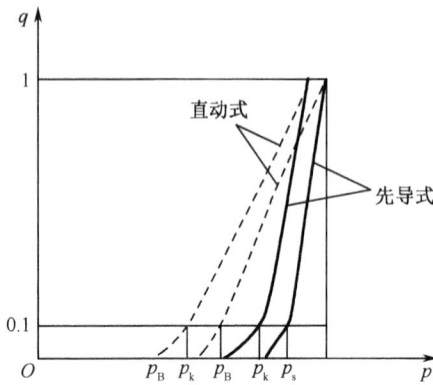

图 5-23　溢流阀特性曲线

$$p = \frac{F_s + p_1 A_R}{A_R - 2C_d W x_R \cos\varphi} \qquad (5\text{-}12)$$

当先导阀弹簧调整好之后，在溢流时主阀芯上端的压力 p_1 基本上是个定值，p_1 与 p 很接近，即通过阻尼孔的压降 $\Delta p = p - p_1$ 很小，所以主阀弹簧力 F_s 只要能克服阀芯摩擦力就可以，主阀弹簧刚度较小。当溢流量变化引起主阀芯位置变化时，弹簧力 F_s 变化较小，因而 p 的变化也较小。因此，先导式溢流阀的开启压力通常比直动式的大，如图 5-23 所示。先导式溢流阀的特性曲线上有一拐点，在拐点处工作压力是不稳定的，应使工作压力高过拐点压力。

3. 溢流阀在液压系统中的应用

（1）溢流定压作用。在定量泵节流调速系统中，溢流阀处于常开状态时，保证了泵的工作压力基本不变。

（2）防止系统过载。在变量泵调速系统中，当系统压力小于溢流阀调定值时，液压泵输出的油液全部供应系统，溢流阀处于常闭状态；当系统超载，系统的压力超过溢流阀调定值时，溢流阀迅速打开，油液流回油箱，防止系统过载，确保系统安全，所以称这时的溢流阀为安全阀。

（3）背压作用。在液压系统的回油通路上串接一溢流阀，造成可调的回油阻力，形成背压。改善执行元件的运动平稳性。

（4）远程调压和系统卸荷作用。利用远程控制口进行远程调压或系统卸荷。

5.4.2　减压阀

减压阀用于降低液压系统某一局部回路的压力，使之得到一个比液压泵供油压力低的稳定压力。按调节要求不同，减压阀可分为定压减压阀、定比减压阀和定差减压阀。

1. 定压减压阀

定压减压阀有直动式和先导式两种结构形式。根据压力控制方式的不同，先导减压阀有出口压力控制式和进口压力控制式。这里仅介绍先导式出口压力控制式定压减压阀。

图 5-24 所示出了先导式减压阀及职能符号，其工作原理为：一次压力油从

油口 p_1 进入，经减压口减压后压力降为二次压力油（即出口压力油），并从油口流出。出口压力为 p_2 的压力油通过阀体 6 下部通道进入主阀 7 的底部，并通过主阀上的阻尼孔 9 流入主阀的上腔和先导阀前腔，又通过锥阀座 4 中的阻尼孔作用在调压锥阀 3 上。当出口压力 p_2 小于调定压力时，先导阀的调压锥阀 3 关闭，阻尼孔 9 中没有油液流动，主阀上、下两端的液压力相等，这时主阀芯在弹簧力的作用下处于最下端位置，减压口全开，阀处于非工作状态，$p_2 \approx p_1$。当出口压力 p_2 超过调定压力时，调压锥阀 3 被打开，出油口部分油液经阻尼孔 9、先导阀口、阀盖 5 上的泄油口 L 流回油箱。油液经阻尼孔 9 时产生压力降，使主阀下腔压力大于上腔压力（$p_2 > p_3$），当这个压力差所产生的作用力大于主阀弹簧力时，主阀上移，使减压口关小，油液流经减压口时产生的压力降增加，直至出口压力稳定在调定值上，这时减压阀处于工作状态。反之亦然，如出口压力由于某种原因而减小时，主阀受力不平衡而移动，使阀口开大，压降减小，使出口压力回升到调定值，仍能使出口压力维持在调定值上。同理，如进口压力由于某种原因发生变化时，减压阀阀芯也会作出相应的反应，使出口压力最后稳定在调定值上。减压阀出口压力的大小可通过调节调压弹簧 11 来进行调定。

总之，出口压力控制式定压减压阀是利用其出油口处压力作为控制信号，自

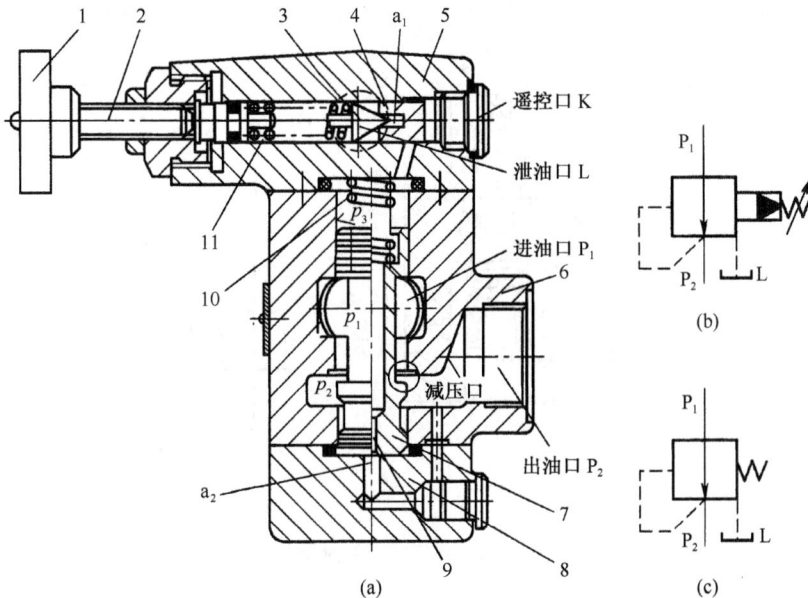

图 5-24　先导式定压减压阀及职能符号

（a）结构；（b）先导式定压减压阀符号；（c）一般符号

1—调压手轮；2—调节螺钉；3—调压锥阀；4—锥阀座；5—阀盖；6—阀体；7—主阀；
8—端盖；9—阻尼孔；10—主阀弹簧；11—调压弹簧

动调整主阀阀口的开度，改变液流阻力来使出口压力基本上维持在调定值上。先导式减压阀上设有远程控制口，可实现远程控制，其工作原理与溢流阀的远程控制相同。

2. 定差减压阀

定差减压阀可使进出口压力差保持为定值。如图 5-25 所示，高压油经减压口减压后以低压流出，同时低压油经阀芯中心孔将压力传至阀芯上腔，其进出油压在阀芯有效作用面积上的压力差与弹簧力相平衡，即

$$\Delta p = p_1 - p_2 = \frac{K(x_0 + x)}{\dfrac{\pi(D^2 - d^2)}{4}} \qquad \text{(Pa)} \qquad (5\text{-}13)$$

式中，K 为弹簧刚度，N/m；x_0、x 为弹簧预压缩量和阀芯开口量，m；D、d 为阀芯大端外径和小端外径，m。

由式（5-13）可知，只要尽量减小弹簧刚度 K 并使 $x \leqslant x_0$，就可使压力差 Δp 近似保持为定值。

定差减压阀主要用来和其他阀组成组合阀，如定差减压阀和节流阀串联组成调速阀。

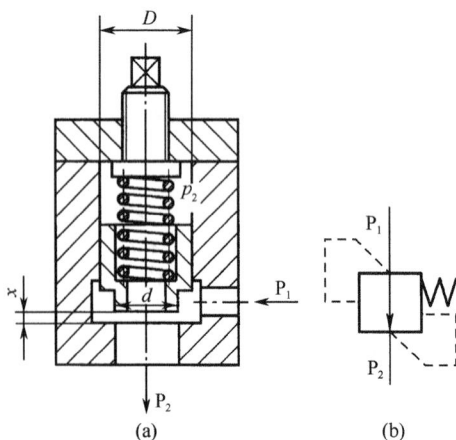

图 5-25　定差减压阀
（a）工作原理；（b）符号

3. 定比减压阀

定比减压阀可使进出口压力保持一定的比例关系。如图 5-26 所示，如果忽略刚度很小的弹簧力，则可近似列出阀芯平衡关系式为

$$\frac{p_1}{p_2} = \frac{A_1}{A_2} \qquad\qquad (5\text{-}14)$$

只要适当选择阀芯的作用面积，即可获得所需的进出口压力比。

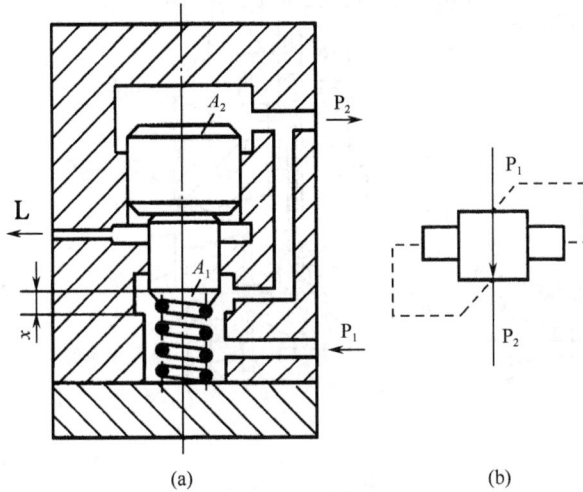

图 5-26　定比减压阀

(a) 工作原理；(b) 符号

4. 减压阀在液压系统中的应用

(1) 降低液压泵压力，供给低压回路。例如，控制、润滑系统、夹紧、定位、分度等装置回路。

(2) 稳定压力。减压阀输出的二次压力油比较稳定，供给液动机工作可以避免一次压力油波动的影响。

(3) 与单向阀并联实现单向减压。

(4) 远程减压。减压阀遥控口接远程调压阀可以实现远程减压，但远程控制减压后的压力只能在调压阀调定的范围之内。

5.4.3　顺序阀

顺序阀依靠系统中的液压力变化来控制阀口的启闭和液压系统中各执行元件动作的先后顺序。根据控制压力的不同，顺序阀可分为内控式和外控式两种；它亦有直动式和先导式两种，前者多用于低压系统，后者多用于中高压系统。

图 5-27(b) 为内控式先导顺序阀，p_1 为进油口，p_2 为出油口，其工作原理与溢流阀相似，不同之处在于顺序阀的出油口不接回油箱，而是通向某一压力油路，因此其泄油口 L 必须单独接回油箱。

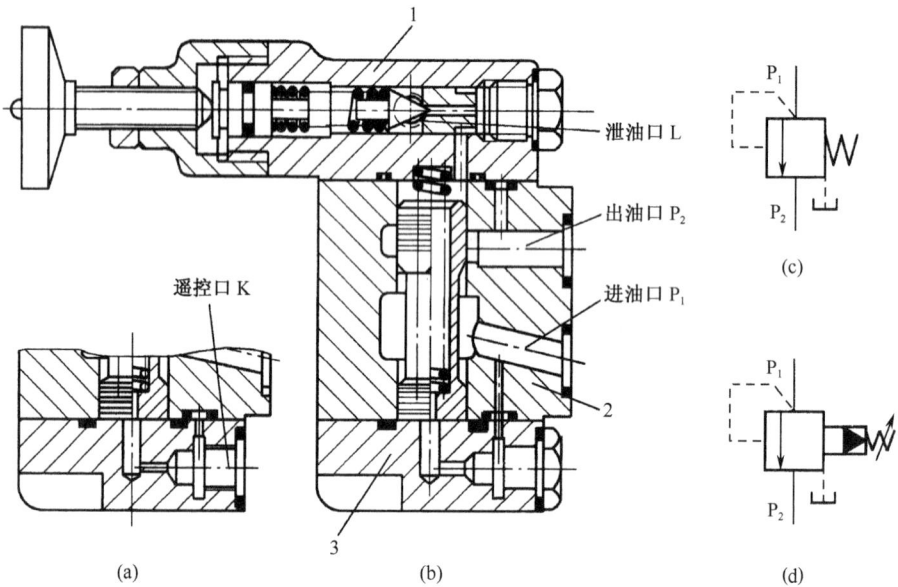

图 5-27　顺序阀

（a）外控式；（b）内控式；（c）内控式先导顺序阀的简化图形符号；（d）内控式先导式顺序阀的详细
图形符号

1—先导阀；2—主阀阀体；3—端盖

图 5-27(a) 为外控式顺序阀，它与内控式顺序阀的区别仅在于下部有一控制油口 K，阀口的启闭由通入控制油口 K 的外部控制油压来控制。

顺序阀在液压系统中的主要应用如下：

（1）用以实现多缸的顺序动作。

（2）和单向阀组合成单向顺序阀，用于有平衡配重立式的液压装置，作为平衡阀用。

（3）用于压力油卸荷，作为双泵供油系统中低压液压泵的卸荷阀。

5.4.4　压力继电器

压力继电器是一种将油液的压力信号转换成电信号的电液控制元件。当油液压力达到压力继电器的调定压力时，即发出电信号，以控制电磁铁、电磁离合器、继电器等元件动作，使油路卸压、换向、执行元件实现顺序动作，或关闭电动机，使系统停止工作，起安全保护作用等。图 5-28 所示为常用柱塞式压力继电器的结构示意图和职能符号。如图所示，当从压力继电器下端进油口通入的油液压力达到调定压力值时，推动柱塞 1 上移，此位移通过杠杆 2 放大后推动微动开关 4 动作。改变弹簧 3 的压缩量即可以调节压力继电器的动作压力。

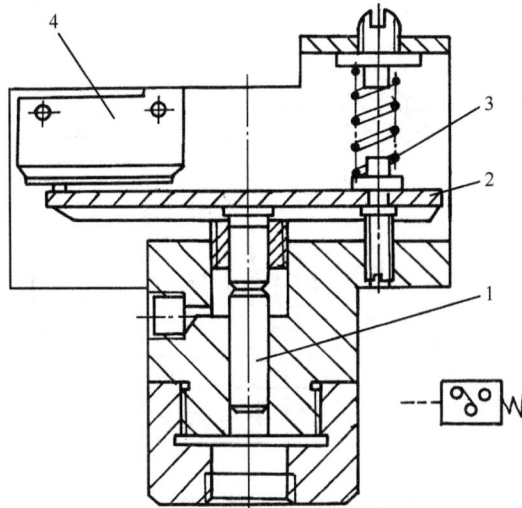

图 5-28　柱塞式压力继电器
1—柱塞；2—杠杆；3—弹簧；4—微动开关

　　压力继电器在液压系统中的用途很广，如压力超调自动报警和保护，润滑系统的失压报警，系统工作程序的自动换接和顺序控制等。

5.5　流量控制阀

　　液压系统中执行机构运动速度的大小由输入执行机构的流量来确定。控制油液流量的液压阀，统称流量控制阀。

　　常用的流量控制阀有节流阀、各种类型的调速阀、分流阀，以及由它们组成的组合阀等。其工作的共同特点都是依靠改变阀的节流口过流面积的大小或液流通道的长短来调节液流液阻的大小，从而控制流量阀的流量。流量控制阀经常在定量泵系统中与溢流阀一起组成节流调速系统，以调节执行元件的运动速度。

5.5.1　节流阀

　　1. 常用节流口的形式

　　节流口是流量阀的关键部位，节流口形式及其特性在很大程度上决定了流量阀的性能。几种常用节流口形式如图 5-29 所示。

　　(1) 针阀式节流口 (图 5-29(a))。针阀做轴向移动，即可改变环形节流口的大小以调节流量。这种结构简单，但节流口长度大，易阻塞，流量受温度影响较大。一般用于对性能要求不高的场合。

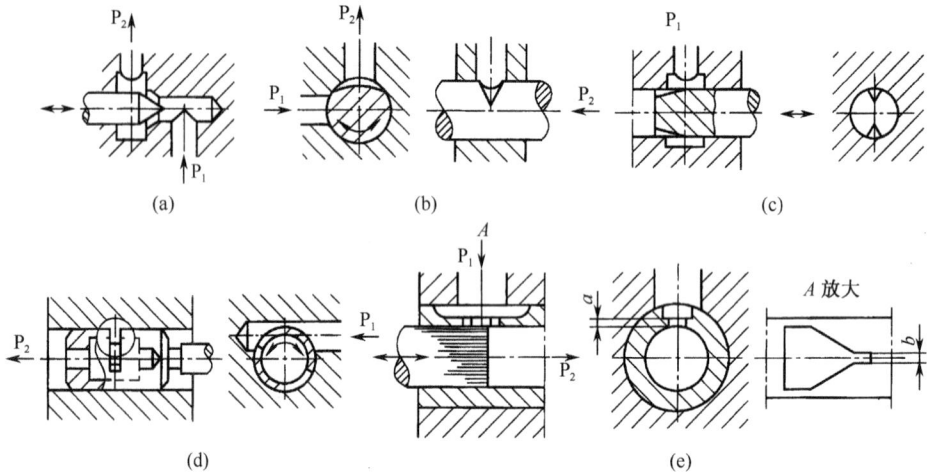

图 5-29　节流口的形式

(a) 针阀式；(b) 偏心式；(c) 轴向三角槽式；(d) 周边缝隙式；(e) 轴向缝隙式

(2) 偏心式节流口 (图 5-29(b))。这种形式的节流口在阀芯上开了一个截面为三角形 (或矩形) 的偏心槽，当转动阀芯时，就可以通过改变节流口的大小来调节流量。这种节流口的性能与针阀式节流口相同，容易制造，但阀芯上的径向力不平衡，旋转阀芯时较费力，一般用于压力较低、流量较大和流量稳定性要求不高的场合。

(3) 轴向三角槽式节流口 (图 5-29(c))。在阀芯端部开有一个或两个三角槽，轴向移动阀芯就可以改变三角槽通流面积从而调节流量。这种节流口水力半径较大，小流量时稳定性较好。当三角槽对称布置时，液压径向力平衡，因此适用于高压系统。

(4) 周边缝隙式节流口 (图 5-29(d))。这种节流口在阀芯上开有狭缝，油液可以通过狭缝流入阀芯内孔，再经左边的孔流出，旋转阀芯可以改变缝隙节流口的大小而调节流量。周边缝隙式节流口可以做成薄刃结构，从而获得较小的最小稳定流量，但阀芯受径向不平衡力，故只在低压节流阀中采用。

(5) 轴向缝隙式节流口 (图 5-29(e))。在套筒上开有轴向缝隙，轴向移动阀芯就可以变化缝隙的通流面积大小。这种节流口可以做成单薄刃或双薄刃式结构，因此流量对温度变化不敏感。此外，这种节流口水力半径大，小流量时稳定性好，可用于性能要求较高的场合。

2. 普通节流阀

普通节流阀是流量控制阀中最简单而又最基本的一种形式，它只有节流部分，有固定式和可调式两种不同的类型。固定式节流阀的节流口的大小不可调整，它的节流阻尼作用固定不变，所以在相同条件下流量是不能改变的。可调式节流阀的节流口可以调整，能改变阻尼作用大小，控制它的流量。

普通节流阀的结构及职能符号如图 5-30 所示。节流口采用轴向三角槽式，压力油从进油口 p_1 流入，经阀芯 1 左端的三角沟槽和出油口 p_2 流出，复位弹簧 4 抵住阀芯 1，并压紧推杆 2，旋转手轮 3 可借助推杆 2 使阀芯轴向移动，从而调整节流开口的大小。普通节流阀前后压力差随负载的变化而变化，因而会影响流量的稳定性，它只适用于负载变化较小的液压系统。

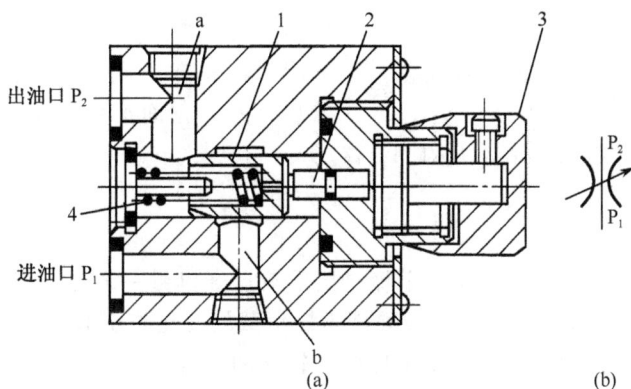

图 5-30　普通节流阀的结构及职能符号

(a) 结构图；(b) 符号

1—阀芯；2—推杆；3—手轮；4—复位弹簧

3. 普通节流阀的流量特性

通过节流阀的流量及其压差的关系可用式 (5-15) 描述为

$$q_{\mathrm{T}} = CA_{\mathrm{T}}(p_1 - p_2)^{\varphi} = CA_{\mathrm{T}}\Delta p^{\varphi} \tag{5-15}$$

式中，C 为由节流口形状、液体流态、油液性质等因素决定的系数，具体数值由实验得出；A_{T} 为节流口的通流面积；φ 为由节流口形状决定的节流阀指数，其值为 0.5~1.0，由实验求得。

式 (5-15) 为节流阀的流量特性方程，其特性曲线如图 5-31 所示。

由式 (5-15) 可知，通过节流阀的流量是否稳定，与节流口前后的压力差、油温以及节流口形状等因素密切相关。

(1) 压力对流量稳定性的影响。在使用中，当节流阀的通流截面积调定后，由于负载的变化，节流阀前后的压差亦在变化，使流量不稳定。由式 (5-15) 可知，φ 越大，Δp 的变化对流量的影响越大，故节流口宜制成薄壁孔 ($\varphi \approx 0.5$)。

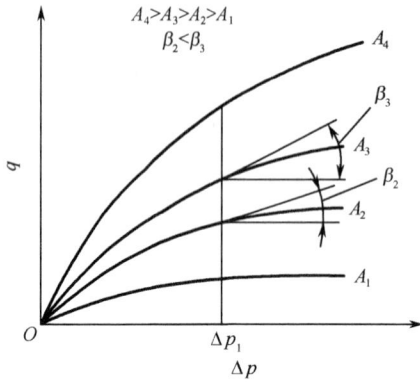

图 5-31　不同开口时节流阀的流量特性

（2）温度对流量稳定性的影响。油温的变化引起黏度变化，从而对流量产生影响，这在节流孔为细长小孔时十分明显。

（3）节流口的阻塞及防止。当节流口的通流截面积很小时，在保持所有因素都不变的情况下，通过节流口的流量会出现脉动，甚至发生断流，即产生节流阀的阻塞现象，造成液压系统执行元件速度的不均匀。因此，为防止节流口的阻塞，一方面规定节流阀的最小稳定流量，另一方面加强油液物理特性和化学稳定性以及采用水力半径大的节流口。

5.5.2　调速阀

在用节流阀调速的系统中，节流阀的节流口开口量一定时，节流口前后压力差 Δp 是影响流经节流阀流量的重要因素。负载的变化将引起节流阀前后压力差的变化，在执行元件运动速度稳定性要求较高的场合，采用节流阀调速不能满足工作要求。因此，需采用调速阀，它使节流口前后压力差不随负载而变化，保持于一个定值，从而达到流量稳定。

1. 调速阀的结构和工作原理

调速阀由定差减压阀和节流阀串联组合而成，定差减压阀可以串联在节流阀之前，也可以串联在节流阀之后。目前普遍使用的是定差减压阀串联在节流阀之前的调速阀，因为它的灵敏度较高；而定差减压阀串联在节流阀之后的调速阀因滞后较大，灵敏度较低，所以应用较少。

图 5-32 为定差减压阀串联在节流阀之前的结构原理图。油液进入调速阀后，先经定差减压阀的阀口，使压力由 p_1 减至 p_2，然后再经节流阀的节流口，使压力由 p_2 再降至阀的出口压力 p_3。节流阀前后压力 p_2 和 p_3 分别经通道 e 和 a 被引至定差减压阀阀芯 1 的两端，其压力差 (p_2-p_3) 产生的液压力与减压阀阀芯左端的弹簧力 F_{sR} 以及液流作用于阀芯的稳态液动力 F_{bs} 相平衡，减压阀阀芯处于某一平衡位置。在节流口开口不变的情况下，如果调速阀的进出口压力差 (p_1-p_2) 由于外界原因发生变化，譬如出口压力 p_3 因负载变化而有所增加，于是作用在定差减压阀阀芯上端的液压力也增加，阀芯下移，定差减压阀的开口加大，压降减小，因而使 p_2 也增大，结果使节流阀前后的压差 (p_2-p_3) 保持不

变，反之亦然。这样，无论调速阀进出油口压力如何变化，利用定差减压阀阀芯的自动调节，使节流阀前后压力差基本保持不变，从而使调速阀的流量在负载变化时仍能保持稳定。

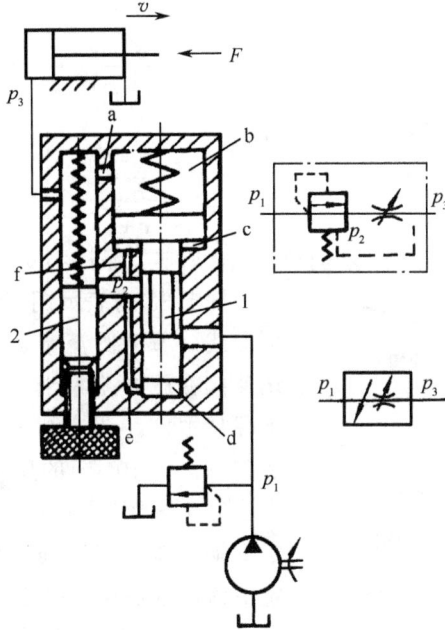

图 5-32 定差减压阀串联在节流阀之前的调速阀
1—定差减压阀阀芯；2—节流阀

2. 静态特性

调速阀的静态特性系指调速阀的流量稳定范围和在此范围内进出油口压力差与流量之间的关系。

调速阀的流量特性可按下述基本关系式推导，式中带 R 下标的为减压阀的参数，带 T 下标的为节流阀的参数。

当忽略减压阀阀芯的自重和摩擦力时，阀芯上受力平衡方程为

$$k_s(x_c - x_R) = 2C_{dR}W_R x_R(p_1 - p_2)\cos\theta + (p_2 - p_3)A_R \qquad (5\text{-}16)$$

式中，x_c 为阀芯开口 $x_R = 0$ 时的弹簧预压缩量。

减压阀和节流阀的开口都是薄壁孔形式，所以通过减压阀和节流阀的流量分别为

$$q_R = C_{dR}W_R x_R \sqrt{\frac{2}{\rho}(p_1 - p_2)}$$

$$q_{\mathrm{T}} = C_{\mathrm{dT}} W_{\mathrm{T}} x_{\mathrm{T}} \sqrt{\frac{2}{\rho}(p_2 - p_3)}$$

因为 $q_{\mathrm{R}} = q_{\mathrm{T}}$，于是

$$q_{\mathrm{T}} = C_{\mathrm{dT}} W_{\mathrm{T}} x_{\mathrm{T}} \sqrt{\frac{2 k_s x_c}{\rho A_{\mathrm{R}}}} \left(\frac{1 - \dfrac{x_{\mathrm{R}}}{x_c}}{1 + \dfrac{2 C_{\mathrm{dT}}^2 W_{\mathrm{T}}^2 x_{\mathrm{T}}^2}{A_{\mathrm{R}} C_{\mathrm{dR}} W_{\mathrm{R}} x_{\mathrm{R}}} \cos\theta} \right)^{\frac{1}{2}} \tag{5-17}$$

又因为 $\dfrac{x_{\mathrm{R}}}{x_c} \ll 1$，$\dfrac{2 C_{\mathrm{dT}}^2 W_{\mathrm{T}}^2 x_{\mathrm{T}}^2}{A_{\mathrm{R}} C_{\mathrm{dR}} x_{\mathrm{R}}} \cos\theta \ll 1$，所以

$$q_{\mathrm{T}} \approx C_{\mathrm{dT}} W_{\mathrm{T}} x_{\mathrm{T}} \sqrt{\frac{2 k_s x_c}{\rho A_{\mathrm{R}}}} \tag{5-18}$$

由式(5-18)可知，通过调速阀的流量基本上保持不变。

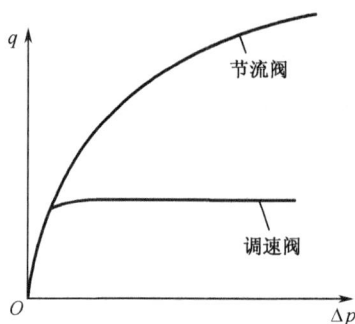

图 5-33　调速阀和节流阀的流量特性

图 5-33 为表示调速阀和节流阀的流量特性曲线。节流阀流量随压力差变化较大；而调速阀在压力差大于一个数值后，流量基本上保持恒定。调速阀正常工作时，要求至少有 $(4 \sim 5) \times 10^5 \mathrm{Pa}$ 的压力差，这是因为压差太小时，减压阀阀芯在弹簧力的作用下处于最下端位置，减压阀阀口全开，不能起到稳定节流阀前后压力差作用的缘故。

图 5-34 为 Q 型调速阀的结构图。转动手柄可以使节流阀阀芯轴向移动调节三角槽开口的大小，控制其流量。

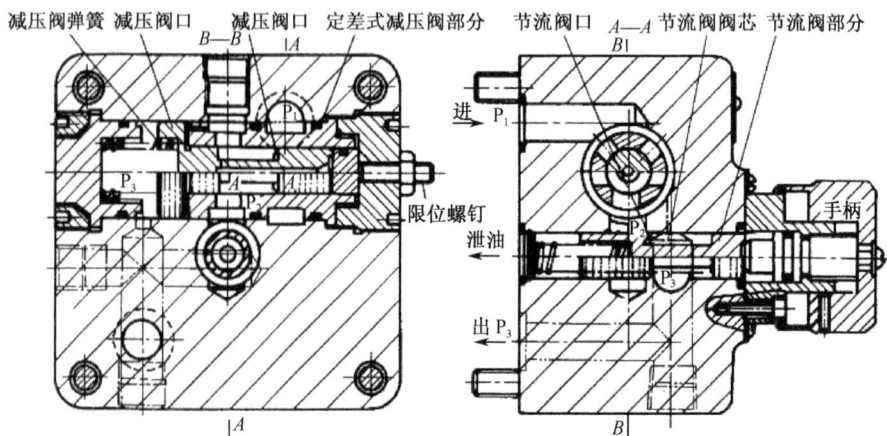

图 5-34　Q 型调速阀

3. 温度补偿调速阀

为了减小温度变化对流量的影响，可采用带温度补偿的调速阀。温度补偿调速阀也是由减压阀和节流阀两部分组成的，其中的节流阀部分如图 5-35 所示，其特点是节流阀的芯杆为自动温度补偿杆，温度补偿杆的材料为温度膨胀系数较大的材料（如聚氯乙烯塑料）。当温度升高时，液压油的运动黏度降低，通过节流口的流量要增加，这时补偿杆膨胀使阀芯移动关小节流口的通流面积，补偿由于油温升高后黏度变小而使流量增大的影响。

5.5.3 溢流节流阀

为了使通过节流阀的流量不受负载变化的影响，除了应用定差减压阀和节流阀串联的调速阀外，也可以采用溢流阀和节流阀并联的溢流节流阀，溢流节流阀只能接在进油路上。

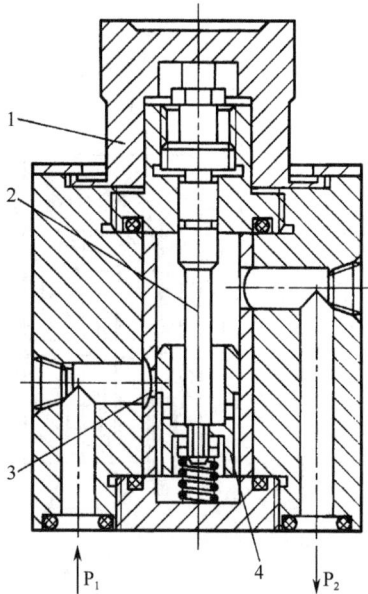

图 5-35 温度补偿原理图
1—手柄；2—温度补偿杆；3—节流口；
4—节流阀阀芯

图 5-36 为溢流节流阀的工作原理图。从液压泵输出的压力油一部分经节流阀 4 进入液压缸 1 的左腔推动活塞向右运动，另一部分经溢流阀阀芯 3 的溢流口流回油箱。溢流阀阀芯 3 上端的油腔与节流阀后的油液相通，压力为 p_2；下端油腔与节流阀前的油液相通，压力为 p_1，当活塞的载荷 F 增大时，压力 p_2 增大，使溢流阀阀芯上部油腔的压力增大，阀芯下移，关小溢流口，p_1 随即增大，使得节流阀前后压力差（p_1-p_2）基本保持不变。当载荷 F 减小时，压力 p_2 减小，溢流阀阀芯上腔油压减小，阀芯向上移动，使溢流口加大，压力 p_1 下降，使（p_1-p_2）仍保持不变。

溢流节流阀一般附有一个安全阀 2，以免系统过载。由于安全阀装在节流口之后，所以控制的是出口压力 p_2，当液压缸载荷达到额定值或活塞运动到终端时，p_2 上升，安全阀打开，这时溢流节流阀相当于一个先导式溢流阀，安全阀 2 相当于溢流阀的先导调压阀，节流阀 4 则相当于主阀芯上的阻尼小孔，液压泵便在安全阀 2 的固定压力下工作。

溢流节流阀与调速阀两者功用相似，但性能并不完全一样。对调速阀来说，液压泵输出的压力是一定的，它等于调速阀的调定压力，这个压力要能满足最大

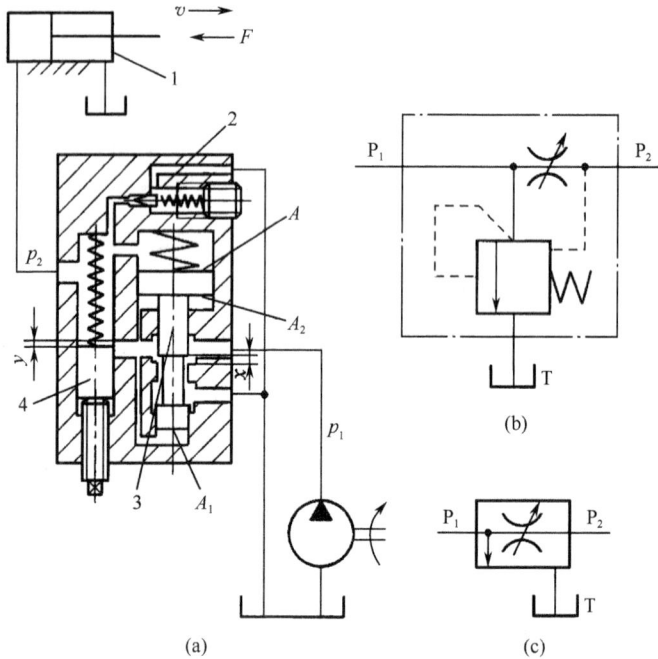

图 5-36　溢流节流阀的工作原理和符号

（a）工作原理图；（b）图形符号；（c）简化符号

1—液压缸；2—安全阀；3—溢流阀阀芯；4—节流阀

负载的要求，因此液压泵消耗的功率始终是最大的。而溢流节流阀则必须安装在执行元件的进油路上，液压泵的供油压力是随着执行元件的负载大小而变化的，功率损失小，液压系统发热量小，这是它的优点。但是溢流节流阀中流过的流量比调速阀的大，是液压泵的全部流量，阀芯运动时阻力较大，因此溢流阀上部的弹簧刚度一般比调速阀的大，这样就使节流阀的前后压力差较大，为 $(3\sim5)\times10^5\,\mathrm{Pa}$，而调速阀中节流阀前后的压力差为 $(2\sim3)\times10^5\,\mathrm{Pa}$，因此与调速阀相比速度稳定性稍差。它一般用于速度稳定性要求不太高的大功率节流调速系统中。

图 5-37 为 LY 型溢流节流阀结构图。它由节流阀 2、安全阀 3 和溢流阀 4 三部分组成。液压泵的供油从进油口 h 进入环形槽 a，再经节流阀 2、油腔 c、孔 b，最后从出油口流出。同时从进油口 h 进入的压力油还可以经油腔小溢流阀溢流口、环槽 f，最后从回油口溢出，节流阀前的压力油作用于溢流阀 4 阀芯大台肩的左边的环形面积并通过中心孔 e 作用于阀芯左端部的端面，节流阀后的压力油经孔 d 和 i（孔 d 到孔 i 的通道图中未表示）作用在溢流阀阀芯的右端，使阀芯自动调节。节流阀后的油液经孔 d 作用在安全阀 3 上，当系统过载时，将安全阀打开。转动手柄 1，使节流阀阀芯 2 轴向移动，就可以调节所需的流量。

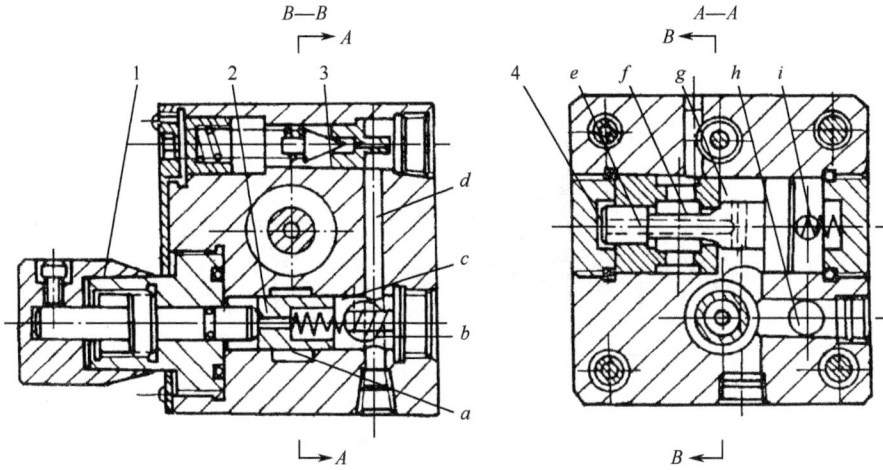

图 5-37　LY 型溢流节流阀结构图

1—手柄；2—节流阀；3—安全阀；4—溢流阀

5.6　插　装　阀

插装阀是 20 世纪 70 年代初研制开发出的一种较新型的液压元件，这种液压控制阀通用化程度高，通流能力强，密封性能好，能组成多种逻辑机能（又称为逻辑阀），在高压、大流量系统中得到了广泛应用。

5.6.1　插装阀的基本结构和工作原理

1. 插装阀的基本结构

插装阀的基本结构如图 5-38 所示。它由控制盖板 5、插装阀单元（阀套 2、阀芯 3、弹簧 4 及密封件等组成）、插装块体 1 和先导控制阀 6 等组成。图 5-38 (b) 为插装阀的基本图形符号。

如图 5-39(a) 所示为插装阀基本单元。就工作原理而言，插装阀相当于液控单向阀。A、B 为插装阀主油路的两个仅有的工作油口，所以又称为二通逻辑单元。X 口为控制油口。通过控制油口 X 的启闭和对压力大小的控制，即可控制主阀芯的启闭和油口 A、B 的流向与压力等。

图 5-39 为几种插装阀芯的结构原理。图 5-39(a) 常用作方向阀插装单元；图 5-39 (b) 采用锥阀芯，并在锥阀芯上开阻尼孔，常用作溢流、顺序阀插装单元；图 5-39(c) 采用滑阀结构，在滑阀芯上开阻尼孔，常用作减压阀插装单元。

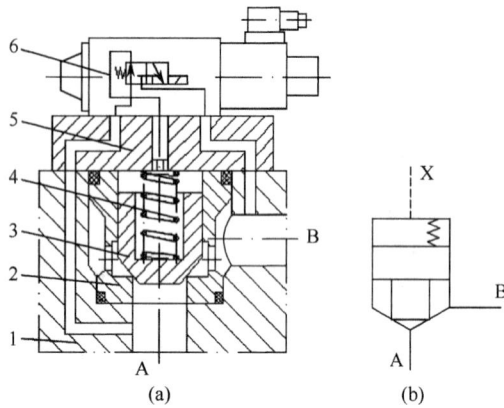

图 5-38　二通插装阀的组成

（a）结构；（b）符号

1—插装块体；2—阀套；3—阀芯；4—弹簧；5—控制盖板；6—先导控制阀

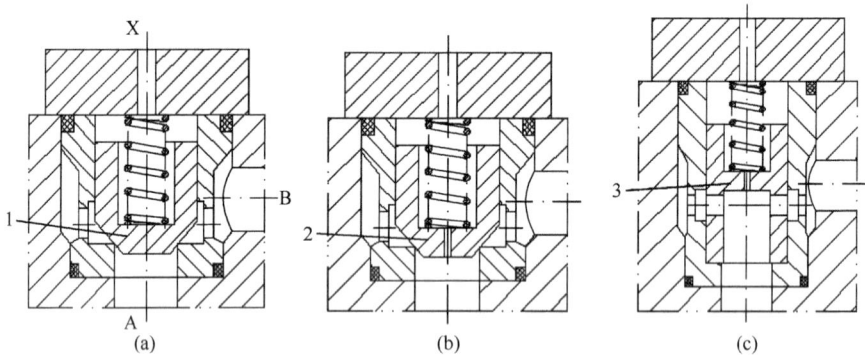

图 5-39　二通插装阀阀芯形式

1—普通锥阀芯；2—锥阀芯开阻尼孔；3—滑阀芯开阻尼孔

2. 插装阀的工作原理

插装阀是通过控制油口 X 使阀芯上部油腔卸荷或加压实现开启与关闭而控制油路的通与断，相当于一个液控的二位二通阀，图 5-40 所示的插装阀是利用外部控制油来进行控制的，称为外控式。

锥阀单元的状态是由阀芯上下间的作用力的总和来决定的，当上部合力大于下部的合力时，插装阀关闭，反之则开启，若不计阀芯重力和摩擦力的影响，则推动阀芯动作的控制力

$$F = p_A A_A + p_B A_B - (p_X A_X + F_{bs} + F_s)$$

式中，F_s 为开口量为零时复位弹簧力；F_{bs} 为阀口液流产生的稳态液动力；p_X 为

控制口 X 的压力；p_B 为工作油口 B 的压力；p_A 为工作油口 A 的压力；A_A、A_B、A_X 为分别为三个控制面的面积，$A_B = A_X - A_A$。

在这里，控制口的压力 p_X 是关键，改变 p_X 就可以控制逻辑阀的启闭。

当控制油口 X 接油箱卸荷时，$F > 0$，阀芯下部的液压力克服弹簧力将阀芯顶开，若 $p_A > p_B$，则液流由 A 流向 B；反之，若 $p_B > p_A$，则液流由 B 流向 A。当控制油口 X 接压力油，若 $p_X \geq p_A$、$p_C \geq p_B$，则 $F < 0$，阀芯在压力差和弹簧力作用下关闭；若 $p_B > p_C \geq p_A$，则油液由 B 流向 A；若 $p_A > p_C \geq p_B$，则油液由 A 流向 B。根据上述工作情况，控制压力必须始终大于或至少等于 A、B 工作油口中任意一个的压力，才能保证锥阀单元的 A、B 口隔开，从而不受工作油口压力变化的影响。

5.6.2 插装方向阀

插装阀可以组合成各式方向控制阀。

1）作单向阀

如图 5-40(a) 和 (b) 所示，将 X 腔和 A 或 B 腔连通，即成为单向阀。连接方法不同，其导通方式也不同。若在控制盖板上如图 5-40(c) 连接一个二位三通液动换向阀，即可组成液控单向阀。本书为方便看图，画出了对应普通液压元件的图形符号（以下同）。

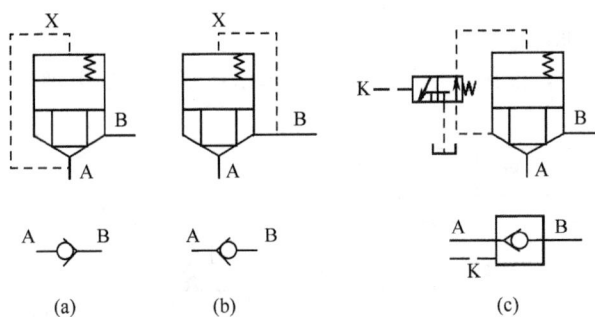

图 5-40　插装式单向阀及液控单向阀

(a)、(b) 单向阀；(c) 液控单向阀

2）作二位二通阀

如图 5-41(a) 和 (c) 所示连接一个二位三通阀，即可组成二位二通电液阀。

3）作二位三通阀

如图 5-42 所示连接二位四通阀，即可组成二位三通电液换向阀。

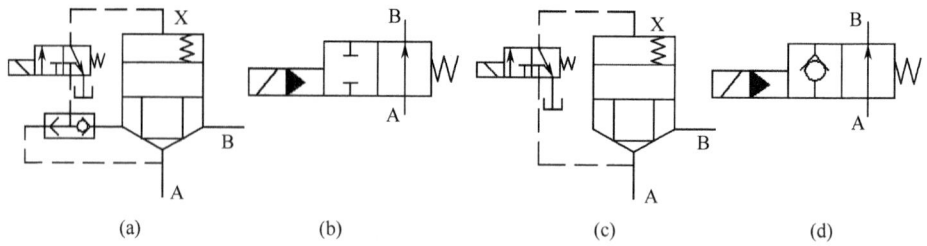

图 5-41　插装式二位二通阀

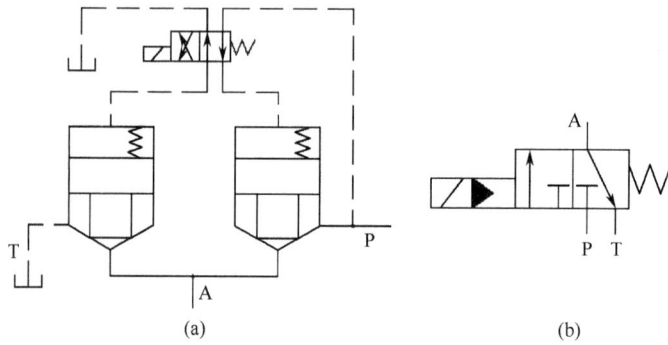

图 5-42　插装式二位三通阀

4）作二位四通阀

如图 5-43 所示，连接二位四通阀，即可组成二位四通电液换向阀。

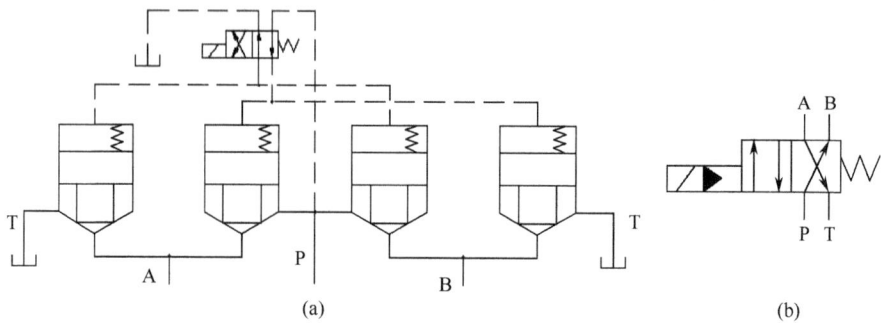

图 5-43　插装式二位四通阀

5）作三位四通 O 形换向阀

如图 5-44 所示，连接三位四通换向阀和单向阀，即可组成三位四通中位为

O 形的电液换向阀。

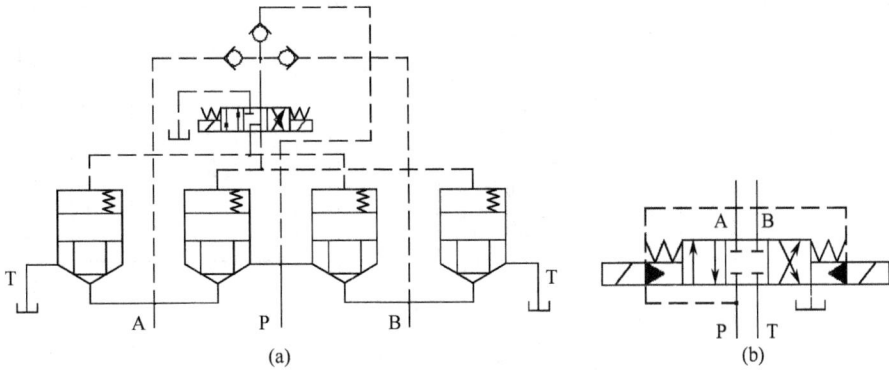

图 5-44　插装式三位四通 O 形电液换向阀

6）作多机能四通阀

如图 5-45 所示，连接换向阀，利用对电磁换向阀的控制实现多机能功能。先导阀控制状态下的机能见表 5-3。电磁铁的带电状态用符号"＋"表示，断电状态用"－"表示。

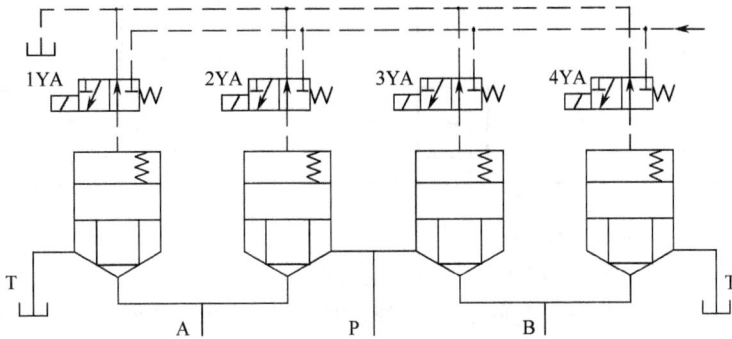

图 5-45　插装式多机能三位四通阀

5.6.3　插装压力阀

对插装阀的 X 腔进行压力控制，便可构成压力控制阀。

表 5-3　先导阀控制的滑阀机能

1YA	2YA	3YA	4YA	中位机能	1YA	2YA	3YA	4YA	中位机能
+	+	+	+	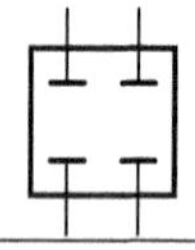	+	−	+	−	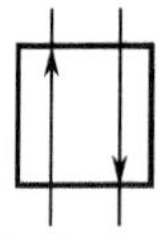
+	+	+	−	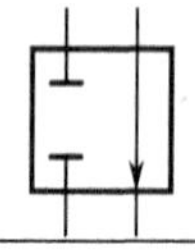				+	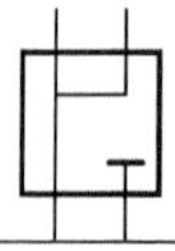
+	+	−	+	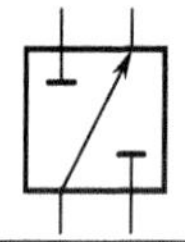	−	+	+	+	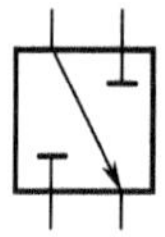
+	+	−	+	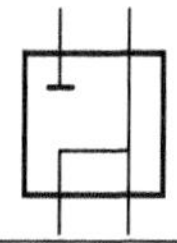		+	+	+	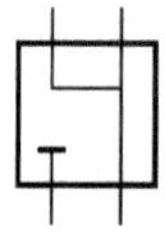
+	−	+	+	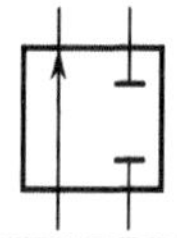		+		+	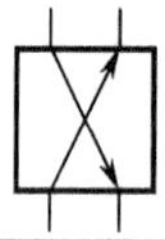
−	+	+	+	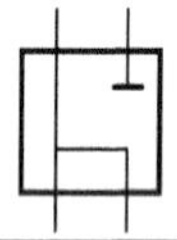			+	−	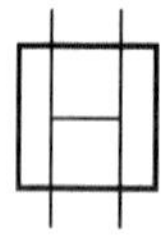
+	−	−	−	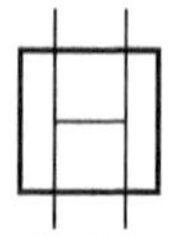				+	
−	+								

　　1）作为溢流阀或顺序阀

　　如图 5-46（a）所示，在压力型插装阀芯的控制盖板上连接先导调压阀（溢流阀），当出油口接油箱时，此阀起溢流阀作用；当出油口接另一工作油路时，则为顺序阀。

　　2）作为卸荷阀

　　如图 5-46（b）所示，连接二位二通换向阀，当电磁铁通电时，出口接油箱，则构成卸荷阀。

　　3）作为减压阀

　　采用插装阀芯和溢流阀如图 5-46（c）连接，则构成减压阀。液压油从 p_1 流入、p_2 流出，出口油液通过阀芯上的中心阻尼孔、盖板和先导阀接通。当减压阀出口的压力较小，不足以顶开先导阀芯时，主阀芯上的阻尼孔只起通油作用，

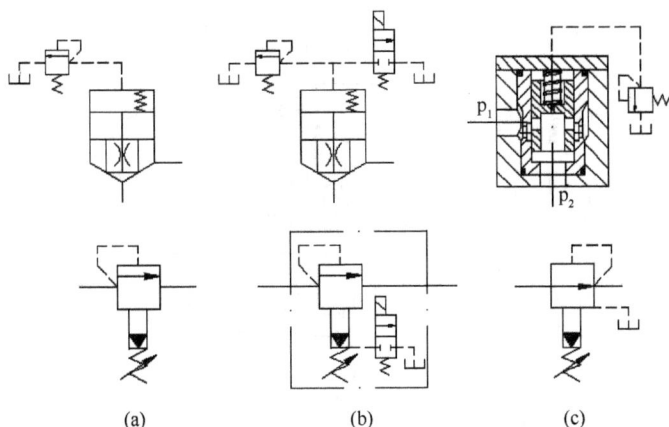

图 5-46　插装式压力控制阀

使主阀芯上、下两腔的液压力相等，而上腔又有一个小弹簧作用，必使主阀芯处在下端极限位置，减压阀阀口全打开，不起减压作用；当压力增大到先导阀的开启压力时，先导阀打开，泄漏油液单独流回油箱，实行外泄。减压阀在调定压力下正常工作时，由于出口压力与先导阀溢流压力和主阀芯弹簧力的平衡作用，维持节流降压口为某定值。当出口压力增大时，由于阻尼孔液流阻力的作用产生压力降，主阀芯所受的力不平衡，使阀芯上移，减小节流降压口，使节流降压作用增强；反之，出口的压力减小时，阀芯下移，增大节流降压口，使节流降压作用减弱，控制出口的压力维持在调定值。

5.6.4　插装流量阀

插装流量阀同样有节流阀和调速阀等形式。

1) 作节流阀

在方向控制插装阀的盖板上安装阀芯行程调节器，调节阀芯和阀体间节流口的开度便可控制阀口的通流面积，起节流阀的作用，如图 5-47(a) 所示。实际应用时，起节流阀作用的插装阀芯一般采用滑阀结构，并在阀芯上开节流槽。

2) 作调速阀

插装式节流阀同样具有随负载变化流量不稳定的问题。如果采取措施保证节流阀的进出口压差恒定，则可实现调速阀功能。如图 5-47(b) 所示，连接的减压阀和节流阀就起到这样的作用。

5.6.5　插装阀的优缺点

插装阀是一种二位二通的开关阀，在高压、大流量的液压系统中应用很广。

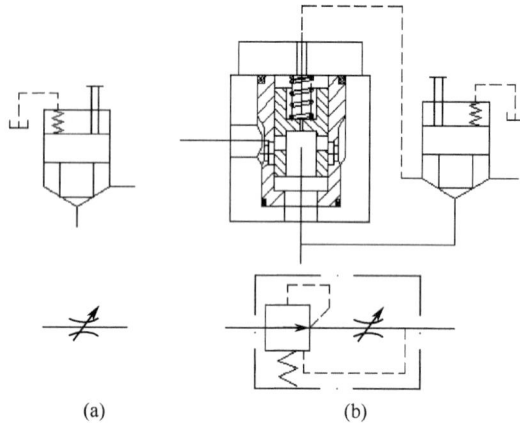

图 5-47　插装流量阀

由于插装式元件已标准化，将几个插装式锥阀单元组合在一起便可构成复合阀。它与一般液压阀相比，具有以下优点。

（1）通流能力大，特别适用于大流量的场合。目前一般标准滑阀的最大通径为 80mm，推荐的额定流量为 1250L/min。而同样通径的锥阀，在压力损失与滑阀相同的情况下，可通过 2500L/min。插装式锥阀的最大通径可达 250mm，通过的流量可达 10000L/min。

（2）动作速度快。因为它靠锥面密封而切断油路，阀芯稍一抬起，油路便马上接通。此外，阀芯的行程较短，且比滑阀阀芯轻，因此动作灵敏，特别适用于高速开启的场合。

（3）密封性好，泄漏小。

（4）结构简单，制造容易。

（5）工作可靠，不易卡死。

（6）一阀多能，易于实现元件和系统的"三化"并可简化系统。

（7）执行元件的进出流量分别通过相应的进油阀和排油阀，因此可以按照不同的进出流量分别配置不同通径的锥阀。而滑阀必须按照进出油量中较大者选取。

（8）易于集成。通径相同的插装阀集成的体积和重量较等效的滑阀集成的体积和重量大大减小。流量越大，效果越显著。

（9）在多数情况下，控制油可以采用内控形式，省去控制油源。

（10）插装式阀液压系统所用的电磁铁数目较一般液压系统有所增加。

（11）对于小流量以及多液压缸无单独调压要求，动作要求简单的液压系统不宜采用插装式锥阀。

5.7 电液比例控制阀

电液比例控制阀简称比例阀。前面介绍的三类液压阀属于开关式定值控制型,仅仅能够满足于一般液压设备的性能要求,而一些自动化程度高的液压设备,往往要求对输出油液的压力或流量实行连续控制和远程控制。为了满足这一要求,先后出现了电液伺服阀和电液比例阀。

电液比例控制阀是一种按输入的电信号连续地、按比例地控制液压系统的液流方向、流量和压力的阀类。它由电-机械比例转换装置和液压控制阀本体两大部分构成,前者将输入的电信号连续地、按比例地转换为机械力和位移输出;后者在接受这种机械力和位移之后,按比例地、连续地输出压力和流量。

从电液比例控制阀的发展过程来看,可分成两类:一类是在开关和定值控制型的基础上加以改进,即将开关或定值型的手调部分改为电-机械比例转换装置而成;另一类在电液伺服阀的基础上加以简化,保留了伺服阀的控制部分,降低了液压阀部分的精度要求。从控制方式和使用性能上来看,比例阀是介于普通液压控制阀与伺服控制阀之间的一种电控液压阀。

电液比例控制阀根据其用途可分为:电液比例换向阀、电液比例压力阀、电液比例流量阀、电液比例复合阀四类。其中,二、三两种为单参数控制(只控制压力或流量);一、四两种为多参数控制,即不但可以控制方向,还可以控制压力或流量。

电-机械转换装置主要有:比例电磁铁、力矩马达、伺服电机和步进电机。

与普通液压控制阀相比,比例阀的优点在于:①能简单地实现远距离控制;②能连续地、按比例地控制液压系统的压力和流量,从而实现对执行机构的位置、速度和力的连续控制,并能防止或减小压力、速度变换时的冲击;③油路简化,元件数量少。

与伺服阀相比,其特点在于:①比例阀的结构、使用条件及保养与一般的液压元件相似,使用、维修比较方便;②抗污染能力较强,工作可靠;③价格便宜。

电液比例控制阀应用于既要求能连续控制压力、流量和方向,又不需要很高的控制精度的场合。

5.7.1 电液比例压力阀

电液比例压力阀是按输入的电信号控制系统压力的元件。它包括电液比例压力先导阀、电液比例溢流阀、电液比例减压阀、电液比例顺序阀等。

图 5-48 为电液比例压力先导阀的结构图。它由压力阀和比例电磁铁两部分

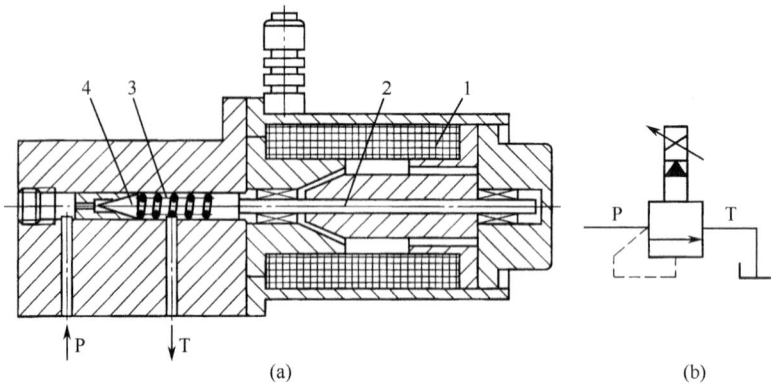

图 5-48　电液比例压力先导阀

(a) 结构图；(b) 图形符号

1—比例电磁铁；2—推杆；3—传力弹簧；4—锥阀芯

组成。当比例电磁铁的线圈中通入电流 I 时，推杆通过钢球、弹簧把电磁推力传给锥阀，推力的大小与电流 I 成比例。当阀进油口 P 处的压力油作用在锥阀上的力超过弹簧力时，锥阀打开，油液通过阀口出出油口 T 排出。锥阀开启后，将在某一位置处于平衡。与普通液压控制阀的先导阀不同的是，电液比例先导阀的弹簧在整个工作过程中，不是用来调压而是用来传力的，故称为传力弹簧。传力弹簧由于没有预压缩量，因此无弹簧力作用在先导阀上，所以作用在先导阀的力平衡方程式为

$$\begin{cases} F_D \mp F_f = \dfrac{\pi}{4} d^2 p - C_d C_v \pi dx p \sin 2\theta \\ p = \dfrac{F_D \mp F_f}{\dfrac{\pi}{4} d^2 - C_d C_v \pi dx \sin 2\theta} = \dfrac{KI \mp F_f}{\dfrac{\pi}{4} d^2 - C_d C_v \pi dx \sin 2\theta} \end{cases} \quad (5\text{-}19)$$

式中，F_D 为比例电磁铁产生的电磁力，N；F_f 为运动摩擦力，N，当电磁力 F_D 由小到大时，F_f 取"－"号，F_D 由大到小时，F_f 取"＋"号，一般视 $F_f =$ 0.15G；G 为铁芯质量，kg；d 为锥阀座孔直径，m；p 为先导阀的开启压力，MPa；C_v 为锥阀的速度系数；C_d 为锥阀的流量系数，一般取 $C_d = 0.77$；θ 为锥阀半锥角；x 为锥阀开度；K 为比例系数；I 为电流输入激磁线圈电流，A。

　　由式 (5-19) 得出，在运动摩擦力和稳态液动力趋于零时，先导阀的开启压力 p 与输入电流 I 成正比，因此连续地、按比例地控制输入电流 I 的大小，便可连续地、按比例地控制先导阀的开启压力 p。

　　由于比例电磁铁有磁滞和摩擦力 F_f 存在，因此当电流增加和减小时，电流 I 与压力 p 的关系曲线不能重合，如图 5-49 所示。为减少这种不重复性，除在

设计时应尽量减少磁滞和摩擦外，在使
用时，常在电控制器中叠加一个频率为
100Hz颤振信号到直流电源。

　　电液比例压力先导阀可以和先导式
溢流阀、顺序阀、减压阀等的主阀组成
各种相应的电液比例压力阀。

　　图 5-50 为电液比例溢流阀的结构
图。其上部为先导阀 6，该先导阀是一
个直动式比例溢流阀；下部为主阀 11；
中部为安全阀 10，用于防止系统过载。

　　当比例电磁铁 9 输入电流信号时，

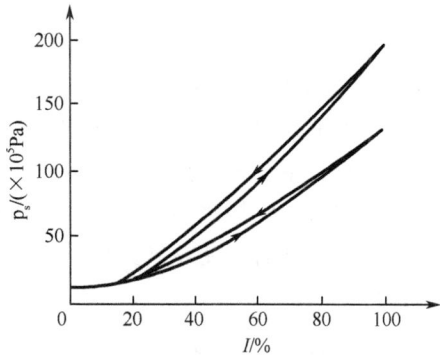

图 5-49　比例电磁铁的特性曲线

它施加一个力直接作用在先导阀芯 8 上。先导压力油从内部先导油口（取下内部
先导油口螺塞 13）或从外部先导油口 X 处进入，经先导油流道 1 和节流孔 3 后
分为两部分，一部分经节流孔 5 作用在先导阀芯 8 上，另一部分经节流孔 4 作用
在主阀芯上部。若 P 口压力不足以使先导阀打开，主阀芯上、下腔的压力就保

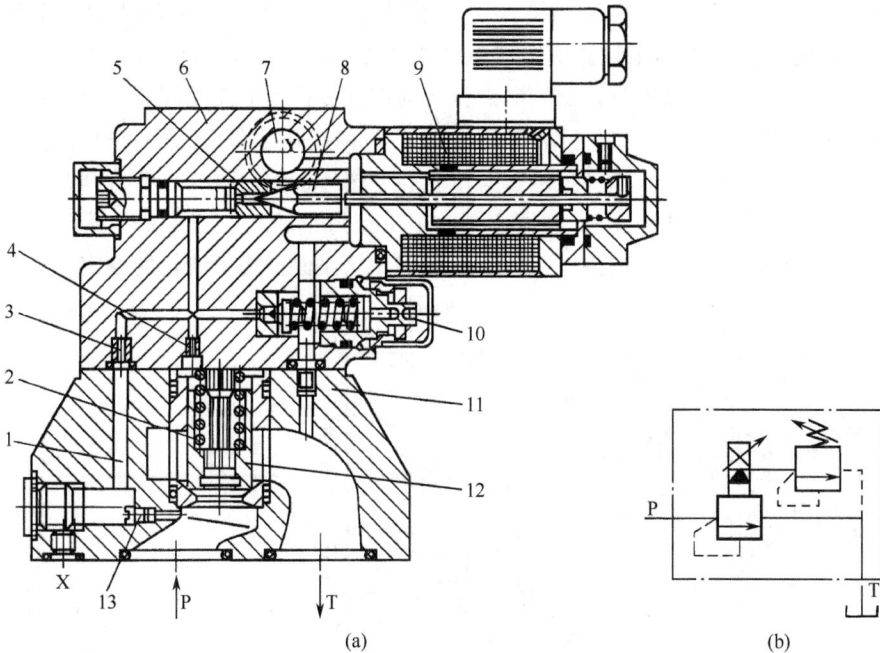

图 5-50　电液比例溢流阀

(a) 结构图；(b) 图形符号

1—先导油流道；2—主阀弹簧；3、4、5—节流孔；6—先导阀；7—外泄口；8—先导阀芯；9—比
例电磁铁；10—安全阀；11—主阀；12—主阀芯；13—内部先导油口螺塞

持相等，主阀芯处于关闭状态。

当系统压力超过比例电磁铁的设定值时，先导阀芯开启，使先导阀的油液经油口 Y 流回油箱。主阀芯上部的压力由于节流孔 3 的作用而降低，主阀打开，油液从压力油口 P 经油口 T 回油箱，实现溢流。

为了防止系统压力过高，该阀有一个内置安全阀 10，它也起一个先导阀的作用，与主阀一起构成一个传统的溢流阀。当系统压力过高，或有较大的电流峰值时，它立即开启，使系统卸压。安全阀的设定压力只要略高于可能出现的最高压力即可。

5.7.2　电液比例流量阀

电液比例流量阀是按输入的电信号调节系统流量的液压元件，常用的有电液比例节流阀、电液比例调速阀和电液比例单向调速阀等。

图 5-51 为电液比例调速阀的结构图。这种阀与普通的调速阀不同之处仅是用比例电磁铁 3 对节流阀阀芯 1 进行控制，因此取消了普通调速阀结构中的手动调节，其工作原理如图 5-52 所示。进油口压力为 p_1，经定差减压阀 5 减压后压力为 p_2，p_2 作用于节流口 X 的输入端。比例电磁铁 3 无电信号输入时，节流阀的弹簧 4 将节流阀阀芯 1 和比例电磁铁的推杆 2 压向右边；节流口关闭，调速阀无油液输出。电信号输入时，比例电磁铁 3 的推杆 2 推动节流阀阀芯 1 压缩左边的弹簧 4 而向左移动，节流口打开，开口量为 x_T，调速阀即有与之相应的流量输出。改变输入信号电量大小，比例电磁铁所产生的电磁力也随之改变，节流阀阀芯的左移量也改变，节流口的开度 x_T 和调速阀的输出流量也随之改变。定差减压阀 5 的作用与普通调速阀相同，保持压力差基本恒定，从而保证输出流量的稳定。

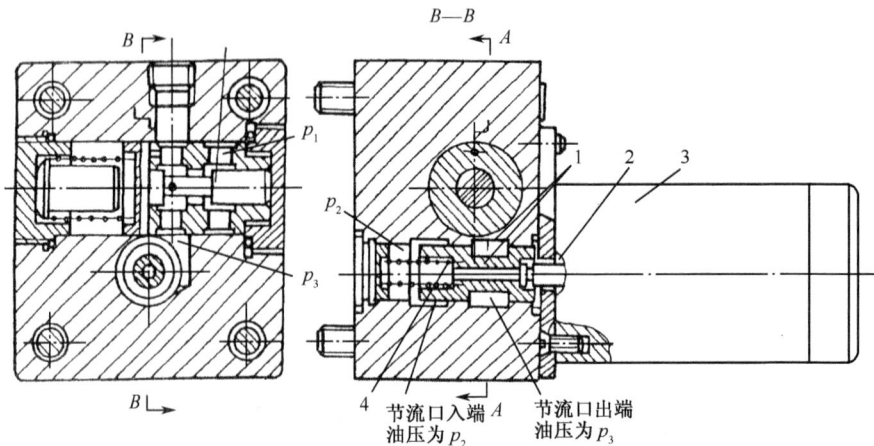

图 5-51　电液比例调速阀的结构图

1—节流阀阀芯；2—推杆；3—比例电磁铁；4—弹簧

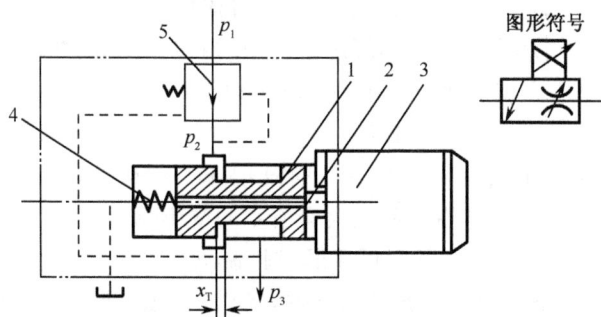

图 5-52　电液比例调速阀的工作原理图

1—节流阀阀芯；2—推杆；3—比例电磁铁；4—弹簧；5—定差减压阀

5.7.3　电液比例方向阀

电液比例方向阀在控制液流方向的同时，还兼有控制流量的作用，所以又称为电液比例方向流量阀。电液比例方向控制阀的结构有多种形式。如图 5-53 所示为压力控制型先导阀和弹簧定位的主阀组合而成的电液比例方向流量阀的结构原理图。

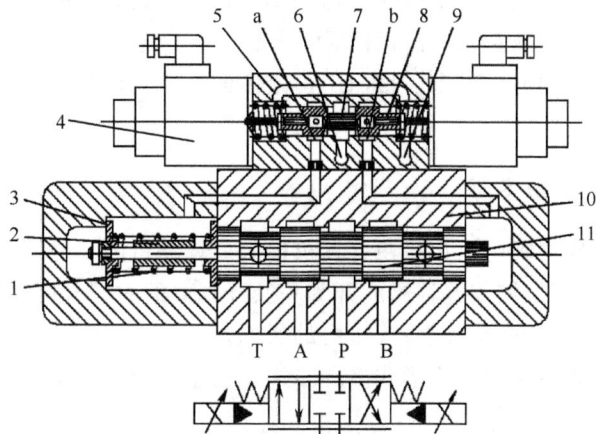

图 5-53　压力控制型电液比例方向阀

1—对中弹簧；2—套管；3—弹簧座；4—比例电磁铁；5—先导阀
体；6—比例减压阀外供油口；7—先导阀芯；8—反馈活塞；9—比
例减压阀回油口；10—主阀体；11—主阀芯

其工作是靠先导级阀控制输出的液压力和主阀芯的弹簧力的相互作用来控制液动换向阀的正、反向开口量，进而控制液流的方向和流量。先导阀是一个比例压力型的控制阀。结构上，在先导阀阀芯内嵌装了小柱塞，当左侧的比例电磁铁通入控制电流时，阀芯右移，使压力油从 P 口流向 b 口，左侧油口的压力油经阀芯上的通道引到阀芯内部，这样阀芯就受到与右侧电磁铁推力相反的液压力的作用，b 口的输出压力就和比例电磁铁的输入电流相对应，作用在主阀芯上控制其位置以实现方向和流量的节流控制。

主阀芯采用了一个具有控制弹簧双向复位作用的机构，不但实现了双向复位，而且解决了采用两个弹簧时刚度会有所不同的影响。

系统中采用电液比例方向阀，可以通过控制输入电信号的大小和输入方向来远程控制液压缸、液压马达等液压执行元件，使其实现停止、正反运动和变速运动等，从而简化了液压系统，但使用电液比例方向阀的回路，液压执行元件的运动速度会受载荷变化的影响，因此当要求匀速运动时，则需采用电液比例复合阀。

5.8　电液数字控制阀

5.8.1　概述

用数字信息直接控制的液压阀称为电液数字控制阀。数字阀不需要 D/A 转换器，可以与计算机直接相连。它与伺服阀、比例阀相比，其结构简单，抗污染能力强，重复性好，工作稳定可靠，功耗小。在微机实时控制的电液系统中，已经部分取代了电液伺服阀和电液比例阀，开辟了一个液压系统控制的新领域。

用数字量控制的方法很多，目前用得最多的是脉宽调制法和由脉宽调制演变而来的增量控制法。

5.8.2　脉宽调制式数字阀

脉宽调制式数字阀可以直接用计算机控制。计算机的二进制工作信号可以量化为"开"和"关"。控制这种阀的开和关及开和关的时间长度（称为脉宽），即可以达到控制液流的方向、流量或压力的目的。

脉宽调制式数字阀的结构形式多种多样，这里介绍两种形式。

1. 用力矩马达和球阀组成的高速开关型数字阀

如图 5-54 所示为利用力矩马达和球阀组成的高速开关型数字阀的工作原理图。由先导级球阀 1、2，以及主阀级球阀 3、4 组成。力矩马达通电时衔铁偏转，若推动先导级球阀 2 向下运动，则关闭压力油口 P，L_2 与 T 相通，球阀 4 在压力油的作用下向上运动，P、A 相通；同时，球阀 1 受 P 作用处于上位，L_1 与 P 相通，球阀 3 向下关闭，断开 P 与 T 腔通路；反之，力矩马达反向偏转时，情况正好相反，A 腔和 T 腔相通。这种阀的额定流量仅为 12L/min，工作压力可达 20MPa，最短切换时间为 0.8ms。

2. 二位二通电磁锥阀式快速开关型数字阀

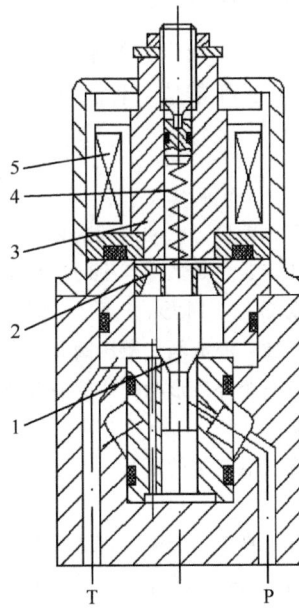

如图 5-55 所示为二位二通电磁锥阀式快速开关型数字阀。当螺管电磁铁不通电时，铁芯在弹簧的作用下使锥阀关闭；当电磁铁有脉冲信号时，通过固定元件作用的电磁吸力使铁芯带动锥阀开启，导通 P、T 油路。为了防止阀开启时因为稳态液动力而关闭和减小电磁力，该阀采用了通过射流对铁芯的作用来补偿液动力的办法。这种阀的行程为 0.3mm，动作时间为 3ms，控制电流为 0.7A，额定流量为 12L/min。

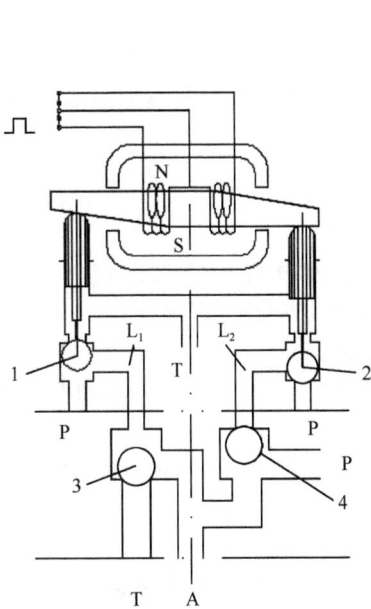

图 5-54　力矩马达和球阀型组成的高速开关型数字阀　　　图 5-55　二位二通电磁锥阀式快速开关型数字阀

1、2—先导级球阀；3、4—主阀级球阀　　　1—阀芯；2—铁芯；3—固定元件；4—弹簧；5—线圈

5.8.3　增量式数字阀

原理上，将普通液压阀的调节机构改用计算机发出的脉冲序列经驱动电源放大后驱动的步进电机直接驱动，即可构成增量式数字阀。

图 5-56 为采用步进电机直接驱动的数字流量阀。步进电机按照计算机的指令转动，通过滚珠丝杠转换为轴向位移控制节流阀芯的开启，从而控制流量。这个阀有两个节流口，面积梯度不等，阀芯首先打开右边的节流口，由于非全周通流，所以流量较小，步进电机继续转动，打开左边全周节流口，流量增大，可达 3600L/min。

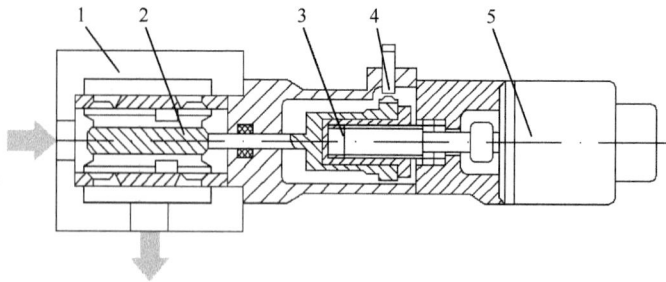

图 5-56　步进电机直接驱动的数字流量阀

1—阀套；2—阀芯；3—滚珠丝杠；4—零位移传感器；5—步进电机

该阀无反馈功能，但装有零位移传感器 4，在每个工作周期终了时，阀芯可在它的控制下回到零位，保证每个周期都从相同的位置开始，使阀具有较高的重复精度。

思考题和习题

5-1　如何判断稳态液动力和瞬态液动力的方向？

5-2　液压卡紧力是怎样产生的？它有什么危害？减小液压卡紧力的措施有哪些？

5-3　说明 O 形、M 形、P 形和 H 形三位四通换向阀在中间位置时的特点。

5-4　分析比较溢流阀、减压阀和顺序阀的作用及差别。

5-5　现有三个外观形状相似的溢流阀、减压阀和顺序阀，铭牌已脱落，如何根据其特点作出正确判断？

5-6　先导式溢流阀的阻尼小孔起什么作用？如果它被堵塞或加工成大的通孔，将会出现什么问题？

5-7　为什么高压、大流量时溢流阀要采用先导型结构？

5-8　单向阀与普通节流阀能否都可以作为背压阀使用？它们的功用有何不同之处？

5-9　若减压阀调压弹簧预调为 5MPa，而减压阀前的一次压力为 4MPa。试问经减压后的二次压力是多少？为什么？

5-10　将调速阀和溢流节流阀分别装在执行元件的回油通路上，能否起速度稳定作用？

5-11　电液比例阀与普通开关阀比较，有何特点？

5-12　与传统液压控制元件相比，二通插装控制元件有何特点？

5-13　利用两个插装阀单元组合起来作为主级，以适当的电磁换向阀作为先导级，构成相当于二位三通电液换向阀。

5-14　利用四个插装阀单元组合起来作为主级，以适当的电磁换向阀作为先导级，分别构成相当于二位四通、三位四通电液换向阀。

5-15　如题 5-15 图所示，当节流阀完全关闭时，液压泵的出口压力各为多少？

5-16　如题 5-16 图 (a)、(b) 所示，回路参数相同，液压缸无杆腔面积 $A=50\mathrm{cm}^2$，负载 $F_L=10\,000\mathrm{N}$，各液压阀的调整压力如图所示。试分别确定两回路在活塞运动时和活塞运动到终点停止时 A、B 两点的压力。

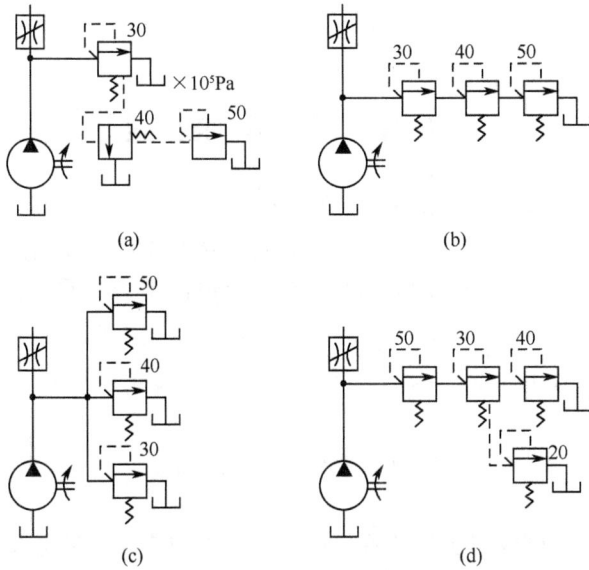

题 5-15 图

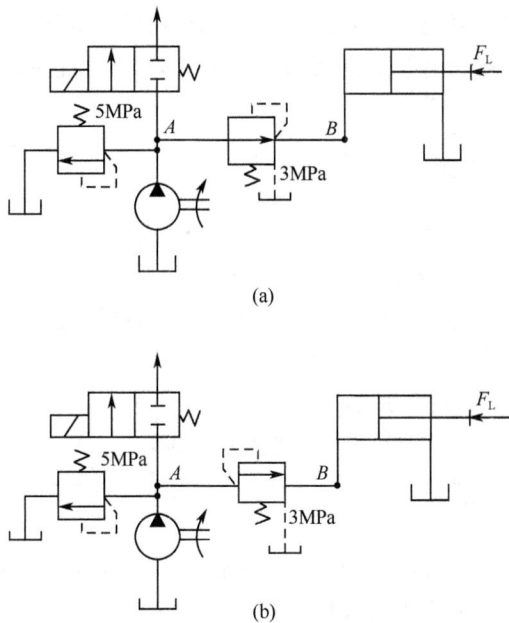

题 5-16 图

5-17 节流阀前后压力差 $\Delta p = 0.3\text{MPa}$，通过的流量 $q = 25\text{L/min}$，假设节流孔为薄壁小孔，油液密度 $\rho = 900\text{kg/m}^3$，取 $C_d = 0.62$。试求通流截面积 A。

第6章 辅助装置

液压系统的辅助装置,包括密封装置、油箱、油管、管接头、滤油器、蓄能器、冷却器及加热器等。就液压传动的工作原理而言,这些元件是起辅助作用的,但从保证液压系统有效的工作以及提高系统其他工作指标来看,它们却是十分重要的。它们对液压系统和元件的正常工作、工作效率以及使用寿命等影响极大。因此,在设计、制造和使用液压设备时,必须对辅助装置予以足够的重视。

6.1 密封装置

在液压系统中,密封与密封装置是用来防止工作介质的泄漏和外界气体、灰尘等的侵入。泄漏使液压系统容积效率下降,达不到需要的工作压力,严重时甚至不能正常工作。外泄漏会造成工作油液的浪费,而且也会弄脏机器,污染环境。

空气混入会使液压系统工作时产生冲击、噪声、气蚀等不良后果。粉尘颗粒的侵入会使元件精密工作副磨损加剧而损坏。因此,密封装置的可靠性和寿命是评价液压系统性能的重要指标。

6.1.1 对密封装置的要求

(1) 具有良好的密封性,即有适宜的弹性,能补偿所密封表面的制造误差及工作中的磨损,并随压力的增大自动提高密封程度。

(2) 密封材料与系统采用的工作介质具有良好的相容性。

(3) 摩擦阻力小且摩擦力稳定,运动灵活。

(4) 耐磨性好,抗腐蚀能力强,工作寿命长。

(5) 结构简单,制造、使用及维修方便,价格低廉。

6.1.2 密封装置的类型

密封装置的种类很多,按其密封副耦合元件有无相对运动可分为静密封装置和动密封装置两大类。常用密封件以其断面形状区分,有 O 形、Y 形、V 形和 L 形等。其中,除 O 形外,都属唇形密封件。此外,还有组合密封等形式。

1. O 形密封圈

O 形密封圈一般用耐油橡胶制成,其横截面呈圆形,它具有良好的密封性能,内外侧和端面都能起密封作用,结构紧凑,运动件的摩擦阻力小,制造容易,装拆方便,价格便宜,且高、低压均可使用,是应用最为广泛的一种密封件。它一般适合于工作温度为-40～120℃、工作速度在 0.005～0.3m/s 的轴与孔间的密封。图 6-1 为 O 形密封圈形状。图 6-2 为 O 形密封圈工作原理图。

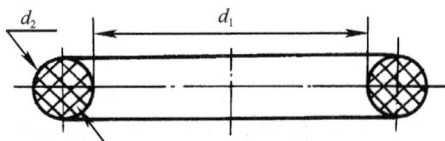

图 6-1　O 形密封圈

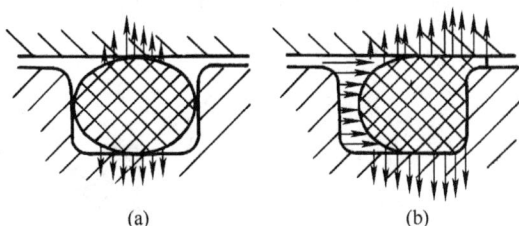

(a)　　　　　　　　　　　(b)

图 6-2　O 形密封圈工作原理图

(a)预压缩应力分布;(b)工作状态应力分布

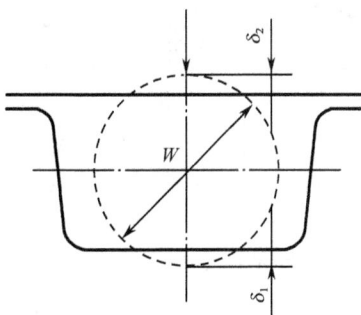

采用任何形状的密封圈,都必须保证适当的预压缩量,其过小不能有效密封,过大则摩擦力增大且易于损坏。因此,安装密封圈的沟槽尺寸和表面精度必须按手册给出的数据严格保证。图 6-3 中 δ_1 和 δ_2 为 O 形圈装配后的预压缩量,它们是保证间隙的密封性所必须具备的。

2. Y 形密封圈

唇形密封圈密封作用的特点是能随着工作压力的变化而自动调整密封性能,压力越高则唇

图 6-3　O 形密封圈的预压缩量

边被压得越紧,密封性越好;当压力降低时,唇边压紧程度也随之降低,从而减少了摩擦阻力和功率消耗,除此之外,还能自动补偿唇边的磨损,保持密封性能不降低。

Y 形密封圈,用耐油橡胶压制而成,其密封性、稳定性及耐压性较好,摩擦阻力较小,寿命长。其工作原理为:在盖的压紧力和液压力的共同作用下或只靠液压力的作用,使其唇边径向伸展而起到密封作用。这种密封一般适合于工作压力不大于 20MPa,工作温度为-30～80℃、工作速度在 0.01～0.6m/s(丁腈橡胶材料)或 0.05～0.3m/s(氟橡胶材料)的轴与孔间往复运动的密封。

图 6-4(a)所示为 Y 形密封圈。图 6-4(b)所示为采用聚氨酯制成 Y_x 形密封圈。Y_x 形原理基本同 Y 形,有孔用密封结构和轴用密封结构之分,其密封性、耐磨性、耐油性等均比耐油橡胶的 Y 形密封圈优越。它的内、外唇根据轴用、孔用的不同而做成不等高,以防止运动件切伤密封唇。

3. V 形密封圈

V 形密封圈由多层涂胶织物压制而成,其形状如图 6-5 所示,是由三种不同截面的支撑环、密封环、压环组成的,使用时三件一套成组装配。V 形密封圈耐压性能好,可根据压力高低增减中间环(密封环)的数量,磨损后可调节压盖进行压紧补偿。V 形密封圈的接触面较长,密封性好,但摩擦力较大,因此,多用于运动速度不高的场合。

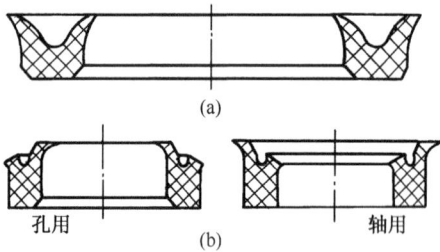

图 6-4　Y 形密封圈

(a)等高唇(Y 形);(b)不等高唇(Y_x 形)

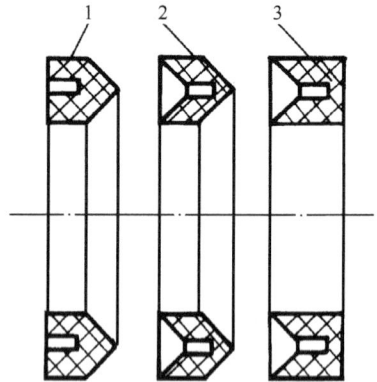

图 6-5　V 形密封圈

1—压环;2—密封圈;3—支撑环

4. 活塞环密封

活塞环是采用铸铁等金属材料制造而成的,是靠金属弹性变形的张力压紧被密封表面而实现密封的。由于它允许有一定的泄漏,只能用于活塞与缸筒内壁间的密封,故称之为活塞环。活塞环的结构如图 6-6 所示。根据活塞环上的开口形式可分为直口式、斜口式和阶梯式三种,分别适用于 5MPa、20MPa、50MPa 以下工作压力的场合。

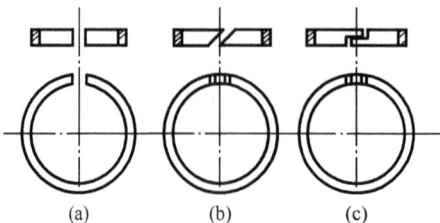

图 6-6　活塞环结构

(a)直口式;(b)斜口式;(c)阶梯式

虽然活塞环密封存在泄漏量大、活

塞环加工工艺较复杂,并且缸筒内表面须镀铬,成本较高等缺点,但由于它能在高温、高速的条件下工作,且使用寿命很长(属于半永久性密封件),所以常用在那些装拆不便的重型设备的液压缸中。

5. 旋转密封

用于旋转轴的密封件常见的是骨架密封,又称为油封。图 6-7 所示为最基本的骨架型油封。它由油封、金属骨架和自紧螺旋弹簧组成。油封装在轴上由过盈量产生抱紧力,自紧螺旋弹簧对轴也产生抱紧力。当轴旋转时,唇边始终与轴颈接触,实现密封。油封常用于液压泵、液压马达和摆动缸的转轴密封和防尘。其工作压力一般不超过 0.1MPa,线速度不超过 10m/s。

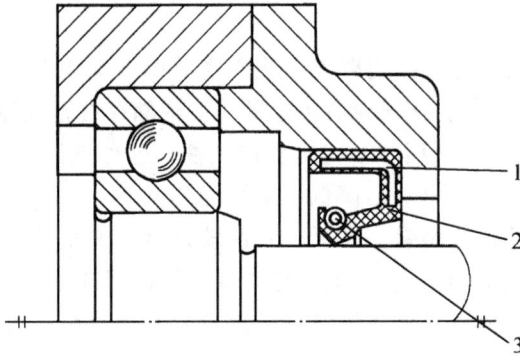

图 6-7　骨架型油封及其在旋转轴上的安装
1—骨架;2—油封;3—弹簧

6. 组合式密封装置

随着液压技术的应用日益广泛,系统对密封的要求越来越高,普通的密封圈单独使用已不能很好地满足密封性能,特别是使用寿命和可靠性方面的要求,因此,出现了由包括密封圈在内的两个以上元件组成的组合式密封装置。如图 6-8 所示,它由 O 形密封圈和聚四氟乙烯材料的支承环(图中的格莱圈或斯特圈)组成。

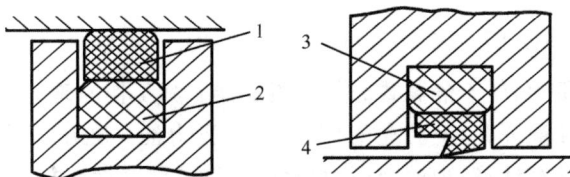

图 6-8　橡胶塑料组合密封装置
1—格莱圈;2、3—O 形密封圈;4—斯特圈

这种密封装置利用 O 形密封圈的良好弹性变形性能,通过预压缩量所产生的预紧力将支承环紧贴在密封面上实现密封。组合式密封装置由于充分发挥了橡胶密封圈和塑料支承环的长处,因此不仅工作可靠、摩擦力低而稳定,而且使用寿命比普通橡胶密封高得多,在液压缸上的应用日益广泛。

6.2　蓄　能　器

6.2.1　蓄能器的功用和分类

1. 蓄能器的功用

蓄能器是蓄存和释放液体压力能的装置。它在液压系统中的功能主要有以下几个方面。

(1) 作为辅助动力源。在间歇工作或实现周期性动作循环的液压系统中,当系统在小流量工作状态时,液压泵将多余的压力油储存在蓄能器内;而当系统需要大流量工作时,蓄能器与液压泵一起给系统供油。这种液压系统可采用较小流量的液压泵,减少了电机功率消耗,降低了系统温升。

(2) 系统保压及补偿泄漏。当执行元件较长时间停止动作,液压泵卸荷而系统需要保持恒定压力时,可用蓄能器补偿泄漏并维持系统压力恒定。

(3) 作为应急动力源。当突然停电或液压泵及驱动机构发生故障时,可用蓄能器作为应急能源,以便在短时间内维持系统压力,防止机件损坏。

(4) 吸收冲击压力或脉动压力。由于液压泵突然停车、换向阀突然换向、执行元件突然停止运动以及紧急制动等原因,液压系统中出现的液压冲击,可用蓄能器来吸收或缓解这种冲击,以提高系统的安全性和稳定性。对于液压泵输出流量压力脉动较大而系统运动平稳性要求较高时,可在液压泵出口附近设置蓄能器,以降低压力脉动。

2. 蓄能器的类型

蓄能器根据蓄能方式的不同可分为重力式、弹簧式和充气式三类。以下介绍几种常用蓄能器。

1) 活塞式蓄能器

如图 6-9(a)所示,属于隔离式充气式蓄能器。其工作原理为:在缸筒内用浮动的活塞将气体与油液隔开,上腔充气,下腔接通压力油。在压力油液的作用下,活塞上行压缩气体储存油液;当油液压力降低时,气体膨胀而释放油液。这种蓄能器结构简单,安装和维修方便,寿命长;但加工精度、密封性要求较高,充气压力受到限制。因密封件的摩擦和活塞惯性的影响,动作响应慢,不适合吸收脉动和液压冲

击用。最高工作压力为 17MPa,总容量为
1~39L,温度适用于 4~80℃。

　　2）弹簧式蓄能器

　　如图 6-9(b)所示,与活塞式蓄能器相
比较,弹簧式蓄能器在活塞上腔增加了蓄能弹
簧。其工作原理为:在压力油液的作用下,
活塞上行压缩弹簧储存油液;当油液压力降
低时,弹簧伸展而释放油液。其特点是结构
简单,反应灵敏,但容积不易太大。

　　3）气瓶式蓄能器

　　如图 6-9(c)所示,属于非隔离式充气式
蓄能器。其特点是直接充气至油液,结构简
单,但气体易混入油液,影响工作的稳定性。
这种蓄能器适用于大流量的低压回路。

　　4）气囊式蓄能器

　　如图 6-9(d)所示,属于隔离式充气式蓄
能器。其工作原理为:气体和油液被气囊隔
开,气囊内充入一定压力的氮气,压力油经
壳体底部的限位阀通入,皮囊受压而储能,
限位阀用于保护气囊不被挤坏。气囊式蓄
能器有折合形和波纹形两种,前者适用于储

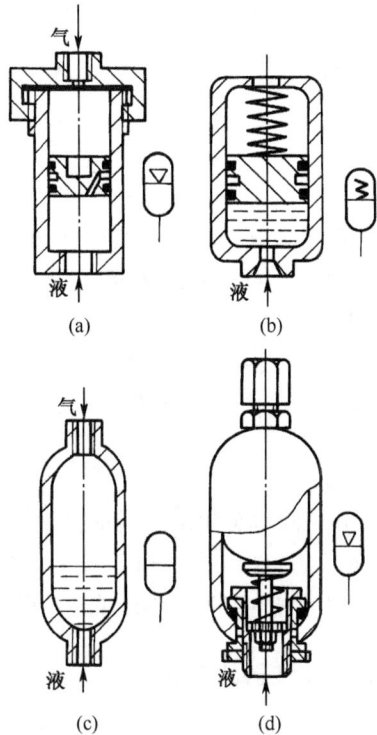

图 6-9　常用蓄能器
(a)活塞式;(b)弹簧式;(c)气瓶式;(d)气囊式

能,后者适用于吸收压力冲击。这种蓄能器惯性小、反应灵敏、结构紧凑、尺寸小、
重量轻、安装方便,但制造工艺性较差,目前在液压系统中应用广泛。它的工作压
力为 3.5~35MPa,容量范围为 0.16~200L,温度范围为-10~65℃。

6.2.2　充气式蓄能器容量的计算

　　蓄能器的容量包括气腔和液腔的容积之和,是选用蓄能器时的一个重要参数,
其容量大小与用途有关。对气囊式蓄能器,若设充气压力为 p_0,充气容积为 V_0(容
量),工作时要求释放的油液体积为 ΔV,系统的最高和最低工作压力为 p_1 和 p_2,
相应的容积为 V_1 和 V_2。由气体状态方程有

$$p_0 V_0^n = p_1 V_1^n = p_2 V_2^n = 常数 \tag{6-1}$$

式中,n 为多变指数,其值由气体的工作条件决定。当蓄能器用作补偿泄漏,起保
压作用时,因释放能量的速度缓慢,可认为气体在等温下工作,取 $n=1$;当蓄能器
用作辅助油源时,因释放能量迅速,认为气体在绝热条件下工作,取 $n=1.4$。实际
上蓄能器工作过程多属于多变过程,储油时气体压缩为等温过程,放油时气体膨胀

为绝热过程,故一般推荐 $n = 1.25$。由

$$\Delta V = V_1 - V_2$$

可求得蓄能器的容量

$$V_0 = \frac{\Delta V}{p_0^{\frac{1}{n}} \left[\left(\frac{1}{p_2} \right)^{\frac{1}{n}} - \left(\frac{1}{p_1} \right)^{\frac{1}{n}} \right]} \tag{6-2}$$

理论上,p_0 可与 p_2 相等,但因系统有泄漏,为保证系统压力为 p_2 时,蓄能器还能释放压力油,补偿泄漏,应使 $p_0 < p_2$。一般,折合型的取 $p_0 \approx (0.8 \sim 0.85) p_2$,波纹型的取 $p_0 \approx (0.6 \sim 0.65) p_2$。

用于吸收液压冲击的蓄能器的容量与管路布置、油液流态、阻尼情况及泄漏大小有关。准确计算比较困难,实际计算常采用下述经验公式

$$V_0 = \frac{0.004 q p_2 (0.0164 L - t)}{p_2 - p_1} \tag{6-3}$$

式中,q 为阀口关闭前管道的流量,m^3/s;t 为阀口由开到关的持续时间,s;p_1 为阀关闭前的工作压力,MPa;p_2 为系统允许的最大冲击压力,MPa 一般取 $p_2 \approx 1.5 p_1$;L 为产生冲击波的管道长度,m。

6.2.3　蓄能器的安装

蓄能器在使用安装时,因作用不同,其安装位置也不同,必须注意以下问题。

(1) 蓄能器需安装在便于检查、维修的位置,并要远离热源。

(2) 蓄能器一般应垂直安装,油口向下,充气阀朝上。

(3) 装在管路上的蓄能器,必须有牢固的固定装置加以固定。

(4) 用于吸收液压冲击、压力脉动和降低噪声的蓄能器应尽可能靠近振源。

(5) 蓄能器与液压泵之间应装单向阀,以防液压泵停车或卸荷时,蓄能器内的压力油倒流而使泵反转。

(6) 蓄能器与管路之间应装截止阀,以便于充气和检修之用。

6.3　过　滤　器

6.3.1　对过滤器的要求

在液压传动系统中,液压油既是传递能量的介质,又是运动副的润滑剂,保持液压油清洁是液压系统正常工作的必要条件。过滤器是液压系统中对油液进行过滤净化的重要元件,对液压系统的工作性能和液压元件的使用寿命有很大影响。对过滤器的基本要求为

(1) 能满足液压系统对过滤精度的要求。过滤精度是指油液通过过滤器时,

滤芯能够滤除的最小杂质的颗粒度,以颗粒的直径(单位为 μm)来表示。颗粒越小,过滤器的过滤精度越高。

（2）能满足液压系统对过滤能力的要求。即一定压降下的通流能力好,纳垢容量大。

（3）有一定的机械强度,能承受液压力的作用而不致使滤芯损坏。

（4）有良好的抗腐蚀性,并能在一定的温度下持久地工作。

（5）易于拆装、清洗和更换滤芯。

6.3.2　过滤器的类型及典型结构

常用过滤器按滤芯形式分为网式、线隙式、纸芯式、烧结式、磁性式等多种。过滤器的结构简图及特点见表 6-1。

表 6-1　常用过滤器结构及其特点

名称及结构简图	特点
网式过滤器 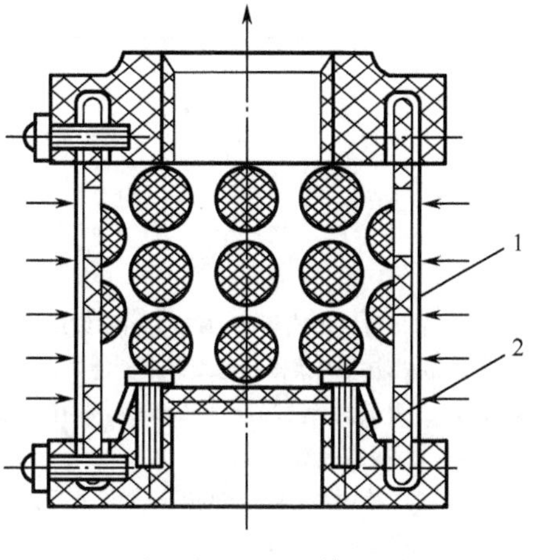 1—铜丝网;2—金属筒形骨架	1. 主要由铜丝网与金属骨架组成; 2. 过滤精度与铜丝网层数和网孔大小有关,过滤精度为 80～180μm; 3. 结构简单,通流能力大,清洗方便,但过滤精度低。一般用作粗过滤; 4. 压力损失≤0.025MPa

续表

名称及结构简图	特点
线隙式过滤器 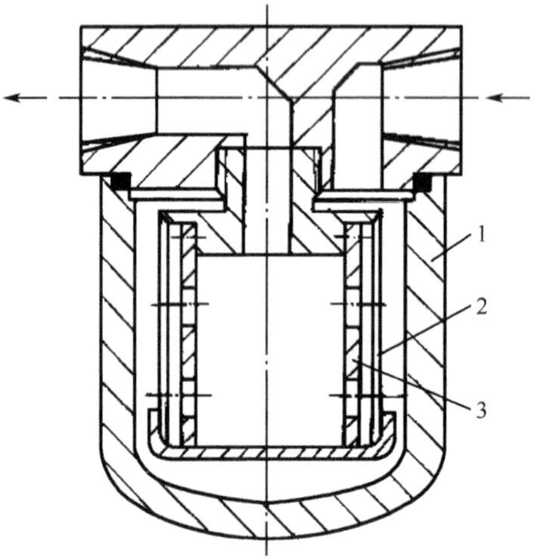 1—壳体;2—铜丝;3—筒形骨架	1. 滤芯由绕在芯架上的一层金属丝组成,依靠金属丝间微小间隙进行过滤; 2. 结构简单,通流能力大,过滤精度较高,一般为 $30 \sim 100 \mu m$。带有油液堵塞指示报警装置,但滤芯材料强度低,不易清洗。应用较普遍; 3. 压力损失为$(0.03 \sim 0.05)$MPa
纸芯式过滤器 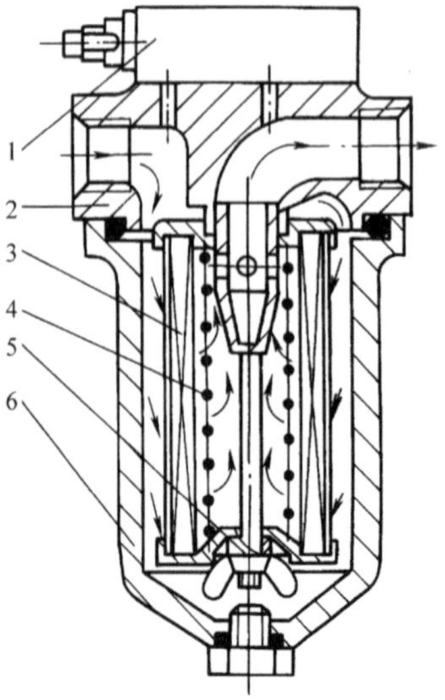 1—污染报警器;2—连接体;3—滤芯; 4—弹簧;5—蝶形螺母;6—壳体	1. 结构与线隙式相似,滤芯为由平纹或波纹的酚醛树脂或木浆微孔滤纸制成的滤芯; 2. 压力损失为 $0.01 \sim 0.04$MPa,带有油液堵塞指示报警装置; 3. 过滤精度高,为 $5 \sim 30 \mu m$。但堵塞后无法清洗,必须更换纸芯; 4. 通常用于油液需要精过滤的场合

续表

名称及结构简图	特点
金属烧结式滤油器 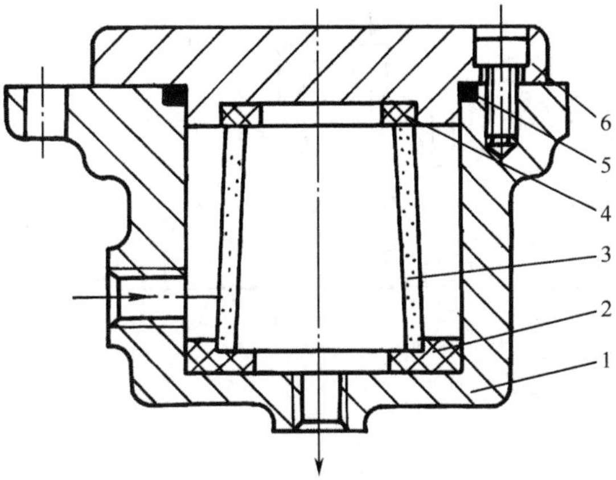 1—壳体；2—密封垫；3—滤芯； 4、5—密封圈；6—盖	1. 滤芯由金属粉末烧结而成，利用金属颗粒间的微孔来进行过滤； 2. 过滤精度高，可达 $5\sim10\mu m$。滤芯能承受高压，适用于过滤精度要求高的场合； 3. 压力损失大，为 $0.03\sim0.2MPa$； 4. 金属颗粒易脱落，堵塞后不易清洗
磁性过滤器 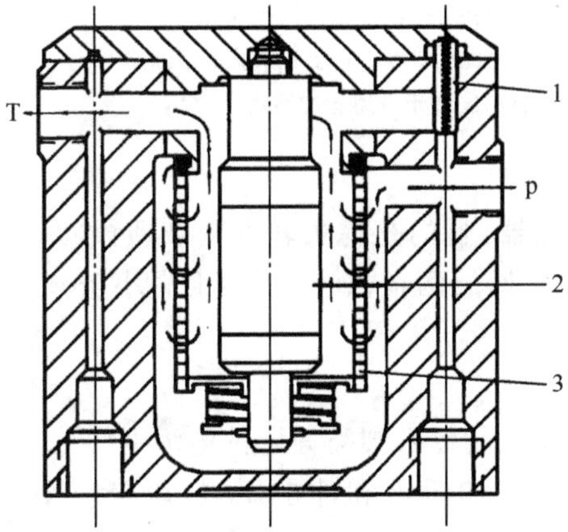 1—安全阀；2—磁性滤芯；3—纸滤芯	1. 滤芯用永磁性材料制成，通过吸附油液中的铁磁性颗粒实现过滤； 2. 常与其他形式滤芯构成复合式过滤器； 3. 特别适用于加工金属零件的机床液压系统

6.3.3　过滤器的安装

过滤器在液压系统中的安装位置通常有以下几种,如图 6-10 所示。

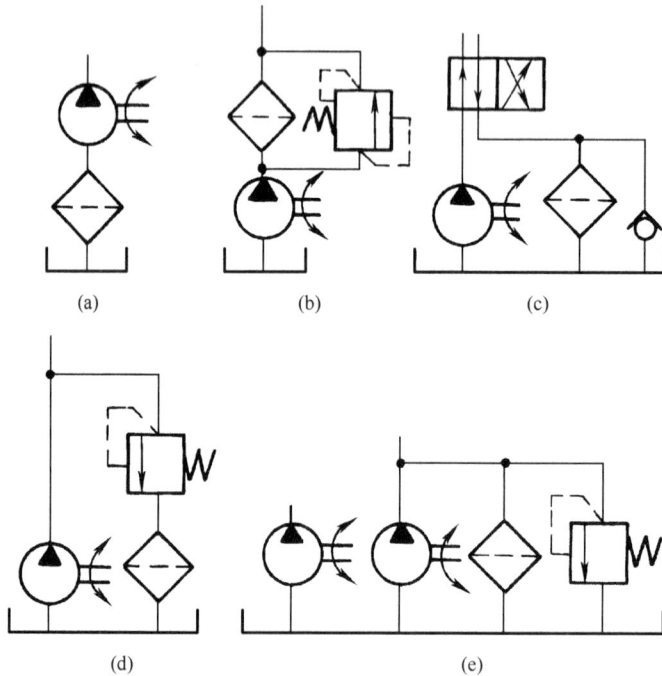

图 6-10　过滤器的安装位置
(a)安装于泵的吸油口;(b)安装于泵的出油口;(c)安装于系统的回油路;
(d)安装于溢流阀出口;(e)安装于专用滤油回路

1) 安装于泵的吸油口处

泵的吸油口上一般都安装有粗过滤器,目的是滤去较大的杂质微粒以保护液压泵。此外过滤器的过滤能力应为泵流量的两倍以上,压力损失小于 0.02MPa,如图 6-10(a)所示。

2) 安装于泵的出油口处

此处安装过滤器的目的是用来滤除可能侵入阀类等元件的污染物。其过滤精度应为 $10\sim15\mu m$,且能承受油路上的工作压力和冲击压力,压降应小于 0.35 MPa,如图 6-10(b)所示。

3) 安装于系统的回油路上

安装在回油路上的过滤器可以滤除系统中因磨损造成的粉末或经高压高速流体冲刷掉的边角、毛刺或损坏的密封件碎粒等。这样,定时清理过滤器要比清理油箱更容易。其过滤精度在 $30\mu m$。为了防止造成不必要的背压,也要选择带指示器或安全阀的过滤器,其额定流量应大于回油时的最大值,如图 6-10(c)所示。

4) 安装于溢流阀回油口

在节流调速回路中,利用溢流阀处于溢流回油的特点,在溢流阀的溢流口安装过滤器也能滤除压力管道内的污染物,如图 6-10(d)所示。

5) 安装于专用滤油回路

对于高压、大流量、连续运行的液压系统,应设置专用滤油回路。此时过滤器用于滤除油箱中的杂质,如图 6-10(e)所示。

普通过滤器只能单向使用,安装时需注意液流方向。新型的双向过滤器则可双向使用。

6.4　油　　箱

油箱的功用主要是储存油液,此外还起着散发油中热量、逸出混在油中的气体、沉淀油中污物等作用。有时它还兼作液压元件的安装台。因此设计油箱时应注意以下几点。

(1) 油箱应有足够的容量。液压系统工作时,油面应保持一定高度,以防止液压泵吸空。为防系统油液全部回油箱时溢出油箱,油箱容积应有一定余量。一般情况下,油路合理、效率较高的低压系统,其油箱有效容积为液压泵流量的 2～4 倍,中压系统为液压泵流量的 4～7 倍,高压系统为液压泵流量的 10～12 倍。

(2) 吸油管路与回油管路应隔离,吸油腔与回油腔用滤网隔开,过滤系统回油。

(3) 油箱应设置注油孔和通气孔(空气滤清器),安装显示最低、最高液位的液位计(带温度计)。

(4) 油箱侧壁应设置清扫窗孔,以便于擦拭油箱内部。油箱底部距地应有一定距离,且有 1∶30 的斜度,卸油口设置在最低处,以便换油时将旧油液全部排出。

(5) 油箱散热条件好,必要时可加散热器。

(6) 油箱密封性好,防止油液渗漏到箱外,避免外界粉尘污物侵入箱内。

(7) 油箱内壁应涂耐油的防锈漆。

(8) 吸油管路应安装滤油器。滤油器装入油箱时,距油箱底部和箱壁应大于一倍的滤油器直径。进出油管的端部应加工成 $45°$ 的斜口。

(9) 油箱应便于安装、吊运、维修和清洗。

油箱一般采用板焊结构。图 6-11 为油箱结构的实例。

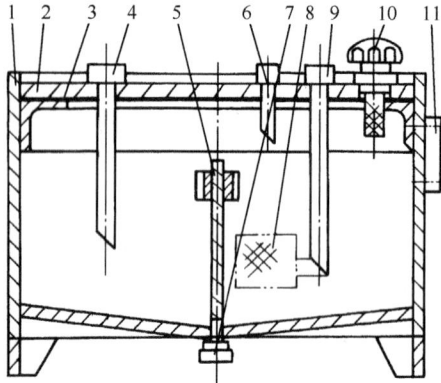

图 6-11　油箱结构图

1—箱体;2—箱盖;3—密封圈;4—回油管;5—隔板;6—泄漏管;7—放油螺塞;8—过滤器;9—吸油管;10—注油过滤器;11—液位计

6.5　热　交　换　器

热交换器包括冷却器和加热器。油液的工作有一定的温度要求,温度过高使油液黏度降低,增加泄漏,加速油液变质;温度过低则因油液变稠而使液压泵启动时吸油困难,无法正常运转。因此,需用热交换器进行调节。

6.5.1　冷却器

常用的冷却器有水冷式和风冷式两种。

1. 蛇形管式冷却器

如图 6-12 所示,它结构简单,可直接置于油箱中,管中通以冷却水即可带走油液中的热量。这种冷却器散热面积小,效率低,耗水量大。

2. 多管式冷却器

如图 6-13 所示,它是一种强制对流式换热的冷却器。冷水从筒体内的管内流过,热油液从管间流过而进行热交换,中间隔板使油流折返,强化冷却效果。这种冷却器散热效果好,结构紧凑,应用较普遍。

3. 风冷式冷却器

利用风扇鼓风带走流入散热器内油液的热量,无须设置通水管路,结构简单,价格低廉,但冷却效果不及水冷式好。

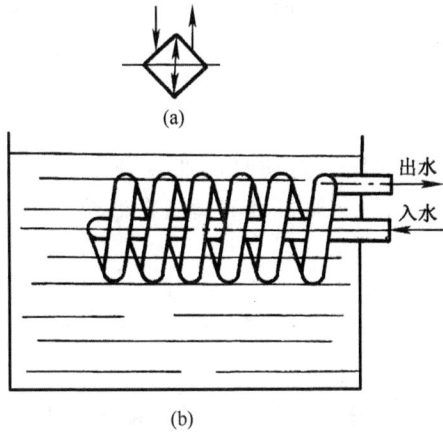

(a)

出水

入水

(b)

图 6-12　蛇形管冷却器

(a)图形符号;(b)结构

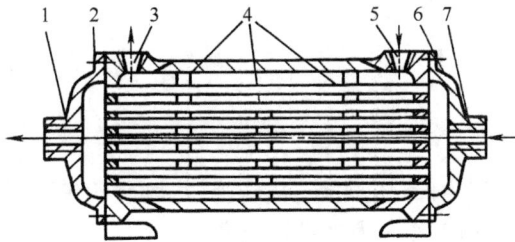

图 6-13　多管式冷却器

1—出水口;2、6—端盖;3—出油口;4—隔板;5—进油口;7—进水口

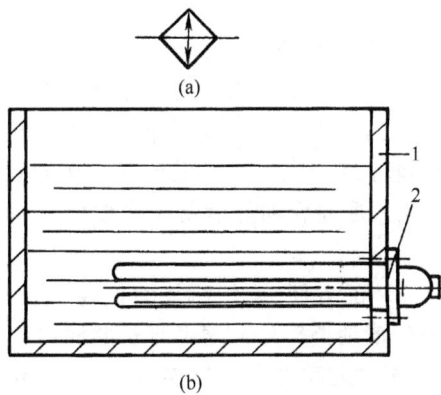

(a)

1

2

(b)

图 6-14　加热器安装示意图

(a)图形符号;(b)结构

1—油箱;2—电加热器

冷却器一般应安装在系统的回油路或低压油路上,以使热油液冷却后再流回油箱。

6.5.2 加热器

加热器多用于液压系统低温启动时对油液升温。常用的是电加热器,如图6-14所示为加热器安装示意图。通常将其横装在油箱壁上,用法兰盘固定。这种加热器结构简单,温度可调。

6.6 管系元件

管道是连接液压元件、输送液压油的装置。管系元件选择得当与否,对液压系统的工作可靠性、安装合理性、维修方便性都有影响。选择管道时,应尽可能使液流的能量损失小些,为此应有足够的通流面积、最短的长度、光滑的管壁,并尽可能避免弯曲半径过小和截面突变。

6.6.1 油管的选用和计算

1.各种油管的选用

常用的油管有钢管、铜管、尼龙管、塑料管、橡胶软管等多种,应根据液压元件的安装位置,使用环境和工作压力来进行选择。

钢管能承受高压,价格低廉,耐油、抗腐和刚性都较好,但装配中不能任意弯曲,常用于装配方便的压力管道处。中高压系统多用无缝钢管,低压系统多用焊接钢管。

紫铜管装配时易弯曲成各种形状,但承压能力较低(一般不超过 6.5～10MPa),抗腐能力较弱。紫铜管一般只用在液压装置内部配接不便之处。黄铜管可承受较高压力(达 25MPa),但不如紫铜管那样易于弯曲成形。

尼龙管是一种新型的乳白色半透明管,受压能力因材料而异,自 2.5～8MPa不等,多在低压管路中使用。尼龙管加热后易于弯曲成形、扩口,冷却后又可固定成形,有着广泛的使用前景。

耐油塑料管价格便宜,装配方便,但承压能力低,只适合于工作压力小于 5×10^5 Pa的管道中,如回油路、泄油路等处。塑料管长期使用后会变质老化。

橡胶软管适用于两个相对运动件之间的连接,分高压和低压两种。软管不宜接在液压缸与调速阀之间,否则运动部件易产生爬行。

2.油管的计算

油管的内径按式(6-4)计算

$$d \geqslant 1.13 \sqrt{\frac{q}{v}} \quad (m) \tag{6-4}$$

式中，q 为通过油管的流量，m^3/s；v 为流速。推荐值：对于吸油管，$v < 1 \sim 2(m/s)$（一般取 $1m/s$ 以下），对于压油管，$v \leqslant 3 \sim 6(m/s)$，压力高、管道或油的黏度小时取大值，反之取小值，局部或特殊情况可取 $v \leqslant 10(m/s)$；对回油管，$v \leqslant 1.5 \sim 2.5(m/s)$。

油管管壁厚 δ 按式(6-5)计算

$$\delta = \frac{pd}{2[\sigma]} \quad (m) \tag{6-5}$$

式中，p 为工作压力，MPa；d 为管子内径，m；$[\sigma]$为油管材料的许用应力，$[\sigma] = \sigma_b/n$，MPa；σ_b 为材料的抗拉强度，MPa；n 为安全系数。

对钢管，$p < 7MPa$ 时，取 $n = 8$；$7MPa \leqslant p < 17.5MPa$ 时，取 $n = 6$；$p \geqslant 17.5MPa$ 时，取 $n = 4$。对铜管，$[\sigma] \leqslant 25MPa$。

计算出油管内径和壁厚后，查阅有关手册，选用符合要求的标准规格。

6.6.2　管接头

管接头是油管与油管、油管与液压元件、油管与集成块间可拆式连接件，它应该满足装拆方便、连接牢固、密封可靠、外形尺寸小、通油能力大、压降小、工艺性好等要求。

管接头种类很多，按接头的通路分为直通、直角、三通等形式，按油管和管接头的连接方式分为焊接式、卡套式、管端扩口式、扣压式等形式，按管接头与机体的连接方式分为螺纹式、法兰式等形式。此外，还有各种满足特殊用途的结构形式。

管接头已标准化，其规格品种可查阅有关手册。常用的管接头简介如下：

如图 6-15 所示为接管锥螺纹式管接头，锥螺纹依靠自身的锥体旋紧和采用聚四氟乙烯等进行密封，广泛用于中低压液压系统。

如图 6-16 所示为接管直螺纹式管接头，其接头体与被连接体之间是直螺纹连接，细牙螺纹密封性好，常用于高压系统，但要采用组合垫圈或 O 形圈进行端面密封，有时也可用紫铜垫圈。

如图 6-17 所示为扩口锥螺纹式管接头，接头是将管件扩口，并通过螺母、扣压套将扩口管件扣压在接头上，之间没有专用密封件密封。接头体采用圆锥管螺纹并缠绕聚四氟乙烯密封带与被连接体连接。它适用于各种压力下的系统中。

如图 6-18 所示为是扣压锥螺纹式管接头，接头的一端制成锥面，管件直接插入并通过扣压套、螺母压在接头体上，接头的另一端采用圆锥管螺纹并缠绕聚四氟乙烯密封带与被连接体连接。

如图 6-19 所示为旋转式管接头，这种管接头专用于被连接体有转动的场合。

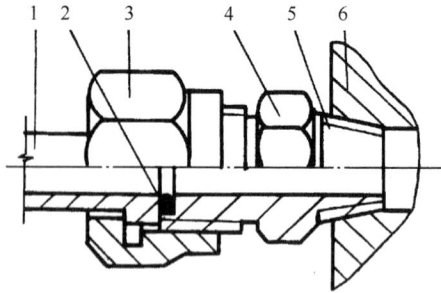

图 6-15　接管锥螺纹式管接头

1—接管;2—密封圈;3—螺帽;4—接头体;5—聚四氟乙烯密封带;6—被连接体

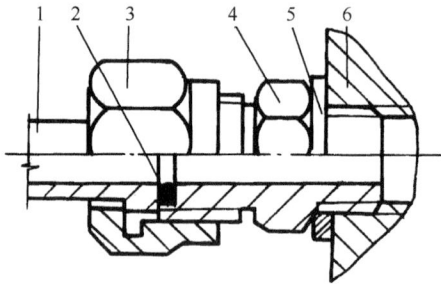

图 6-16　接管直螺纹式管接头

1—接管;2—密封圈;3—螺帽;4—接头体;5—组合垫圈;6—被连接体

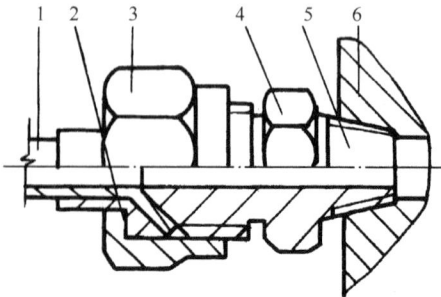

图 6-17　扩口锥螺纹式管接头

1—接管;2—密封圈;3—螺帽;4—接头体;5—聚四氟乙烯密封带;6—被连接体

旋转式管接头由轴接头体、铰接管和密封垫圈组成,铰接管和管件可以焊接在一起。安装时按图示次序穿在一起,将轴接头体的螺纹端旋入被连接体的螺纹孔内并紧固。其松紧程度以铰接管能转动但不漏油为宜。

如图 6-20 所示为两端开闭式快换接头,图中表示的是连接在一起的状态,接头

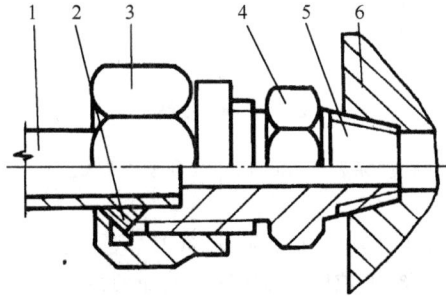

图 6-18　扣压锥螺纹式管接头

1—接管;2—密封圈;3—螺帽;4—接头体;5—聚四氟乙烯密封带;6—被连接体

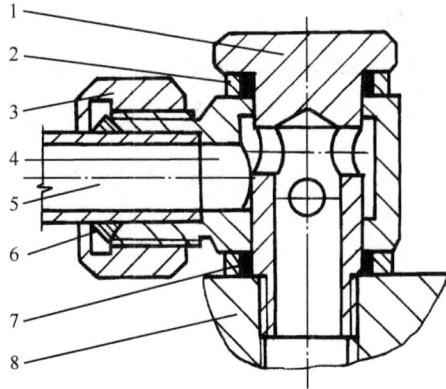

图 6-19　旋转式管接头

1—接头体;2、7—组合密封圈;3—螺帽;4—铰接管;5—管道;6—扣压套;8—连接体

内部是连通的。当左、右接头分离后,各自的单向阀芯自动复位,将管中油液封闭。使用前,左、右接头分别连接在各自管端。连接时,在左、右接头用力向里快速推入,当钢球落入锁定槽内时,即连接成图示状态。这种接头结构比较复杂,成本高。

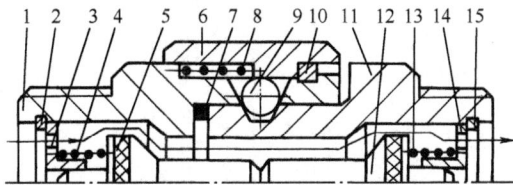

图 6-20　两端开闭式快换接头

1—左半体;2、15—卡环;3、14—弹簧座;4、8、13—弹簧;5—左阀芯;6—锁紧套;7—密封;9—钢球;10—卡键;11—右半体;12—右阀芯

液压系统中的泄漏问题常出现在管系中的接头上,为此,对管材的选用、接头

形式的确定、管系的设计以及管道的安装等都应予以重视,以保证整个液压系统的使用质量。

思考题和习题

6-1　63SCY14-1 型轴向柱塞泵在 1500r/min 时流量为 100L/min,额定压力为 32MPa,试计算该泵吸油管与压油管的内径。

6-2　在一个由最高工作压力为 20MPa 降到最低工作压力为 10MPa 的液压系统中,假设蓄能器充气压力为 9MPa 时,供给 5L 液体,问需用多大容量的蓄能器?

6-3　某液压系统叶片泵的流量为 40L/min,吸油口安装 XU-80×100 线隙式滤油器(该型号表示流量为 80L/min,过滤精度为 $100\mu m$,压力损失为 0.06MPa)。试讨论该滤油器是否会引起泵吸油不充分的现象。

6-4　有一台液压机,在速度为 60mm/s 下,作用距离为 120mm 时产生 150kN 的力。泵向液压机供油并驱动它,其压力由溢流阀调定为 20MPa。如果要求系统的压力不低于 13MPa,求液压机的蓄能器所需容积。

第 7 章　液压基本回路

一个完善的液压系统,不论其简单或复杂,都是由一些基本回路组合而成的。所谓基本回路是指由液压元件组成,用以完成特定功能的典型管路结构。熟悉和掌握液压基本回路的工作原理、组成、性能特点及其应用,对阅读、分析和设计液压系统是十分重要的。

常用液压基本回路,按其在系统中的功用可分为:

方向控制回路——用来控制执行元件的运动方向;

压力控制回路——用来控制系统或某支路的压力;

速度控制回路——用来控制执行元件的运动速度;

多缸工作回路——用来控制多缸运动。

具有同一功能的基本回路,可以有多种不同的设计方案。

液压基本回路很多,本章主要介绍一些在机械液压系统中较常用的基本回路,用以说明分析和设计液压系统时考虑的一些基本原则。

7.1　方向控制回路

方向控制回路的作用是利用各种方向控制元件来控制流体的通断和流向,以控制执行元件的启动、停止和换向。

7.1.1　换向回路

1. 采用三位四通手动换向阀的换向回路

如图 7-1 所示,当阀处于中位时,M 型滑阀机能使泵卸荷,缸两腔油路封闭,活塞制动。扳动换向阀手柄至左位活塞杆伸出、至右位活塞杆退回。

2. 采用二位四通电磁阀的换向回路

如图 7-2 所示,电磁换向阀 4 右位工作,活塞杆退回;当换向阀 4 的电磁铁通电时,阀左位工作,活塞杆伸出。此种回路的特点是活塞只能停留在缸的两端,不能停留在任意位置上。电磁换向阀换向时间太短,为 0.01~0.07s,换向时间不能调节。同时阀芯推力受到电磁阀衔铁吸力的限制,只适用于小流量系统。

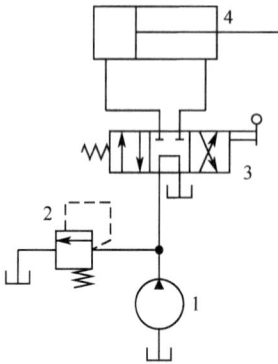

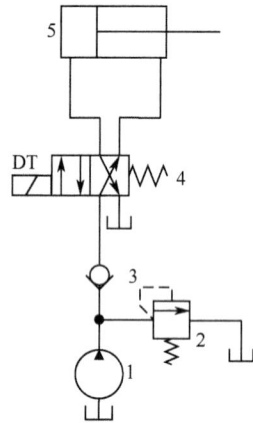

图 7-1　采用手动换向阀的换向回路

1—泵；2—溢流阀；3—三位四通换向阀；
4—液压缸

图 7-2　采用电磁阀换向阀的换向回路

1—泵；2—溢流阀；3—单向阀；4—电磁换向
阀；5—液压缸

7.1.2　连续往复运动回路

1. 用压力继电器控制的连续往复运动回路

如图 7-3 所示，缸右腔进油，活塞向左运动；当活塞运动到头，进油路压力升高使 2YJ 动作，2DT 断电，1DT 通电，活塞向右动；反之，活塞向右运动到头，进油路压力升高使 1YJ 动作，1DT 断电，2DT 通电，活塞向左运动。如此循环，形成自动

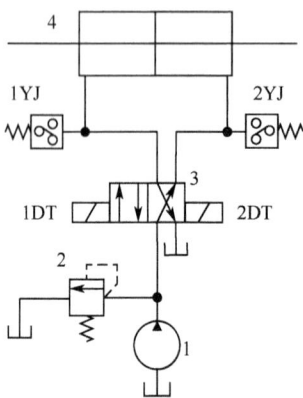

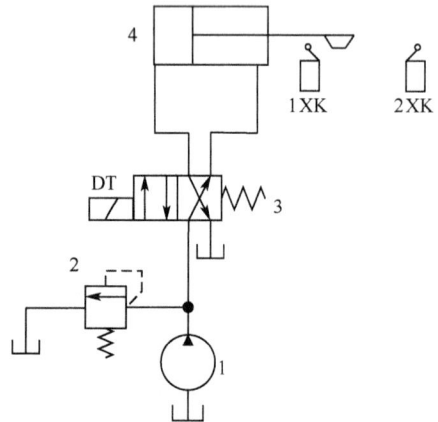

图 7-3　用压力继电器控制的连
续往复运动回路

1—泵；2—溢流阀；3—电磁换向阀；
4—液压缸；1YJ、2YJ—压力继电器

图 7-4　用行程开关控制的连续往复运动
回路

1—泵；2—溢流阀；3—电磁换向阀；4—液压缸；
1XK、2XK—行程开关

连续往复运动。

2. 用行程开关控制的连续往复运动回路

如图 7-4 所示,活塞向左运动,运动到头碰行程开关 1XK,DT 通电,电磁换向阀 3 换向,活塞向右运动,运动到头碰行程开关 2XK,DT 断电,电磁换向阀 3 换向,再向左运动。如此循环,形成自动连续往复运动。

7.2　压力控制回路

压力控制回路是利用压力控制元件来控制系统或系统某一部分的压力,以保证执行元件所需要的推力或扭矩及安全可靠地工作。压力控制回路包括调压、减压、增压、保压、卸压、卸荷及平衡回路等。

7.2.1　调压回路

调压回路使系统或系统某一部分的压力保持恒定或不超过某一数值,或者使工作部件在运动过程中的不同阶段有不同的压力以适应不同负载的要求。

1. 单级调压回路(限压回路)

如图 7-5 所示为定量泵单级调压回路。回路中油液的流量除通过节流阀外,多余的油液通过溢流阀不断流回油箱,使回路压力始终保持在溢流阀的调定压力范围内。图 7-6 所示为变量泵限压回路。回路中油液的流量由变量泵调节,溢流阀的调定压力为回路的最大工作压力,起到保障回路安全的作用。

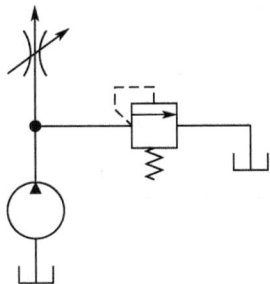

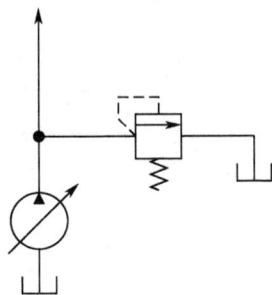

图 7-5　定量泵单级调压回路　　　　　　图 7-6　变量泵限压回路

2. 远程调压与多级调压回路

如图 7-7 所示为远程调压回路。整个系统的工作压力由远程调压阀 4 调节和控制,主溢流阀 2 用于调节系统安全压力值。阀 2 的调定压力必须大于阀 4 的调定压力。图 7-7 中,二位二通阀 3 的电磁铁断电,系统压力为阀 2 的调定压力。当阀 3 的电磁铁通电时,系统压力为阀 4 的调定压力。

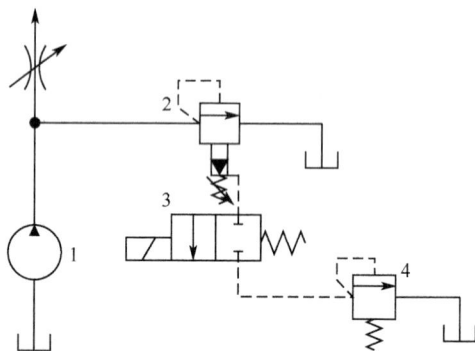

图 7-7　远程调压回路

1—泵;2—溢流阀;3—电磁换向阀;4—远程调压阀

有的液压系统,在工作过程中需要实现多级调压,可用溢流阀和二位二通电磁阀组合来实现。图 7-8 所示为多级调压回路。图示状态为一级压力 p_1,由阀 1 调定;当电磁阀 5 通电时,为二级压力 p_2;当电磁阀 6 同时通电时,为三级压力 p_3。调压时,必须根据 $p_1 > p_2 > p_3$ 的原则,因为当阀 1 压力低于后者时,阀 1 先打开而溢流,其他的阀将不起作用。

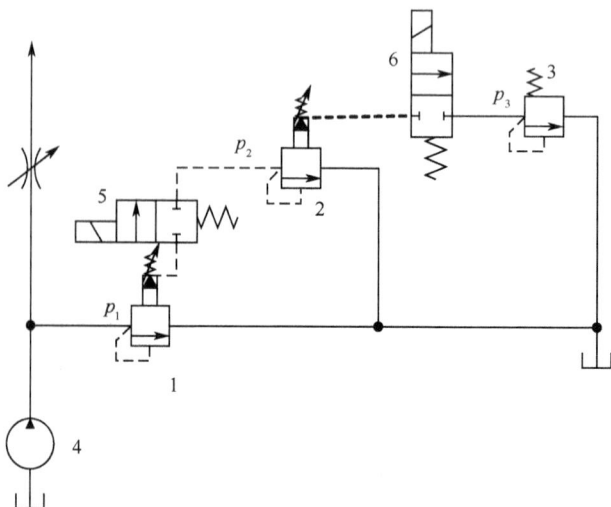

图 7-8　多级调压回路

1、2、3—溢流阀;4—泵;5、6—电磁阀

3. 无级调压回路

如图 7-9 所示,此回路用于负载多变的系统,工作压力随着负载的不同能自动调节。若负载增大,控制油经单向阀 4 进入辅助缸 7,使溢流阀 6 的调压弹簧压缩,$p_调$ 增大;若负载减小,单向阀关闭,调压弹簧放松,$p_调$ 减小;辅助缸 7 中的油经节流阀 8 回油箱,$p_供$ 自动与负载相适应。

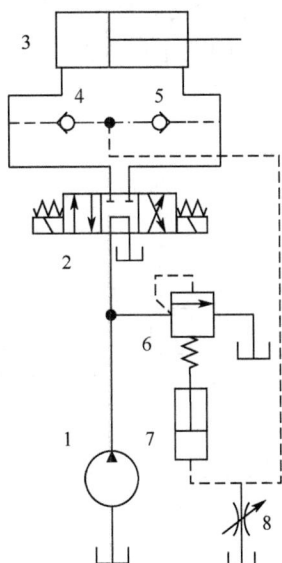

图 7-9　无级调压回路

1—泵;2—电磁换向阀;3—液压缸;4、5—单向阀;
6—溢流阀;7—辅助缸;8—节流阀

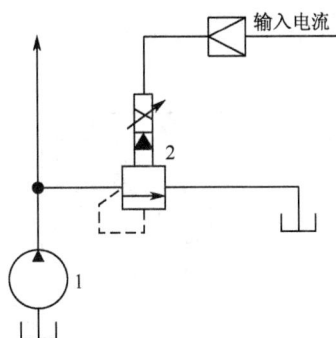

图 7-10　比例调压回路

1—泵;2—比例溢流阀

4. 比例调压与数字调压回路

通过电液比例压力阀或电液数字压力阀,液压系统可以实现连续地无级调压。图 7-10 为比例调压回路,根据系统负载特性的要求,调节输入比例溢流阀 2 的控制电流,即可改变系统的压力,达到连续、无级调压的目的。图 7-11 为数字调压回路,来自控制器的脉冲序列直接输入数字压力阀 2 即可实现对系统工作压力的连续无级控制。

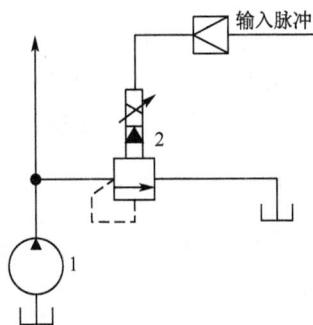

图 7-11　数字调压回路

1—泵;2—数字压力阀

7.2.2　减压回路

减压回路使系统某一部分获得低于主系统压力的稳定压力。

1. 一级减压回路

如图 7-12 所示,夹紧缸 5 的压力要求低于主系统的压力。主系统的压力由溢流阀 2 调节,在通往夹紧缸 5 的支路上装上一个单向减压阀 3 即可满足要求。回路中单向阀 4 的作用是当主系统的压力 p 小于减压阀的调定压力时,防止夹紧缸 5 的压力油倒流,起短时保压作用。

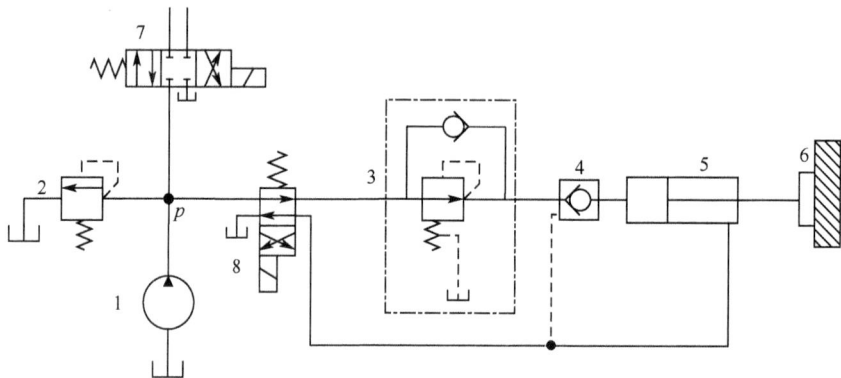

图 7-12　一级减压回路

1—泵;2—溢流阀;3—单向减压阀;4—单向阀;5—夹紧缸;6—工件;7—换向阀

2. 二级减压回路

如图 7-13 所示,支路压力由先导式减压阀 2 调定,当换向阀 3 的电磁铁通电时,则支路压力由远程调压阀 4 调定。

为使减压回路工作可靠,减压阀的最低调整压力不应小于 0.5MPa,最高调整压力至少应小于主系统压力 0.5MPa。

7.2.3　增压回路

增压回路利用增压缸来提高系统中某局部油路的工作压力,使其远高于油源压力。

1. 单作用增压缸的增压回路

如图 7-14 所示,泵 1 输出的低压油通过增压缸 4 转变为高压油输入工作缸 7、8。当换向阀 3 换向时,工作缸 7、8 的活塞在弹簧力作用下复位,高位油箱 5 可补

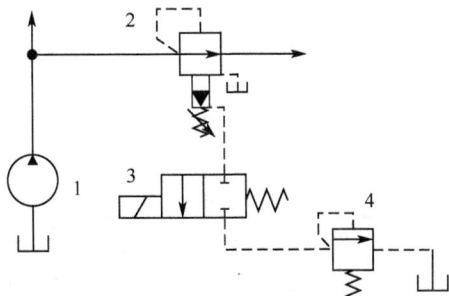

图 7-13　二级减压回路

1—泵；2—先导式减压阀；3—换向阀；4—远程高压阀

充增压缸内高压油的漏损。卧式压铸机的压力缸、高压多触头造型机的增压缸均采用这种增压回路。

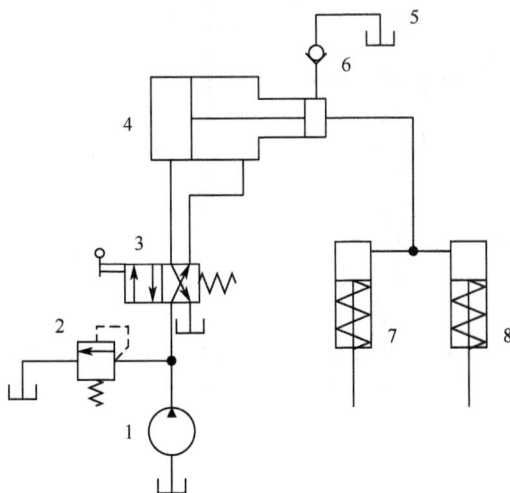

图 7-14　单作用增压缸的增压回路

1—泵；2—溢流阀；3—换向阀；4—增压缸；5—高位油箱；6—单向阀；

7、8—工作缸

2. 双作用增压缸的增压回路

图 7-15 所示为一水射流切割的双向增压回路。无论电磁阀 3 工作在左位还是右位，都有高压水流从增压缸输出至喷嘴 12 射出。图中 11 为蓄能器，可防止压力波动，保持输出高压水流的稳定。水泵 14 为供水泵。

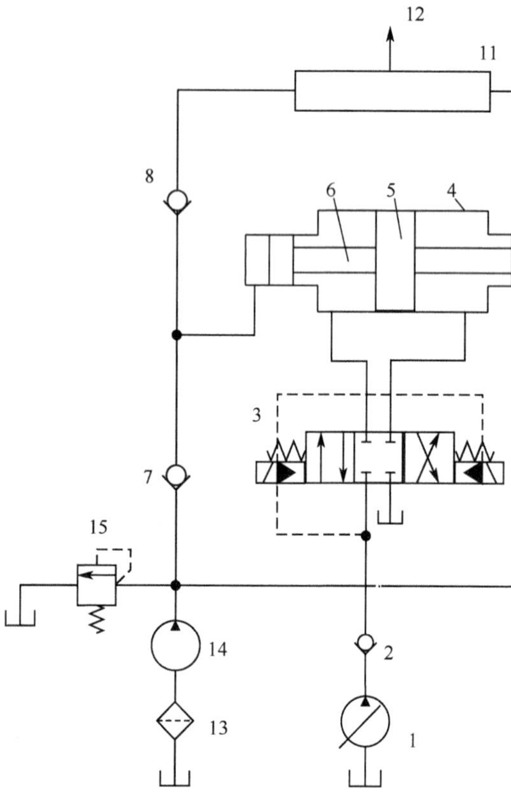

图 7-15　双作用增压缸的增压回路

1—泵;2—单向阀;3—电磁阀;4—增压缸;5—增压缸活塞;6—增压缸活塞杆;7、8、9、10—单向
阀;11—蓄能器;12—喷嘴;13—过滤器;14—水泵;15—溢流阀

7.2.4　保压回路

保压回路使液压缸在执行机构工作行程结束后一段时间内,保持压力不变,以满足工况要求。

1.蓄能器保压回路

如图 7-16 所示,缸运动时,泵经单向阀 2 向缸及蓄能器 4 提供压力油。当系统压力达到压力继电器 5 的调定压力时,压力继电器发信号使电磁阀 6 换向,泵 1 卸荷,系统压力由蓄能器 4 保持。当缸内压力因泄漏等因素降低至压力继电器 5 返回区间压力时,电磁阀 6 断电,泵 1 又向缸及蓄能器充压。此回路可实现循环保压。溢流阀 3 的调定压力应大于压力继电器 5 的调定压力。

2. 液控单向阀保压回路

如图 7-17 所示,当双向变量泵 1 向液压
缸 3 上腔供油时,液压缸 3 的活塞快速下行,
补油箱 5 经液控单向阀 4 向缸上腔补油。当
压制行程结束需要保压时,变量泵回到零位
不再向液压缸 3 供油,电磁阀 6 的电磁铁通
电,液控单向阀 4 的控制压力油接通油箱,阀
4 关闭实现上腔保压。阀 7、8 为安全阀。这
种方法保压时间短,由于它是利用液压油的
可压缩性和缸、管的弹性变形来保持压力恒
定,因此随着泄漏量的增加,压力会逐渐降
低。若在缸的上腔油路上增加蓄能器,则能
延长保压时间。

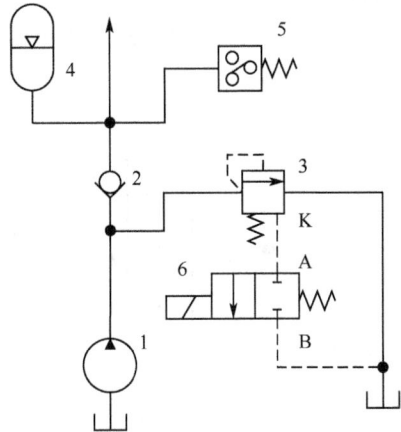

图 7-16　蓄能器保压回路

1—泵;2—单向阀;3—溢流阀;4—蓄能器;
5—压力继电器;6—电磁阀

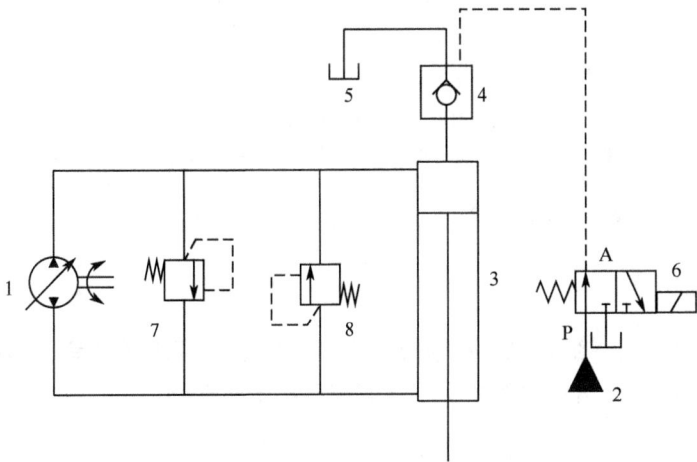

图 7-17　液控单向阀保压回路

1—双向变量泵;2—控制油源;3—液压缸;4—液控单向阀;5—补油箱;6—电磁
阀;7、8—安全阀

3. 自动补油的保压回路

如图 7-18 所示,5 为电接点压力表,可实现压力信号与电信号的转换。图示
位置,电磁换向阀 3 的中位使泵卸荷。换向阀 3 右位工作时,泵向液压缸 6 大腔供
油。当压力上升至预定值时,电接点压力表 5 的压力指针拨动电接点指针,发信号
使电磁换向阀 3 回到中位,液压缸 6 大腔由液控单向阀 4 保压。经过一段时间,当

压力降低至下限值时,电接点压力表 5 发信号使电磁换向阀 3 右位又工作,泵又向缸大腔补油,实现长期保压。当电磁换向阀 3 左位工作时,活塞快速退回。

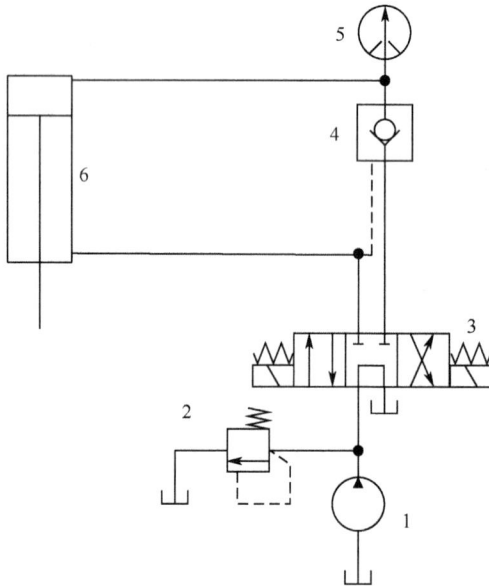

图 7-18　自动补油的保压回路

1—泵;2—溢流阀;3—电磁换向阀;4—液控单向阀;5—电接点压力表;6—液压缸

除此之外,还有用变量泵、增压缸、液压阀保压的回路。

7.2.5　卸压回路

卸压回路使液压缸在执行机构的工作行程完成后实现逐渐卸压,以防止换向阀快速切换,能量突然释放而产生剧烈的液压冲击和振动。

1. 主换向阀中位配合节流阀的卸压回路

如图 7-19 所示,当工作行程结束后,M 型换向阀 3 首先回到中间位置并停留一段时间,泵卸荷,油缸上腔的高压油通过支路的节流阀 5 和单向阀 4 再经过换向阀 3 流回油箱进行卸压。卸压速度可由节流阀调节。此回路常用于小型液压机。

2. 二位二通电磁阀配合节流阀的卸压回路

如图 7-20 所示,回路在支路上用一个较小的二位二通电磁阀 6 作为卸荷阀,工作行程结束后,电磁阀 6 的电磁铁通电,液压缸 7 上腔卸压,然后再切换主换向阀 3 到回程位置,此法适用于较大型液压机和注塑机。

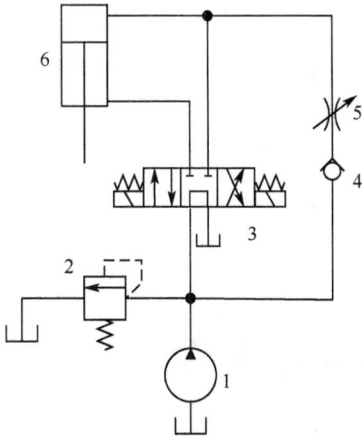

图 7-19　主换向阀中位配合节流阀
的卸压回路

1—泵;2—溢流阀;3—换向阀;4—单向阀;
5—节流阀;6—液压缸

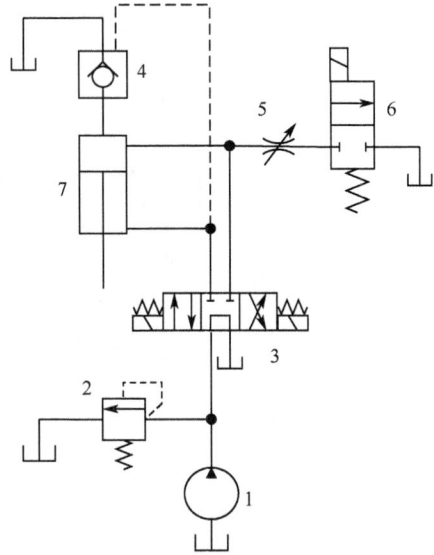

图 7-20　二位二通电磁阀配合节流阀的卸
压回路

1—泵;2—溢流阀;3—换向阀;4—单向阀;5—节
流阀;6—电磁阀;7—液压缸

3. 外控顺序阀控制的节流阀卸压回路

如图 7-21 所示,为停机状态,当换向阀 3 左位工作时,液压缸 4 活塞下行加载,加载过程结束,换向阀 3 切换至右位回程位置。液压缸 4 上腔高压油经单向节流阀 6 至换向阀 3 右位流回油箱。卸压速度由单向节流阀 6 调节。同时液压缸 4 上腔控制压力油 K_2 打开外控顺序阀 5,泵输出的液压油经顺序阀 5 流回油箱,使泵卸荷,活塞不会向上运动。只有液压缸 4 上腔压力卸到低于顺序阀的调定压力时,顺序阀关闭,液压缸 4 下腔压力升高,从下腔来的控制压力油 K_1 打开充液阀 7,活塞快速回程,上腔油排入补油箱 8。

7.2.6　卸荷回路

卸荷回路用于液压系统在短时间内停止工作时,为节省功率消耗,减少液压系统的发热和泵的磨损,以延长泵和电机的使用寿命。

油泵卸荷的两种情况为:一种是执行元件不需压力油(暂停工作),也就是泵和系统同时卸荷——属非保压系统卸荷;另一种是执行机构中的油液要保持一定的压力,但运动速度极低或不动时,只需泵卸荷——属保压系统卸荷。

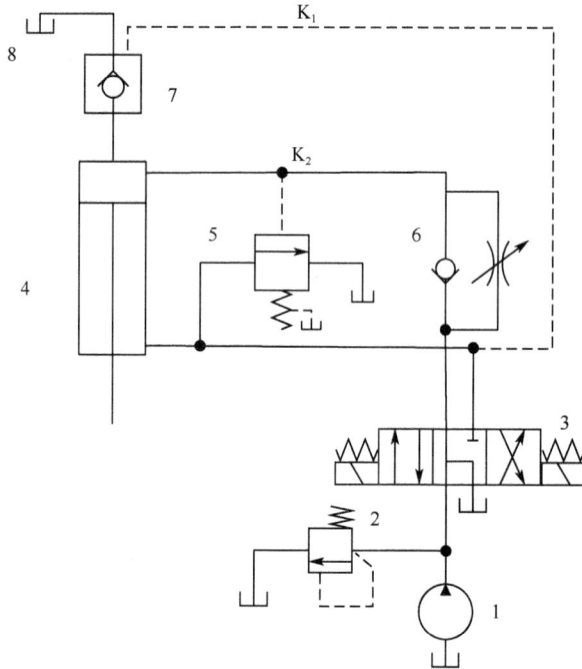

图 7-21　外控顺序阀控制的节流阀卸压回路

1—泵;2—溢流阀;3—换向阀;4—液压缸;5—顺序阀;6—单向节流
阀;7—充液阀;8—补油箱

1. 用主换向阀中位的卸荷回路

如图 7-22 所示,均是利用换向阀的中位机能使油泵和油箱连通进行卸荷。三位式换向阀可卸荷的中位机能有:M 型、H 型、K 型。

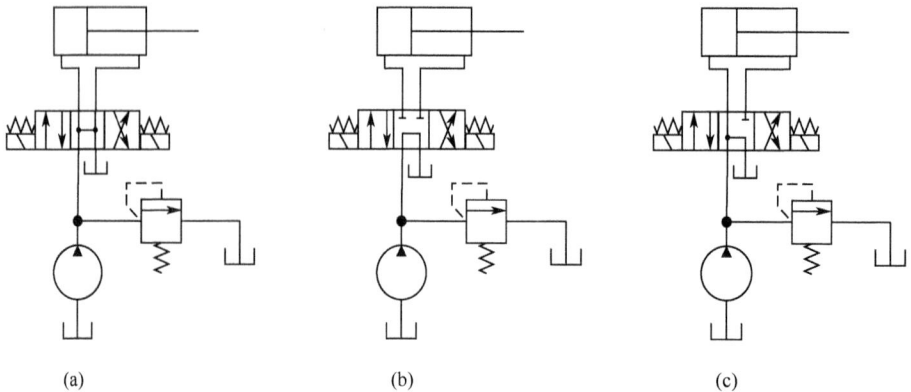

(a)　　　　　　　　　　　(b)　　　　　　　　　　　(c)

图 7-22　用主换向阀中位的卸荷回路

图 7-22(a)为采用 H 型中位机能卸荷的回路(非保压卸荷);图 7-22(b)为采用 M 型中位机能卸荷的回路(保压卸荷);图 7-22(c)为采用 K 型中位机能卸荷的回路(非保压卸荷)。

采用液动、电-液动控制的三位式换向阀中位卸荷时,须在泵出口处装 $p_{开}=300\sim500\text{kPa}$ 的单向阀或其他背压阀,以保证控制油路的最低压力。此类卸荷方法简单,但只适用于单缸和小流量液压系统。对 $p>3.5\text{MPa}$、$q>6.67\times10^{-4}\text{m}^3$ 的液压系统不能使用,否则产生液压冲击。

2. 用二位二通电磁换向阀的卸荷回路

如图 7-23 所示,换向阀 3 的电磁铁断电,系统工作;工作部件停止运动时,换向阀 3 的电磁铁通电,泵 1 卸荷。

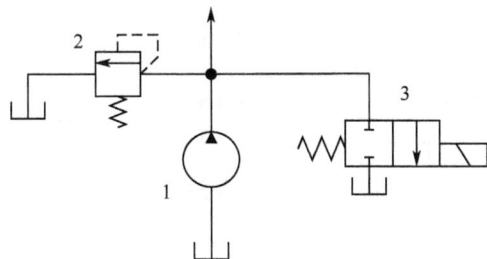

图 7-23　用二位二通电磁换向阀的卸荷回路
1—泵;2—溢流阀;3—换向阀

此种卸荷回路电磁阀的规格与油泵的流量应匹配,且受电磁铁吸力限制,通常仅用于 $q_{泵}<1.05\times10^{-3}\text{m}^3/\text{s}$ 的场合。

3. 用液控换向阀的卸荷回路

如图 7-24 所示,二位三通电磁阀 4 作为液控换向阀 3 的先导控制,液控换向阀 3 卸荷。它可用于大流量系统的卸荷。

4. 用液控顺序阀的卸荷回路

如图 7-25 所示,可用于高低压泵并联供油的系统。当系统在低压大流量工况下工作时,低压大流量泵 1 和高压小流量泵 2 同时向系统供油。当外负载力增加引起系统压力 p 升高时,液控顺序阀 3 打开,低压大流量泵 1 卸荷,高压小流量泵 2 继续向系统供油。单向阀 4 用以阻止高压油从液控顺序阀 3 流往油箱。

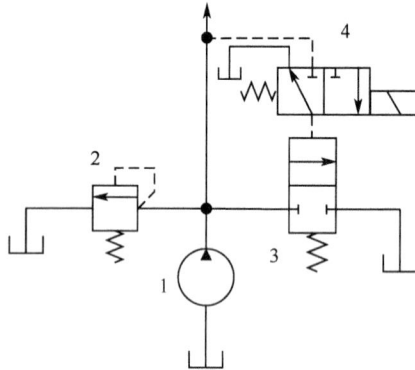

图 7-24　用液控换向阀的卸荷回路
1—泵;2—溢流阀;3—液控换向阀;4—电磁阀

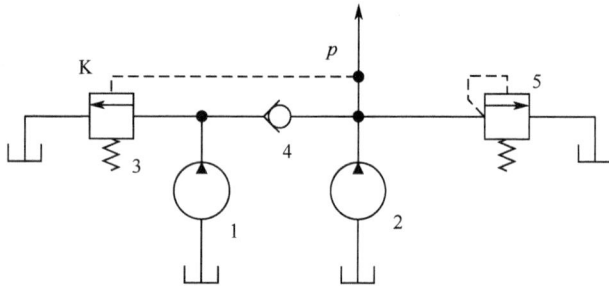

图 7-25　用液控顺序阀卸荷的回路
1—低压大流量泵;2—高压小流量泵;3—液控顺序阀;4—单向阀;5—溢流阀

5. 用电磁溢流阀的卸荷回路

如图 7-16 所示,当电磁溢流阀中的二位二通电磁阀 6 通电时,溢流阀 3 的远程控制口接油箱,溢流阀 3 打开溢流,液压泵 1 卸荷。

7.2.7　平衡回路

平衡回路用于防止立式液压缸及其工作部件因自重而自行下落或造成下行速度失控。

1. 采用顺序阀的平衡回路

图 7-26 所示为采用单向顺序阀的平衡回路。只需将单向顺序阀 4 的开启压力调到 $p_{开} \geq \dfrac{F_G}{A}$ 就可避免活塞因自重而下落。当换向阀 3 处于中位时,运动部件

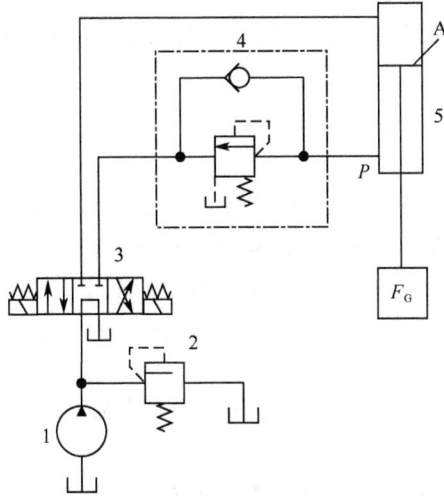

图 7-26　采用单向顺序阀的平衡回路

1—泵；2—溢流阀；3—换向阀；4—单向顺序阀；5—液压缸

不会因自重而下滑。当换向阀 3 左位通电时，液压油进入液压缸 5 上腔，下腔压力逐渐升高，当超过单向顺序阀 4 的调定压力时，阀 4 被打开，活塞下行，下腔保持的

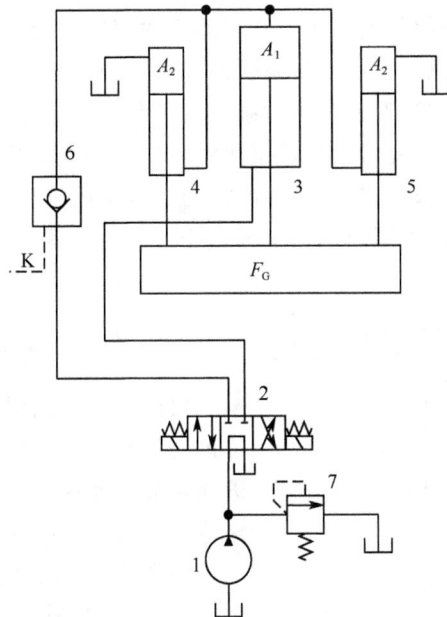

图 7-27　采用平衡缸的平衡回路

1—泵；2—换向阀；3—主油缸；4、5—平衡缸；6—液控单向阀；7—溢流阀

背压力 p，使运动平稳。此种回路因背压力较大，故功率损失大，而且顺序阀的滑阀配合面有泄漏，长时间停留，有缓慢下滑现象，只适用于运动部件质量不大的系统。

2. 采用平衡缸的平衡回路

如图 7-27 所示，换向阀 2 左位向主油缸 3 上腔供油的同时，也给两个平衡缸 4、5 的下腔供油，在主油缸活塞带动滑块下行过程中，平衡缸 4、5 下腔产生背压平衡运动部件重力 F_G。设计时，$A_1 > 2A_2$。液控单向阀 6 的作用是将运动件锁紧在任意位置上。此类平衡回路适用于大功率、重型的液压机械。

7.3　速度控制回路

速度控制回路是利用流量控制元件对液压系统中执行元件的运动速度进行调节和变换，以满足负载所需要的速度快慢或变化的要求。速度控制回路包括调速回路、增速回路和速度换接回路。速度控制回路往往是液压系统中的核心部分，其工作性能的优劣对整个系统起着决定性的作用。

7.3.1　调速回路

调速回路用于调节执行元件工作行程的运动速度。液压系统常用调速方法主要有以下几种：①节流调速。由定量泵供油，流量控制阀调节流入或流出执行元件的流量来实现调速；②容积调速。通过调节变量泵或变量马达的排量来实现调速；③容积节流调速。由压力补偿型变量泵供油，流量控制阀调节流入执行元件的流量，并且变量泵的流量自动与执行元件所需的流量相适应来实现调速。此外，还可以将几台定量泵并联起来，用启动一个或数个泵的办法来改变流入执行元件的流量，以实现分级调速。

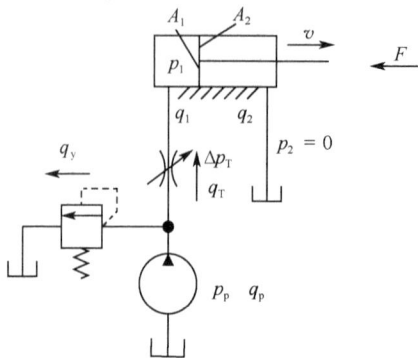

图 7-28　进油路节流调速回路

1. 节流调速回路

根据节流阀或调速阀在回路中的安装位置的不同，常用的节流调速回路可分为进油路节流调速、回油路节流调速和旁油路节流调速等三种基本形式。

1）进油路节流调速回路

（1）回路结构和调速原理。如图 7-28 所示，节流阀安装在执行元件的进油路上，改变其通流截面积 A_T 的大小即可调节液压缸活塞的运动速度 v。定量泵的工作压力 p_p 由溢流阀调定并基本恒定,定量泵输出的流量 q_p 经节流阀节流后,多余的流量 q_y 亦通过溢流阀溢流至油箱。

液压缸活塞的运动速度 v 取决于进入液压缸的流量 q_1 和液压缸工作腔(此处为无杆腔)的有效工作面积 A_1,即 $\dfrac{q_1}{A_1}$。在稳态工作时,由液流的连续性方程 $q_1=q_p-q_y$,活塞受力方程 $p_1A_1=p_2A_2+F$,以及节流阀的流量方程 $q_T=q_1=CA_T\Delta p_T{}^m$,在不计管路压力损失、泄漏和回油腔压力 $p_2=0$ 时,可以导出进油路节流调速回路的调速方程为

$$v=\frac{q_1}{A_1}=\frac{CA_T}{A_1}\left(p_p-\frac{F}{A_1}\right)^m \tag{7-1}$$

式(7-1)表明,对确定的液压缸而言,A_1 为常数,节流阀阀口的液阻系数 C 和指数 m 可视为常数,在泵的工作压力 p_p 调定不变时,液压缸活塞的运动速度 v 主要与节流阀的通流面积 A_T 和负载力 F 有关。

(2) 速度-负载特性。调速回路的速度-负载特性,也称为机械特性。是当回路中调速元件的调定值一定时,执行机构的运动速度 v 随负载变化的性能。

其特性曲线如图 7-29 所示。图中 A_{T_1}、A_{T_2}、A_{T_3} 表示节流阀的不同通流截面积,并且 $A_{T_1}>A_{T_2}>A_{T_3}$,不同的通流截面对应不同的特性曲线。由图可见,速度 v 随负载力 F 的增加而减小。当 $F=p_pA_1$ 时,执行机构的速度为零。此时,节流阀的工作压差为零。因此,为保证该回路正常工作,必须使泵的工作压力 p_p 大于负载压力 F/A_1,以保证节流阀的工作压差大于零。

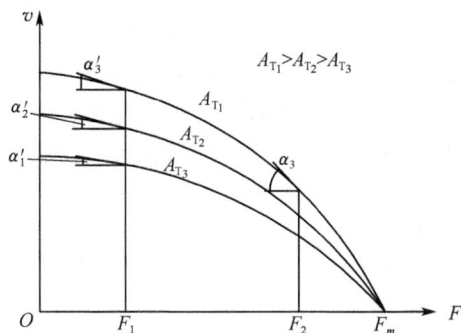

图 7-29　进油路节流调速回路速度-负载特性

执行机构运动速度受负载影响的程度,可用回路速度刚度 k_v 来评定。速度刚度用式(7-2)表示

$$k_v=-\frac{\partial F}{\partial v}=-\frac{1}{\tan\alpha} \tag{7-2}$$

回路速度刚度 k_v 的物理意义为:引起单位速度变化时负载力的变化量。其在

速度-负载特性曲线上为某点处斜率的倒数。在特性曲线上,某处斜率越小(机械特性硬),速度刚度就越大,执行机构运动速度受负载波动的影响就越小,运动平稳性越好;反之,会使运动平稳性越差。

由式(7-1)和式(7-2)可求出进油路节流调速回路的速度刚度为

$$k_v = -\frac{\partial F}{\partial v} = \frac{A_1^{1+m}}{CA_T(p_p A_1 - F)^{m-1}m} = \frac{p_p A_1 - F}{vm} \qquad (7\text{-}3)$$

由式(7-3)及图7-29可见,当节流阀通流截面积一定时,负载越小,速度刚度越大(如对于曲线A_{T_1},α_3'处的速度刚度比α_3处大);当负载一定时,节流阀通流截面积越小,速度刚度越大(如负载为F_1时,α_1'处的速度刚度比α_3处大)。因此,进油路节流调速回路在低速轻载且负载变化不大的工况下有较好的速度稳定性。并且提高溢流阀的调定压力、增大液压缸的有效面积、减小节流阀指数等均可提高调速回路的速度刚度。

(3) 功率特性。

调速回路的功率特性包括回路的输入功率、输出功率、功率损失和回路效率。

当不考虑液压泵、液压缸和管路的功率损失时,进油路节流调速回路的输入功率,即液压泵的输出功率为

$$P_p = p_p q_p = 常量 \qquad (7\text{-}4)$$

回路的输出功率,即液压缸的输入功率,也就是回路的有效功率为

$$P_1 = p_1 q_1 \qquad (7\text{-}5)$$

回路的功率损失为

$$\Delta P = p_p q_p - p_1 q_1 = p_p(q_1 + q_y) - (p_p - p_T)q_1 = p_p q_y + p_T q_1 \qquad (7\text{-}6)$$

式(7-6)表明,该回路的功率损失由两部分组成:溢流损失$\Delta P_1 = p_p q_y$是在泵的输出压力p_p下,流量q_y流经溢流阀产生的功率损失;节流损失$\Delta P_2 = p_T q_1 = p_T v A_1$是流量$q_1$在压差$\Delta p_T$下流经节流阀产生的功率损失。两部分损失大都转换成热能,使油温升高。因此,应尽量减少这两种损失。

当不考虑泵、缸和管路的功率损失时,节流调速的回路效率η_c等于缸的有效功率与泵的输出功率之比,即

$$\eta_c = \frac{p_1 q_1}{p_p q_p} = \frac{p_1 q_1}{(p_1 + \Delta p_T)q_p} \qquad (7\text{-}7)$$

从式(7-7)可知,q_1/q_p越大,溢流损失越小,回路效率η_c就越高;负载越大,p_1/p_2越大,回路效率也越高。此外,节流阀进出口压力差Δp_T越小,回路效率越高,但Δp_T不能过小,一般取$(2\sim3)\times10^5$Pa才能正常工作。在负载基本不变时,进油路节流调速回路的效率$\eta_c = 0.2\sim0.6$。

(4) 调速特性。

调速回路的最大速度v_{max}与最小速度v_{min}之比称为回路的调速特性(调速范

围)。进油路节流调速回路的调速范围可用式(7-8)表示

$$R_c = \frac{v_{\max}}{v_{\min}} = \frac{A_{\mathrm{Tmax}}}{A_{\mathrm{Tmin}}} \tag{7-8}$$

式中，A_{Tmax} 和 A_{Tmin} 分别为节流阀可能的最大和最小通流面积。

进油节流调速的特点为：由于进口有节流阀，流量输入平稳，无冲击，当流量进入单杆液压缸无杆腔时，因为有效工作面积较大，可以获得较低的运动速度。但由于回路上没有背压，当负载变化时，运动速度不够平稳。所以常在回油路上安装一个背压阀，背压阀调整压力一般为 0.3～0.6MPa。背压调得越高，功率损失越大。

总之，这种回路结构简单，成本较低，并且调速范围较大(一般可达 100 以上)，启动时冲击较小，因此仍广泛用于一般负载变化较小的小功率液压系统中。

2) 回油路节流调速回路

如图 7-30 所示，节流阀安装在执行元件的回油路上，改变其通流截面积 A_{T} 的大小即可调节液压缸活塞的运动速度 v。定量泵的工作压力 p_{p} 由溢流阀调定并基本恒定，定量泵输出的流量 q_{p} 经节流阀节流后，多余的流量 q_{y} 亦通过溢流阀溢流至油箱。

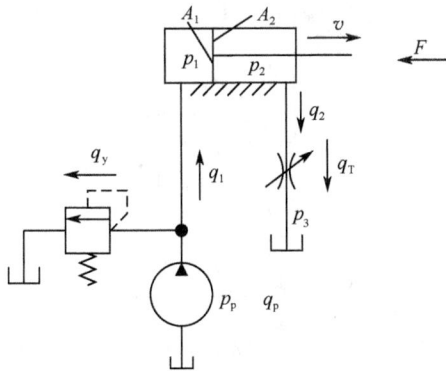

图 7-30　回油路节流调速回路

液压缸活塞的运动速度 v 取决于流出液压缸的流量 q_2 和液压缸工作腔(此处为有杆腔)的有效工作面积 A_2，即 $v = \dfrac{q_2}{A_2}$。与进油路节流调速回路的推导过程相似，可导出这种回路的调速方程为

$$v = \frac{q_2}{A_2} = \frac{CA_{\mathrm{T}} \Delta p^m}{A_2} = \frac{CA_{\mathrm{T}} \Delta p_2^m}{A_2} = \frac{CA_{\mathrm{T}}(p_{\mathrm{p}}A_1 - F)^m}{A_2^{m+1}} \tag{7-9}$$

速度刚度为

$$k_v = -\frac{\partial F}{\partial v} = \frac{A_2^{m+1}}{CA_{\mathrm{T}}m}(p_{\mathrm{p}}A_1 - F)^{1-m} = \frac{p_{\mathrm{p}}A_1 - F}{mv} \tag{7-10}$$

比较式(7-3)与式(7-10)可见，两者的形式和所含参数完全一样。这说明：进

油路、回油路节流调速回路的速度负载特性相同。因此,前面对进油路节流调速回路的速度负载特性分析,完全适用于回油路节流调速回路。在相同的条件下,其回路效率与进油节流调速回路亦相同。

回油节流调速回路的特点为:回油腔有背压,运动比较平稳,能防止负载突然为零时引起的前冲,并能承受一定程度的负值负载。因通过节流阀的流量流往油箱,热油得到冷却,改善了散热条件。停机以后,回油腔油会缓慢流入油箱,再次启动时,容易产生启动冲击。为了克服这一缺点,可在进油路上增加一个节流阀,称为进、回油节流调速,但增大了功率损失。回油节流调速回路同样只宜用于小功率、负载变化不大的系统。在生产中,其应用比进油节流调速回路普遍。

3) 旁油路节流调速回路

(1) 回路结构及调速原理。

如图 7-31 所示,节流阀安装在旁油路上,定量泵的供油量 q_p 是一定的,其中一部分流量 q_T 通过节流阀流至油箱,其余部分进入液压缸推动活塞工作。改变通过节流阀的流量就改变了进入油缸的流量 q_1,从而达到调节活塞运动速度的目的。若不考虑管道和换向阀等损失,油泵的供油压力 p_p 等于进入油缸的工作压力 p_1,它的大小决定于负载。此时,溢流阀只在过载时才打开,起安全阀的作用。

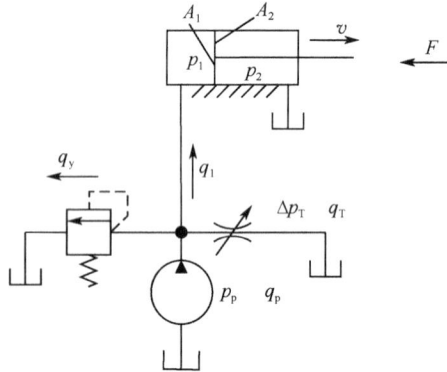

图 7-31　旁油路节流调速回路

按照前面同样的分析方法,可以导出这种回路的调速方程为

$$v = \frac{q_p - q_T}{A_1} = \frac{q_p - CA_T\left(\dfrac{F}{A_1}\right)^m}{A_1} \qquad (7\text{-}11)$$

(2) 速度-负载特性。

如图 7-32 所示,$A_{T_1} > A_{T_2} > A_{T_3}$。从 A_{T_1} 曲线可见,当节流阀开口较大(即执行机构运动速度较低)时,所能承受的最大负载较小。从 A_{T_3} 曲线可见,当节流阀开口较小(即执行机构运动速度较低)且负载较大时,速度受负载影响较小。

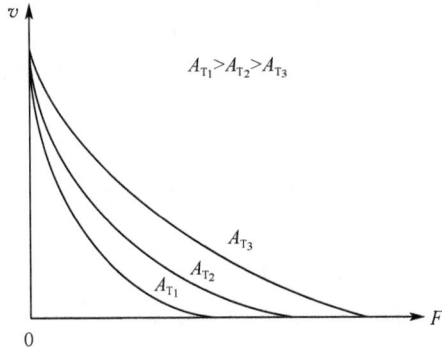

图 7-32　旁油路节流调速回路速度-负载特性

从上述分析可知,旁油路节流调速回路在高速、重载的工况下有较好的速度稳定性。

值得指出的是,在旁油路调速回路中,油泵的泄漏对速度影响较大。负载越大,泵压越大,油泵及阀的泄漏量越大,此时节流阀前后的压差 Δp_T 也越大,通过节流阀流回油箱的流量 q_T 越大。由这几个因素加在一起,使进入缸的流量 q_1 就大为降低,使活塞的运动降得更低。因此,这种调速回路的速度稳定性差,特别是低速时更为显著。但同时,油泵的供油压力随负载变化而变化,负载越小,泵压也越小。所以,它比进、回油路节流调速在能量利用上较合理。

总之,此种回路适用于对运动平稳性要求不高的高速大功率系统。另外,这种回路不能承受负值负载。

从对上述三种节流调速的分析中可知,要保证活塞工作速度的稳定性(即保证通过节流阀的 q_T 稳定),就必须保证节流阀前后的压力差不变。为了实现这个要求,可采用调速阀代替一般的节流阀。

2. 容积调速回路

根据油液的循环方式,容积调速可以连接成开式回路和闭式回路两种。在开式回路中,泵从油箱吸油后输入执行元件,执行元件的回油直接回油箱,因此油液能得到充分冷却,但油箱尺寸较大,空气和脏物易进入回路,影响其正常工作。在闭式回路中,执行元件的回油直接与泵的吸油腔相连,结构紧凑,只需很小的补油箱,空气和脏物不易进入回路,但油的冷却条件差,需设辅助泵补油、冷却和换油。

容积调速回路通常有三种基本形式:变量泵和定量液压缸组成的容积调速回路,定量泵和变量马达组成的容积调速回路,变量泵和变量马达组成的容积调速回路。

采用变量泵容积调速的主要优点是没有节流调速的溢流损失与节流损失,因此效率较高,适用于功率较大并需要有一定速度范围的液压机械。

1) 变量泵和定量液压缸组成的容积调速回路(开式)

如图 7-33 所示,当不考虑回路的容积效率时,液压缸的运动速度为

$$v = \frac{q_p}{A_1} = \frac{V_p n_p}{A_1} \tag{7-12}$$

式中,q_p 为泵的输出流量;V_p 为泵的排量;n_p 为泵的转速;A_1 为缸的活塞有效工作面积。

显然,改变泵的排量,即可对液压缸的运动速度进行无级调节。为了使运动平稳,回油路上增加了背压阀 6,溢流阀 2 起过载保护作用。

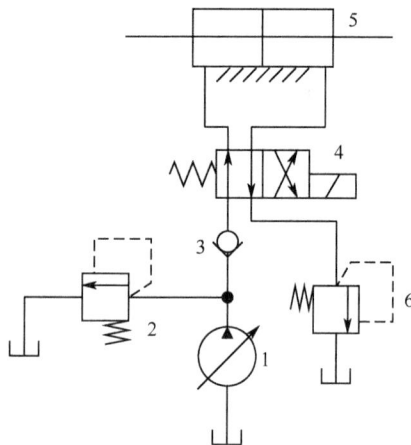

图 7-33　变量泵与液压缸组成的容积调速回路

1—变量泵;2—溢流阀;3—单向阀;4—换向阀;5—液压缸;6—背压阀

2) 变量泵与定量液压马达组成的容积调速回路(闭式)

如图 7-34 所示,当不考虑回路的效率时,液压马达的转速为

$$n_M = \frac{q_M}{V_M} = \frac{q_p}{V_M} = \frac{V_p n_p}{V_M} \tag{7-13}$$

式中,q_M 为马达的输入流量;V_M 为马达的排量;q_p 为泵的输出流量;V_p 为泵的排量;n_p 为泵的转速。

通过改变变量泵 3 的排量来调节液压马达 5 的转速,溢流阀 4 可防止系统过载。为了补充回路的泄漏和降低温升,保证系统正常工作,用辅助泵 1 向变量泵的吸油口补油,补油压力由低压溢流阀 6 调节。

这种调速回路执行元件输出的推力为

$$F = (p_p - p_0)A_1$$

力矩为

$$T_M = (p_p - p_0)V_M \tag{7-14}$$

由式(7-14)可知,当泵的输出压力 p_p 和吸油路压力 p_0 不变时,缸的输出推力(F)和马达的输出力矩(T_M)是恒定的,而与变量泵的调节参数 V_p 无关。因此这种调速回路称为恒推力或恒力矩调速。

此回路执行元件的输出功率为

$$P = F_v = (p_p - p_0)A_1 \frac{q_p}{A_1} = (p_p - p_0)V_p n_p$$

或 $P_M = 2\pi n_M T_M = 2\pi \frac{q_M}{V_M}(p_p - p_0)V_M$

$$= 2\pi(p_p - p_0)V_p n_p \eta_m \qquad (7\text{-}15)$$

式(7-15)表明:执行元件的输出功率随变量泵的排量 V_p 增减而线性地增减。

变量泵与定量马达调速回路的调速特性曲线如图 7-35 所示。这种回路的调速范围较大,效率较高,但低速稳定性较差,适用于要求恒推力或恒力矩调速的大功率液压系统中。

3)定量泵和变量液压马达组成的容积调速回路(闭式)

如图 7-36 所示,安全阀 3 可防止系统过载。其调定压力应高于最大负载所需的工作压力。小流量的辅助泵 4 向低压油路补油,其压力由低压溢流阀 6 调定。与变量泵和定量马达调速回路不同的是,调节参数不是泵的排量 V_p,而是马达的排

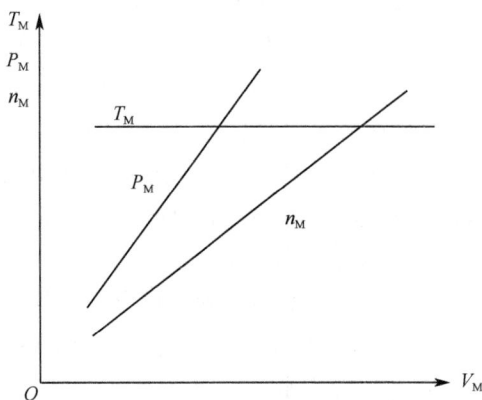

图 7-34　变量泵与定量液压马达
组成的容积调速回路

1—辅助泵;2—单向阀;3—变量泵;4—溢流
阀;5—液压马达;6—低压溢流阀

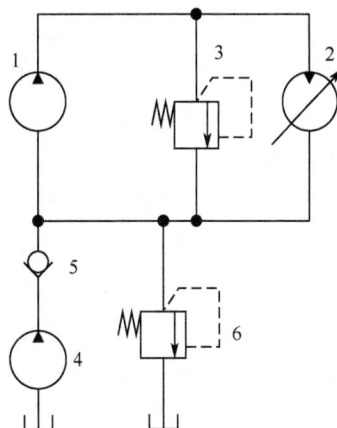

图 7-35　变量泵与定量液压马达的容积调速
回路调速特性

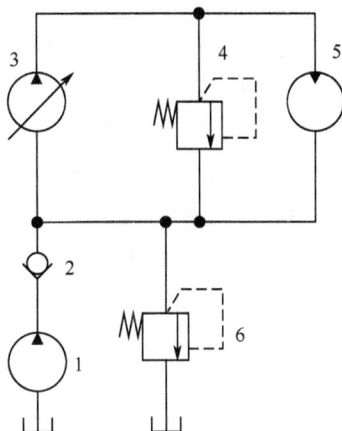

图 7-36　定量泵和变量液压马达
的容积调速回路

1—定量泵;2—变量马达;3—安全阀;
4—辅助泵;5—单向阀;6—低压溢流阀

量 V_M。

由式(7-13)可知,马达的转速 n_M 与其排量 V_M 成反比,即当排量 q_M 最小时,马达的转速最高。式(7-14)表明,马达的力矩 T_M 与排量 V_M 成正比,即排量 V_M 越大,力矩 T_M 越大。式(7-15)表明,马达输出的功率 P_M 与排量 V_M 无关,当进油路压力 p_p 和回油路压力 p_0 不变时,功率(P_M)是恒定的。其调速特性曲线如图 7-37 所示。此回路适用于要求恒功率调速的液压系统中。由于受马达最大转速 n_{Mmax} 的限制,这种调速回路的调速范围很小。

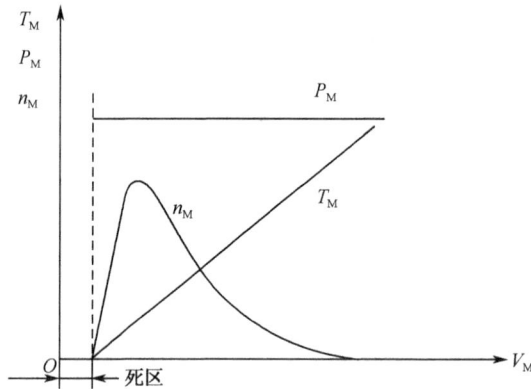

图 7-37　定量泵和变量液压马达的容积调速回路调速特性

4) 双向变量泵和双向变量马达组成的容积调速回路

如图 7-38 所示,它是由双向变量泵 4 和双向变量马达 11 以及其他元件组成的闭式回路。调节变量泵的排量 V_p 或调节变量马达的排量 V_M 都可以改变马达的输出转速 n_M。补油泵 1 通过单向阀 5 或单向阀 6 向回路补油,其补油压力由溢流阀 2 调节。安全阀 8 可通过单向阀 7 和单向阀 9 调定马达正、反转时所需的过载保护压力。当进油压力和回油压力差($p_p - p_0$)大于一定值时,液动换向阀 10 处于上位或下位,使回油路接通溢流阀 12,部分发热油液经液动换向阀 10 和阀 12 流回油箱。因此阀 12 的调定压力应稍低于溢流阀 2 的调定压力。

这种调速回路实质上是上述两种调速回路的组合,具有二者的优点;其调速特性如图 7-39 所示。此调速回路马达输出的转速 n_W、力矩 T_M 和功率 P_M 与上述两种调速回路一样,也可以分别用式(7-13)～式(7-15)表示。

调速可以分为恒力矩调节和恒功率调节两个阶段。

恒力矩调速阶段:将马达的排量 V_M 调至最大并使之恒定,然后将变量泵的排量 V_p 由最小值逐渐调至最大值,则马达转速 n_M 相应地从最小值逐渐升到最大值。在此过程中,输出功率 P_M 随 V_p 的增加而线性增加,而马达输出扭矩是不变

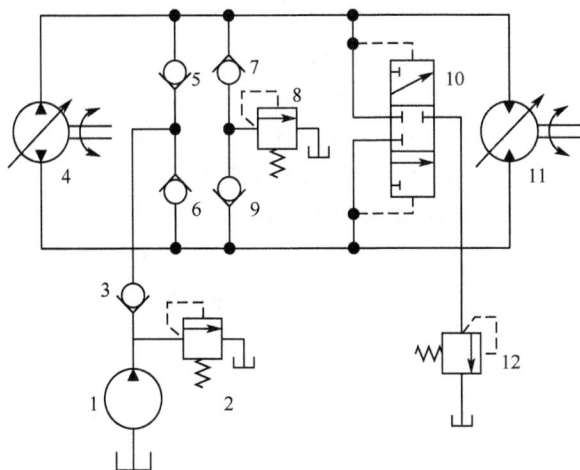

图 7-38 　变量泵-变量液压马达容积调速回路

1—补油泵;2、12—溢流阀;3—单向阀;4—双向变量泵;5、6、7、9—单向阀;8—安全阀;10—
液动换向阀;11—双向变量马达

的。这一段相当于变量泵和定量马达的调速回路,属恒力矩调速(如图 7-39 所示的左半部分)。

恒功率调速阶段:将泵的排量 V_p 固定在最大值,然后将马达排量从最大值逐渐调至最小值,马达转速 n_M 进一步升高至最高转速。在此过程中,马达的力矩逐渐减小,而输出功率保持恒定。这一段相当于定量泵和变量马达的调速回路,属恒功率调速(如图 7-39 所示的右半部分)。

这种回路的调速范围很大,并且具有较高的效率,因此在大功率的液压系统中获得了广泛的应用。

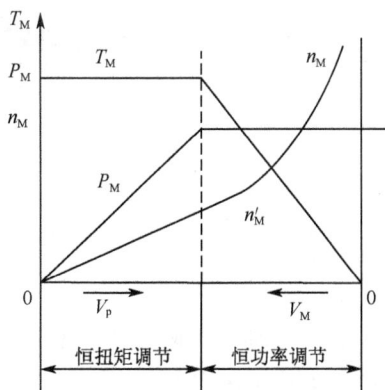

图 7-39 　变量泵-变量液压马达容积
调速特性

3. 容积节流调速回路

容积节流调速回路既有容积调速回路无溢流损失、效率较高的优点,又有调速阀节流调速回路速度稳定性好、调节方便的优点,因此广泛用于机床液压系统中。

根据所采用的变量泵和流量阀的形式不同,常用的容积节流调速回路有两种:限压式变量叶片泵和调速阀组成的容积节流调速回路,稳流式变量叶片泵和节流阀组成的容积节流调速回路。

1）采用限压式变量泵和调速阀组成的容积节流调速回路

如图 7-40 所示，当 1DT 通电时，限压式变量泵 1 输出的流量 q_p 进入液压缸 7 的左腔，使活塞快速向右运动。当 1DT、3DT 通电时，泵 1 的流量 q_p 通过调速阀 3 进入缸 7 的左腔，此时活塞的运动速度 v 由调速阀中的节流阀的通流面积 A_T 控制，其回油经背压阀 4 流回油箱。限压式变量叶片泵输出的流量 q_p 将和调速阀所控制的进入缸的流量 q_1 自动相适应，即当 $q_p > q_1$ 时，泵的工作压力 p_p 便上升，使泵的流量自动减小到 $q_p \approx q_1$；反之，当 $q_p < q_1$ 时，泵的压力 p_p 便下降，使泵的流量自动增加到 $q_p \approx q_1$。当 2DT、3DT 和 4DT 通电时，泵输出的流量 q_p 进入液压缸 7 的右腔，使活塞退回。由于回路没有溢流损失，所以效率较高。

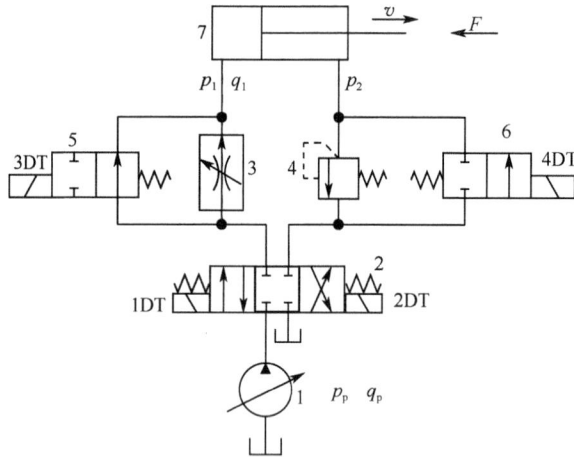

图 7-40　限压式变量泵和调速阀的容积节流调速回路
1—限压式变量泵；2—换向阀；3—调速阀；4—背压阀；5、6—换向阀；7—液压缸

图 7-41 所示为限压式变量叶片泵和调速阀调速回路的调速特性曲线图。当泵的出口压力小于限定压力 p_c 时，泵的流量接近于理论流量 q_{max}，仅有一部分内泄漏损失，适用于快速行程。当泵的出口压力大于 p_c 时，泵的流量随压力升高而下降，压力达到 p_{max} 时，泵的输出流量为零，适用于工作行程。曲线 1 上的 M 点为调速阀流量为 q_1 时与变量泵工作曲线相匹配的工作点。此时，泵的工作压力为 p_M。当负载变化引起压力发生变化时，调速阀自动补偿，保持其中节流阀上的压差不变，从而保持 q_1 不变。此时，泵的工作压力为 p_N，如图 7-41 中曲线 2 所示，N 点为调速阀流量为 q_1 时与此时变量泵工作曲线相匹配的工作点。

在调节变量泵的压力调节螺钉时，应使其供油压力比缸的工作压力 p_1 大 0.5MPa 左右，以补偿油液流经调速阀的压力损失，保证调速阀工作时所必需的最小压差。

这种调速回路的优点是泵的压力和流量能根据工况要求自动改变，减少了能

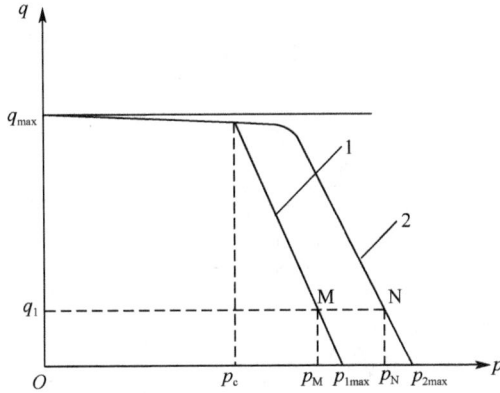

图 7-41　限压式变量叶片泵和调速阀调速回路的调速特性

量损失,降低了温升,运动平稳。但是这种回路不宜用于负载变化大且小负载下工作时间较长的系统。因为当负载减小时,泵的供油压力相对较高,使调速阀上的压力损失过大,回路效率降低。此种情况亦采用下述稳流式变量泵和节流阀的容积节流调速回路。

2) 采用稳流式变量叶片泵和节流阀的容积节流调速回路

如图 7-42 所示,其工作原理与上述回路很相似,当电磁换向阀 4 通电换向时,节流阀 5 控制进入液压缸的流量 q_1,并使泵的输出流量 q_p 自动和 q_1 相适应。当 $q_p > q_1$ 时,泵的工作压力 p_p 上升,泵内左、右两个控制柱塞便进一步压缩弹簧,推动定子右移,减小泵的偏心距,使泵输出流量下降到 $q_p \approx q_1$;反之,当 $q_p < q_1$ 时,泵的压力 p_p 下降,泵内弹簧推动定子左移,加大泵的偏心距,使泵输出流量增大到 $q_p \approx q_1$。

此回路的调速特性曲线如图 7-43 所示。特性曲线的 BC 段表示变量泵的流量随节流阀压差的变化而变化;当节流阀通流截面积为 A' 时,对应的压差为 Δp_1,流量为 q_1;当节流阀通流截面积为 A'' 时,对应的压差为 Δp_2,流量为 q_2。输入液压缸的流量 q_1 基本上不受负载力 F 变化的影响,因为节流阀的压力差 $\Delta p = p_p - p_1$ 由作用在稳流式变量叶片泵控制柱塞上的弹簧力来确定,这与调速阀的原理相似。因此,这种调速回路的速度刚性、运动稳定性、承载能力和调速范围等都与采用限压式变量叶片泵和调速阀的调速回路类似,且低速稳定性更好。适用于负载变化大、速度较低的中小功率液压系统。

7.3.2　快速回路

快速运动回路用来获得液压系统中执行元件空载运行时加快运动速度,以缩短辅助时间,减少采用大流量泵的能量消耗,提高系统的效率及生产效率。

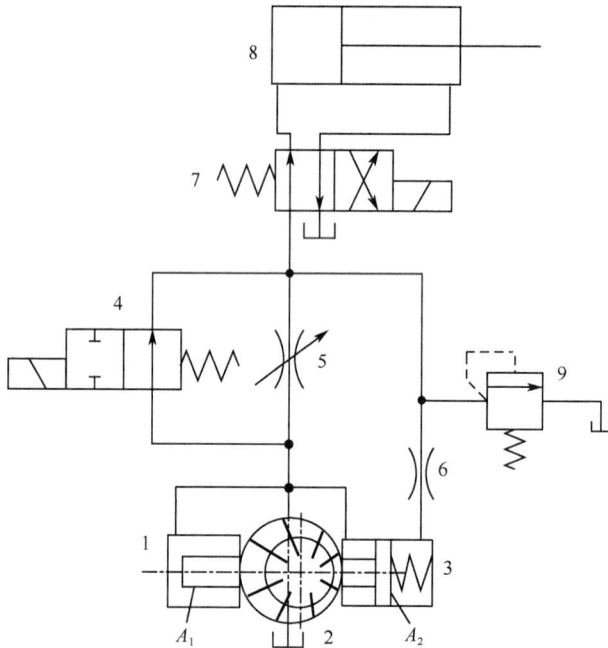

图 7-42　稳流式变量叶片泵和节流阀的容积节流调速回路

1、2、3—稳流式变量叶片泵；4、7—电磁换向阀；5、6—节流阀；8—液压缸；9—溢流阀

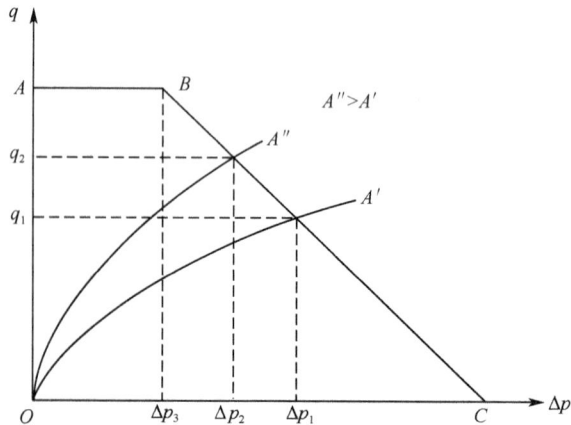

图 7-43　稳流式变量泵和节流阀的容积节流调速回路的调速特性

1. 用蓄能器的快速运动回路

如图 7-44 所示，当换向阀 5 处于中位时，泵 1 经单向阀 3 向蓄能器 4 充液，蓄能器储存能量。当蓄能器充液压力达到所需调定值时（此压力值由液控顺序阀 2

调定,阀 2 作为卸荷阀用),控制压力油 K 打开阀 2,使泵卸荷。当阀 5 的左位或右位工作时,不仅泵向缸供油,蓄能器也同时向缸供油,从而实现快速运动。回路中,顺序阀 2 的调整压力必须高于系统的最高工作压力,以保证工作行程期间泵的流量全部进入液压缸。单向阀 3 用来实现蓄能器保压。

这种回路适用于短时间内需要大流量的系统,并能以小流量泵获得很高的工作速度;但实现快速运动的行程较短,而且不能连续工作,必须有足够的时间让蓄能器充液。

2. 双泵并联的快速运动回路

如图 7-45 所示,换向阀 7、9 的电磁铁 1DT、3DT 通电,系统的负载力小,低压大流

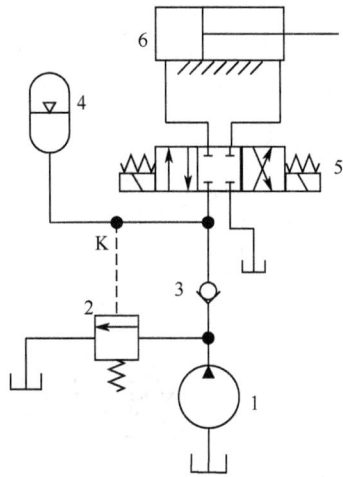

图 7-44 用蓄能器的快速运动回路
1—泵;2—顺序阀;3—单向阀;4—蓄能器;
5—换向阀;6—液压缸

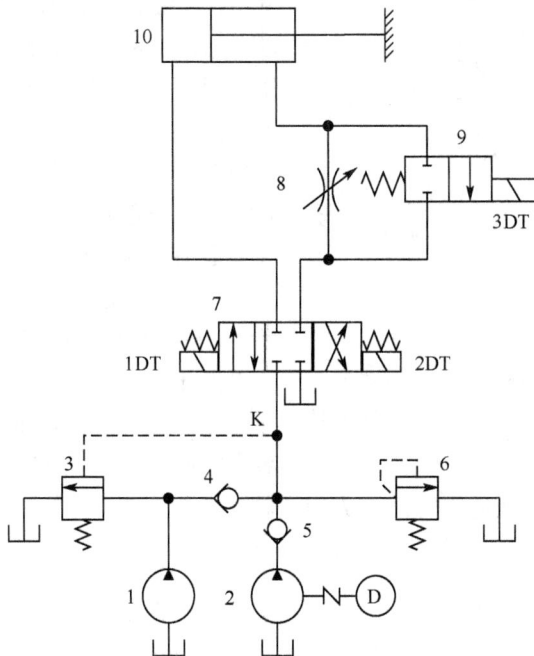

图 7-45 双泵并联的快速运动回路
1—低压大流量泵;2—高压小流量泵;3—卸荷阀;4、5—单向阀;6—溢流阀;7、
9—换向阀;8—节流阀;10—液压缸

量泵 1 和高压小流量泵 2 并联向系统供油进入油缸左腔,推动缸体向左快速运动,右腔回油经换向阀 9 和 7 流回油箱。快速行程结束后,缸运动到进给阶段,负载力增大,系统压力随之升高。当压力达到卸荷阀 3 的调定值后,主油路上的控制压力油 K 打开阀 3,低压大流量泵 1 卸荷,系统由高压小流量泵单独供油,缸慢速运动。同时 3DT 断电,右腔回油必须经节流阀 8 流往油箱,形成背压使工作进给速度平稳。溢流阀 6 的压力根据工作进给最高压力调定。卸荷阀 3 的调定压力应高于快速行程时的工作压力。

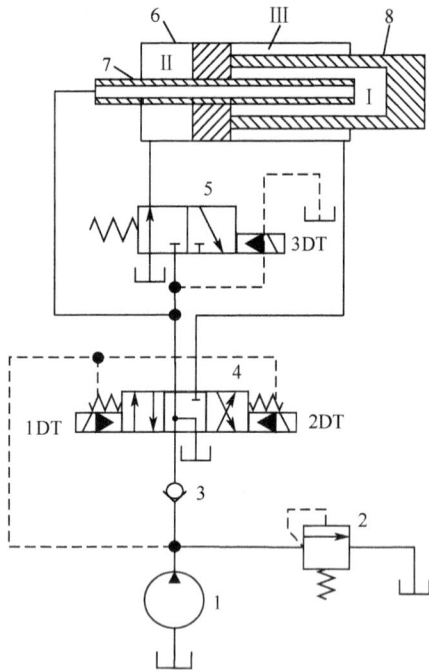

图 7-46 采用增速缸的快速运动回路
1—泵;2—溢流阀;3—单向阀;4、5—换向阀;6—
缸体;7—柱塞;8—活塞

在实际应用时,常常选择一个由大流量泵和小流量泵并联成一体的双联泵供油,这样可使液压站结构简单而紧凑。

3. 用增速缸的快速运动回路

如图 7-46 所示,增速缸是由柱塞缸和活塞缸组成的复合液压缸。柱塞 7 固定在缸体 6 上。当阀 4 的电磁铁 1DT 通电切换至左位工作时,压力油首先经管道进入增速缸的 I 腔,由于柱塞 7 的有效工作面积小,因此活塞 8 快速向右运动,II 腔经阀 5 从油箱补油。当活塞快速运动到预先调定位置后,碰到行程开关,使 3DT 通电,阀 5 右位工作,压力油同时进入 I 腔和 II 腔,活塞的有效工作面积增大,活塞变为慢速运动。此时,油压推力增大,正好满足工作行程需要。当 1DT、3DT 断电,2DT 通电时,阀 4 切换至右位工作,阀 5 左位工作,压力油进入 III 腔,活塞 8 快速回程。I 腔的油液经阀 4 右位流回油箱,II 腔的油液经阀 5 左位流回油箱。

这种快速运动回路常用于液压机的液压系统中。

4. 差动连接增速回路

如图 7-47 所示,1DT 通电,换向阀 4 换向到右位,液压缸 5 差动连接,活塞快速向右运动。1DT 断电,差动解除,活塞慢速向右运动。

差动增速回路系统结构简单,在各种液压系统中得到广泛应用。但因差动连接时的有效工作面积为活塞杆的面积,快速运动时,活塞杆的有效推力减小,因此油缸负载较大时不宜采用这种回路。

7.3.3　速度换接回路

速度换接回路用于按一定顺序或要求改变液压系统执行元件的速度。

1. 快进速度的换接回路

1）用单向行程节流阀的速度换接回路

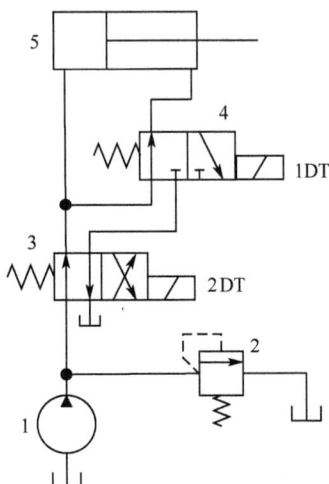

图 7-47　用差动连接实现油缸快
速运动的回路
1—泵；2—溢流阀；3、4—换向阀；
5—液压缸

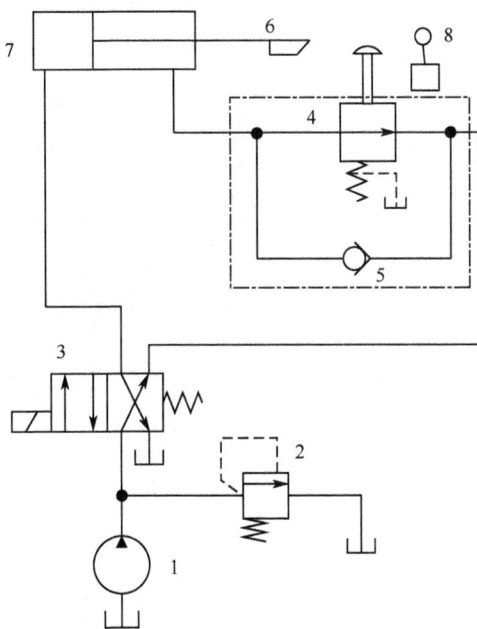

图 7-48　用单向行程节流阀的速度切换回路
1—泵；2—溢流阀；3—换向阀；4—行程节流
阀；5—单向阀；6—行程挡块；7—液压缸；8—行程开关

如图 7-48 所示，当换向阀 3 通电时，泵 1 输出的压力油进入液压缸 7 左腔，右腔油液经行程节流阀 4、阀 3 左位流回油箱，活塞向右快速运动。当活塞右行至某预定位置时，运动部件上的行程挡块 6 压下阀 4 的触头，节流阀的开口减小，缸右腔回油速度变慢，活塞慢速工作进给。工作进给行程结束时，挡块压下终点行程开关 8，发信号使阀 3 的电磁铁断电，阀 3 复位（图示位置）。此时，挡块一直压着行程节流阀 4，因此，压力油经单向阀 5 进入缸 7 右腔，活塞向左快速退回。

采用这种回路，只要挡块斜度设计正确，可使节流口缓慢关小而获得柔和的切换速度。若将挡块设计成阶梯形，还可以获得多种工进速度。这种回路速度切换较平稳,切换精度也较高。

2)用机动换向阀的速度换接回路

如图 7-49 所示,液压缸 3 右腔的油液经行程阀直接流回油箱,活塞快速向右运动。当活塞运动到挡块压下行程阀并使其关闭时,液压缸 3 右腔的油液必须通过节流阀 6 才能流回油箱,这时活塞转换为慢速工作运动速度。当换向阀 2 右位接通时,泵的油液经单向阀 5 进入缸的右腔,左腔油流回油箱,活塞快速向左返回。

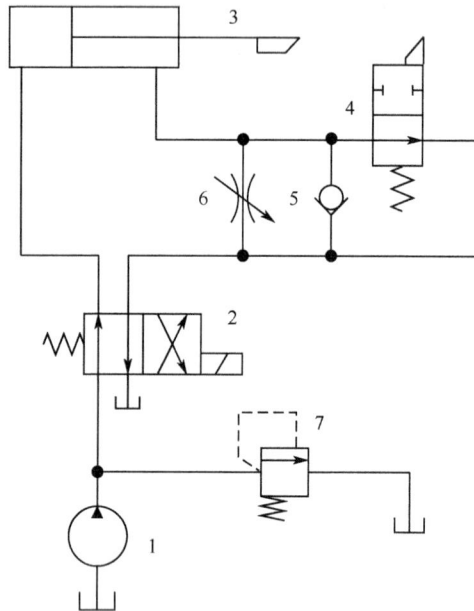

图 7-49　用机动换向阀(行程阀)来实现速度切换的回路

1—泵;2—换向阀;3—液压缸;4—行程阀;5—单向阀;6—节流阀;7—溢流阀

这种回路中的行程阀如果改用电磁阀,同样可以实现上述的快慢速自动换接。二者相比较,用行程阀换接,其换接过程比较平稳,换接冲击较小,但行程阀安装位置不能任意布置;用电磁阀换接,其换接过程平稳性较差,换接冲击较大,但电磁阀的安装位置可以灵活布置。

2. 两种工作速度的切换回路

1)用调速阀并联的速度换接回路

如图 7-50(a)所示,两个调速阀 5、6 并联,由电磁阀 7 实现两种工作速度的换接。图示状态,电磁阀 7 的左位接通时,调速阀 5 工作,实现第一种工进速度。当第一种工进速度完毕时,使电磁阀 7 的电磁铁通电(右位接通),调速阀 6 工作,实现第二种工进速度。这种调速回路的特点是两种工进速度可任意调节,互不影响。

但一个调速阀工作时,另一个调速阀出口油路被切断,调速阀中无油液流过,其减压阀的减压口开到最大,当换向阀 7 切换到使其工作时,运动部件易出现前冲现象。为解决这个问题,可在回油路上增设背压阀 10。

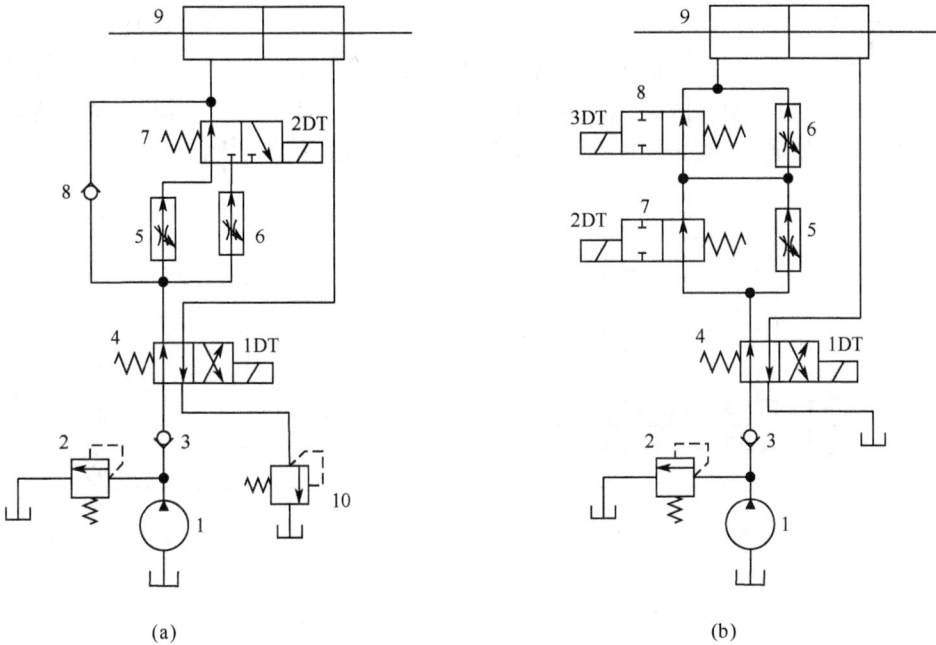

图 7-50　用两个调速阀来实现的速度换接回路

(a)1—泵;2—溢流阀;3、8—单向阀;4、7—换向阀;5、6—调速阀;9—液压缸

(b)1—泵;2—溢流阀;3—单向阀;4、7、8—换向阀;5、6—调速阀;9—液压缸

2) 调速阀串联的速度换接回路

如图 7-50(b)所示,两个调速阀 5、6 串联,电磁铁 1DT 通电时为快速运动,1DT、2DT 通电时为第一种工进速度(阀 5 工作),1DT、3DT 通电时为第二种工进速度(阀 6 工作)。这种回路中调速阀 6 的调节流量必须小于阀 5 的调节流量,即第一工进速度大于第二工进速度,否则只能获得一种工进速度。这种调速回路的特点除两种工进速度可任意调节外,因阀 5 始终处于工作状态,速度切换时不会产生前冲现象,运动比较平稳。

7.4　多缸控制回路

多缸工作回路是对同一油源供给的多个执行元件的液压系统,按各执行元件之间的动作要求,完成预定功能控制的回路。这类回路主要有同步动作回路、顺序动作回路及快慢速互不干扰回路等。

7.4.1 同步动作回路

1. 刚性连接的同步回路

刚性连接时将同时动作的缸或杆用机械连接方法,使其成为刚性整体,强制实现同步运动。图 7-51(a)所示为用齿轮轴与固定齿条实现两缸活塞同步,同步精度取决于齿轮、齿条配合间隙、齿轮轴刚度和安装误差。图 7-51(b)所示为依靠导轨强制两缸活塞同步,同步精度取决于导轨配合间隙与连接件的刚度。

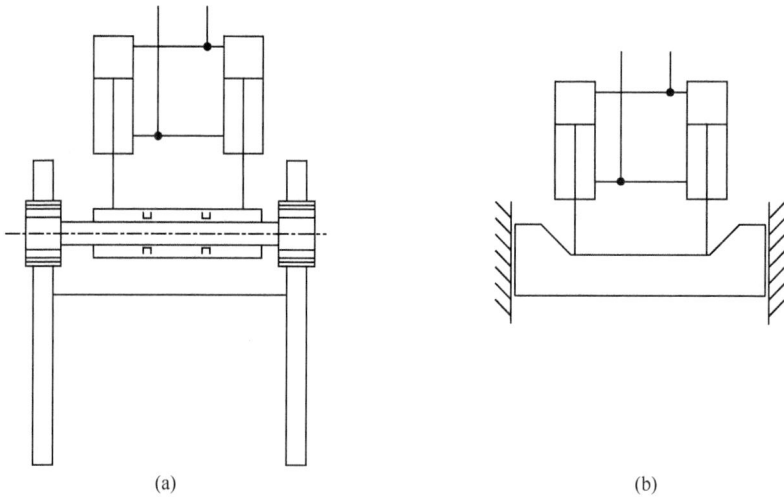

(a)　　　　　　　　　　　　　　　　　　(b)

图 7-51　刚性连接的同步回路

2. 用调速阀的同步回路

如图 7-52 所示,压力油同时进入两液压缸 8、9 的无杆腔,活塞上升。根据两缸负载大小,分别调节回油路上的调速阀 4 和 5 的开度,可使两缸活塞速度同步。

这种回路结构简单,成本低,可以调速,能实现多缸同步;在每一行程终了时仍存在误差,但可以防止产生累积误差。同步精度取决于调速阀性能,一般速度同步误差在 5%～8%。这种同步回路仅适用于负载变化不大的小功率系统。

3. 用分流阀的同步回路

如图 7-53 所示,压力油经等量分流阀 4 分流后供给液压缸 7、8 的下腔,两缸活塞同步向上运动。当 1DT 通电,阀 3 切换后,压力油同时供给两缸的上腔,活塞快速退回,下腔油液经单向阀 5、6,换向阀 3,背压阀 9 流往油箱。

用分流阀实现同步,结构简单紧凑,使用方便,负载变化对精度影响较小,一般

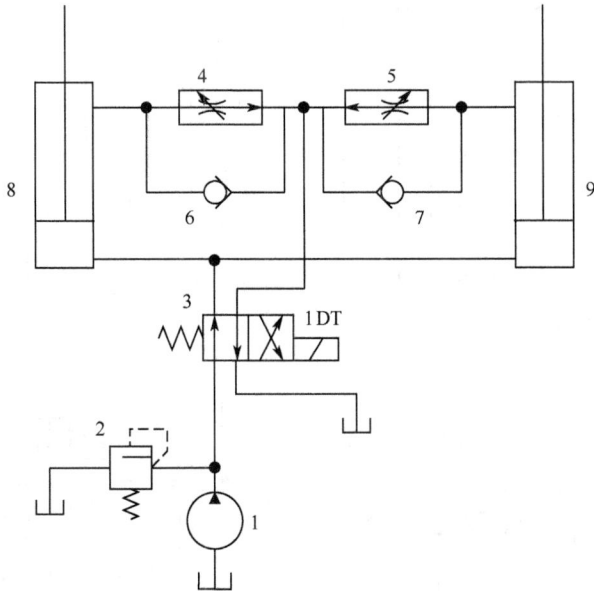

图 7-52　用调速阀的同步回路

1—泵；2—溢流阀；3—换向阀；4、5—调速阀；6、7—单向阀；8、9—液压缸

速度同步误差在 2%～5%；但节流损失较大，系统效率较低。

4. 用串联液压缸的同步回路

如图 7-54 所示，1DT 通电，油液进入液压缸Ⅰ上腔，其下腔的油液进液压缸Ⅱ上腔，两缸活塞同步下行；2DT 通电，油液进入液压缸Ⅱ下腔，其上腔的油液进液压缸Ⅰ下腔，两缸活塞同步上行。连通两缸的油路可通过液控单向阀 5、换向阀 4 进行补油或放油，以修正由于泄漏和损失引起的同步误差。如两缸下行时，若缸Ⅰ活塞先到达终点，其挡块压行程开关 1XK 使 3DT 通电，压力油经阀 4、阀 5 对缸Ⅱ上腔补油，使缸Ⅱ活塞也迅速下行至终点；反之，若缸Ⅱ活塞先到终点，其挡块压行程开关 2XK 使 4DT 通电，缸Ⅰ下腔的压力油经阀 4、阀 5 放油至油箱，使缸Ⅰ活塞也迅速下行至终点。

这种回路结构简单，不需要同步元件，其同步精度取决于缸的制造误差和密封性，速度同步误差为 2%～3%。这种同步回路适用于负载较小的系统。

5. 用液压马达的同步回路

如图 7-55 所示，由两个同轴驱动的等排量液压马达 4、5 向等面积缸 6、7 供油，实现双向同步。图示位置，压力油经换向阀 3 进入两缸上腔，两活塞同步下行，下腔回油经等量马达流回油箱。若缸 6 的活塞先到达行程终点，缸的 7 活塞继续

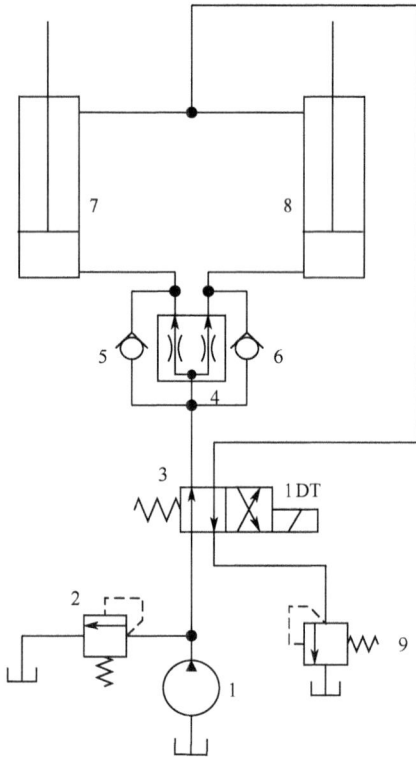

图 7-53　用分流阀的同步回路
1—泵；2—溢流阀；3—换向阀；4—分流阀；
5、6—单向阀；7、8—液压缸；9—背压阀

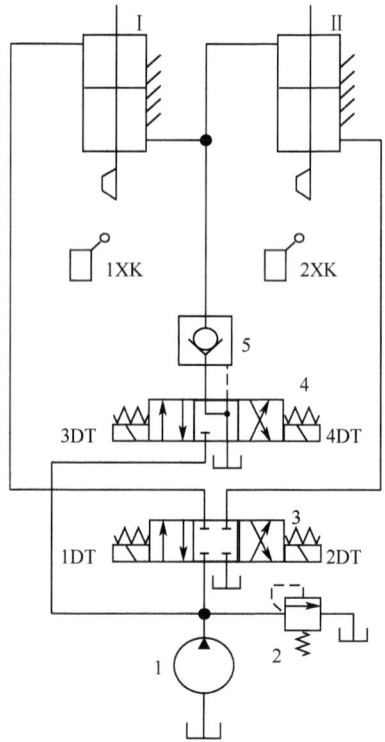

图 7-54　用串联液压缸的同步回路
1—泵；2—溢流阀；3、4—换向阀；5—液控单
向阀；Ⅰ、Ⅱ—液压缸；1XK、2XK—行程开关

运动，下腔排出的油液推动液压马达 5 带动液压马达 4 同步回转，马达 4 通过单向阀 10 从油箱吸油，直至缸 7 的活塞运动到行程终点为止。此时是控制等排量回油；反之，当 DT 通电时，则为控制等排量进油。压力油经阀 3 右位供给马达 4、5 使之同步回转，由马达 4、5 排出的等量油液推动缸 6、7 的活塞同步上行。若缸 7 的活塞先到达行程终点，马达 5 排出的油液经单向阀 9、安全阀 12 流回油箱，马达 4 排出的油液继续推动缸 6 的活塞运动到终点。安全阀 12 的调定压力应比克服负载所需的最高工作压力高 0.3～0.5MPa。

这种回路的同步精度取决于马达的排量误差、容积效率及两缸负载之差。采用柱塞式液压马达时，同步精度为 1.5%～5%；用叶片式、齿轮式液压马达时，同步精度为 2%～10%。这种同步回路适用于重载、大功率系统。

6. 用比例调速阀的同步回路

如图 7-56 所示，由于调速阀要求液流有固定的流向，因此，调速阀 5 和电液比

例调速阀 6 采用单向阀桥式整流油路。阀 6 可以接收电子信号控制比例电磁铁动作,自动改变调速阀开口大小以调节流量。当液压缸 7、8 的活塞同步运动时,检测元件没有信号输出。当两缸活塞出现位置误差时,检测元件将放大后的偏差信号输给电液比例调速阀 6,自动调节阀口,使缸 8 的活塞始终跟随缸 7 的活塞同步运动。本回路同步精度高,位置精度可达 0.5mm,虽然精度没有伺服阀回路高,但成本低,抗污染能力强。

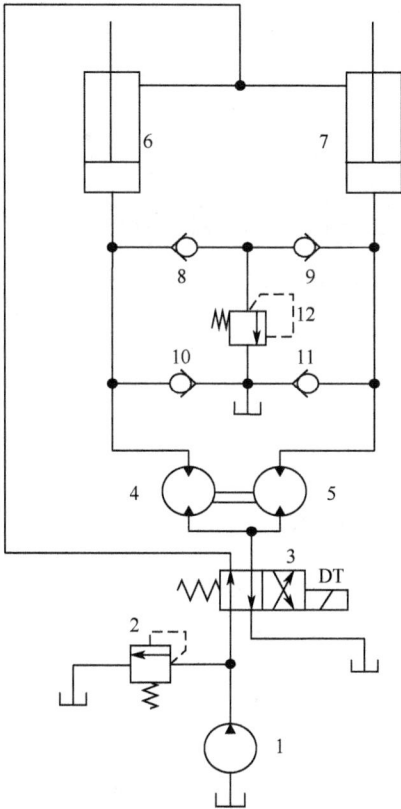

图 7-55　用液压马达的同步回路
1—泵;2—溢流阀;3—换向阀;4、5—液压马达;
6、7—液压缸;8、9、10、11—单向阀;12—安全阀

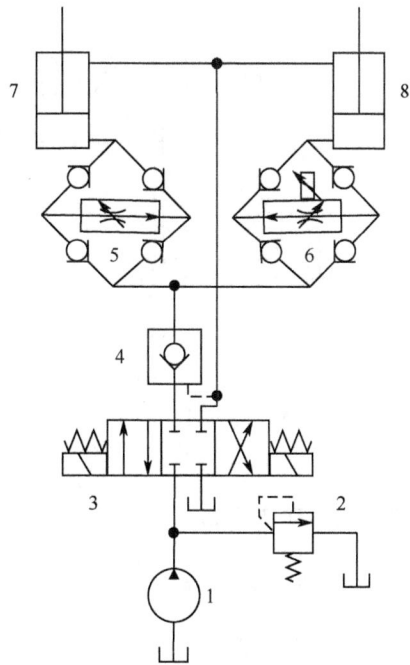

图 7-56　用比例调速阀的同步回路
1—泵;2—溢流阀;3—换向阀;4—单向阀;5—调速
阀;6—电液比例调速阀;7、8—液压缸

7. 用电液伺服阀的同步回路

如图 7-57 所示,泵 1 输出的压力油经单向阀 3 后分两路。一路经换向阀 4 的左位、调速阀 6 供给液压缸 7 下腔,缸 7 的活塞上行。以缸 7 的活塞位移量为基准,使液压缸 8 的活塞跟随其同步运动。工作时,位移传感器 9、10 不断检测两个活塞的位置误差,将偏差信号输入伺服放大器 11,控制电液伺服阀 5 的开口,使缸

8 始终与缸 7 的活塞同步运动。这种回路同步精度可达 0.05～0.2mm,但成本较高,抗污染能力差,因此在伺服阀前安装了精密过滤器 12。

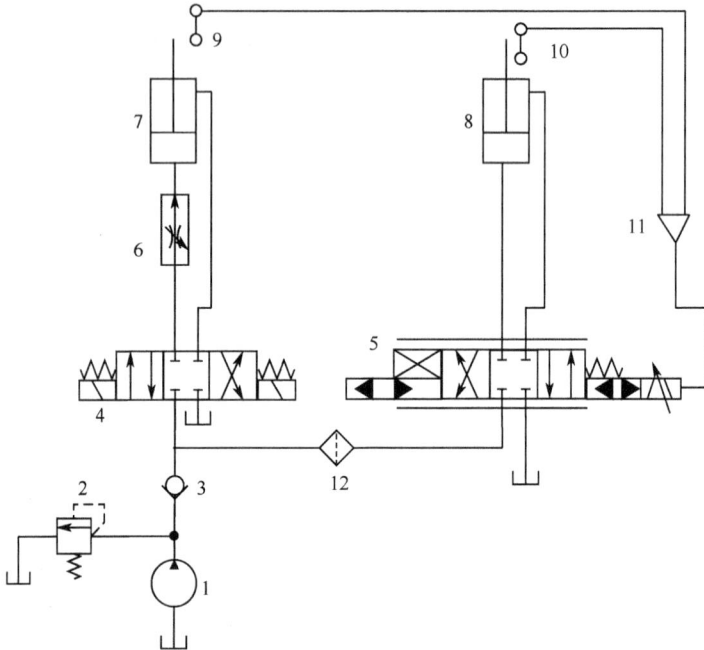

图 7-57 用电液伺服阀的同步回路

1—泵;2—溢流阀;3—单向阀;4—换向阀;5—电液伺服阀;6—调速阀;7、8—液压
缸;9、10—位移传感器;11—伺服放大器;12—滤油器

7.4.2 顺序动作回路

1. 压力控制的顺序回路

1) 用顺序阀的顺序回路

如图 7-58 所示,当 1DT 通电时,压力油先入液压缸 6 左腔,使活塞按①方向运动到终点后,系统压力升高到打开单向顺序阀 5,压力油进入液压缸 7 左腔,缸 7 的活塞按②方向运动到终点。当 1DT 断电后,两缸的活塞按③方向同时退回。为了保证顺序动作的可靠性,阀 5 的调定压力应比先动作缸的最高工作压力高 0.5～1MPa。

2) 用液控顺序阀的顺序回路

如图 7-59 所示,当 DT 通电,换向阀 4 切换至左位工作时,压力油经调速阀 5 进入缸 9 左腔,活塞按①方向运动到终点后,调速阀出口压力升高,通过遥控油口 K 打开液控顺序阀 7,压力油进入缸 10 左腔,缸 10 的活塞按②方向运动;当阀 4

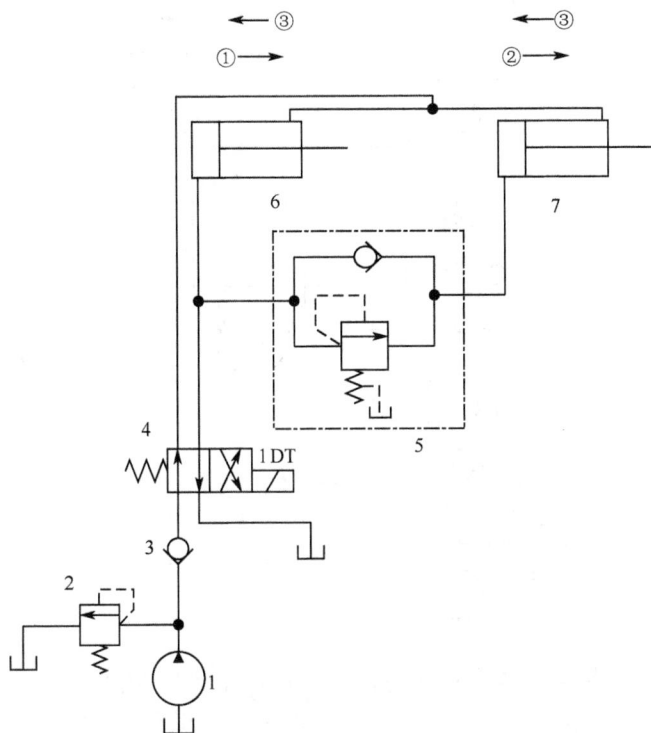

图 7-58　用顺序阀实现压力控制的顺序动作回路

1—泵；2—溢流阀；3—单向阀；4—换向阀；5—单向顺序阀；6、7—液压缸

切换至右位工作时,两缸的活塞按③方向同时退回。这种回路的特点是控制可靠,启动时的冲击压力不会使阀 7 开启。

3) 用压力继电器的顺序回路

如图 7-60 所示,当 1DT 通电时,液压缸 7 的活塞按①方向运动到终点后,压力升高至压力继电器 1YJ 的调定值,发信号接通 3DT,液压缸 8 的活塞按②方向运动到终点。当 3DT 断电,4DT 通电时,缸 8 的活塞按③方向运动到终点后,压力升高至压力继电器 2YJ 的调定值,发信号断开 1DT,接通 2DT,缸 7 的活塞按④方向运动到终点。为了防止误动作,压力继电器的调整压力应比先动作缸的最高工作压力高 0.5MPa 左右。

2. 行程控制的顺序回路

1) 用行程开关控制的顺序回路

如图 7-61 所示,当 1DT 通电时,缸 5 的活塞按①方向运动;至触动行程开关 2XK 时,接通 2DT,缸 6 的活塞按②方向运动;至触动行程开关 3XK,使 1DT 断

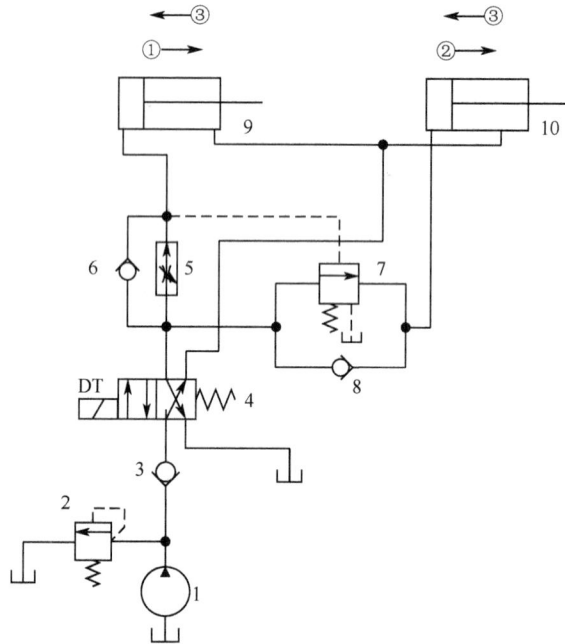

图 7-59　用液控顺序阀实现压力控制的顺序动作回路

1—泵；2—溢流阀；3—单向阀；4—换向阀；5—调速阀；6、8—单向
阀；7—液控顺序阀；9、10—液压缸

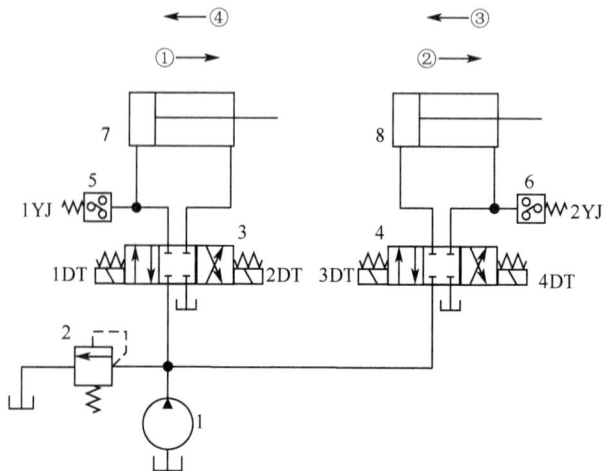

图 7-60　用压力继电器实现压力控制的顺序动作回路

1—泵；2—溢流阀；3、4—换向阀；5、6—压力继电器；7、8—液压缸

电,缸 5 的活塞按③方向退回;至触动行程开关 1XK 时,使 2DT 断电,缸 6 的活塞

按④方向退回。这种回路调整行程方便,只需改变电气控制线路就可组成多种动作顺序,可利用电气实现互锁,动作可靠。

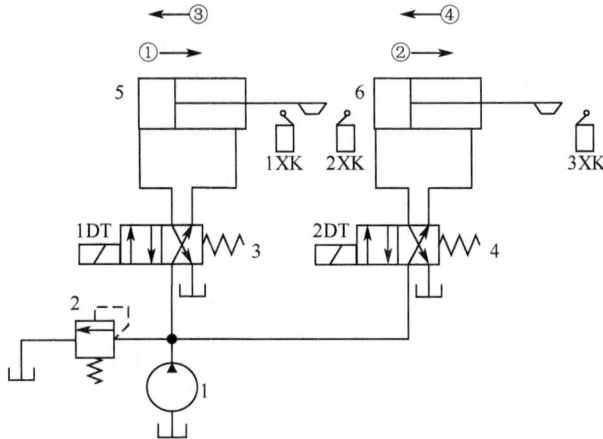

图 7-61　用行程开关控制的顺序动作回路

1—泵;2—溢流阀;3、4—换向阀;5、6—液压缸;1XK、2XK、3XK—行程开关

2) 用行程阀控制的顺序回路

如图 7-62 所示,当 DT 通电时,液压缸 5 的活塞按①方向运动;当运动至挡块压下行程换向阀 4 后,液压缸 6 的活塞按②方向运动。当 DT 断电使阀 3 切换到图示位置时,缸 5 的活塞按③方向退回;当运动至挡块脱开阀 4 的触头时,使阀 4 复位,缸 6 的活塞按④方向退回。这种控制方式,工作可靠,但行程阀安装位置受到限制,改变动作顺序较困难。

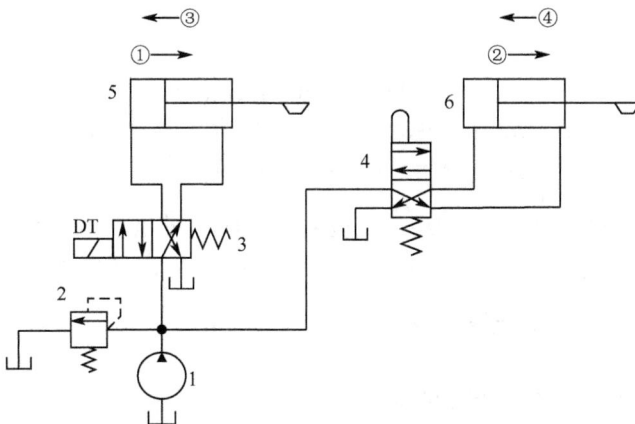

图 7-62　用行程阀控制的顺序动作回路

1—泵;2—溢流阀;3—换向阀;4—行程换向阀;5、6—液压缸

3. 时间控制的顺序回路

如图 7-63 所示,当 DT 通电时,压力油进入液压缸 7 左腔,使活塞按①方向运动,同时压力油又经节流阀 4 至液动换向阀 5 的控制油路,推动阀芯缓慢向左移动。当阀芯移至右位油路接通时,液压缸 8 的活塞开始按②方向运动。当 DT 断电后,两缸的活塞按③方向退回。调节阀 4 的开度即可控制缸 8 的活塞延时动作时间的长短。这种回路由于节流阀开度不可能太小,且流量随负载和温度而改变,因此可靠性差,不宜用于延时动作时间较长的系统。

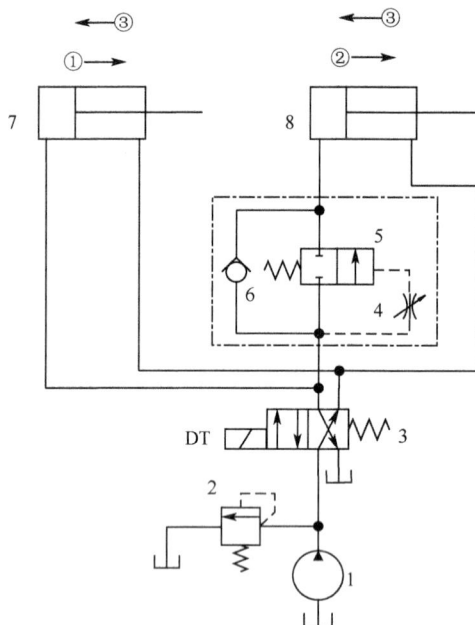

图 7-63 用延时阀的顺序动作回路
1—泵;2—溢流阀;3—换向阀;4—节流阀;5—液动换向
阀;6—单向阀;7、8—液压缸

时间控制式顺序动作回路,还可在电路上用时间继电器或计算机的程控单元实现。这种控制回路时间调节方便,改变顺序十分容易,工作可靠。

7.4.3 多缸快慢速互不干扰回路

1. 采用节流阀的互不干扰回路

如图 7-64 所示,液压缸 11 和 12 可分别实现"快速右行-慢速右行-快速左行"动作循环。当电磁铁 1DT、2DT 通电时,换向阀 5、6 左位工作,两个缸的活塞均快速右行,假如缸 11 先快速运动到位,使 3DT 通电转为慢速右行,而缸 12 仍在快速运动之中,由于有节流阀 3 的存在,它起到了流量分配和限流作用,压力油就不可能过多地流向缸 12 而影响缸 11 的活塞的速度;反之,若缸 12 处于慢速而缸 11 处于快速,则节流阀 4 起限流分配作用,也不会影响缸 12 的慢速运动。

这种回路简单,但由于存在溢流损失和节流损失,所以回路的效率很低。

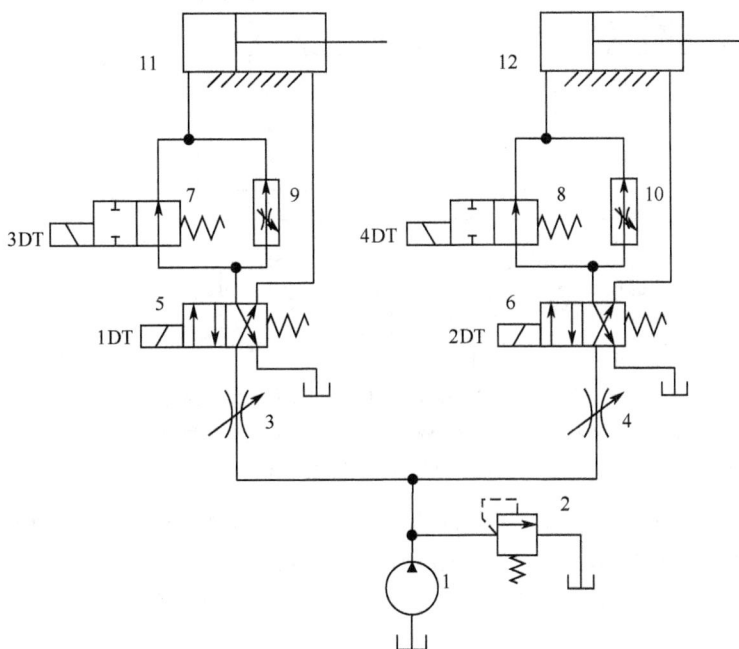

图 7-64　采用节流阀的多缸互不干扰回路

1—泵;2—溢流阀;3、4—节流阀;5、6、7、8—换向阀;9、10—调速阀;11、12—液压缸

2. 采用双泵的互不干扰回路

如图 7-65 所示,泵 1 和 2 分别为高压小流量泵与低压大流量泵,它们的压力分别由溢流阀 3 和 4 调节。首先使换向阀 9、10 通电换向,两泵同时供油,液压缸 17、18 同时向右快速运动。假如缸 17 先快速到位,挡块压下行程阀 13 而转为慢速运动,油压升高使单向阀 7 关闭,缸 17 由高压小流量泵 1 供油,压力油经调速阀 5、换向阀 9 进入缸 17 左腔;缸 17 右腔回油经调速阀 11,换向阀 9 流回油箱,其慢速运动速度由调速阀 11 决定。缸 18 则继续快速运动,对缸 17 的慢速运动无干扰。当两缸都转为慢速运动时,则单向阀 7、8 均关闭,两缸都由泵 1 供油。假如缸 18 先慢速运动到位,使阀 10 断电换向,泵 2 的油经阀 8、10 和 16 进入缸 18 的右腔,其左腔回油经阀 10 流回油箱,使活塞快速退回,其他缸仍可继续工进而不受干

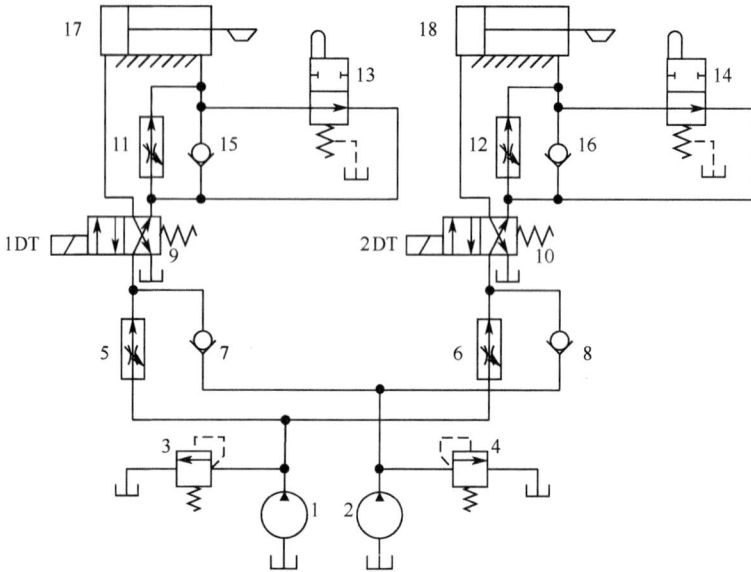

图 7-65　采用双泵的多缸互不干扰回路

1、2—泵;3、4—溢流阀;5、6、11、12—调速阀;7、8、15、16—单向阀;9、10—换向阀;13、14—行程阀;17、18—液压缸

扰。由此可知,调速阀 5 和 6 等起限流作用,而调速阀 11 和 12 则起调速作用,因此阀 5、6 的调节流量应分别大于阀 11、12 的流量。

这种回路效率较高,适用于具有多个执行元件各自分别完成动作循环的液压系统中。

7.5　其他回路

7.5.1　锁紧回路

1. 单向阀锁紧回路(单向锁紧)

如图 7-66 所示,外力只能使液压缸 5 的活塞向左运动,反向由单向阀 3 锁紧。换向后,外力只能使液压缸 5 的活塞向右运动,反向锁紧。活塞到终端位置时双向锁紧。

2. 液控单向阀锁紧回路(双向液压锁)

如图 7-67 所示,图 7-67(a)中,当手动换向阀 3 处于中位时,缸 5 上腔油被封死,缸在负载作用下不会向下移动。当向下腔供油时,从控制油路来的液压油打开液控单向阀 4,上腔回油经过手动换向阀 3 流回油箱。由于液控单向阀具有很好的密封性,若缸的活塞密封性能好,可长期锁紧。图 7-67(b)所示为用两个液控单向阀的锁紧回路,活塞可在两个方向实现锁紧,称为液压锁。此种回路在工程上应用相当普遍。此外,锁紧回路也可用三位换向阀的 M 型或 O 型机能来实现。液压缸 6 左腔进油,阀 4 压力达一定值后才打开阀 5 回油;液压缸 6 右腔进油,阀 5 压力达一定值后才打开阀 4 回油;换向阀置于中位时亦双向锁紧。此回路可实现缸在任何位置锁紧(不动),且锁紧精度较高。

这种回路常用于汽车起重机的支腿油路和矿井采掘机械的液压支柱等工程机械中。

其他还包括顺序阀、机械锁紧回路等。

7.5.2　制动回路

用溢流阀的制动回路:如图 7-68 所示,图 7-68(a)中,当 1DT 通电时,换向阀 4 右位工作,液压马达 3 运转工作,最高工作压力由溢流阀 5 限定。马达回油经换向阀 4 流回油箱。当 1DT 断电,2DT 通电时,换向阀 4 左位工作,马达必须经过阀 5 回油,形成很大背压而被迅速制动。此时,泵 1 通过阀 4 卸荷。当 1DT、2DT 均断电时(图示位置),马达进、出口互通油箱,马达靠惯性旋转,由于机械摩擦阻力作用而逐渐停转。调速阀 6 用来调节液压马达的转速。

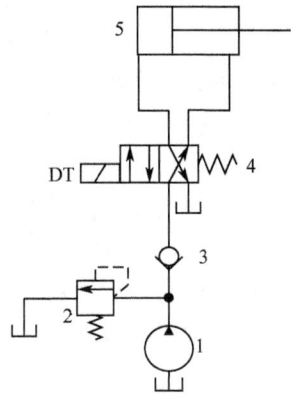

图 7-66　单向阀锁紧回路
1—泵;2—溢流阀;3—单向阀;
4—换向阀;5—液压缸

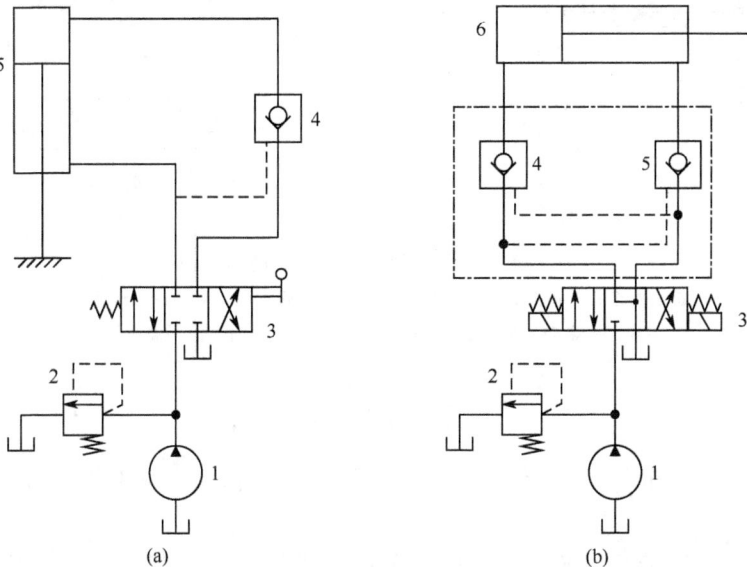

(a)　　　　　　　　　　　　　(b)

图 7-67　液控单向阀锁紧回路

(a)1—泵;2—溢流阀;3—手动换向阀;4—液控单向阀;5—液压缸

(b)1—泵;2—溢流阀;3—电磁换向阀;4,5—液控单向阀;6—液压缸

图 7-68(b)所示为回路可实现双向液压马达 3 正反向制动。当换向阀 2 处于左位工作时,压力油经左边油路供给液压马达使其旋转,回油经右边油路至阀 2 右位流回油箱。当阀 2 处于中位时,马达进、出油口的油路被切断,但由于惯性力作用,马达将继续转动。此时,回油必须经单向阀 5、溢流阀 8 流回油箱,溢流阀 8 形成回油背压使马达迅速制动,并同时限制了液压马达产生的最大冲击压力,起到缓冲作用。当阀 2 右位工作时,压力油经右边油路供给液压马达使其反向旋转。在启动的瞬间,由于回油腔制动时,从溢流阀 8 卸掉了部分油液,可能形成局部真空,可通过单向阀 6 从油箱补油。溢流阀 8 调定压力应高于系统工作压力的 5% ~ 10%。这种回路可用来迅速制动惯性大的大流量液压马达,且双向制动力相等。

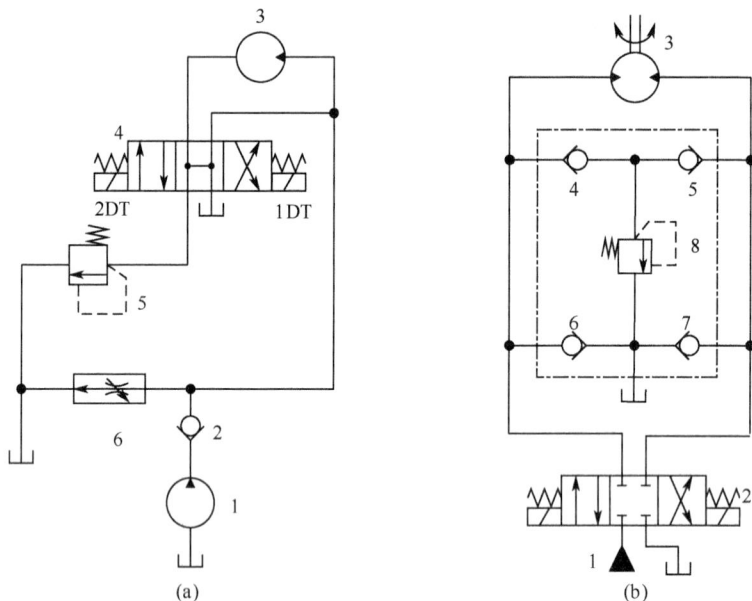

图 7-68　用溢流阀实现马达制动的回路

(a)1—泵;2—单向阀;3—液压马达;4—换向阀;5—溢流阀;6—调速阀

(b)1—泵;2—换向阀;3—液压马达;4~7—单向阀;8—溢流阀

思考题和习题

7-1　题 7-1 图所示回路最多能实现几级调压?各个溢流阀的调定压力 p_{Y_1}、p_{Y_2}、p_{Y_3} 之间的关系是怎样的?

7-2　如题 7-2 图所示,液压缸 A 和 B 并联,要求液压缸 A 先动作,速度可调,且当 A 缸的活塞运动到终点后,液压缸 B 才动作。试问图示回路能否实现要求的顺序动作?为什么?在不增加元件数量(允许改变顺序阀的控制方式)的情况下应如何改进?

7-3　分别用顺序阀、液控顺序阀、液控单向阀设计三种平衡回路,并分析比较其特点。

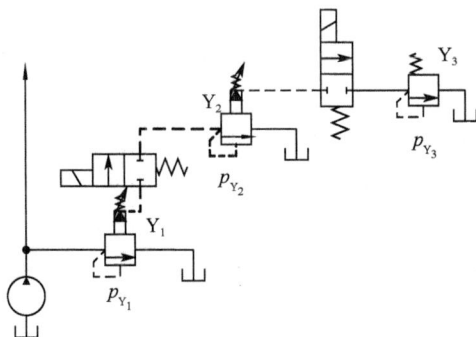

题 7-1 图

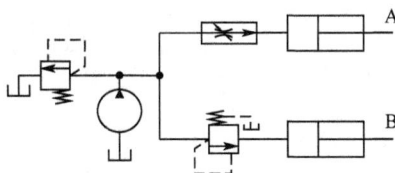

题 7-2 图

7-4　如题 7-4 图所示,一个液压系统,当液压缸固定时,活塞杆带动负载实现"快速进给→工作进给→快速退回→原位停止→油泵卸荷"五个工作循环。试列出各电磁铁的动作顺序表。

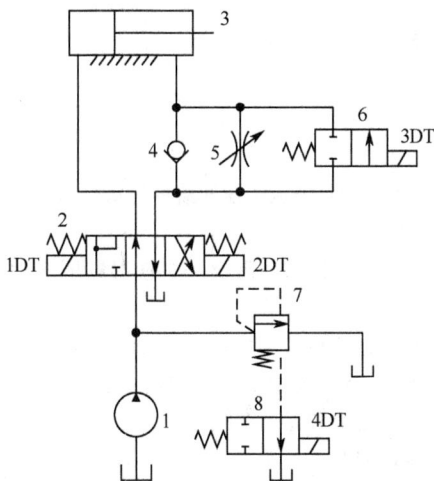

题 7-4 图

1—泵;2、6、8—换向阀;3—液压缸;4—单向阀;

5—节流阀;7—溢流阀

7-5　如题 7-5 图所示的进口节流调速系统中,液压缸大、小腔面积各为 $A_1 = 100\text{cm}^2$,$A_2 = 50\text{cm}^2$,负载 $F_{max} = 25\text{kN}$。

(1)若节流阀的压降在 F_{max} 时为 3MPa,问液压泵的工作压力 p_p 和溢流阀的调整压力各为多少?

(2)若溢流阀按上述要求调好后,负载从 $F_{max} = 25\text{kN}$ 降为 15kN 时,液压泵工作压力和活塞的运动速度各有什么变化?

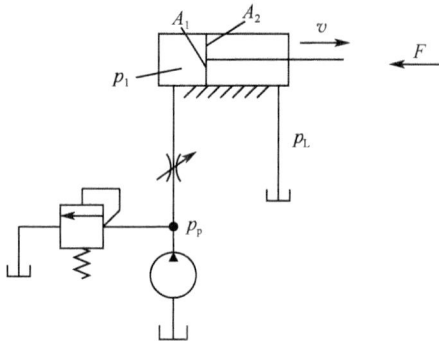 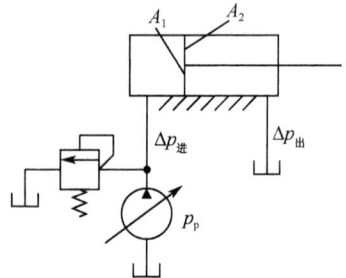

题 7-5 图　　　　　　　　　　　　　题 7-6 图

7-6　如题 7-6 图所示,如变量泵的转速 $n = 1000\text{r/min}$,排量 $V = 40\text{mL/r}$,泵的容积效率 $\eta_v = 0.9$,机械效率 $\eta_m = 0.9$,泵的工作压力 $p_p = 6\text{MPa}$,进油路和回油路压力损失 $\Delta p_{进} = \Delta p_{回} = 1\text{MPa}$,液压缸大腔面积 $A_1 = 100\text{cm}^2$,小腔面积 $A_2 = 50\text{cm}^2$,液压缸的容积效率 $\eta_v = 0.98$,机械效率 $\eta_m = 0.95$,试求:

(1)液压泵电机驱动功率;

(2)活塞推力;

(3)液压缸输出功率;

(4)系统的效率。

7-7　改正如题 7-7 图所示的进口节流调速回路中的错误,并简要分析出现错误的原因(压力继电器用来控制液压缸反向)。

7-8　分别用电磁换向阀、行程阀、顺序阀设计实现两缸顺序动作的回路,并分析比较其特点。

7-9　如题 7-9 图所示,液压缸 I 和 II 固定,由活塞带动负载。试问:

(1)图示回路属于什么液压回路? 说明回路的工作原理。

(2)各种液压阀类在液压回路中各起什么作用?

(3)写出工作时各油路流动情况。

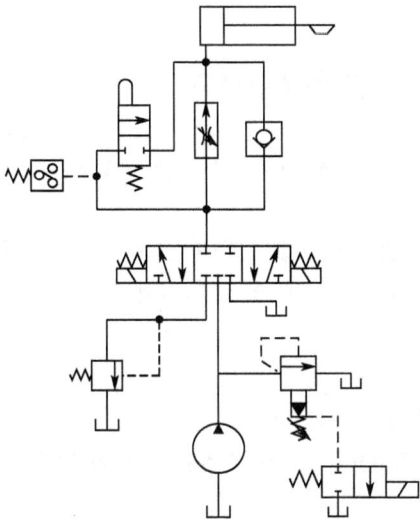

缸Ⅰ

缸Ⅱ

8　9

12　13

4

5

6　7

10　11

3

1DT　　　　　　2DT

2

1

题 7-7 图

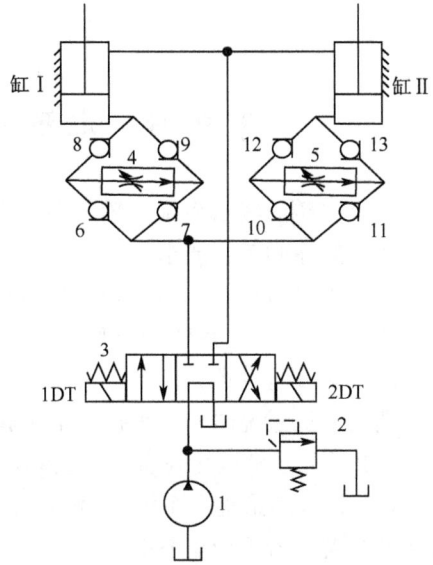

1—泵；2—溢流阀；3—换向阀；4、5—调速阀；

6～13—单向阀

题 7-9 图

第8章　典型液压传动系统分析

一个完整的液压系统一般由多个不同功能的基本回路组成,能完成各执行机构的动作顺序和工作要求。

在各种机械设备上,液压系统得到了广泛的应用。其工况对液压系统提出的要求不尽相同,液压系统种类繁多,为进一步加深对液压系统和液压元件工作原理、性能的了解,本章介绍几个典型液压系统。

阅读液压系统图一般可按以下步骤进行:

(1) 首先了解液压设备的工艺对液压系统提出的要求;

(2) 初步浏览整个系统,了解系统中包含哪些元件,并以各执行元件为中心,将系统分解为若干个子系统;

(3) 对每一执行元件及与之有联系的阀、泵等组成的子系统进行分析,搞清楚该子系统由哪些基本回路组成。然后根据动作循环表及电磁铁动作顺序表,读懂这一子系统;

(4) 根据液压设备中各执行元件间互锁、防干扰、同步等要求,分析各子系统之间的联系,并弄清系统是怎样实现这些要求的;

(5) 在读懂整个系统的基础上,归纳总结整个系统有哪些特点,以加深对系统的了解。

8.1　组合机床动力滑台液压系统

8.1.1　概述

组合机床是由通用部件和部分专用部件组成的高效、专用、自动化程度较高的机床。它操作简便,效率高,被广泛应用于大批量零件的加工生产中。根据加工工艺要求,可在滑台台面上装置动力箱、多轴箱及各种专用切削头等动力部件,以完成钻、扩、铰、镗、铣和攻丝等加工以及完成各种复杂进给工作循环。动力滑台有机械和液压两类。液压动力滑台用液压缸驱动,它在电气和机械装置的配合下,可实现各种自动工作循环。

YT4543 型动力滑台,最大进给力为 45000N,具有 6.6～660m/min 的进给工作速度,能以 6.5m/min 的速度实现快速引进和快速退回。其液压系统的动作循环要求为"快进→一工进→二工进→死挡铁停留→快退→原位停止"。

8.1.2　YT4543 型动力滑台液压系统的工作原理

液压系统原理如图 8-1 所示。根据动作顺序要求,分析液压系统的工作情况如下。

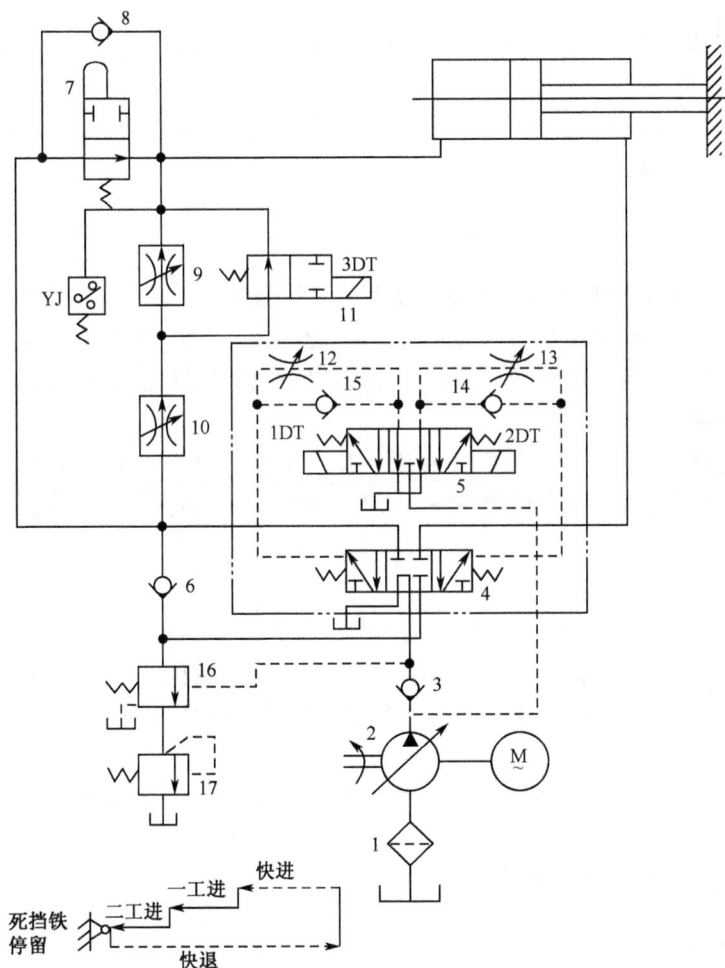

图 8-1　YT4543 型动力滑台液压系统原理图

1—过滤器;2—变量泵;3、6、8、14、15—单向阀;4—液动换向阀;5—先导电磁阀;7—行程阀;9、10—调速阀;11—电磁阀;12、13—节流阀;16—顺序阀;17—背压阀

1. 快进

按下启动按钮,电磁铁 1DT 通电吸合,液动换向阀 4 左位工作,顺序阀 16 因动力滑台空载运动,系统压力低而关闭,液压缸差动连接,限压式变量泵在低压下

输出最大流量,固定在缸筒上的滑台向左快速运动。其油流路线如下所述。

控制油路进油路:限压式变量叶片泵 2→电磁先导阀 5(左位)→单向阀 15→液动换向阀 4 左端油腔,阀 4 阀芯向右移动;

控制油路回油路:液动换向阀 4 右端油腔→节流阀 13→阀 5 左位→油箱。液动阀 4 处于左位。

主油路进油路:泵 2→单向阀 3→液动换向阀 4 左位→行程阀 7(常态)→液压缸左腔(无杆腔);

主油路回油路:液压缸右腔(有杆腔)→液动换向阀 4 左位→单向阀 6→行程阀 7→液压缸左腔。

2. 一工进

此过程在滑台前进到预定位置,挡块压下行程阀 7 时开始,这时系统压力升高,顺序阀 16 打开,变量泵 2 输出流量自动减少,与一工进调速阀 10 的开口相适应,形成容积节流调速回路,液压缸带动滑台以第一种工进速度向左运动。其油流路线如下所述。

主油路进油:泵 2→阀 3→阀 4 左位→调速阀 10→阀 11 左位→液压缸无杆腔;

主油路回油:液压缸有杆腔→阀 4 左位→阀 16→背压阀 17→油箱。

3. 二工进

此过程在一工进结束,挡块压下行程开关,使 3DT 通电开始,顺序阀 16 仍处于开启状态,变量泵 2 输出流量自动减少,与二工进调速阀 9 的开口相适应,仍然形成容积节流调速回路,液压缸带动滑台以第二种工进速度向左运动。其油流路线如下所述。

主油路进油:油泵 2→阀 3→阀 4 左位→调速阀 10→调速阀 9→液压缸无杆腔;

主油路回油与一工进相同。

4. 死挡铁停留

此过程在滑台以二工进速度行进到碰上死挡块、停止运动时开始,并在系统压力进一步升高,压力继电器 YJ 发信号给时间继电器,经时间继电器延时停留后为止。此停留动作是为了满足一些零件加工工艺的要求。此时泵处于保压状态,输出的流量仅满足补偿泵和系统的泄漏。其油路连通情况未改变。

5. 快退

此过程在停留时间结束后,时间继电器发出信号使 1DT 断电,2DT 通电时开始,阀4、5处于右位。此时液压缸为空载,系统压力很低,变量泵输出流量自动升至最大,滑台向右快速退回。其油流路线如上所述。

主油路进油:泵2→阀3→阀4右位→液压缸有杆腔;

主油路回油:液压缸无杆腔→单向阀8→阀4右位→油箱。

6. 原位停止

此过程在滑台快速退回到原来位置,挡块压下原位行程开关发信号使2DT、3DT都断电时开始,此时换向阀4处于中位,缸两腔封闭,滑台停止运动,泵2通过阀3和阀4流回油箱,系统处于卸荷状态。

动作顺序表见表8-1。

表 8-1　电磁铁、压力继电器和行程阀动作顺序表

动作 ＼ 元件	1DT	2DT	3DT	YJ	行程阀 7
快进(差动连接)	+	—	—	—	导通
一工进	+	—	—	—	切断
二工进	+	—	+	—	切断
死挡铁停留	+	—	+	+	切断
快退	—	+	+(—)	—	切断→导通
原位停止	—	—	—	—	导通

注:"+"表示通电,"—"表示断电。

8.1.3　YT4543 型动力滑台液压系统的特点

(1)采用由限压式变量叶片泵与调速阀及背压阀组成的容积节流调速回路,保证了系统稳定的低速运动,具有较好的速度刚性和较大的调速范围。并且系统无溢流损失,效率较高。

(2)采用限压式变量叶片泵和差动连接实现快进,既能得到较高的快进速度,又不致使系统效率过低,能源利用合理。

(3)采用行程阀和液控顺序阀使快进转换为工进的速度换接回路,动作平稳可靠,转换的位置精度较高。

(4)采用三位五通 M 型中位机能的电液换向阀,提高了滑台的换向平稳性,并且滑台在原位停止时使液压泵卸荷,减少了能量损耗。

(5)采用了死挡铁停留的方式,行程终点的重复位置精度较高,可达0.01～0.05mm。

8.2　Q2-8 型汽车起重机液压系统

8.2.1　概述

　　汽车起重机是一种常用的工程机械,图 8-2 为 Q2-8 型汽车起重机外形简图。这种起重机采用液压传动,最大起重量为 80kN(幅度为 3m 时),最大起重高度为 11.5m,起重装置可连续回转。该机行走速度高,机动性好,承载能力大,可在有冲击、振动和温度变化较大的环境下工作,用途广泛。其执行机构要求完成的动作较简单,对位置精度的要求也不高,一般采用手动控制,但对系统的安全可靠性有很高的要求。

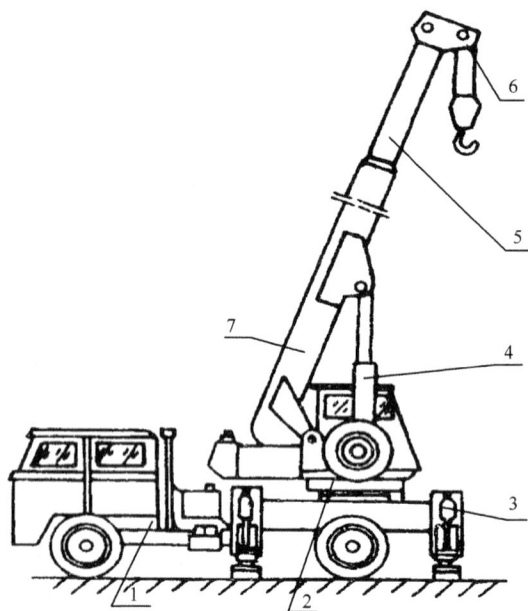

图 8-2　Q2-8 型汽车起重机外形简图
1—起重汽车;2—回转机构;3—支腿;4—吊臂变幅缸;5—吊臂伸缩缸;6—起升机构;7—基本臂

8.2.2　Q2-8 型汽车起重机液压系统工作原理

　　Q2-8 型汽车起重机液压系统原理如图 8-3 所示。该系统属于中高压系统,采用一个额定压力为 21MPa 的轴向柱塞泵作为动力源,由汽车发动机通过装在汽车底盘变速箱上的取力箱传动。汽车起重机液压系统包括前后支腿收放、转台回转、吊重起升、吊臂伸缩和吊臂变幅等 5 个部分。

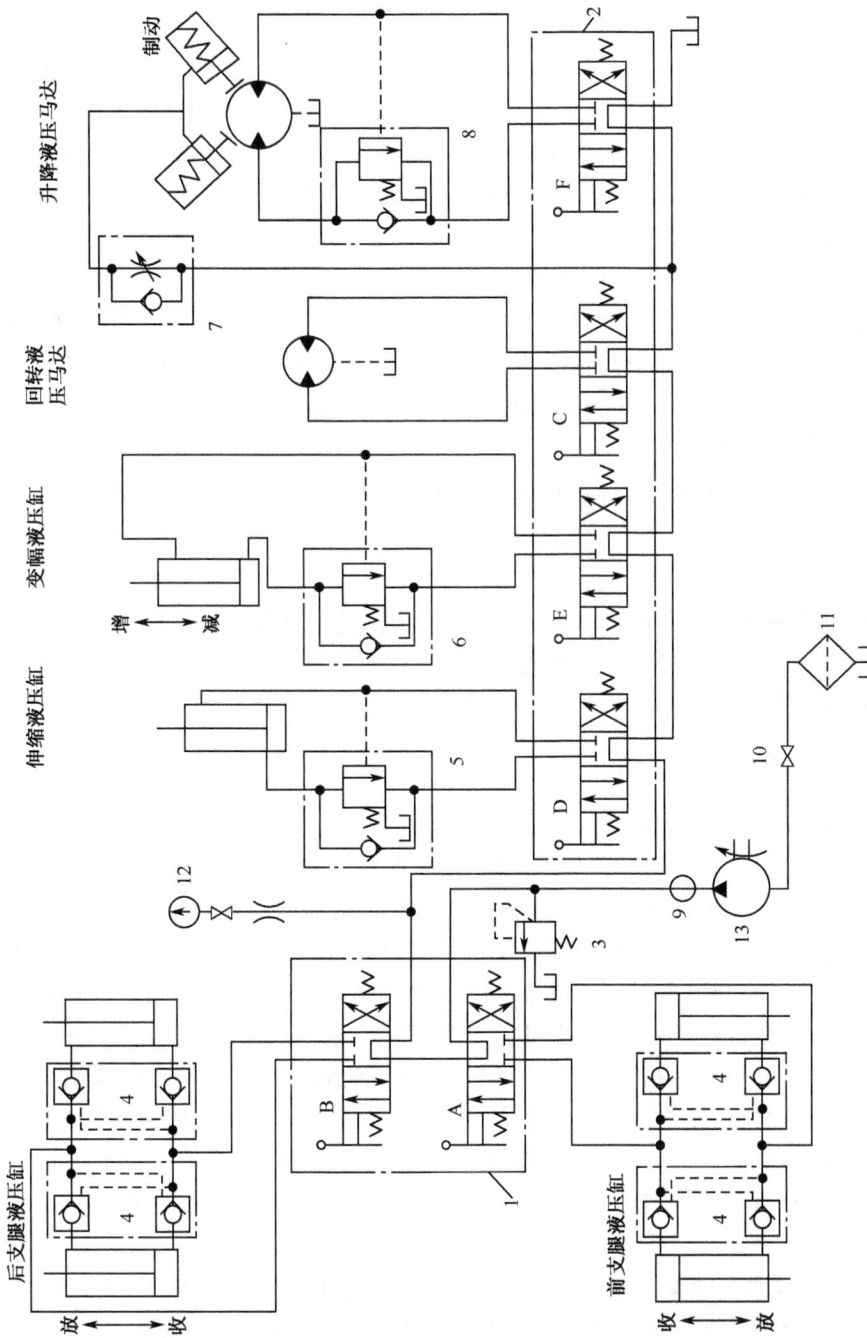

图 8-3　Q2-8 型汽车起重机液压系统原理图

1、2—手动阀组；3—安全阀；4—双向液压锁；5、6、8—平衡阀；7—单向节流阀；
9—中心回转接头；10—截止阀；11—滤油器；12—压力表；13—液压泵

1. 前后支腿回路

由于汽车轮胎的支承能力有限,在起重作业时必须放下前后支腿,使汽车轮胎架空,由支腿承重。汽车行驶时又必须收起支腿。起重机前、后各有两条支腿,每条支腿均配置有液压缸。两条前支腿用换向阀 A 操纵其收放两条后支腿用换向阀 B 操纵其收放,每个支腿均装有双向液压锁,以保证支腿可靠地锁住,防止在起重作业中发生"软腿"现象(由液压缸上腔油路泄漏引起)或行车过程中液压支腿自行下落(由液压缸下腔油路泄漏引起)。

支腿放下时,前支腿的进油路为油泵 13→阀 A 右位→前支腿液压缸上腔,回油路为前支腿液压缸下腔→阀 A 右位→阀 B 中位→油箱。后支腿的进油路为油泵 13→阀 A 中位→阀 B 右位→后支腿液压缸上腔,回油路为后支腿液压缸下腔→阀 B 右位→油箱。

换向阀 A 左位、B 右位工作,前、后支腿收回。

2. 回转机构回路

回转机构采用一个大扭矩双向液压马达通过齿轮、蜗轮蜗杆减速箱和开式小齿轮(与转盘上的内齿轮啮合)来驱动转盘回转。转盘可获得 $1\sim3r/min$ 的低速转速。手动换向阀 C 控制马达的正反转和制动。

3. 升降机构回路

升降机构是起重机的主要执行机构,吊重的升降是由一个大扭矩液压马达带动的卷扬机来完成的。马达的正反转由手动换向阀 F 控制。马达的转速(起吊速度)可通过改变发动机的转速来调节。吊重下降时,在马达的回路上设置有经过改进的液控顺序阀和单向阀组成的平衡阀,以防止重物因自重下落。改进后的平衡阀使重物下降时不会产生"点头"现象。由于液压马达的泄漏较大,当重物吊在空中时,尽管油路中设有平衡阀,仍有可能产生"溜车"现象。为此,在液压马达上设有制动缸,可在液压马达停转时将其锁住。单向节流阀 7 的作用是使制动缸紧闸快,使马达迅速制动,重物迅速停止下落;松闸慢,以避免当负载在半空中再次起升时,将液压马达拖动反转而产生滑降现象。

4. 吊臂伸缩回路

吊臂由基本臂和伸缩臂组成,伸缩臂套在基本臂中。吊臂伸缩由一个伸缩液压缸执行,一个手动换向阀 D 控制。为防止吊臂停止运动时因自重下滑,伸缩回路中设置平衡阀 5。

5. 吊臂变幅回路

吊臂变幅就是改变起重臂的起落角度。吊臂变幅是由一个变幅液压缸执行，一个手动换向阀 B 控制。变幅回路中也设置有平衡阀 6，使变幅作业平稳可靠。

8.2.3 Q2-8 型汽车起重机液压系统的特点

（1）系统中采用平衡回路、制动回路和锁紧回路，保证了起重机操作安全、工作可靠和运动平稳。

（2）采用 M 型中位机能的手动换向阀，使泵卸荷方便，减少了功率损失，适用于起重机间歇工作的特点。

（3）采用手动换向阀串联组合，不仅可以灵活方便地控制各机构换向动作，还可通过手柄操纵来控制流量，实现调速。

（4）采用一个能源串联地给各执行元件供油，在空载或轻载作业时，可实现各执行机构任意组合及同时动作，有利于提高生产率。

8.3 ZB318 型高压造型机液压系统

8.3.1 概述

造型机是一种常用的机械化铸造生产设备。ZB318 型高压造型机是带有微振机构的液压半自动高压造型机，因其具有生产的铸型质量好、生产率高等优点，在铸造生产中应用广泛。图 8-4 所示为其工作原理图，造型机的压实砂缸是一个复合缸，由上面的气动微振缸 2 和下面的双套液压缸 1 组成。双套液压缸上面为工作台 3，工作台的两旁有两根型板小车移动轨道 4，型板 6 和型板 15 在型板小车 5 上，可在型板小车移动缸 16 的带动下，交替移到工作台上；砂箱 8 放在运行轨道上，砂箱的上方悬装着一个可移动的工作头，其一端为压实砂型的压头 10，压头 10 由 27 个浮动多触头组成，另一端为加砂用的活动砂框 13；工作头可在压头推杆液压缸 14 的带动下在压头及砂框移动轨道上来回运动；砂箱和压头之间悬挂一个辅助砂框 9。

工作过程如下：工作台快速上升，承托着型板并接住砂箱继续快速上升到临近辅助砂框→慢速停靠在加砂位置→压头推出加砂→压头返回并对型砂高压压实（同时进行气动微振）且保压→工作台快速下降至型板临将脱离砂箱时慢速下降→悬放型板→返回原位。此时，若需更换型板，则型板小车移动以更换型板。至此，造型工作结束，完成一个工作循环。

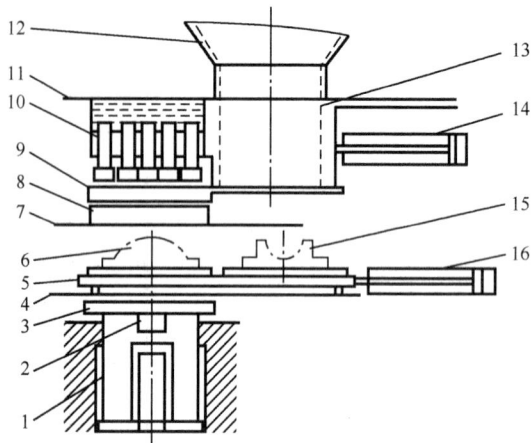

图 8-4　ZB318 型高压造型机工作原理图

1—双套油缸；2—微振缸；3—工作台；4—小车移动轨道；5—小车；6、15—型
板；7—砂箱运行轨道；8—砂箱；9—辅助砂框；10—压头；11—压头及砂框移动
轨道；12—固定砂斗；13—活动砂框；14—压头推杆液压油缸；16—小车移动缸

8.3.2　ZB318 型高压造型机液压系统的工作原理

图 8-5 为 ZB318 型高压造型机液压系统原理图。当接通电源后，三个油泵的电动机启动，三个油泵同时供油。齿轮泵 1 为控制油泵，是各电-液换向阀的控制油源；低压大流量叶片泵 3 和高压小流量泵 2 为工作油泵。此时，电磁阀 8 的 2DT 和电磁阀 24 的 1DT 通电，油泵处于卸荷状态。

当按下自动按钮后，电磁阀 24 的 1DT 和电磁阀 8 的 2DT 断电，两个工作油泵向系统供油，液压系统自动完成以下动作。

1. 工作台快速上升

当砂箱运送至工作台上方压下行程开关 1XK 时，7DT 通电，工作压力油经换向阀 17、单向行程减速阀 20 进入双套油缸的举升缸，因其缸径很小，工作台快速上升。其进油路为油泵 3→单向阀 10→阀 17 右位→阀 20（未压下）→双套液压缸小缸；回油路为双套液压缸上腔→阀 19→阀 17 右位→油箱；双套液压缸大缸下腔由高位油箱 26→充液阀 23 补油。

工作台快速上升至临近辅助砂框时，挡铁压下单向行程阀 20 的阀芯，使油缸进油节流而减速，避免砂箱与辅助框产生碰撞。

2. 型板夹紧

在工作台快速上升的过程中，挡铁压下行程开关 4XK，使换向阀 18 的 9DT 通

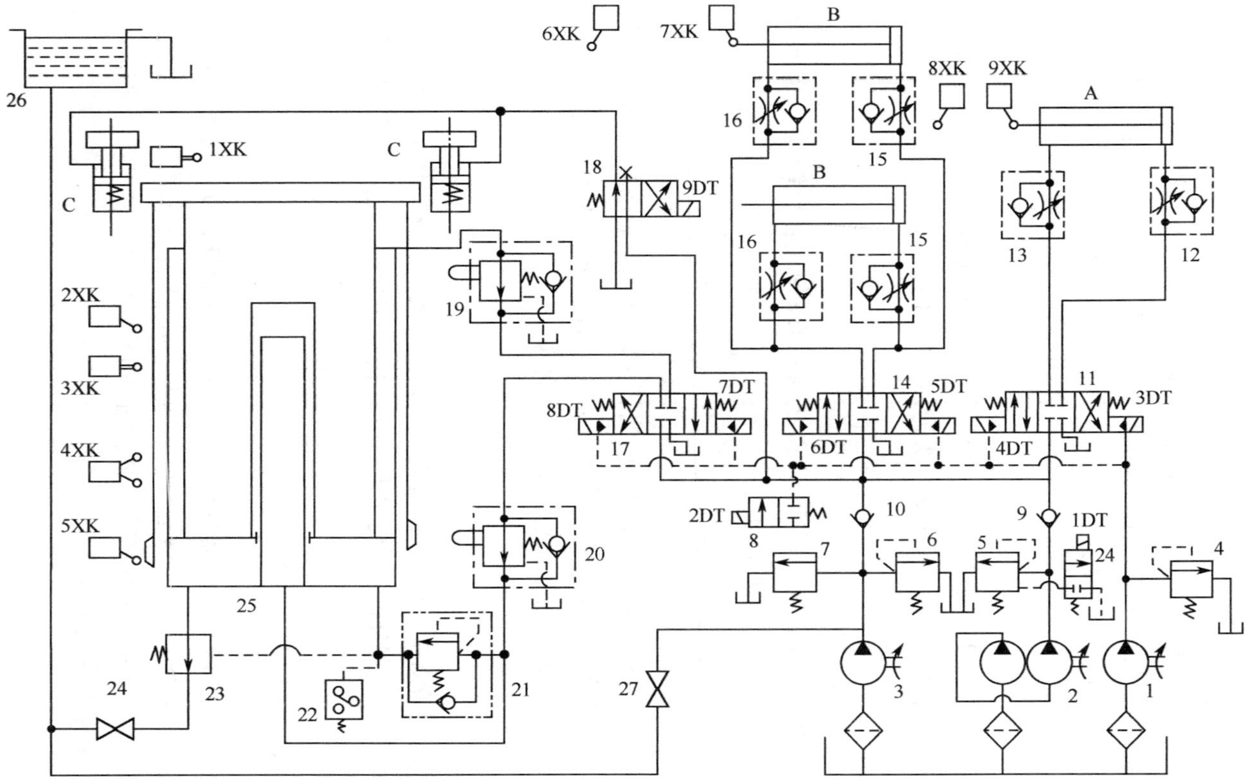

图 8-5 ZB318高压造型机液压系统图

1—齿轮泵；2—双级叶片泵；3—大流量叶片泵；4、5、6—溢流阀；7—卸荷阀；8、24—二位二通电磁阀；9、10—单向阀；11、14、17—三位四通电液滑阀；12、13、15、16—单向节流阀；18—二位三通电液滑阀；19、20—单向行程减速阀；21—单向顺序阀；22—压力继电器；23—充液阀；25—双套油缸；26—高位油箱；27—截止阀电,压力油经换向阀18,进入夹紧油缸C上腔,将型板紧固在工作台上。

3. 压头推出及加砂

当工作台上升至挡铁压下3XK时,借助电气控制切断7DT,工作台停止上升,同时接通5DT。压力油将压头推杆推出,实现加砂。其进油路为油泵→换向阀14右位→单向节流阀15→压头油缸B无杆腔,其回油路为压头油缸有杆腔→单向节流阀16→换向阀14→油箱。

4. 压头返回

压头推出后,压下行程开关6XK,使5DT断电,6DT通电,换向阀14左位工作,压力油进入压头油缸B有杆腔,推动压头返回工作台上方。

5. 低压压实

压头返回原位压下7XK,电气切断6DT,接通7DT;使工作台继续上升,砂箱上升与压头的触头接触,进行低压压实。

6. 高压压实

工作台低压压实过程中,油压逐渐升高,当压力增至单向顺序阀21的调定压力时,阀21打开,充液阀23关闭,工作液体进入压实缸中进行高压压实。此时电磁阀8的2DT通电,单级叶片泵3通过卸荷阀7卸荷。

7. 保压

当系统压力达到最高工作压力(溢流阀5的调定压力)时,压力继电器22动作发出信号,通过时间继电器延时,系统在溢流阀5的调定压力下进行保压,保压时间由时间继电器控制。

8. 第一次快速下降

高压压实并保压后,时间继电器发出信号,电气切断7DT、2DT,接通8DT,充液阀23打开(控制油卸压)。主油路进油路为油泵→阀17左位→单向行程节流阀19→双套液压缸上腔;回油路为双套液压缸大缸下腔油液→阀23→高位油箱26,双套液压缸小缸油液→阀21→阀20→阀17左位→油箱;工作台带着型板和砂箱一起快速下降。

9. 慢速起模

当工作台下降至临将起模时,挡铁压下单向行程节流阀19的阀芯,使工作台减速；与此同时，另一挡铁压下行程开关 2XK，接通气动微振机构，进行起模。

10. 第二次快速下降

起模完毕，挡铁脱离单向行程节流阀 19，油液流量恢复原状，工作台迅速下降到终点。

11. 型板松开

工作台快速下降至挡铁压下 4XK 时，电气切断 9DT，型板夹紧油缸 C，在弹簧力的作用下，活塞复位使型板松开。油缸 C 上腔的油液经换向阀 18 流回油箱。

12. 型板小车移动及油泵卸荷

当工作台快速下降至原位时，挡铁压下 5XK，电气切断 8DT，工作台停止下降；此时，若需更换型板，则接通 3DT（或 4DT），使型板小车移动以更换型板，型板小车移动后压下 8XK（或 9XK），电气切断 3DT（或 4DT），接通 1DT 及 2DT，使油泵卸荷。

动作顺序表见表 8-2。

表 8-2　ZB318 型高压造型机电磁铁动作顺序表

序号	工步动作	发令元件	1DT	2DT	3DT	4DT	5DT	6DT	7DT	8DT	9DT
1	工作台快速上升	1XK	−	−					+		
2	型板夹紧	4XK							+		+
3	压头推出加砂	3XK					+		−		+
4	压头返回	6XK					−	+			+
5	低压压实	7XK						−	+		+
6	高压压实	顺序阀		+					+		+
7	保压	压力继电器		+					+		+
8	第一次快速下降	延时器		−					−	+	+
9	慢速起模	2XK								+	+
10	第二次快速下降									+	+
11	松开型板	4XK								+	−
12	型板小车移动	5XK			+	(+)				−	
13	空载		+			(−)					

由上述分析可见，本系统采用了双泵供油快速回路，回油节流调速回路，行程节流阀控制的速度换接回路，双套液压缸增速回路，压力控制、行程控制及时间控制的顺序动作回路等液压基本回路。

8.3.3　ZB318 型高压造型机液压系统的特点

（1）系统采用双泵供油快速回路配合增速缸及充液回路,实现了举升缸和压实缸的速度变换,速度换接较平稳,且两工作泵可分别卸荷,功率利用合理、效率高。

（2）压头推杆缸和型板小车缸均采用回油节流调速回路,运动较平稳,适于系统工作机构的要求。

（3）双套油缸采用单向行程节流阀实现其速度的换接,动作平稳、可靠,转换的位置精度较高。

（4）系统中多处采用行程开关控制,简化了油路,有效地实现了多步骤的自动化控制。

8.4　YB32-200 型四柱万能液压机液压系统

8.4.1　概述

液压机是一种利用静压力来加工各种工程材料制品的常用机械,通常用于锻造、冲压、冷挤、校直、弯曲、粉末冶金等压力加工和压制成形工艺。液压机是最早应用液压传动的机械之一。按其工作介质的不同,液压机可分为油压机和水压机（介质为乳化液）两种。

液压机多为立式,其中以四柱式液压机的结构布局最为典型,应用也最广泛。液压机主要靠上、下滑块的运动完成各种压力加工和压制成形。为了满足大多数压制工艺的要求,上滑块应能实现快速下行→慢速加压→保压延时→快速返回→原位停止的自动工作循环,下滑块应能实现向上顶出→停留→向下退回→原位停止的工作循环,如图 8-6 所示。

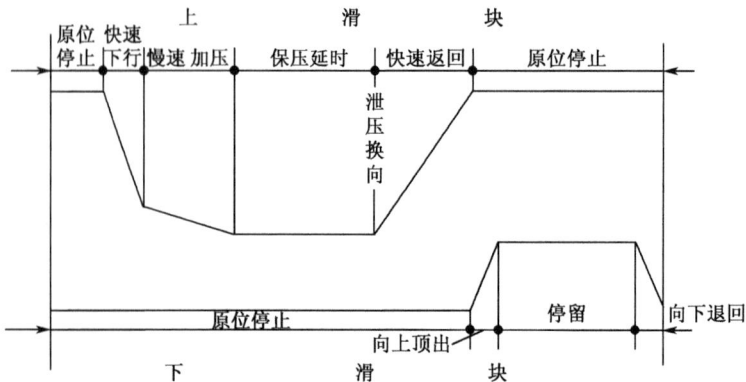

图 8-6　YB32-200 型液压机动作循环图

8.4.2　YB32-200 型四柱万能液压机液压系统的工作原理

图 8-7 所示为四柱式 YB32-200 型液压机液压系统原理图。系统由高压轴向变量柱塞泵供油,上、下两个滑块分别由上、下液压缸带动,实现上述各种循环,其原理如下所述。

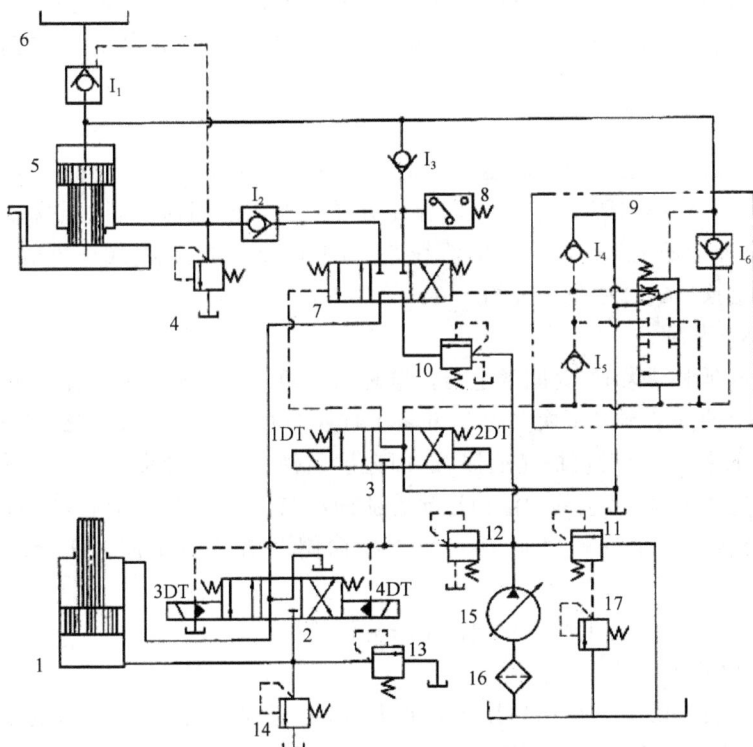

图 8-7　YB32-200 型液压机液压系统图

1—下液压缸;2—下缸换向阀;3—先导阀;4—上缸安全阀;5—上液压缸;6—充液筒;
7—上缸换向阀;8—压力继电器;9—预泄压换向阀;10—顺序阀;11—泵站溢流阀;12—减压阀;13—下缸溢流阀;14—下缸安全阀;15—变量泵;16—滤油器;17—远程调压阀;
$I_1 \sim I_6$—单向阀

1. 上滑块工作循环

1) 快速下行

当电磁铁 1DT 通电后,先导阀 3 和上缸换向阀 7 左位接入系统,液控单向阀 I_2 被打开,上液压缸 5 在液压力和自重作用下带动上滑块快速下行。上液压缸 5 上腔由液压泵供油,其上腔容积在液压泵的全部流量都不足以补充后而剩下的空腔容积部分,通过液压机顶部的充液筒经单向阀 I_1 补油。其油流线路如下所述。

进油路:液压泵→顺序阀 10→上缸换向阀 7 左位→单向阀 I_3→上液压缸上腔;

回油路:上液压缸下腔→单向阀 I_2→上缸换向阀 7 左位→油箱。

2) 慢速加压

当上滑块下行至接触工件时,液压缸 5 上腔压力升高,液控单向阀 I_1 关闭,实现慢速加压。加压速度由液压泵的流量决定。此时的油流线路与快速下行时相同。

3) 保压延时

当液压缸 5 上腔压力升高至压力继电器 8 动作发信号时,电磁铁 1DT 断电,先导阀 3 和上缸换向阀 7 处于中位,保压开始。保压时间由时间继电器控制。此时,液压泵处于低压卸荷状态。油流线路为:液压泵→顺序阀 10→上缸换向阀 7 中位→下缸换向阀 2 中位→油箱。

4) 快速返回

当保压延时结束时,时间继电器使电磁铁 2DT 通电,先导阀 3 右位接入系统,使控制压力油推动预泄压换向阀 9,并将上缸换向阀 7 右位接入系统。这时,液控单向阀 I_1 被打开,上滑块快速返回,返回速度由液压泵流量决定。当充液筒内液面超过预定位置时,多余的油液由溢流管流回油箱。其主油路油流线路如下所述。

进油路:液压泵→顺序阀 10→上缸换向阀 7 右位→单向阀 I_2→上液压缸下腔;

回油路:上液压缸上腔→单向阀 I_1→充液筒。

5) 原位停止

当上滑块返回上升至挡块压下行程开关时,行程开关发出信号,电磁铁 2DT 断电,先导阀 3 和换向阀 7 都处于中位,则上滑块在原位停止不动。此时,液压泵处于低压卸荷状态。油流线路为:液压泵→顺序阀 10→上缸换向阀 7 中位→下缸换向阀 2 中位→油箱。

2. 下滑块工作循环

1) 向上顶出

当电磁铁 4DT 通电使下缸换向阀 2 右位接入系统时,液压缸 1 带动下滑块向上顶出。其主油路油流线路如下所述。

进油路:液压泵→顺序阀 10→上缸换向阀 7 中位→下缸换向阀 2 右位→下液压缸下腔;

回油路:下液压缸上腔→下缸换向阀 2 右位→油箱。

2) 停留

当下滑块上移至下液压缸 1 的活塞碰到上缸盖时,便停留在这个位置上。此时,液压缸下腔压力由下缸溢流阀 13 调定。

3) 向下退回

4DT 断电,3DT 通电,下液压缸快速退回。其主油路油流线路如下所述。

进油路:液压泵→顺序阀 10→上缸换向阀 7 中位→下缸换向阀 2 左位→下液压缸上腔;

回油路:下液压缸下腔→下缸换向阀 2 左位→油箱。

4) 原位停止

3DT、4DT 均断电,下缸换向阀 2 处于中位时实现。

8.4.3　YB32-200 型四柱万能液压机液压系统的特点

(1) 采用高压变量泵供油,配合充液筒自重充液,既满足了工作循环的要求,简化了回路结构,又使系统的功率利用合理。

(2) 采用液控单向阀、单向阀的密封性和液压管路及油液的弹性来保压,结构简单、造价低,比用泵保压节省功率,但要求液压缸等元件密封性能好。

(3) 系统中采用了专用的预泄压换向阀控制的卸压方式,使换向平稳,减小了加压状态由高压转变为上升回程中零压压力时的剧烈波动、冲击和噪声,控制的稳定性高。

(4) 上、下两液压缸动作的互锁设计巧妙,动作协调可靠。只有当上缸换向阀处于中位时,下缸换向阀才能接通压力油。

(5) 主运动缸设有平衡阀,各液压缸均有安全阀实现过载保护,系统安全可靠。

(6) 工作压力、压制速度及行程范围均可任意调节,效率高,适应性强。

8.5　SZ-250A 型塑料注射成形机液压系统

8.5.1　概述

塑料注射成形机简称注塑机,是一种塑料制品生产的常用设备。它是将颗粒的塑料加热熔化到流动状态后,快速高压注入模腔并保压一定时间,经冷却后成形为塑料制品。由于注塑机具有成形周期短,对各种塑料的适应性强,可制造各种形状复杂、尺寸较精确的制品,自动化程度高等优点,因此应用广泛。

SZ-250A 型注塑机属中小型注射机,每次最大注射容量为 250mL。该机要求液压系统完成的主要动作有:合模与开模、注射座整体前移与后退、注射、保压及顶出等。根据塑料注射成形工艺,注射机的工作循环如图 8-8 所示。

```
┌──────┐   ┌──────────┐   ┌──────┐   ┌──────┐   ┌──────┐   ┌──────┐
│ 合模 │ → │ 注射座前移 │ → │ 注射 │ → │ 保压 │ → │ 冷却 │ → │ 防流涎 │
└──────┘   └──────────┘   └──────┘   └──────┘   │ 预塑 │   └──────┘
    ↑                                            └──────┘       │
    │                                                           ↓
┌──────┐   ┌──────────┐   ┌──────┐   ┌──────┐             ┌──────────┐
│ 顶杆退回 │ ← │ 顶出制品 │ ← │ 开模 │ ← ───────────── │ 注射座后退 │
└──────┘   └──────────┘   └──────┘                       └──────────┘
```

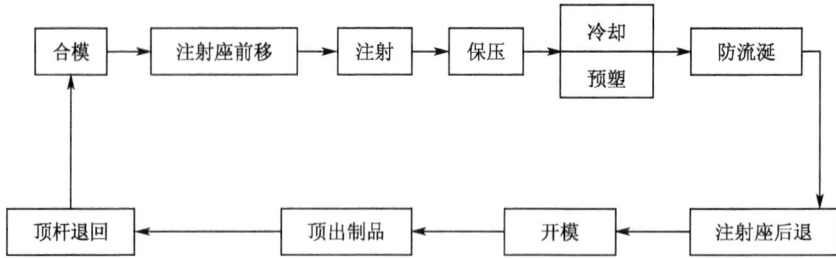

图 8-8　注塑机的工作循环

注塑机对液压系统的要求如下所述。

1. 合模机构

熔融塑料通常以 $40\sim150\mathrm{MPa}$ 的高压注入模具型腔,因此模具必须具有足够的合模力,否则易导致模具离缝而产生制件溢边现象。此外,要求开、合模速度可调,以提高生产率,并防止注塑机、模具和制件的损坏。

2. 注射座整体移动机构

应保证具有足够的推力,以适应各种塑料的加工需要,并使喷嘴与模具浇口紧密接触。

3. 注射机构

能根据塑料的品种、制件的几何形状及模具的浇注系统不同等灵活地调整注射压力及注射速度。在注射完成后能保压且保压压力可调。

4. 顶出机构

具有足够的顶出力且顶出速度平稳可调。

8.5.2　SZ-250A 型塑料注射成形机液压系统的工作原理

图 8-9 所示为 SZ-250 A 型注射成形机液压系统原理图。现将液压系统原理说明如下。

1. 合模

合模时首先应将注塑机的安全门关上,此时行程阀 4 恢复常态位置,注塑机准备工作。合模过程按"慢→快→慢"的速度顺序进行。

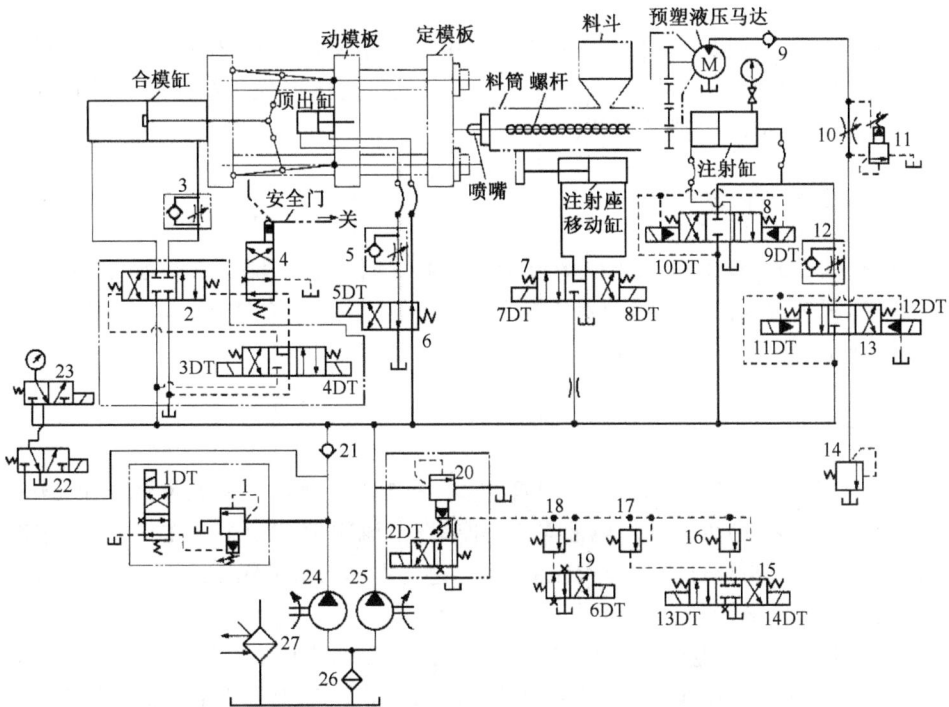

图 8-9　SZ-250A 型塑料注射成形机液压系统原理图

1、20—电磁溢流阀；2、8、13—三位四通电液换向阀；3、5、12—单向节流阀；4—行程阀；6、19—二位四通电磁换向阀；7、15—三位四通电磁换向阀；9、21—单向阀；10、11—溢流节流阀；14、16、17、18—远程调压阀；22、23—二位三通电磁换向阀；24—大流量液压泵；25—小流量液压泵；26—滤油器；27—冷却器

1）慢速合模

电磁铁 2DT、3DT 通电，小流量泵 25 的工作压力由电磁溢流阀 20 调整，电液换向阀 2 处于左位。由于 1DT 断电，大流量液压泵 24 通过电磁溢流阀 1 卸荷，小流量液压泵 25 的压力油经换向阀 2 至合模缸左腔，推动活塞带动连杆进行慢速合模。合模缸右腔油液经单向节流阀 3、换向阀 2 和冷却器回油箱（系统所有回油都接冷却器）。

2）快速合模

电磁铁 1DT、2DT 和 3DT 通电。大流量液压泵 24 不再卸荷，双泵同时向合模液压缸供油，实现快速合模。此时压力由阀 1 调整。

3）低压慢速合模

电磁铁 2DT、3DT 和 13DT 通电。小流量液压泵 25 的压力由电磁溢流阀 20 的低压远程调压阀 16 控制。由于是低压合模，缸的推力较小，所以即使在两个模板间有硬质异物，继续进行合模动作也不会损坏模具表面。

4）高压合模

电磁铁 2DT 和 3DT 通电。系统压力由高压电磁溢流阀 20 控制。大流量液压泵 24 卸荷,小流量液压泵 25 的高压油用来进行高压合模。模具闭合并使连杆产生弹性变形,牢固地锁紧模具。

2. 注射座整体前移

电磁铁 2DT 和 8DT 通电。大流量液压泵 24 卸荷,小流量液压泵 25 的压力油经电磁阀 7 进入注射座移动液压缸右腔,推动注射座整体向前移动,注射座移动缸左腔液压油则经电磁换向阀 7 和冷却器而回油箱。

3. 注射

（1）慢速注射。电磁铁 2DT、6DT、8DT 和 11DT 通电。大流量液压泵 24 和小流量液压泵 25 的压力油经电液阀 13 和单向节流阀 12 进入注射缸右腔,注射缸的活塞推动注射头螺杆进行慢速注射,注射速度由单向节流阀 12 调节。注射缸左腔油液经电液阀 8 中位回油箱。

（2）快速注射。电磁铁 1DT、2DT、6DT、8DT、9DT 和 11DT 通电。大流量液压泵 24 和小流量液压泵 25 的压力油经电液阀 8 进入注射缸右腔,由于未经过单向节流阀 12,压力油全部进入注射缸右腔,使注射缸活塞快速运动。注射缸左腔回油经电液阀 8 回油箱。快、慢注射时的系统压力均由远程调节阀 18 调节。

4. 保压

电磁铁 2DT、8DT、11DT 和 14DT 通电。由于保压时只需要极少量的油液,所以大流量液压泵 24 卸荷,仅由小流量液压泵 25 单独供油,多余油液经溢流阀 20 溢回油箱。保压压力由远程调压阀 17 调节。

5. 预塑

电磁铁 1DT、2DT、8DT 和 12DT 通电。大流量液压泵 24 和小流量液压泵 25 的压力油经电液阀 13、节流阀 10 和单向阀 9 驱动预塑液压马达。液压马达通过齿轮减速机构使螺杆旋转,料斗中的塑料颗粒进入料筒,被转动着的螺杆带至前端,进行加热塑化。注射缸右腔的油液在螺杆反推力作用下,经单向节流阀 12、电液阀 13 和背压阀 14 回油箱,其背压力由背压阀 14 控制。同时,注射缸左腔产生局部真空,油箱的油液在大气压力作用下,经电液阀 8 中位而被吸入注射缸左腔。液压马达旋转速度可由节流阀 10 调节,并由于差压式溢流阀 11（由节流阀 10 和溢流阀 11 组成溢流节流阀）的控制,使节流阀 10 两端压差保持定值,故可得到稳定的转速。

6. 防流涎

电磁铁 2DT、8DT 和 10DT 通电。大流量液压泵 24 卸荷,小流量液压泵 25 的压力油经电磁换向阀 7 使注射座前移,喷嘴与模具保持接触。同时,压力油经电液阀 8 进入注射缸左腔,强制螺杆后退,以防止喷嘴端部流涎。

7. 注射座后退

电磁铁 2DT 和 7DT 通电。大流量液压泵 24 卸荷,小流量液压泵 25 的压力油经电磁换向阀 7 使注射座移动缸后退。

8. 开模

(1) 慢速开模。电磁铁 2DT 和 4DT 通电。大流量液压泵 24 卸荷,小流量液压泵 25 的压力油经先导减压阀 2 和单向节流阀 3 进入合模缸右端,左腔则经先导减压阀 2 回油。

(2) 快速开模。电磁铁 1DT、2DT 和 4DT 通电。双泵同时供油,经先导减压阀 2 和单向节流阀 3 进入合模缸右腔,开模速度提高。

9. 顶出

(1) 顶出缸前进。电磁铁 2DT 和 5DT 通电。大流量液压泵 24 卸荷,小流量液压泵 25 的压力油经电磁阀 6 和单向节流阀 5,进入顶出缸左腔,推动顶出杆顶出制品,其速度可由单向节流阀 5 调节。顶出缸右腔则经电磁阀 6 回油。

(2) 顶出缸后退。电磁铁 2DT 通电。小流量液压泵 25 的压力油经电磁阀 6 右腔使顶出缸后退。

10. 螺杆前进和后退

为了拆卸和清洗螺杆,有时需要螺杆后退。这时电磁铁 2DT 和 10DT 通电。小流量液压泵 25 的压力油经电液阀 8 使注射缸携带螺杆后退。当电磁铁 10DT 断电、11DT 通电时,注射缸携带螺杆前进。

表 8-3 为 SZ-250A 型注塑机电磁铁动作顺序表。

表 8-3　SZ-250A 型注塑机电磁铁动作顺序表

动作顺序		1DT	2DT	3DT	4DT	5DT	6DT	7DT	8DT	9DT	10DT	11DT	12DT	13DT	14DT
合模	慢速		+	+											
	快速	+	+	+											
	慢速		+	+									+		
	低压		+	+									+		
	高压		+	+											
注射座前移			+					+							
注射	慢速		+				+	+			+				
	快速	+	+				+	+	+		+				
保压			+					+			+			+	
预塑		+	+					+				+			
防流涎			+					+		+					
注射座后退			+				+								
开模	慢速		+		+										
	快速	+	+		+										
顶出	前进		+			+									
	后退		+												
(螺杆前进)			+									+			
(螺杆后退)			+								+				

8.5.3　SZ-250A 型塑料注射成形机液压系统的特点

（1）系统采用液压-机械组合式合模机构，合模液压缸通过具有增力和自锁作用的五连杆机构来进行合模和开模，可使合模缸压力相应减小，且合模平稳，模具锁紧可靠，满足了注塑成形工艺要求。

（2）系统采用双泵供油回路、节流调速回路和多级调压回路，可实现压力和速度的灵活调节，适应面广；但能量利用不够合理，系统发热较大，稳定性较差。

（3）采用行程控制与电气控制结合的顺序控制方式，满足了设备多顺序控制且要求严格的需要，顺序控制可靠。

（4）采用行程阀和安全门联合控制系统的启动，保证了操作安全。

近年来,随着液压技术的发展和计算机应用水平的提高,注塑机(特别是大型注塑机)采用数控或计算机控制的插装阀、负载适应泵等新型元件及电液比例液压系统等,简化了传统的液压系统结构,优化了注塑工艺,提高了系统和设备的性能。

8.6　机械手液压系统

8.6.1　概述

机械手是模仿人的手部动作,按预定程序、轨迹和要求实现自动抓取、搬运和操作的自动装置。特别是在高温、高压、多粉尘、易燃、易爆、放射性等恶劣环境下,以及笨重、单调和频繁的操作中,机械手能代替人作业,因此获得日益广泛的应用。

机械手一般由执行机构、驱动系统、控制系统及检测装置四大部分组成,智能机械手还具有感觉系统和智能系统,驱动系统多数采用电液(气)机联合传动。

JS01 工业机械手属于圆柱坐标式全液压驱动机械手,具有手臂升降、伸缩、回转和手腕回转等四个自由度。执行机构相应由手部、手腕、手臂伸缩机构、手臂升降机构、手臂回转机构和回转定位装置等组成,每一部分均由液压缸驱动与控制。它完成的动作循环为:插定位销→手臂前伸→手指张开→手指夹紧抓料→手臂上升→手臂缩回→手腕回转 180°→拔定位销→手臂回转 95°→插定位销→手臂前伸→手臂中停(此时主机的夹头下降夹料)→手指松开(此时主机夹头夹着料上升)→手指闭合→手臂缩回→手臂下降→手腕回转复位→拔定位销→手臂回转复位→待料,泵卸荷。

机械手液压系统的主要特点是控制好执行机构的定位和缓冲以保证机械手工作平稳可靠。就提高生产效率而言,机械手正常工作速度越快越好,但工作速度越高,启动和停止时的惯性力就越大,振动和冲击就越大,这不仅会影响到机械手的定位精度,严重时还会损坏机件。因此为达到机械手的定位精度和运动平稳性的要求,一般在定位前要采取缓冲措施。

8.6.2　JS01 工业机械手液压系统的工作原理

JS01 工业机械手液压系统如图 8-10 所示,各执行机构的动作均由电控系统发信号控制相应的电磁换向阀,按程序依次步进动作。

电磁铁动作顺序见表 8-4 ,各执行元件动作的油路请读者根据液压系统图和电磁铁动作顺序表自行分析。

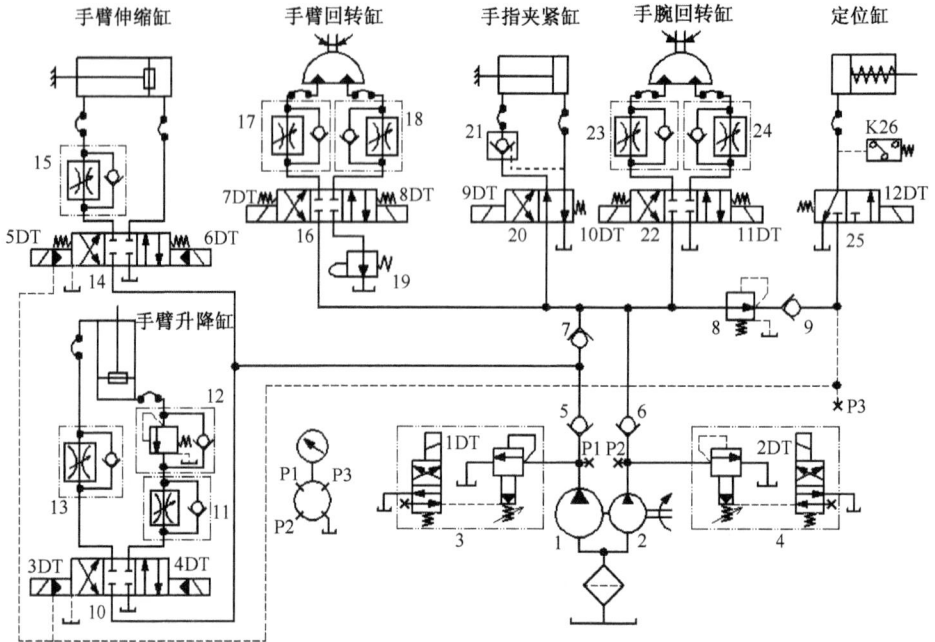

图 8-10　JS01 工业机械手液压系统原理图

1—大流量泵;2—小流量泵;3、4—电磁溢流阀;5、6、7、9—单向阀;8—减压阀;10、14—三位四通电液换向阀;11、13、15、17、18、23、24—单向节流阀;12—单向顺序阀;16、22—三位四通电磁阀;19—行程节流阀;20—二位四通电磁阀;21—液控单向阀;25—二位三通电磁阀;26—压力继电器

表 8-4　JS01 工业机械手电磁铁动作顺序表

序号	动作顺序	1DT	2DT	3DT	4DT	5DT	6DT	7DT	8DT	9DT	10DT	11DT	12DT	K26
1	插定位销	+											+	−(+)
2	手臂前伸					+							+	+
3	手指张开	+								+			+	+
4	手指夹紧抓料	+											+	+
5	手臂上升			+									+	+
6	手臂缩回						+						+	+
7	手腕回转180°	+									+		+	+
8	拔定位销	+												
9	手臂回转95°	+						+						
10	插定位销	+											+	−(+)

续表

序号	动作顺序	1DT	2DT	3DT	4DT	5DT	6DT	7DT	8DT	9DT	10DT	11DT	12DT	K26
11	手臂前伸					+							+	+
12	手臂中停												+	+
13	手指松开	+								+			+	+
14	手指闭合	+											+	+
15	手臂缩回						+						+	+
16	手臂下降				+								+	+
17	手腕回转复位	+										+	+	+
18	拔定位销	+											+	+
19	手臂回转复位	+								+			+	+
20	待料卸载	+	+											

8.6.3　JS01工业机械手液压系统的特点

（1）系统采用了双联泵供油，可满足各机构的不同流量压力需求，能量利用合理。

（2）手臂的伸缩机构和手臂的升降机构采用了回油节流调速，工作平稳。且手臂的升降机构采用了平衡回路，安全可靠。

（3）手臂的回转机构采用了回油节流调速、缓冲及定位缸插销定位，手腕回转机构亦采用了回油节流调速，工作平稳并满足定位精度要求。

（4）在定位缸和控制油路上采用了减压阀稳压回路，使其工作压力稳定，不受系统压力变化的干扰。

（5）为使手指夹紧机构采用了锁紧回路，工作可靠。

思考题和习题

8-1　列出如题 8-1 图所示的液压系统实现"快进→工进→挡铁停留→快退→停止"工作循环的电磁铁压力继电器动作顺序表，说明系统图中各元件的名称和作用，并分析该系统由哪些基本回路组成。

8-2　有一个液压系统，用液压缸 A 来夹紧工件，液压缸 B 带动刀架运动来进行切削加工，试拟定满足下列要求的液压系统原理图。

（1）工件先夹紧，刀架再进刀，刀架退回以后，工件才能松夹；

（2）刀架能实现"快进→工进→快退→原位停止"的循环；

（3）工件夹紧力可以调节，而且不会因为各动作循环负载的不同而改变；

（4）在装夹和测量工件尺寸时，要求液压泵卸荷。

8-3　阅读如题 8-3 图所示的液压系统，并根据题 8-3 表所列的动作循环表中附注的说明填写电气元件动作循环表，并写出各个动作循环的油路连通情况。

动作	1DT	2DT	3DT	YJ
快进				
工进				
挡铁停留				
快退				
原位停止				

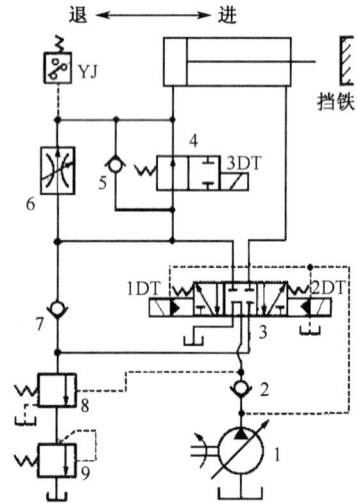

题 8-1 图

题 8-3 表　电气元件动作循环表

电磁铁动作	1DT	2DT	3DT	4DT	5DT	6DT	YJ	附注
定位夹紧								
快进								Ⅰ、Ⅱ两缸各自进行独立循环动
工进卸荷(低)								作，互不约束。
快进								4DT、6DT 中任何一个通电时，
松开拔销								1DT 便通电；4DT、6DT 均断电
原位卸荷(低)								时，1DT 才断电

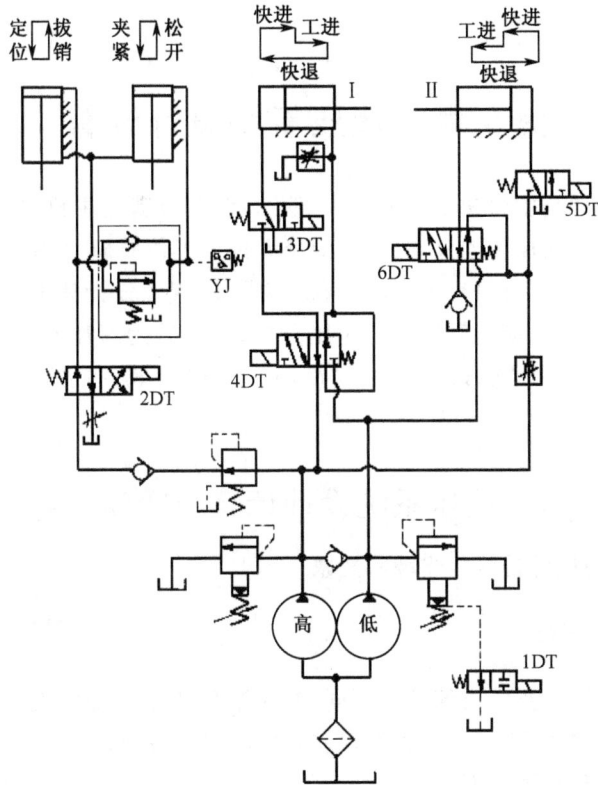

题 8-3 图

第9章 液压系统设计计算

液压系统设计是整台机器设计的一部分,它必须满足主机总体设计的要求。在设计前应在掌握液压传动基本知识、液压元件的工作原理、结构和基本回路基础上,进行广泛深入的调查研究,一定要与机械设计、气动设计和电气设计等内容紧密配合,对国内外同类液压系统进行对比分析,探索采用新技术、新产品和新材料的可能性。这样才有可能设计出结构简单、质量好、效率高和操作方便的液压系统。

9.1 液压系统设计计算步骤和内容

9.1.1 液压系统设计计算的步骤和要求

1. 设计计算步骤

由于设计条件和要完成的任务不同,对于液压传动系统的设计方法和步骤并没有严格的规定和要求,因而可以根据实际情况安排设计程序。一般情况下,液压系统设计的内容和步骤如下。

(1) 明确液压系统的工作任务和设计要求;

(2) 确定液压系统的主要参数;

(3) 拟定液压系统原理图;

(4) 设计或选择液压元件;

(5) 验算液压系统的性能;

(6) 液压系统结构设计;

(7) 绘制正式工作图及编写技术文件。

在实际设计工作中,这些步骤互相联系,有时可以交替进行,甚至多次反复,才能完成设计。

2. 工作任务和设计要求

考虑设备总体设计方案时,要根据设备的工作要求对机械传动、电传动或液压传动等传动方式的优缺点进行充分的分析、比较,合理地、综合地运用各种传动方式的优点,并将它们应用到设备中来,这是设计出质量好而经济的设备的关键之一。

当确定采用液压传动方式后,实际上也就相应明确了液压系统设计任务。一般设计时其性能要求和设计依据为:

(1) 设备的总体布局,各液压执行元件的位置和空间尺寸限制条件;

(2) 各液压执行元件的运动方式(移动、转动或摆动)、工作行程、运动速度及其变化范围;

(3) 各液压执行元件的负载形式(力或力矩)、负载类型和变化范围;

(4) 设备的工作循环,各工作部件的相互关系(如动作顺序、互锁);

(5) 工作性能要求,如速度稳定性和运动平稳性、可靠性、精度、效率和自动化程度等方面的要求;

(6) 工作环境(温度、湿度、振动、冲击、粉尘、腐蚀或易燃)及其他要求(质量、外形、尺寸、经济性等)。

9.1.2　液压系统的工况分析计算

工况分析(即工作状况分析)是指对液压系统各执行元件在工作过程中的负载、速度的变化规律进行分析。现以做往复直线运动的液压缸为例。

1. 负载分析及负载图

液压执行元件的负载一般为

$$F = F_R + F_m + F_f + F_G \tag{9-1}$$

式中,F_R 为外负载;F_m 为惯性负载;F_f 为阻力负载;F_G 为重力负载。

1) 外负载

指工作负载、重力等。它与设备的工作性质有关。其中,工作负载可能是定值,也可能是变值。负载力的方向可能与执行元件运动方向相反(称为正值负载),也可能方向相同(称为超越负载)。例如,垂直安装的举升液压缸在举升重物时,其负载为正值负载;而在放下重物时,其负载则是负值负载(超越负载)。

2) 惯性负载

指工作部件在启动和制动过程中的惯性力。

$$F_m = ma = \frac{F_g}{g} \frac{\Delta v}{\Delta t} \tag{9-2}$$

式中,m 为工作部件的质量;a 为工作部件的加速度;F_g 为工作部件的重力;g 为重力加速度;Δv 为工作部件速度变化值;Δt 为速度变化时间。

3) 阻力负载

指工作部件受到的摩擦阻力、密封阻力和背压阻力等。摩擦阻力负载与导轨形状、放置位置及运动状态有关。工作部件启动时要克服静摩擦阻力,启动后要克服动摩擦阻力。密封阻力是指液压缸运动时其内部密封装置产生的摩擦阻力,一般将其计入液压缸的机械效率中。背压阻力是液压缸回油路上的阻力,在初步设计时按经验选取。

4) 重力负载

当工作部件是垂直或倾斜放置时,它的重量本身或重量的垂直分量就是重力负载;水平放置的工作部件不存在重力负载。

执行元件(如液压缸)在一个工作循环中,一般要经历启动、加速、恒速和制动四个阶段,而各阶段所需克服的负载不同,将各阶段的负载求代数和,以位移(或时间)为横坐标,绘出各阶段的负载大小,即为执行元件的负载周,如图 9-1 所示。此图清楚地表明了执行元件(如液压缸)在整个工作循环中的负载情况。

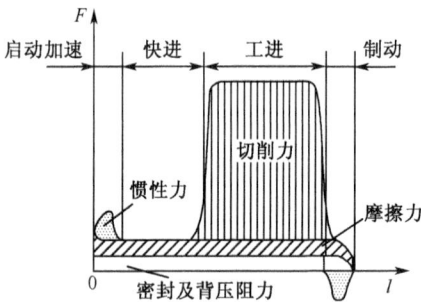

图 9-1　液压系统执行元件负载图　　　图 9-2　液压系统执行元件速度图

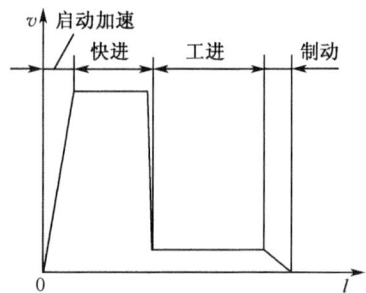

2. 运动分析及速度图

所谓运动分析,就是研究设备各工作部件按工艺要求,以怎样的运动规律完成一个工作循环,即设备工作部件在一个工作循环中其速度变化的规律。一般执行元件(如液压缸)按匀加速(启动加速)、匀速(快进、工进)和匀减速(制动)等运动完成一个工作循环。因此,根据各阶段的运动情况和要求,可以计算出它们的速度。同样以位移(或时间)作为横坐标绘出执行元件的速度图,如图 9-2 所示。

由于负载图和速度图形象地表达了设备工作部件的工况,这在较复杂的液压系统设计中是非常必要的;但在简单的液压系统设计中,这两种图可以省略不画。

9.1.3　液压系统的主参数设计计算

液压系统的主要参数是压力和流量。由于液压系统原理图尚未拟定,液压装置尚未设计,压力损失和泄漏损失无法求出,因此,这里所指主要参数的确定,实际上是指对执行元件(如液压缸)的工作压力、最大流量和主要结构参数的初步确定。

在压力和流量这两个参数中,一般是先选定执行元件(如液压缸)的工作压力,然后根据负载图确定主要结构参数,再根据结构参数和速度图确定其流量。

1. 确定液压执行元件(如液压缸)的工作压力

执行元件工作压力选择得是否合理,直接关系到整个系统设计的合理程度,不同的液压设备,应根据其特点和使用场合的不同,选用不同的压力。选用较高的工作压力,在输出功率相同时,可以减小所需的流量,因而可以减小系统组成元件的尺寸和重量。整个液压装置的结构也紧凑。但是,工作压力选高后,对装置的密封、液压元件加工质量要求更高,使成本增高、振动和噪声会有所增加、容积效率也会降低、发热也会增加。因此对液压系统工作压力的选择应从整体上加以考虑后确定。

执行元件的工作压力常根据执行元件负载中的最大负载(见表 9-1)或根据设备的类型来选取(见表 9-2)。

表 9-1　液压缸不同负载时的工作压力

负载/N	<5 000	5 000~10 000	10 000~20 000	20 000~30 000	30 000~50 000	>50 000
工作压力 /(10^5Pa)	8~12	15~20	25~30	30~40	40~50	≥50~70

表 9-2　各类设备常用的系统压力

设备类型	机床				农业机械 小型工程机械 工程机械和辅助机构	液压机 大、中型挖掘机 重型机械 起重运输机械等
	磨床	组合机床	龙门刨床	拉床		
系统压力 /(10^5Pa)	8~20	30~50	20~80	80~100	100~160	200~320

选择工作压力时应注意,由于管路和元件有压力损失,因此液压系统的工作压力应比执行元件的工作压力高。为使泵具有压力储备,液压泵的额定工作压力又应比液压系统的工作压力高。

2. 液压执行元件主要结构尺寸的确定

液压执行元件主要结构尺寸,对液压缸而言,指液压缸的有效工作面积,或液压缸缸径及活塞杆的直径。可以根据液压缸类型、作用方式以及往返行程速比、工作压力和背压等,按第 4 章中有关公式进行计算。其中,液压缸回油腔中的背压力,在液压系统原理图尚未拟定,回路结构尚未明确之前是无法进行计算的,一般根据表 9-3 中的经验数据暂选一个。

表 9-3　液压缸中的背压力 p_2

系统类型	背压力 $p_2/(10^5\mathrm{Pa})$
回油路上有节流阀的调速系统	2～5
回油路上有背压阀或调速阀的调速系统	5～15
采用辅助泵补油的闭式回路系统	10～15

同样,对于液压马达,主要是根据有关公式,计算出排量 q_{M}。

液压执行元件除能满足推动负载的要求外,还应满足最小速度方面的要求。因此,应根据节流阀或调速阀的最小稳定流量,按下式进行验算:

$$\left.\begin{array}{ll} \text{液压缸} & \dfrac{q_{\min}}{A} \leqslant v_{\min} \\[3mm] \text{液压马达} & \dfrac{q_{\min}}{V_{\mathrm{M}}} \leqslant n_{\min} \end{array}\right\} \tag{9-3}$$

式中,$q_{\min}$ 为节流阀或调速阀最小稳定流量,由产品样本中查出;$v_{\min}$、$n_{\min}$ 为设备规定的最低速度、转速。

验算结果如不能满足上述要求,就必须加大液压缸有效工作面积 A,或液压马达排量 q_{M} 的量值。最后,执行元件的结构参数还必须按标准值进行圆整。

3. 液压执行元件最大流量的确定

根据执行元件的结构参数和最大速度,按式(9-4)求出,即

$$q_{\max} = A v_{\max} \quad \text{或} \quad q_{\max} = \frac{V_{\mathrm{M}} n_{\max}}{\eta_{\mathrm{v}}} \tag{9-4}$$

4. 绘制液压执行元件的工作状况图(简称工况图)

工况图包含:压力图、流量图和功率图。它是在执行元件结构参数确定之后,根据设计任务要求(负载、速度),算出它在不同阶段中的实际工作压力、流量和功率,然后绘出工况图,如图 9-3 所示。

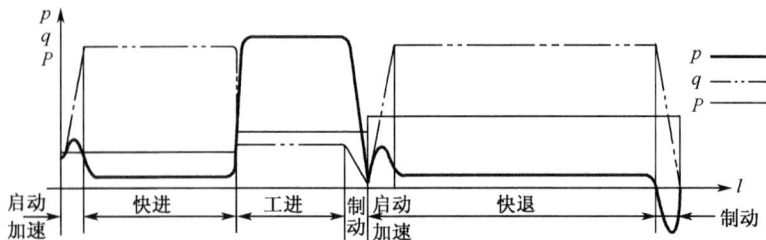

图 9-3　液压缸工况图

　　工况图反映了液压系统在实现整个工作循环时这三个参数的变化情况。当有多个执行元件时,其工况图是各个执行元件工况图的综合。工况图是拟订液压系统方案,选择液压基本回路和液压元件的依据,也就是说:

　　(1) 液压系统图中的各种液压回路及油源形式主要是根据工况图中不同阶段内的压力和流量变化情况选择出来后,再进行多方案对比确定的。

　　(2) 液压泵和各种控制阀的规格是根据工况图中的最大压力和最大流量选定的。

　　(3) 将工况图所反映的情况与通过调研得来的有关方案的工况图进行对比分析,可以对原定设计参数的合理性作出鉴别,以便进行修改,使所设计的液压系统更加合理、经济。

9.1.4　液压系统拟定及元件选择

1. 液压系统拟定

　　拟定液压系统图是整个液压系统设计中重要的一步,它具体体现设计任务中的各项要求。拟定液压系统图,一般是首先通过分析对比选出合理的液压回路,然后把选出来的液压回路组合成液压系统。在液压系统比较复杂,要求实现的运动较多,尤其是多执行机构时,采用这种方法特别具有优越性。在液压系统比较简单,设计者经验较多的情况下,也可一次就拟订出液压系统方案。

1) 液压回路的选择

　　液压回路的选择主要是根据设计要求和工况图来进行的。选择回路时既要考虑调速、调压、换向、顺序动作、动作互锁等要求,也要考虑节省能源、减少发热、减少冲击、保证动作精度等问题。另外,选择回路时可能有多种方案,必须对不同的液压回路进行对比分析,并参考和吸收同类型液压系统中先进回路和成熟经验。

　　在液压系统中,一般调速回路是系统的核心。往往调速方式一经确定,其他有关的液压回路、油源的结构形式和油液的循环形式就会很自然地选择出来。因此,一般都从选择调速回路着手,并以选定的调速回路为基础,以此选择其他的液压回路。

　　调速回路的选择,应当根据工况图中压力、流量和功率的变化与大小,还应考虑系统对速度稳定性、运动平稳性和温升的要求。综合考虑各方面因素后来选择恰当的调速回路。例如,小功率系统一般多采用节流调速回路,而大功率系统宜采用容积调速回路,在采用节流调速方案时,如果速度稳定性要求低,宜采用节流阀式节流调速回路;而负载变化大,速度稳定性要求高时,宜采用调速阀式节流调速回路。

　　一般来说,调速回路确定时,快速运动回路也就随之确定。在考虑速度换接回路时,考虑较多的是采用什么样的控制方式换接好。

换向回路除了在采用双向变量泵时用泵换向外,一般均采用换向阀换向。

至于其他一些回路的特点及适用场合,可参考第 7 章中相应的论述。

2) 液压系统的合成

当液压回路选定之后,就可进行归并、整理,再增加一些必要的元件、辅助件和相应的辅助回路,取消重复的元件及回路,使之组成一个完整的液压系统。在液压系统合成时,必须注意以下几点。

(1) 应保证液压系统在工作循环中每个动作安全可靠,相互无干扰。例如,要求顺序动作的多个执行元件可采用适当的顺序动作回路来实现;同一泵源驱动多个执行元件同时工作时,速度或压力干扰的现象必须加以解决。

(2) 力求系统简单,省去不必要的元件和回路,以便提高可靠性;注意和简单机械或电气传动相配合,保证经济合理等。

(3) 尽可能提高系统的效率,防止系统过热。

(4) 尽量使液压系统的组合通用化,减少自行设计的专用件。

(5) 合理分布测压点,一般测压点分布在泵源出口处、执行元件进出口处、减压阀出口处、顺序阀或背压阀前的油路上等。

(6) 采取措施防止液压冲击。

2. 液压元件的选择

在选择液压元件时,应首先计算各液压元件在工作中承受的压力和通过的流量,以便确定元件的规格尺寸。应尽量选择标准液压元件,只有在标准液压元件不能满足要求或根本没有类似的标准液压元件时,才设计专用液压元件。在选择液压元件时,最主要的是液压泵的选择,确定液压泵的容量及其驱动电机的功率。

1) 确定液压泵的工作压力

液压泵的工作压力应根据液压执行元件的工况来确定,如果液压执行元件只有在其行程终止时才需要最大压力(如夹紧液压缸),则液压泵的工作压力只需与液压执行元件的最大压力相等;当液压执行元件在工作过程中就需要最大压力时,液压泵的工作压力应当是液压执行元件的最大工作压力和进油路上所有压力损失之和,即

$$p_p = p_{1max} + \sum \Delta p \tag{9-5}$$

式中,p_p 为液压泵的工作压力;p_{1max} 为液压执行元件进油腔的最大工作压力;$\sum \Delta p$ 为进油路上所有压力损失之和,包括阀、管道、接头等处的压力损失。

在液压元件未选定和液压装置设计工作图未画出之前,压力损失无法计算,一般可通过估算求得,也可按经验资料估计。例如,对一般节流调速系统及管路简单

的系统，$\sum \Delta p$ 在 $(2\sim5)\times10^5$ Pa 取值；对进油路上有调速阀及管路复杂的系统，$\sum \Delta p$ 在 $(5\sim15)\times10^5$ Pa 取值。

2）计算液压泵的流量

（1）单泵供油时。

$$q_{\mathrm{p}} \geqslant K \left(\sum q_i \right)_{\max} \tag{9-6}$$

式中，q_{p} 为液压泵的流量；$\left(\sum q_i \right)_{\max}$ 为同时工作的执行元件流量之和的最大值，对有多个执行元件而动作复杂的系统，应将各执行元件的流量循环图按工作循环进行合成，从中找出 $\left(\sum q_i \right)_{\max}$；$K$ 为考虑系统泄漏和溢流阀最小溢流量的系数，一般 K 在 $1.10\sim1.25$，大流量时取小值，小流量时取大值。

（2）当系统采用蓄能器时。液压泵的流量按系统在一个循环周期中的平均流量选取

$$q_{\mathrm{p}} \geqslant \frac{K}{T} \sum_{i=1}^{n} V_i \tag{9-7}$$

式中，K 为系统泄漏系数，一般取 1.2；T 为设备工作周期；V_i 为每个执行元件在工作周期中的总耗油量；n 为执行元件的个数。

3）选择液压泵的规格

根据液压系统方案中确定的液压泵形式和计算出的最大工作压力与流量，参考产品样本或有关手册选出相应规格的液压泵。选择时，泵的额定压力应选得比泵的最大工作压力高 25%～60%，使泵有一定的压力储备。泵的额定流量则只需得能满足上述计算所得之值即可。

4）确定液压泵驱动电动机的功率

（1）在恒压源系统中，液压泵驱动功率为

$$P = \frac{p_{\mathrm{p}} q_{\mathrm{p}}}{\eta_{\mathrm{p}}} \tag{9-8}$$

式中，p_{p} 为液压泵的最大工作压力；q_{p} 为液压泵的流量；η_{p} 为液压泵的总效率。

（2）限压式变量叶片泵的驱动功率，可按泵的实际压力-流量特性曲线拐点处的功率来计算。

（3）在工作循环中，泵的压力与流量变化较大时，可按各工作阶段的功率进行计算，然后取平均值。

$$P = \sqrt{\frac{t_1 P_1^2 + t_2 P_2^2 + \cdots + t_n P_n^2}{t_1 + t_2 + \cdots + t_n}} \tag{9-9}$$

式中，$t_1, t_2, \cdots, t_n$ 为整个工作循环中各个工作阶段所对应的时间；$P_1, P_2, \cdots, P_n$ 为整个工作循环中各个工作阶段所需功率。

在选择电动机时，首先比较平均功率与各工作阶段的最大功率，当最大功率符

合电动机短时超载 30% 的范围时,按平均功率选取电动机;否则,按最大功率选取。

3. 其他元件的选择

1) 液压阀的选择

各种阀类元件的规格型号按液压系统图和系统工况图中提供的情况从产品样本中选取。选择液压阀的依据为额定压力、通过该阀的最大流量、动作方式、安装固定方式、压力损失数值、工作性能参数和工作寿命等。溢流阀按液压泵的最大流量选取;流量阀应按回路控制的流量范围选取,并考虑其最小稳定流量应满足主机低速性能的要求;控制油路中的各类阀可选择流量规格最小的阀;选电磁阀时应注意统一,即交流电磁阀或直流电磁阀只能统一选一种。另外,各类阀在必要时可允许通过阀的最大流量超过其额定流量的 20%。对于可靠性要求特别高的系统来说,阀类元件的额定压力应高出其工作压力较多。

2) 选择液压辅助元件

辅助元件包括滤油器、蓄能器、管接头、油管和油箱等。它们的选择可参考有关章节。

9.1.5 液压系统性能验算

液压系统设计完成之后,往往需要对液压系统的某些性能指标进行验算,以便判断其设计质量,或从几种方案中选出最好的方案,以使设计的液压系统质量更高。然而液压系统的性能验算是一个复杂的问题,目前详细验算尚有困难,只能采用一些简化的公式,选用近似的、粗略的数据进行估算,并以此来定性地说明系统性能上的一些主要问题。设计过程中如有经过生产实践考验的同类型系统可供参考,或者有较可靠的实验结果可供使用,则系统的性能验算可以省略。

液压系统性能验算的项目很多,常见的有回路压力损失验算和发热温升验算。

1. 液压回路中的压力损失

当液压元件的规格、管道尺寸及其布置已经确定之后,就可对液压回路或系统的压力损失进行计算。由此,进一步可确定泵的供油压力和计算系统的效率。

液压回路中的压力损失包括油液通过管道时的沿程损失 Δp_r、局部损失 Δp_i 和阀类元件的局部损失 Δp_v。

$$\sum \Delta p = \sum \Delta p_r + \sum \Delta p_i + \sum \Delta p_v \qquad (9\text{-}10)$$

管道的沿程损失和局部损失可以按第 2 章中有关公式进行计算,如果系统的管路比较简单、管道长度较短时,由于这些损失的值相对较小,可略去不计。一般只有管道比较长和系统管路较复杂时,才对其进行计算。

　　油液通过各种液压阀时的压力损失,可从产品样本或说明书中直接查取,但所查得的压力损失值是阀通过额定流量时的最大压力损失值。当实际通过的流量不是额定流量时,其压力损失可按下式计算:

$$\Delta p_v = \Delta p_{vn}\left(\frac{q}{q_n}\right)^2 \tag{9-11}$$

式中,Δp_{vn} 为阀通过额定流量时的最大压力损失;q_n 为阀的额定流量;q 为阀通过的实际流量。

　　一般按进油路和回油路分别计算出压力损失,然后将回油路的压力损失折算为进油路上的压力损失,进而计算出总压力损失。

　　回油路中的压力损失 Δp_2,按式(9-12)折算为进油路上的压力损失

$$\Delta p_1 = \frac{A_2}{A_1}\Delta p_2 \tag{9-12}$$

式中,A_1、A_2 分别为液压缸进油腔、回油腔的有效面积。

　　在工作循环的不同动作阶段中的压力损失不同,必须分别进行计算。

　　在已知液压系统总的压力损失之后,就可根据式(9-5)较确切地计算液压泵的供油压力。如果验算后的供油压力比初选的液压泵的额定压力高,则必须进行相应的调整,如另选额定压力高的液压泵,或降低系统的工作压力,增大执行元件的有效工作面积。

　　另外,根据回路的压力损失,还可对回路及系统的效率进行估算。

2. 液压系统发热温升的验算

　　液压系统效率高,损失的能量就小,反之亦然。损失的能量大部分转变为热能,使液压系统的油温升高。液压系统油温过高会对液压系统正常工作产生不利影响,故应对温升进行限制和对液压系统的发热进行验算。

　　液压系统中热量主要是由液压泵、液压马达功率损失和油液通过某些阀产生的能量损失所引起的。油液流过管道产生的能量损失引起的发热量所占比例很小,而且管道的散热面大,其发热量和其自身的散热量基本上达到平衡,故在实际验算中,对管道系统的发热和散热通常不进行计算。

　　液压系统中主要的散热装置是油箱。

　　1) 液压系统发热量的计算

　　系统产生的热量近似按下式计算:

$$H = H_1 + H_2 \tag{9-13}$$

式中,H_1 为液压泵、液压马达功率损失产生的热量;H_2 为油液通过阀的功率损失所产生的热量。其中

$$H_1 = P_p(1 - \eta_p) + P_M(1 - \eta_M), \quad H_2 = \Delta pq$$

式中，P_p、P_M 为液压泵、液压马达（缸）的输入功率；η_p、η_M 为液压泵、液压马达（缸）的总效率；q 为通过阀的流量；Δp 为油液通过阀的压力降。

系统发热量计算，也可以近似认为损失的功率都转变成热量了，则此时系统发热量可依据下式计算：

$$H = P_i - P_o \tag{9-14}$$

式中，P_i 为系统的输入功率（即泵的输入功率）；P_o 为系统的有效输出功率。

2）液压系统的散热量

当只考虑油箱的散热量时，其散热量为

$$H_0 = KA\Delta T \tag{9-15}$$

式中，ΔT 为系统温升，即为热平衡时油温和室温之差；K 为油箱散热系数，当通风很差时，K 为 $7\sim9$，通风良好时，K 为 $14\sim20$，用风扇冷却时，K 为 $20\sim25$；A 为油箱散热面积，参考第 6 章有关公式计算。

3）系统热平衡方程式

当发热和散热相等时，即达到热平衡时有

$$H = H_0$$

或

$$H = KA\Delta T \tag{9-16}$$

由式(9-16)可计算出油箱容量，或计算系统油液的温升，温升超过表 9-4 所推荐的允许值时，就需增加冷却器。

表 9-4　各种机械的允许油温（℃）

液压设备名称	正常工作温度	最高允许温度	油的温升
机床	$30\sim55$	$50\sim70$	$\leqslant30\sim35$
数控机床	$30\sim50$	$55\sim70$	$\leqslant25$
金属粗加工机械	$30\sim70$	$60\sim80$	
机车车辆	$40\sim60$	$70\sim80$	
船舶	$30\sim60$	$70\sim80$	
工程机械	$50\sim80$	$70\sim80$	$\leqslant35\sim40$

9.1.6　液压系统结构设计

液压系统原理图确定之后，根据所选择的液压元件、辅助元件进行液压装置的设计。液压装置设计需根据设备的总体布局、使用条件和工作环境来选择液压装置的结构形式，选择液压元件的配置形式和管路的接法。

1. 液压装置的结构形式

液压装置的结构形式有集中式和分散式两种。

集中式结构是将系统的动力油源、控制调节装置集中安装于主机之外,单独设置一个液压站。其优点是装配、维修方便,油源的振动、发热对主机不产生影响;缺点是液压站增加了占地面积。

分散式结构是将液压系统的动力油源、控制调节装置分散在主机各处,这种结构在移动式液压设备(如工程机械)中应用较多。其优点是结构紧凑,占地面积小;缺点是安装维修复杂,动力源的振动和油温对主机会产生影响。

2. 液压元件的配置形式

液压系统中元件的配置形式主要分为管式配置、板式配置和集成式配置三种。管式配置时采用管式元件,一般多为分散配置。

板式配置时采用板式元件,用螺钉把液压元件和辅件固定在平板上,各元件和辅件之间的油路用油管(即有管连接)或借助底板上的油道(即无管连接)来实现。

集成式配置是以某种专用或通用的辅助元件把标准元件组合在一起。这种配置方式按其所用辅助元件形式的不同,可分为以下三种形式。

1) 箱体式集成配置

箱体式集成配置是按系统需要设计出专用的箱体,将标准元件用螺钉固定在箱体上,元件之间的油路一般采取在箱体上钻孔来实现(见图 9-4)。

2) 集成块式集成配置

集成块式集成配置是根据典型液压系统的各种基本回路做成通用化的集成块,用它们来组成各种液压系统。集成块多做成正方形,或者做成长方形。集成块的上、下两面为块与块之间的连接面,四周除一面安装管接头通向执行元件之外,其余都供固定标准元件之用。一个系统所需集成块的数目视其复杂程度而定,如图 9-5 所示。

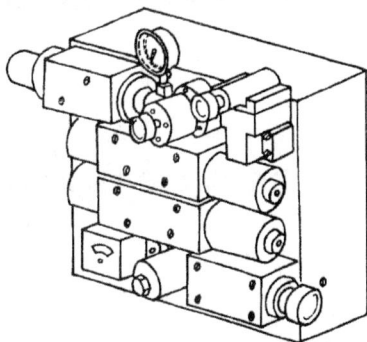

图 9-4　液压元件的箱体式集成配置　　　　　图 9-5　液压元件的集成块式集成配置

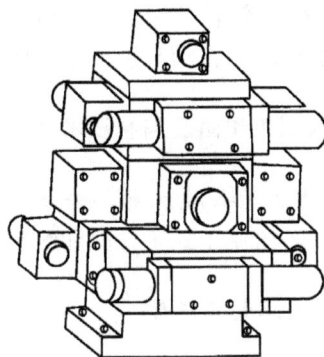

3) 叠加阀式集成配置

叠加阀式集成配置是采用标准化的液压元件或零件,通过螺钉将阀体叠接在

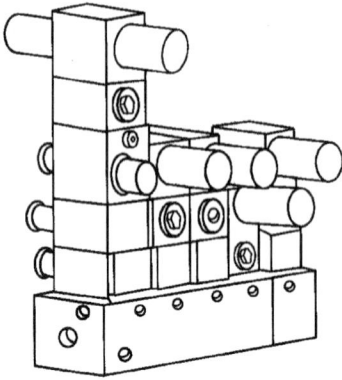

图 9-6　液压元件的叠加阀式集成配置

一起,组成一个系统。这种配置形式与其他配置形式在工作原理上没有多大区别,在具体结构上则大不相同,叠加阀是自成系列的新型元件,每个叠加阀既起控制阀作用,又起通道体的作用,如图 9-6 所示。

4) 插装阀式集成配置

插装阀式集成配置是以二位二通插装式锥阀为基础元件,插装入通用或专用的油路块体中,用不同的控制元件所组成的控制盖板来实现方向、压力及流量等控制的液压系统。插装阀式集成配置具有阻力小、密封性好、换向速度快、流量大等优点。用锥阀组成的液压系统不仅工作可靠而且维修方便。

3. 液压装置结构设计中的注意事项

在液压装置结构设计中应注意以下几点。

(1) 液压装置的布局应便于装配、调整、维修和使用,并注意外观的协调美观。

(2) 要注意液压油的污染控制,因据实际调查,液压系统故障的 75% 以上是由于液压油污染造成的,因此液压油的污染控制十分重要。根据系统对液压油污染控制的要求,液压装置中应在适当的部位安置具有一定过滤精度和过滤能力的滤油器。要设置空气滤清器,注意系统的防尘。

(3) 结构设计时要注意防止系统的振动、噪声。液压装置中的振动和噪声主要来自机械系统、液压泵、液压马达、控制阀和管道。振动和噪声的产生要降低液压装置的使用寿命,而且影响系统的正常工作。

9.1.7　绘制工作图及编制技术文件

经过上述步骤,且对液压系统设计计算进行了反复审查、修改,确认系统合理、完善后,便可绘制正式工作图和编制技术文件。

1. 绘制正式工作图

正式工作图一般包括液压系统原理图,非标准液压元件、辅件的零件图、装配图及整个液压系统的装配图等。

液压系统原理图中应附有液压元件、辅件明细表,表中标明各元件的规格、型号和压力、流量调整值。对自动化较高的设备,还应绘出各液压执行元件的工作循环图和电磁铁动作顺序表，以及有关操作使用说明和其他特殊技术要求。

对于自行设计的非标准元件和辅件，必须绘制其部件装配图和零件图。

液压系统装配图是液压系统的安装施工图，包括油箱装配图、液压泵装配图、集成油路装配图和管路安装图等。在管路安装图中应画出各油管的走向、固定装置结构、各种管接头的形式和规格等。

2. 编制技术文件

在完成以上工作后，即可编制技术文件。技术文件一般包括液压系统设计任务书、设计计算说明书、液压系统使用及维护技术说明书、零部件目录表及标准件、通用件、外购件表等。

9.2　液压系统设计举例

这里以卧式组合机床动力滑台液压系统设计计算为例介绍液压系统设计计算方法。

设计要求：设计一卧式钻通孔组合机床动力滑台，能实现"快进→工进→快退→停止"的工作循环。工作部件总重 $G=5\text{kN}$，切削负载 $F_R=20\text{kN}$。快速运动距离 $l_1=100\text{mm}$，工作运动距离 $l_2=100\text{mm}$。快速进给和快速退回速度 $v_1=v_3=5\text{m/min}$，工作进给速度 $v_2=50\text{mm/min}$，往复运动的加速、减速时间 $\Delta t=0.2\text{s}$。工作部件运动时采用平导轨支撑，其静摩擦系数 $f_s=0.2$，动摩擦系数 $f_d=0.1$。液压系统的执行元件使用液压缸。

设计过程如下所述。

1. 负载分析

工作负载　　$F_R=20\text{kN}$

惯性负载　　$F_m=\dfrac{G}{g}\dfrac{\Delta v}{\Delta t}=\dfrac{5000}{9.81}\times\dfrac{5}{0.2\times 60}\approx 210\text{(N)}$

阻力负载：　静摩擦阻力 $F_{fs}=f_s G=0.2\times 5000=1\text{(kN)}$

　　　　　　动摩擦阻力 $F_{fd}=f_d G=0.1\times 5000=0.5\text{(kN)}$

重力负载　　卧式组合机床 $F_G=0$

由此可得出液压缸在各工作阶段的负载，见表 9-5。其中，液压缸的机械效率取 $\eta_m=0.9$。

表 9-5　液压缸动作循环中各阶段的负载

工况	计算公式	液压缸负载 F/N	液压缸推力 $\frac{F}{\eta_m}/N$
启动	$F = F_f$	1 000	1 100
加速	$F = F_{fd} + F_m$	710	790
快进	$F = F_{fd}$	500	555
工进	$F = F_{fd} + F_R$	20 500	22 778
快退	$F = F_{fd}$	500	555

2. 负载循环图的绘制

根据液压缸在各工作阶段的负载值绘制负载图,如图 9-7(a)所示。

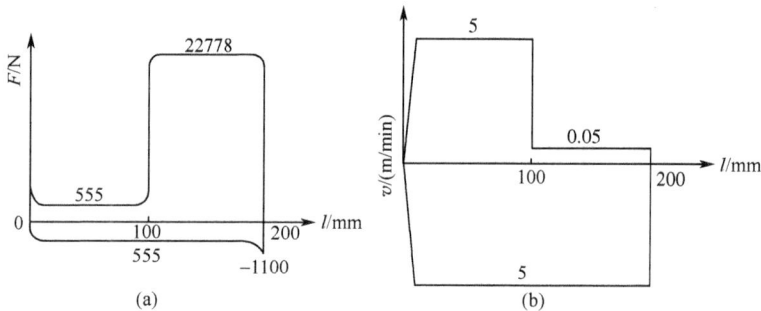

图 9-7　液压缸的负载循环图和速度图

(a)负载循环图；(b)速度图

根据已知的快进、工进和快退的行程与速度绘制速度图,如图 9-7(b)所示。

3. 液压缸主要参数的确定

1) 初选液压缸的工作压力

由于液压缸的最大推力为 22 778N,由表 9-1 查出,当负载推力为(2～3)×10^4N 时,工作压力可选为(30～40)×10^5Pa,根据表 9-2 应选(30～50)×10^5Pa,今初选液压缸的工作压力 $p_1 = 32 \times 10^5$Pa。

2) 计算液压缸尺寸

由于是钻通孔组合机床,为了使其钻孔完毕时不致前冲,在回油路上要装背压阀或采用回油节流调速,按表 9-3 选定背压力 $p_2 = 8 \times 10^5$Pa,由负载循环图知,最大负载是在工作进给阶段,采用无杆腔进油,而且取 $d = 0.7D$(即 $A_1 = 2A_2$),以便采用差动连接时,快进和快退的速度相等。因此液压缸活塞的受力平衡式为

$$p_1 A_1 = p_2 A_2 + F \qquad (其中 A_1 = 2A_2)$$

$$A_1 = \frac{F}{p_1 - \dfrac{p_2}{2}} = \frac{22778}{\left(32 - \dfrac{8}{2}\right) \times 10^5} = 0.814 \times 10^{-2} (\mathrm{m}^2)$$

$$D = \sqrt{\frac{4}{\pi} A_1} = \sqrt{\frac{4}{\pi} \times 0.814 \times 10^{-2}} = 0.104 (\mathrm{m})$$

按标准取 $D = 10.5\mathrm{cm}$，则

$$d = 0.7D = 7.35\mathrm{cm}$$

按标准取

$$d = 7.5\mathrm{cm}$$

液压缸无杆腔和有杆腔的实际有效工作面积 A_1、A_2 为

$$A_1 = \frac{\pi D^2}{4} = \frac{\pi \times 10.5^2}{4} = 86.6\mathrm{cm}^2$$

$$A_2 = \frac{\pi}{4}(D^2 - d^2) = \frac{\pi}{4}(10.5^2 - 7.5^2) = 42.4\mathrm{cm}^2$$

采用如表 9-6 所示的格式可计算出液压缸工作循环中各阶段的压力、流量和功率的实际值。

根据表 9-6 可绘制出液压缸的工况图，如图 9-8 所示。

表 9-6　液压缸工作循环中各阶段的压力、流量和功率的实际使用值

工况		负数/N	液压缸				计算公式
			回油腔压力 $P_2 \times 10^5/\mathrm{Pa}$	输入流量 $q/(\mathrm{L/min})$	进油腔压力 $p_1 \times 10^5/\mathrm{Pa}$	输入功率 P/kW	
快进 （差动）	启动	1110	—	—	2.51*	—	$p_1 = \dfrac{F + A_2 \Delta p}{A_1 - A_2}$
	加速	790	$p_2 = p_1 + \Delta p$	—	6.58	—	$q = (A_1 - A_2)v_1$
	恒速	555	$(\Delta p = 5)$	22.1	6.05	0.22	$P = p_1 q$
工进		22 778	8	0.433	30.2	0.022	$p_1 = \dfrac{F + p_2 A_2}{A_1}$ $q = A_1 V_2$ $P = p_1 q$
快通	启动	1110	—	—	2.61*	—	$p_1 = \dfrac{F + p_2 A_1}{A_2}$
	加速	790	0.5	—	12.1*	—	$q = A_2 V_3$
	恒速	555		21.2	11.5	0.41	$P = p_1 q$

*启动瞬间活塞尚未移动。

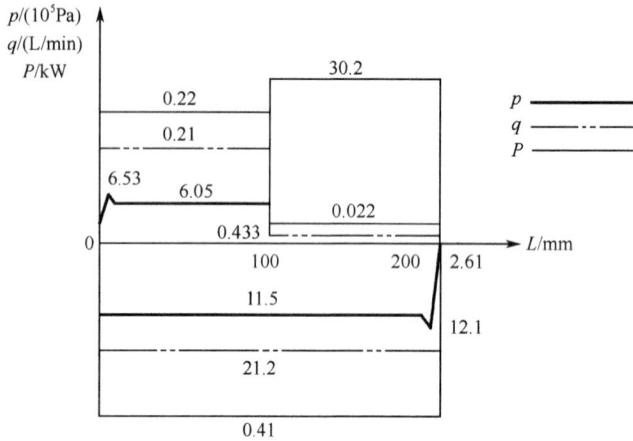

图 9-8　液压缸工况图

4. 液压系统图的拟定

1) 选择液压回路

液压回路的选择,首先选择调速回路,由工况图中的曲线可知,这台组合机床液压滑台液压系统的功率小,液压滑台的工作速度小,宜采用节流调速。由于钻孔时负载变化小,而且是正值负载,故采用进口节流调速,且在回油路中设置背压阀,以提高运动平稳性。

由工况图中的曲线可知,液压系统的工作主要是由低压大流量和高压小流量两个阶段组成,其最大流量与最小流量之比 $\dfrac{q_{max}}{q_{min}} = \dfrac{22.1}{0.433} \approx 51$,而工进和快进的时间之比 $\dfrac{t_1}{t_2} = 100$。因此,从提高系统效率、节省能量的角度上来看,采用单个定量泵作为油源显然是不合适的,宜采用双泵供油系统或限压式变量叶片泵供油系统作为对比方案,待比较后选定其中一种方案。

其次是选择快速运动和换向回路。系统中采用节流调速回路后,必须有单独的油路通向液压缸以实现快速运动,又由于快进与快退速度相同,液压缸又采用单杆活塞缸,因此快进时液压缸应采用差动连接的方式。

选择速度换接回路,由工况图中的 $q-L$ 曲线可知,当滑台从快进转为工进时,系统的流量变化很大,滑台的速度变化较大,为了减小速度换接时的液压冲击,宜选用行程阀来实现速度的换接。当滑台由工进转为快退时,回路中通过的流量很大,为了保证换向平稳起见,宜采用电液换向阀换向。由于这一回路要实现液压缸的差动连接,换向阀须是三位五通阀。

调压（或限压）和卸荷问题,无论在双泵供油系统或限压式变量叶片泵供油的回路中都已解决。

将上面分析的结果,绘制成有关回路图,如图 9-9 所示。

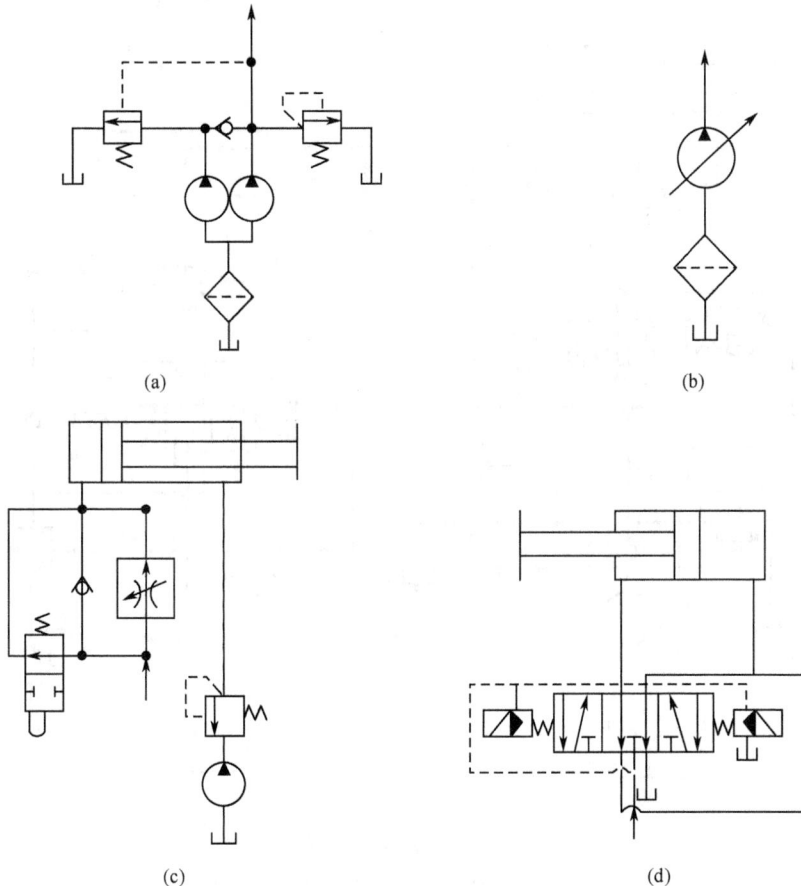

(a)　　　　　　　　　　　　　　　　　　　　(b)

(c)　　　　　　　　　　　　　　　　　　　　(d)

图 9-9　液压回路图
(a)双泵供油;(b)限压式变量叶片泵供油;(c)调速及速度换接回路;(d)换向回路

2) 组成液压系统图

将图 9-9 中的有关回路组合成双泵供油方案的液压系统图和限压式变量泵供油方案的液压系统图,如图 9-10 所示。在综合过程中发现为了实现给定的动作循环要求,还应解决下面的两个问题:一个是滑台在工作进给时,进油路与回油路相互串通,使系统压力无法升高,解决的办法是在系统中添加一个单向阀 6,使工进时的进油路和回油路隔开;另一个是工作部件快速前进而液压缸实现差动连接后,油路不能接通油箱,解决的办法是在系统图中加入远控顺序阀 7(图 9-10(a)中的两个顺序阀合并了）。经过这样的修正之后，滑台的动作循环要求就满足了。

　　5. 液压元件的选择

　　若最后确定采用双泵供油系统，图 9-10(a)按此液压系统选择液压元件。

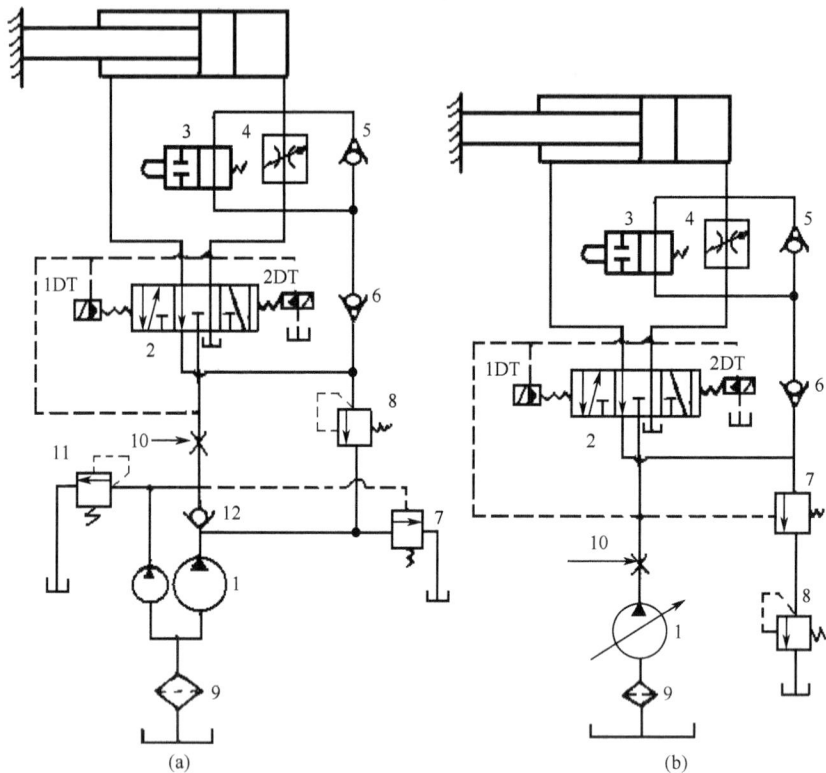

图 9-10　液压系统图

(a)双泵供油方案；(b)限压式变量叶片泵供油方案

(a)1—双联泵；2—电液换向阀；3—行程阀；4—调速阀；5、6、12—单向阀；7—顺序阀；8、11—溢流阀；9—滤油器；10—压力表开关；(b)1—变量泵；2—电液换向阀；3—行程阀；4—调速阀；

5、6—单向阀；7—顺序阀；8—溢流阀；9—滤油器；10—压力表开关

　　1）确定液压泵规格和驱动电机功率

　　由液压缸工况图知，液压缸的最大工作压力为 30.2×10^5 Pa，是在液压缸进行工进时出现的，按系统图工作原理，此时由小流量泵供油。在采用调速阀进口节流调速时，如取进油路上的压力损失 Δp_1 为 8.8×10^5 Pa，则小流量泵的最大工作压力 p_{p1} 之值为

$$p_{p1} = p_1 + \Delta p_1 = (30.2 + 8.8) \times 10^5 = 39 \times 10^5 \, (\text{Pa})$$

　　大流量泵是在快进、快退运动时才向液压缸供油的，由液压缸工况图知，快退

时的工作压力高于快进时的工作压力,其值为 $11.5 \times 10^5 \mathrm{Pa}$,如取进油路上的压力损失 Δp_1 为 $5 \times 10^5 \mathrm{Pa}$,则大流量泵的最高工作压力为

$$p_{p2} = p_1 + \Delta p_1 = (11.5 + 5) \times 10^5 = 16.5 \times 10^5 (\mathrm{Pa})$$

由液压缸工况图知,在快速运动时,两个液压泵应向液压缸提供的最大流量为 $22.1 \mathrm{L/rain}$,由于系统存在泄漏,如取泄漏量 $\Delta q = 0.1q$,则两个液压泵的总供油量为

$$q_p = 1.1q = 1.1 \times 22.1 = 24.31 (\mathrm{L/min})$$

由于溢流阀的最小稳定溢流量为 $3\mathrm{L/min}$,工进时的流量为 $0.433\mathrm{L/min}$,因而小流量液压泵的最小流量应为 $3.433\mathrm{L/min}$。

根据以上压力和流量的数值查阅产品目录,最后确定选取 YB-4/25 双联叶片泵。因大泵流量比实际算出值大,因而液压缸实际的快速运动速度较要求的略高。

由液压缸工况图可知,液压缸的最大功率出现在快退阶段,这时液压泵的供油压力值为 $16.5 \times 10^5 \mathrm{Pa}$,流量为已选定泵的流量值 $29\mathrm{L/min}$,如取双泵的总效率 $\eta_p = 0.75$,则驱动电机的功率为

$$P_p = \frac{p_p q_p}{10^3 \eta_p} = \frac{16.6 \times 10^5 \times 29 \times 10^{-3}}{10^3 \times 60 \times 0.75} = 1.06 (\mathrm{kW})$$

按产品目录选用 Y90L-6 型电动机,其功率为 $1.1\mathrm{kW}$,转速为 $1000\mathrm{r/min}$。

2) 阀类元件及辅助元件的选择

根据液压系统的工作压力和通过各个阀类元件和辅助元件的实际流量选出元件的型号规格,见表 9-7。

表 9-7　液压元件的型号

序号	元件名称	通过阀的实际流量/(L/min)	型号规格
1	双联叶片泵	—	YB-4/25
2	三位五通电液阀	58	35EY-63BYZ　63×63
3	行程阀	58	22C-63BH　63×63
4	调速阀	≤1	Q-4B　4×63
5	单向阀	58	1-63B　63×63
6	单向阀	28	1 - 63B　63×63
7	顺序阀	25	XY-25B　25×63
8	背压阀	<1	B-10B　10×63
9	滤油器	35	XU-40×200
10	压力表开关	—	K6B
11	溢流阀	4	Y-10B　10×63
12	单向阀	25	1-25B　25×63

3) 油管的选择

各元件间连接管道的规格按元件接口尺寸决定,管道长度由管路装配图确定。

4) 确定油箱容量

按经验公式计算

$$V = (5 \sim 7)q_{\mathrm{p}} = 6 \times 29 = 174(\mathrm{L})$$

6. 液压系统的性能验算

1) 回路压力损失验算

由于系统的具体管路布置尚未确定,整个回路的压力损失无法估算,但是阀类元件对压力损失所造成的影响却是可以看得出来的。

由产品样本上查得中低压阀类在公称流量下的压力损失最大值:顺序阀、换向阀、调和行程阀的压力损失各为 $3 \times 10^5 \mathrm{Pa}$,单向阀的压力损失为 $2 \times 10^5 \mathrm{Pa}$。

按工作循环各个阶段分别计算。

(1) 快进时。

进油路:通过单向阀 12 的流量是 25L/min,通过换向阀 2 的流量是 29L/min,通过行程阀的流量是 57L/min。因此总的压降为

$$\sum \Delta p_{\mathrm{v1}} = 2 \times 10^5 \times \left(\frac{25}{63}\right)^2 + 3 \times 10^5 \times \left(\frac{29}{63}\right)^2 + 3 \times 10^5 \times \left(\frac{57}{63}\right)^2$$
$$= 3.4 \times 10^5 (\mathrm{Pa})$$

回油路:通过换向阀 2 和单向阀 6 的流量都是 28L/min。因此总的压降为

$$\sum \Delta p_{\mathrm{v2}} = 3 \times 10^5 \times \left(\frac{28}{63}\right)^2 + 2 \times 10^5 \times \left(\frac{28}{63}\right)^2 = 1 \times 10^5 (\mathrm{Pa})$$

将回油路上的压力损失折算到进油上去,便得到了快进时整个回路中阀类元件所造成的压力损失

$$\sum \Delta p_{\mathrm{v}} = \sum \Delta p_{\mathrm{v1}} + \sum \Delta p_{\mathrm{v2}} \left(\frac{A_2}{A_1 - A_2}\right)$$

$$= 3.4 \times 10^5 + 1 \times 10^5 \times \left(\frac{42.4}{86.6 - 42.4}\right)$$

$$= 4.4 \times 10^5 (\mathrm{Pa})$$

(2) 工进时。

进油路:通过换向阀的流量是 4L/min,因流量小,压力损失不计;通过调速阀的压力损失为 $5 \times 10^5 \mathrm{Pa}$。

$$\sum \Delta p_{\mathrm{v1}} = 5 \times 10^5 \mathrm{Pa}$$

回油路:背压阀处的压力损失为 $8 \times 10^5 \mathrm{Pa}$,顺序阀 7 处通过(25+2)L/min 流量时也造成压力损失。

$$\sum \Delta p_{\mathrm{v2}} = 8 \times 10^5 + 3 \times 10^5 \times \left(\frac{27}{25}\right)^2 = 11.5 \times 10^5 (\mathrm{Pa})$$

将回油路上的压力损失折算到进油路上去,便得到了工进时整个回路中阀类元件所造成的压力损失为

$$\sum \Delta p_v = 5 \times 10^5 + 11.5 \times 10^5 \times \left(\frac{42.4}{86.6}\right) = 10.6 \times 10^5 (\text{Pa})$$

(3) 快退时。

进油路上通过单向阀 12 的流量为 25L/min,通过换向阀 2 的流量为 29L/min;回油路上通过单向阀 5、换向阀 2 的流量都是 59L/min。因此快退时回路总的压力损失为

$$\sum \Delta p_v = 2 \times 10^5 \times \left(\frac{25}{63}\right)^2 + 3 \times 10^5 \times \left(\frac{29}{63}\right)^2 + (2 \times 10^5 + 3 \times 10^5)$$
$$\times \left(\frac{59}{63}\right)^2 \times \left(\frac{86.6}{42.4}\right) = 9.9 \times 10^5 (\text{Pa})$$

2) 油液温升验算

工进在整个工作循环中所占的时间比例极大,所以系统发热和油液温升可用工进时的情况来计算。

近似认为损失的功率都转变成热量,按式(9-14)计算。

工进时液压缸的有效功率为

$$P_0 = Fv = \frac{22778 \times 0.05}{10^3 \times 60} = 0.019 (\text{kW})$$

由于大流量泵通过顺序阀 7 卸荷,小流量泵在高压下供油,所以总的输入功率为

$$P_i = \frac{p_{p1} q_{p1} + p_{p2} q_{p2}}{\eta} = \frac{3 \times 10^5 \times \frac{25}{60} \times 10^{-3} + 39 \times 10^5 \times \frac{4}{60} \times 10^{-3}}{0.75 \times 10^3}$$
$$= 0.513 (\text{kW})$$

由此得液压泵发热量为

$$H = P_i - P_o = 0.513 - 0.019 = 0.493 (\text{kW})$$

油液温升近似值为

$$\Delta T = \frac{H}{3 \sqrt{V^2}} \times 10^3$$

则

$$\Delta T = \frac{0.49 \times 10^3}{\sqrt[3]{174^2}} \times 15.7 ℃$$

温升没有超过允许范围,液压系统中无须设置冷却器。

思考题和习题

9-1　液压系统的主要参数是什么? 它们之间存在什么辩证关系? 在选择主要参数时应先

决定哪个参数？为什么？

9-2 在拟订液压系统方案时,应首先拟定什么回路？在组合液压系统时应注意些什么问题？

9-3 试对题 9-3 图所示的立式组合机床的液压系统进行负载分析并绘制其工况图。并对回路进行分析评述。已知切削负载为 28kN,滑台工进速度为 50mm/min,快进和快退速度为 6m/min,滑台(包括动力头)的质量为 1500kg,滑台在导轨面上的法向作用力估计为 1500N,往复运动的加速(减速)时间为 $\Delta t = 0.05$ s,滑台用平面导轨 $f_s = 0.2$,$f_d = 0.1$,快进行程为 100mm,工进行程为 50mm。

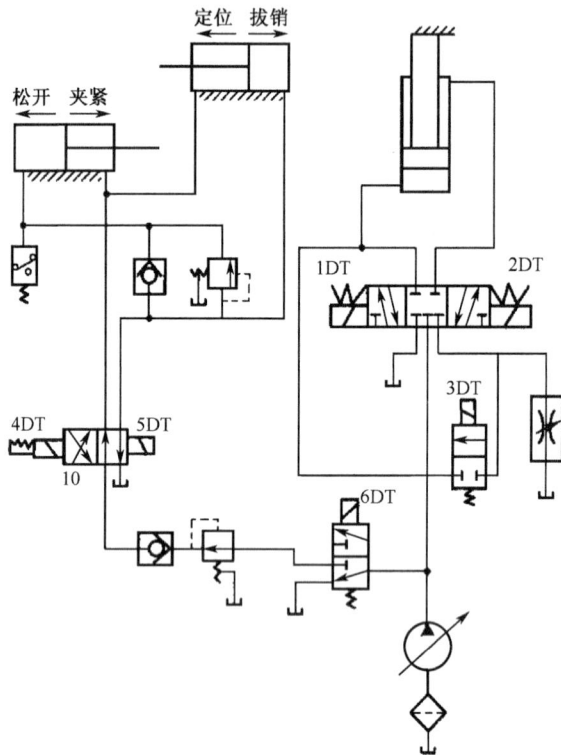

循环动作	1DT	2DT	3DT	4DT	5DT	6DT
定位夹紧	−	−	−	+	−	+
快 进	+	−	+	(+)	(−)	+
工 进	+	−	−	(+)	(−)	+
快 退	−	+	(−)	(+)	(−)	+
松开拔销	−	−	(−)	−	+	+
原位卸荷	−	−	(−)	(−)	(+)	−

题 9-3 图

9-4 试为题 9-4 图中的液压系统选择液压元件并验算性能(回路中各阀的压力损失)。已知液压缸内径为 11cm,活塞杆直径为 8cm,所需流量在快进时最大,达 36L/min,工进时最小,为

0.4L/min；工作压力在工进时最大，达 4MPa；所需输出功率在快退时最大，达 0.8kW。工进时间占整个循环过程的 95%。

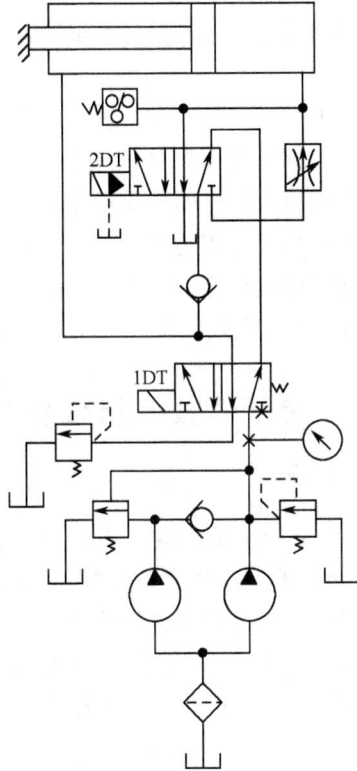

循环动作	1DT	2DT
快进	+	+
工进	−	+
停留	−	+
快退	+	−
原位	−	−

题 9-4 图

第 10 章　液压伺服系统

　　液压伺服系统是采用液压控制元件和液压执行机构,根据液压传动原理建立起来的对位移、速度、力等物理量进行控制的伺服系统。在这一系统中,液压执行机构能以一定精度自动地随着输入信号的变化规律动作,以达到自动控制的目的,所以又称液压随动系统。液压伺服系统包括机液伺服系统和电液伺服系统两大类,它们除具有液压传动的优点外,还有响应快、系统刚性大、伺服精度高等特点,在机械、冶金、化工、航空和航天等工业部门中得到广泛的应用。

10.1　液压伺服控制系统概述

10.1.1　液压伺服系统工作原理

　　图 10-1 为液压传动系统,采用节流调速。调定节流阀开口量,液压缸就以某一调定速度运动。但负载、油温发生变化时,这种系统就无法保证以原有的速度运动,故调速精度低,也不能满足自动连续调速的要求。

　　为了提高系统的控制精度和连续调速,采用图 10-2 所示的液压伺服系统。该系统不仅使液压缸速度能任意地连续调节,且在外界干扰很大、速度变化很快时,仍能使速度与设定值十分接近,它具有高的控制精度和快的响应特性。

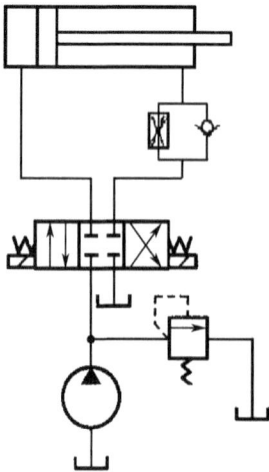

图 10-1　液压传动系统

　　系统的工作原理如下:在某稳定状态下,液压缸速度由测速装置测得(齿条 1、齿轮 2、测速发电机 3)并转换为电压 u_{f0},与给定的输入信号电压 u_{g0}(电位计 4)通过比较元件进行比较,其差值 $u_{e0} = u_{g0} - u_{f0}$ 经放大器放大后,以电流 i_0 输入电液伺服阀 6。电液伺服阀按输入电流的大小和方向自动调节滑阀的移动方向和开口大小,控制输出压力油液的方向和流量,液压缸获得沿某一方向运动的速度 v_0,若由于干扰引起速度增大,则测速装置的输出电压 u_f 增大,通过比较元件输出的差值电压 u_e 相应减小,通过放大器使电液伺服阀开口相应减小,液压缸速度降低,直到 $v = v_0$,自动调节过程结束。按照同样的原理,当输入信号电压连续变化时,液压缸速度也随之连续地按同样的规律变化,即输出自动跟踪输入。

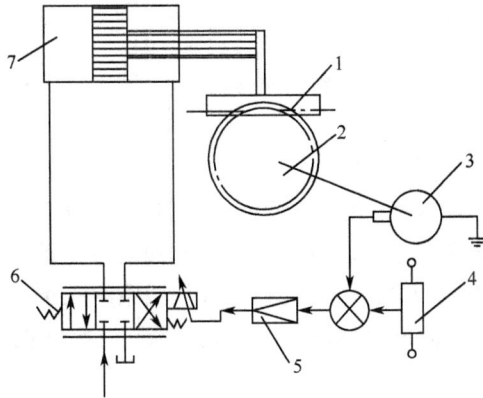

图 10-2　阀控油缸闭环控制系统原理图

1—齿条；2—齿轮；3—测速发电机；4—给定电位计；5—放大器；6—电液伺服阀；7—油缸

10.1.2　液压伺服系统的组成和特点

结合上例，液压伺服系统的基本组成有：输入元件、检测反馈元件、比较元件、放大转换元件、液压执行元件及控制对象。其组成框图如图 10-3 所示。

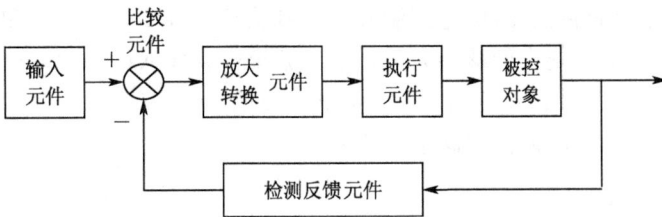

图 10-3　液压伺服系统组成框图

液压伺服系统具有如下一些特点。

（1）在系统的输出和输入之间存在反馈连接，从而组成闭环控制系统。在本系统中，反馈装置是齿轮、齿条和测速发电机。

（2）系统的主反馈是负反馈，即反馈信号与输入信号相反，两者相比较得出偏差信号，该偏差信号控制液压能源输入到液压执行元件的能量，使其向减小偏差的方向运动，即以偏差来消除偏差。

（3）系统输入信号的功率很小，而系统输出功率可以达到很大，因此它是一个功率放大装置。功率放大所需的能量由液压能源供给。

可见，液压伺服系统就是液压流体动力的反馈控制系统。

10.1.3　液压伺服系统的分类

液压伺服系统可以从不同的角度分类,每一种分类方法都代表系统一定的特点。

按控制元件的种类和驱动方式分为节流式控制(阀控式)系统和容积式控制(泵控式)系统两类。其中,阀控系统又可分为阀控液压缸系统和阀控液压马达系统两类,容积控制系统又可分为伺服变量泵系统和伺服变量马达系统两类。

按控制信号的类别分为机液、电液和气液伺服系统三类。

按系统输出量的名称分为位置控制、速度控制、加速度控制、力控制和其他物理量控制系统等。

10.2　液压伺服阀

放大转换元件是液压伺服系统中的一种主要控制元件,它把输入的机械信号(位移或转角)转换为液压信号(流量、压力)输出,并进行功率放大。它们的性能直接影响到液压伺服系统的工作品质。液压放大元件可以是液压控制阀或伺服变量泵。液压控制阀包括液压伺服阀和电液伺服阀。液压伺服阀是液压伺服系统中机/液两部分之间的转换元件,它控制着输送到执行元件中去的流量和压力。电液伺服阀是电液伺服系统中的核心元件。它在系统中将输入的小功率电信号转换为大功率的液压能(压力与流量)输出,既是电液转换元件,又是功率放大元件。下面分别对液压伺服阀和电液伺服阀进行简单介绍。

10.2.1　液压伺服阀

液压伺服阀的结构形式有滑阀式、射流管阀式和喷嘴-挡板阀式三种。其中滑阀式控制性能好,在液压伺服系统中应用最为广泛。

1. 滑阀式伺服阀

滑阀式伺服阀具有良好的控制性能,在液压伺服系统中应用最广。根据使用场合的不同,工程上应用的滑阀有各种结构形式。

根据滑阀上控制边数(起控制作用的阀口数)的不同,有单边滑阀(图 10-4(a))、双边滑阀(图 10-4(b))和四边滑阀(图 10-4(c))。四边滑阀控制性能最好,双边滑阀居中,单边滑阀最差。但四边滑阀结构工艺复杂、成本高,单边滑阀比较容易加工、成本低。

四边滑阀根据在平衡状态时阀口初始开口量的不同,有正开口(负重叠)、零开口(零重叠)和负开口(正重叠)之分,如图 10-5 所示。阀的开口形式对其特性有很

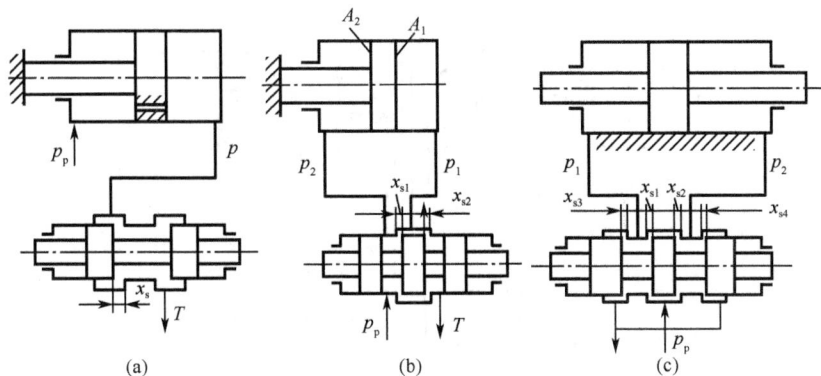

图 10-4　单边、双边和四边滑阀

大影响,零开口阀的特性好,应用最广泛。

2. 喷嘴挡板式伺服阀

喷嘴挡板式伺服阀有单喷嘴挡板阀和双喷嘴挡板阀两种结构形式。双喷嘴挡板阀具有较高的功率放大倍数,应用较多。这里主要介绍双喷嘴挡板阀。

图 10-6 为双喷嘴挡板阀的结构及工作原理示意图。结构上,该阀左右完全对称,各有一直径为 d_0 的固定节流口和直径为 d_n 的喷嘴,两喷嘴的正中有一挡板,挡板与各喷嘴就形成了一个可变节流口。当压力为 p_s 的压力油进入阀后,经过两个固定节流口流入左、右控制腔,沿喷嘴高速喷向挡板,并由喷嘴与挡板之间的缝隙流回油箱。当挡板上没有作用信号时,挡板处于中间位置,挡板到两喷嘴之间的距离均为 x_0,两喷嘴处的节流压降相同,控制腔的压力

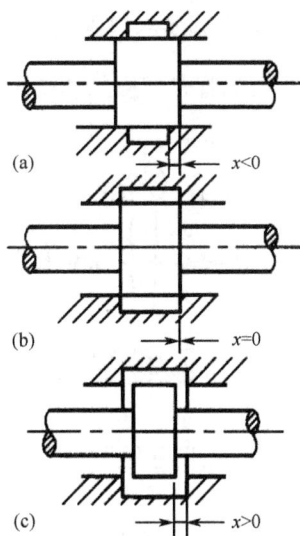

图 10-5　滑阀的开口形式

p_1 及 p_2 相等,作用在液压缸左、右两腔的压力也相等,活塞不动。当输入信号作用在挡板上时,如使挡板顺时针转动一微小角度而靠近左喷嘴时,左喷嘴处的节流压降增大,右喷嘴处节流压降减小,则左控制腔的压力 p_1 大于右控制腔的压力 p_2,活塞向右运动。当输入信号反向时,活塞向相反方向运动。显然,活塞移动的速度以及产生推力的大小与输入信号的大小成正比,活塞运动的方向取决于输入信号的极性(挡板偏移的方向)。

喷嘴挡板阀与滑阀相比,其优点是抗污染能力强,且不像滑阀那样要求严格的加工精度,另外惯性小,位移量小,响应速度高,主要缺点是零位泄漏大,因此多用于二级或三级电液伺服阀的前置级。

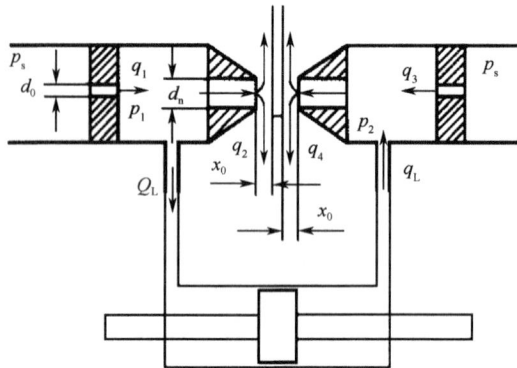

图 10-6　双喷嘴挡板式伺服阀

3. 射流管式伺服阀

射流管式伺服阀如图 10-7 所示,它主要由射流管和接受器组成。射流管可以绕 O 点摆动,接受器上的两个接受孔分别与液压缸两腔相通。压力为 p_s 的压力油由射流管喷出,被两个接受孔接收,并加在液压缸左、右两腔。当没有输入信号时,射流管处于中间位置,喷嘴对准两接受孔的中间,两接受孔接受的油液相等,加在液压缸两腔的压力相等,活塞不运动;当有输入信号时,射流管偏转,两接受孔接受的油液不相等,加在液压缸两腔的压力不相等,液压缸运动。

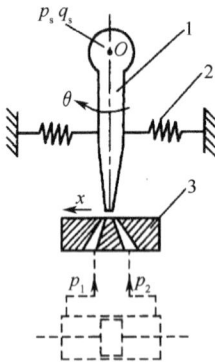

图 10-7　射流管式伺服阀
1—射流管;2—复位弹簧;3—接受器

射流管式伺服阀的优点是结构简单,加工精度低、抗污染能力强;缺点是惯性大、响应速度低、工作性能较差、零位功率损耗大。因此,这种阀只适用于低压、小功率的场合,可作为电液伺服阀的前置级。

10.2.2　电液伺服阀

电液伺服阀既是电液转换元件,又是功率放大元件。它能将小功率的电信号输入转换为大功率的液压能(流量与压力)输出。它是电液伺服系统的核心,它的性能直接影响整个系统的性能。

电液伺服阀的类型和结构形式很多,但都是由电气机械转换器和液压放大器所组成,如图 10-8 所示。电气机械转换器的作用是将电信号转换成力或力矩,再通过机构、弹簧等转换成位移,常用的有动圈式力马达和衔铁式力矩马达两种形式。液压放大器的作用是由阀的运动来控制液压流体动力（流量和压力），放大器有一级、二级和三级阀，阀的结构形式有喷嘴挡板阀和滑阀。现对目前广泛应用的力反馈二级电液伺服阀进行分析。

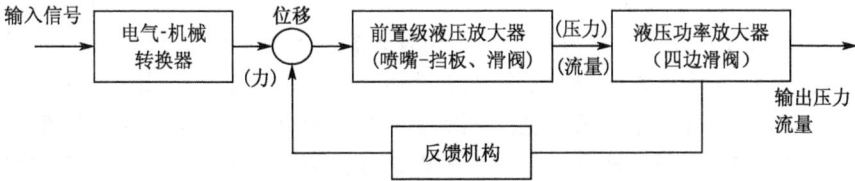

图 10-8　电液伺服阀的职能图

如图 10-9 所示，为力反馈二级电液伺服阀的结构原理图。它由电磁和液压两部分组成。电磁部分是永磁式力矩马达，由永久磁铁 1、导磁体 2、衔铁 3、控制线圈 4 和弹簧管 5 所组成。液压部分是结构对称的两级液压放大器，前置级是双喷嘴挡板阀 6，功率级是四通滑阀 7。滑阀通过反馈杆与衔铁挡板组件相连。

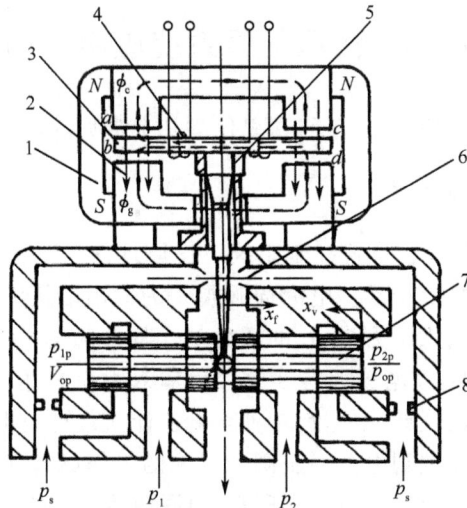

图 10-9　QDY 电液伺服阀原理图
1—永久磁铁；2—导磁体；3—衔铁；4—控制线圈；5—弹簧管；6—双喷嘴挡板阀；
7—四通滑阀；8—固定节流孔

力矩马达把输入的电信号（电流）转换为力矩输出。无信号电流时，衔铁由弹簧管支承在上下导磁体的中间位置，永久磁铁在四个气隙中产生的极化磁通是相同的，力矩马达无力矩输出。此时，挡板处于两个喷嘴的中间位置，两个喷嘴与挡板间的节流阻力相同，因此，喷嘴挡阀输出的控制压力 $p_{1p} = p_{2p}$，滑阀在反馈杆小球的约束下也处于中间位置，阀无液压能（流量、压力）输出。若有信号电流输入时,控制线圈产生控制磁通,其大小与方向由信号电流所决定,在永久磁铁形成的磁场作用下,在衔铁上产生逆时针(或相反)方向的磁转矩,使衔铁绕弹簧管中心逆时针方向偏转。同时,使挡板向右偏移,喷嘴挡板的右间隙减小而左间隙增大,即使控制压力 $p_{2p} > p_{1p}$,推动滑阀左移。同时,反馈杆产生弹性变形,对衔铁挡板组件产生一个顺时针方向的反力矩。当作用在衔铁挡板组件上的磁力矩、弹簧管反力矩、反馈杆的弹性反力矩以及喷嘴处的液压力形成的力矩等作用下达到平衡时,滑阀停止运动,取得一个平衡位置,使滑阀具有一定开口,并有相应的流量输出。在负载压降一定时,阀的输出流量与信号电流成比例。当输入信号电流反向时,阀的输出流量也反向。所以,这是一种流量控制电液伺服阀。

由上可见,电液伺服阀中电磁部分的作用,是把输入电流转变成转矩,使衔铁偏转,所以叫做力矩马达。液压部分中的喷嘴挡板阀借助于挡板间隙的改变来使阀移动,滑阀的移动控制流体的流量,它们都是液压放大器,前者称为前置放大级,后者称为功率放大级。另外,滑阀的最终位置是通过挡板弹性反作用力的反馈作用而达到平衡的,因此称为力反馈伺服阀。

10.3　液压伺服系统应用举例

液压伺服系统的应用十分广泛,这里仅举几个常见的例子。

1. 工作台位置控制系统

图 10-10 所示为工作台位置控制系统工作原理图。工作台 7 安放在导轨(图中未画出)上,由液压缸 5 推动。电液伺服阀 4 的输出端接液压缸左、右腔。液压源向伺服阀的供油口输入压力为 p_s 的压力油。伺服阀的控制信号由输入电位计 1 和反馈电位计 2 提供,经电放大器 3 放大后输入力矩马达。齿轮齿条副 6 与反馈电位计构成了系统的反馈元件,齿轮轴与电位计动臂转轴相连,将工作台位移信号转换成电位信号并反馈到电液伺服阀。系统的工作原理如下:输入电位计和反馈电位计的两个固定端上加一恒定电压 U,根据两动臂的位置分别截取电位 U_r 和 U_c。将这两个电位加在电放大器的两级,电放大器获得的电压为两电位的差值,即 $U_r - U_c$。开始时,令两动臂处于同一角度上,则 $U_r = U_c$,电放大器无输入信号,电压伺服阀处于零位,输出端无流量输出,活塞停在某一位置上。若输入电位计动臂顺时针转动一角度,则 $U_r > U_c$,电放大器有正电压信号输入,使电液伺服阀主阀芯向右移动一距离,液压缸左腔进油,右腔回油,推动工作台右移。与此同时,齿条也带动齿轮顺时针旋转,使反馈电位计动臂也顺时针旋转,U_c 增大,$(U_r - U_c)$ 减小,伺服阀开口减小。当反馈电位计动臂转到与输入电位计动臂处于相同角度时,又使得 $U_r = U_c$,电放大器无输入信号,电液伺服阀又处于零位,系统又处于一个新的

平衡状态。反之,系统将出现与上相反的动作,直到处于新的平衡状态为止。

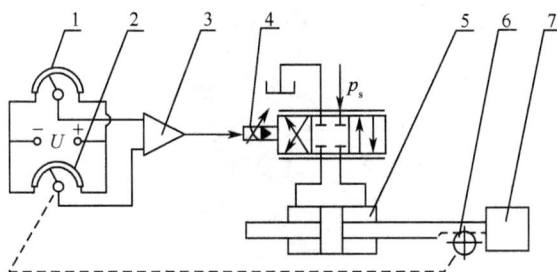

图 10-10　工作台位置电液控制系统原理图

1—输入电位计;2—反馈电位计;3—电放大器;4—电液伺服阀;

5—液压缸;6—齿轮齿条副;7—工作台

该系统是一个带负反馈的电液伺服位置控制系统,其职能框图如图 10-11 所示。

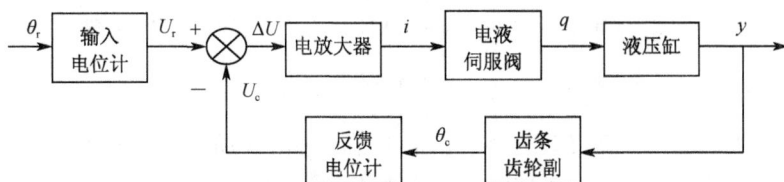

图 10-11　电液伺服位置控制系统职能框图

θ_r—输入电位计转角;θ_c—反馈电位计转角;U_r—输入电位计输出端电位;U_c—反馈电位计输出端电位;

i—电液伺服阀输入电流;$\Delta U = U_r - U_c$;q—电液伺服阀输出流量;y—活塞位移

2. 液压仿形刀架

图 10-12 为液压仿形刀架示意图。溜板 4 可沿导轨 3 纵向移动。仿形刀架 2、液压缸缸体 5 和伺服阀阀体 6 固连成一组合体,并借助于倾斜导轨(未画出)安放在溜板上。液压缸活塞杆的端部则固连在溜板上,在液压力的作用下,刀架组合体可沿倾斜导轨(与纵向进给方向呈一定角度)相对于溜板做前后运动,伺服阀采用正开口双边控制滑阀。

液压仿形刀架的工作原理为:开机前,仿形刀架组合体处在最后的位置,伺服阀阀芯 8 在其尾部弹簧 7 的作用下处于最前端,阀的控制开口 $e_1 = 0$,e_2 为最大。启动液压泵后,压力油直接进入液压缸的有杆腔(面积为 A_1)。无杆腔(面积为 A_2)回油到油箱。刀架组合体快速向前运动,在触销 10 尚未接触样件 9 时,阀芯与阀体一起运动,阀的控制开口大小不变。当触销接触样件后,阀芯的运动受到限制而不再前移,阀体 6 继续前移,控制开口 e_1 逐渐增大,e_2 逐渐减小,无杆腔压力

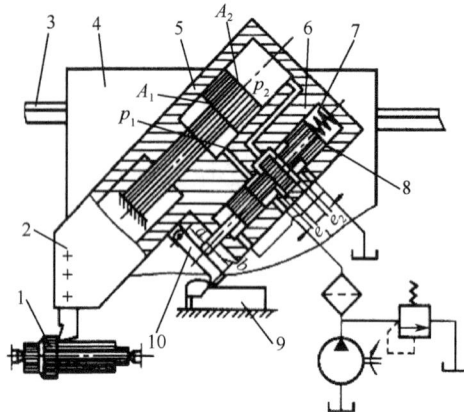

图 10-12　液压仿形刀架示意图

1—工件；2—仿形刀架；3—导轨；4—溜板；5—液压缸缸体；6—伺服阀
阀体；7—弹簧；8—伺服阀阀芯；9—样件；10—触销

p_2 逐渐增大，刀架组合体运动速度降低。当 $e_1 = e_2$ 时，伺服阀处于零位，两控制开口的节流压降相等，使得 $p_2 = \frac{1}{2}p_1$，液压缸停止运动（因 $A_2 = 2A_1$）。随后，刀架组合体将跟踪阀芯运动，伺服系统处于正常工作状态。开动机床纵向进给开关，溜板带着刀架组合体纵向进给，触销沿样件表面运动，刀架上的刀具便可车削出与样件轮廓相同的工件。

　　该系统中，由于阀体与液压缸缸体连在一起，使刀具的位移量直接反馈给伺服阀，因而液压缸缸体（或刀具）将完全跟随阀芯（或触销）的运动，实现仿形。系统框图如图 10-13 所示。这里，触销充当了比例元件，将样件高度变化量缩小后传给阀芯，系统中没有专门的反馈元件，而采用了机械式直接反馈，反馈量与系统输出量相同。

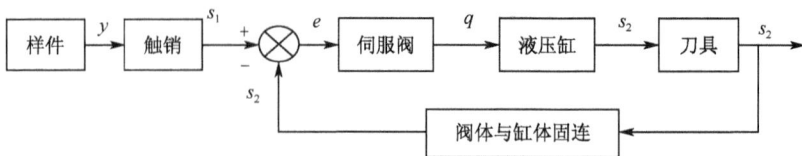

图 10-13　液压仿形刀架系统框图

y—样件高度变化量；s_1—阀芯位移量；s_2—刀架组合体位移量；e—阀口开度变化量，
$e = s_1 - s_2$；q—伺服阀输出流量

3. 电液伺服跑偏控制系统

图 10-14 所示为用在轧钢机上的电液伺服跑偏控制系统。

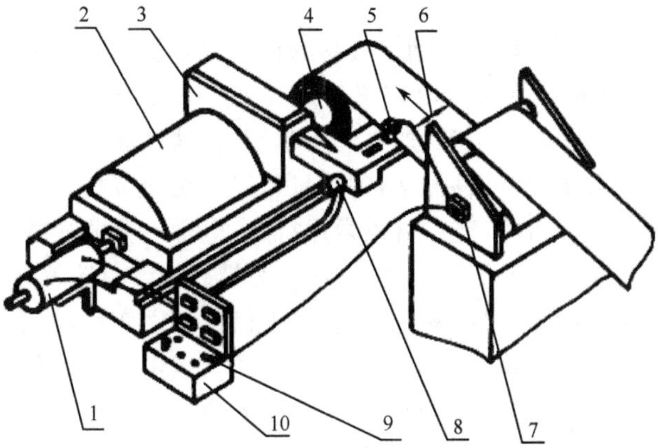

(a)

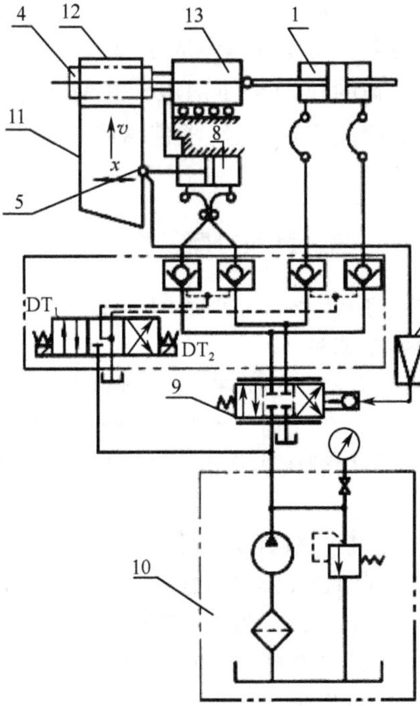

(b)

图 10-14　电液伺服跑偏控制系统

(a)工作原理图;(b)液压系统图

1—伺服液压缸;2—电动机;3—传动装置;4—卷筒;5—光电位置检测器;6—跑偏方向;7—伺服放大器;

8—辅助液压缸;9—电液伺服阀;10—能源装置;11—钢带;12—钢卷;13—卷取机

卷筒 4、传动装置 3 和电动机 2 构成了卷带机的主机部分,它们的机架固定在同一底座上,底座支承在水平导轨(未画出)上,在伺服液压缸 1 的驱动下,主机整体可以横向(与卷带方向垂直)移动。带材的横向跑偏量和方向由光电位置检测器 5 检测。安装在卷筒机架上的光电位置检测器在辅助液压缸 8 的作用下,相对于卷筒有"工作"和"退出"两个位置,即在开始卷带前,辅助液压缸将其推入"工作"位置,自动对准带边;当卷带结束后,又将其退出,以便切断带材。光电位置检测器由光源(发射)和光敏电桥组成,当带材正常运行时,电桥一臂的光敏电阻接收一半的光照,其电阻为 R,使电桥平衡,输出电压信号为零。当带材跑偏,带边偏离检测器中央时,光敏电阻接收的光照量发生变化,电阻值也随之变化,使电桥失去平衡,电桥输出反映带边偏离值的电压信号。此信号经放大器 7 放大后输入电液伺服阀 9,伺服阀则输出相应的液流量,使伺服液压缸拖动卷取机的卷筒,向跑偏方向跟踪,从而实现带材自动卷齐。由于检测器安装在卷取机移动部件上,随同跟踪实现位置反馈,很快就使检测器中央又对准带边,于是在新的平衡状态下卷取,完成一次自动纠偏过程。

　　该系统中,由于检测器和卷筒一起移动,形成了直接位置反馈,无专门的反馈元件。图 10-15(b)中电磁换向阀的作用是使伺服液压缸与辅助液压缸互锁。正常卷带时,电磁铁 DT_2 通电,辅助液压缸锁紧;卷带结束时,DT_1 通电,伺服液压缸锁紧。

思考题和习题

　　10-1　液压伺服系统由哪几部分组成?各部分的功能是什么?

　　10-2　液压伺服系统的基本类型有哪些?

　　10-3　滑阀式伺服阀有哪几种?其与换向滑阀有什么本质区别?

　　10-4　滑阀式伺服阀的阀口与换向滑阀的阀口有什么不同?

　　10-5　喷嘴挡板式伺服阀、射流管式伺服阀与滑阀式伺服阀相比有什么特点?它们各自的应用场合如何?

　　10-6　题 10-6 图所示为一采用电液伺服阀的位置控制系统。1 为电位计,其外壳上有齿轮,而活塞杆上带有齿条 2,齿轮和齿条啮合,因此活塞杆移动时,电位计 1 的外壳将绕自己的中心旋转;电位计 1 的两个定臂上加有一固定电压,而其动臂则截取部分电压,经放大器 5 放大后供给电液伺服阀 4。电液伺服阀的输出使液压缸 3 的活塞杆移动。如果动臂处于零位位置,活塞杆不动。当动臂向某一方向旋转时,活塞杆 2 将运动,使电位计外壳旋转。

　　(1)判断活塞杆的正确传动方向,以保证伺服系统能正常工作。如果运动方向不对,可采取什么简便的方法改正?

　　(2)说明由图中哪些元件承担了反馈和比较装置的作用。

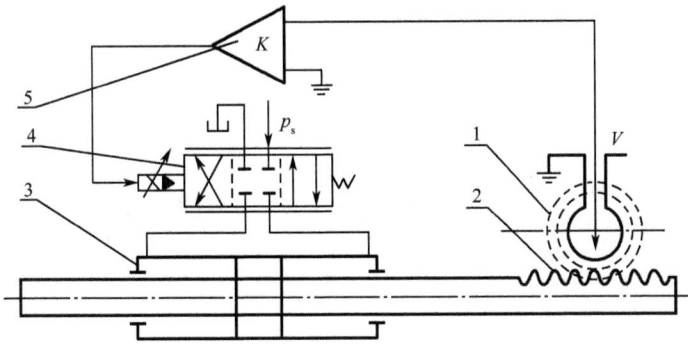

题 10-6 图

第二部分　气压传动篇

第1章 气动基础及气源系统

1.1 概　　述

1.1.1 气动及其系统组成

　　气动是气压传动及控制的简称，也可称为气动技术。它是以压缩空气为动力源驱动和控制各种机械设备以实现生产过程机械化和自动化的一种技术。它主要包含两个方面的内容，即气压传动和气动控制。它与液压传动和控制是同一门学科，两者总称为流体传动与控制。气动以压缩空气作为传递动力和信号的介质，通过气缸和气马达得到工作机所需的直线运动和回转运动。作为一种控制技术，气动控制系统可利用各种气动控制元件组成控制回路或装置以达到生产过程自动控制的目的。

　　气动技术可以实现断续控制和模拟控制，在某个气动系统中往往总是包含传动与控制两部分，如图 1-1 所示为常用于实现断续生产过程的典型气动系统，它包括：

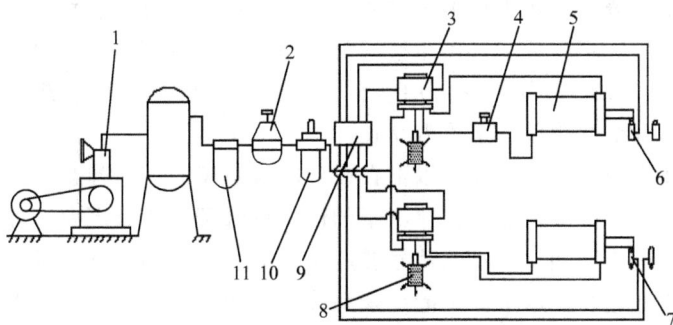

图 1-1　气动系统图

1—气压发生装置；2—减压阀；3—方向控制阀；4—流量控制阀；5—气动执行元件；6、7—气动传感元件；8—消声器；9—逻辑控制装置；10—油雾器；11—过滤器

　　(1) 气压发生装置。获得压缩空气的装置和设备，如空气压缩机。

　　(2) 气动执行元件。以压缩空气为工作介质产生机械运动的装置，如做直线运动的气缸或做回转运动的气马达。

　　(3) 气动控制元件。通过它能改变工作介质的压力、流量或流动方向来实现执行元件所规定的动作，如各种压力、流量、方向控制阀和各种气动逻辑元件。

（4）气动传感元件。感受各种被测参数（如位置、尺寸、压力等）并转换成气压信号的装置，如位置传感器等。

（5）气动辅件。为压缩空气的净化、元件的润滑、元件间的连接、消声等所需要的一些辅助装置。

1.1.2　气动的特点

由于气动具有一些独特的优点，故能在许多领域中得到广泛的应用。

（1）使用、维修方便。任何气动系统均可采用多种方式实现自动控制，既可结合电气进行混合控制，又可实现全气动控制。实现全气动控制时，可利用气动逻辑元件或气控阀组成控制回路，传动和控制均采用压缩空气为动力源，不必进行介质转换，具有结构简单、制造容易的特点。且空气介质黏度小，在管道中流动时能量损失小，压缩空气便于集中供应（压缩空气站）和远距离输送，供多台气动装置使用；因没有介质变质、更换、补充和回收等问题，气动元件和装置排气处理简单，不会对环境产生严重污染，故使用和维修方便。

（2）安全、可靠。组成气动系统的各种元件和装置，可以根据不同工作场合，选用合适的材料制成，能在高温、振动、辐射、灰尘、潮湿等恶劣的环境下安全、可靠地工作。空气介质比较清洁、又无须防爆，因而在化工、轻工、食品、医药卫生、铸锻、矿山机械及国防工业上使用更具有优越性。

（3）成本低、寿命长。气动用空气为介质，由于使用的空气工作压力较低，一般为 0.3～0.5MPa，其元件可用塑料、有色金属材料制造。成本低。且气动元件和装置本身结构简单、工作寿命长。

与其他技术相比，气动存在以下在设计时应考虑的一些问题。

①气动元件的信号传递速度比电子的慢，仅限于声速范围内。若与电子信号传递（相当于光速）相比较，其信号要产生较大的延迟和失真。所以气动控制不宜用于信号传递速度要求十分高的复杂系统中，同时，实现生产过程的遥控也比较困难，但对于一般的机床等的工作速度来说，气动信号的传递速度也足够了。

②由于空气具有可压缩性，因而单纯用气缸传动难以得到固定不变的运动速度，这时采用气-液联动阻尼缸可得到较好的效果。

③气动技术采用的工作压力较低，小于 0.7MPa，结构尺寸不宜过大，因而气动装置的总推力一般不可能很大。气压传动的传动效率较低，因而一般工厂均建立压缩空气站，进行统一分配和供应压缩空气以提高其利用效率。装置消声器可使气动排气噪声减小到允许范围以内，以便不影响周围环境。

综上所述，气动在工业、农业及国防各个领域中有广阔的应用，特别适用于实现快速和驱动负荷力不大的各种机械运动。它可以与液压、机械、电气和电子技术一起作为实现机械化和自动化的有力手段。

1.2　压 缩 空 气

由产生、处理和储存压缩空气的设备组成的系统称为气源系统。气源系统为气动装置提供满足一定要求的压缩空气。气源系统一般由气压发生装置、压缩空气的净化装置和传输管道组成。

1.2.1　压缩空气的几个基本概念

1. 干空气与湿空气

通常，大气中的空气总含有水蒸气。不含水蒸气的空气称为干空气，含水蒸气的空气就称为湿空气。湿空气是干空气和水蒸气的混合气体，与其他的混合气体不同的是，湿空气中水蒸气的含量会随着温度和压力的变化而发生变化。在一定的温度和压力下，空气中所含的水蒸气的含量是有限度的。当空气中所含的水蒸气达到最大限度时，水蒸气处于饱和状态，此时的湿空气就称为饱和湿空气。

在水蒸气分压不是很高的情况下（数百帕），水蒸气可作为理想气体来处理，故饱和水蒸气的分压力（绝对压力）为

$$p_b = \rho_b RT \quad (Pa) \tag{1-1}$$

式中，ρ_b 为饱和水蒸气密度，kg/m^3；R 为水蒸气气体常数，461N·m/（kg·K）；T 为气体的绝对温度，K（℃ +273.15）。

2. 相对湿度

每立方米湿空气所含水蒸气量 ρ_s（即未饱和空气中水蒸气密度）与同温度下每立方米饱和湿空气中所含水蒸气量 ρ_b（即饱和水蒸气密度）之比称为相对湿度，用符号 φ 表示，即

$$\varphi = \rho_s / \rho_b \quad （\%） \tag{1-2}$$

由式(1-1)及式(1-2)还可得出

$$\varphi = p_s / p_b \quad （\%） \tag{1-3}$$

式中，p_s 为未饱和水蒸气分压（绝对压力）。

3. 含湿量

当压力和湿度变化时，湿空气中水蒸气的质量可能会发生变化，但其中的干空气质量总是不变的。为了分析和计算方便，常采用干空气质量作为计算基准。一定容积的湿空气中水蒸气质量 m_s（kg）与干空气质量 m_a（kg）之比称为含湿量，以符号 d 表示。

$$d = m_s/m_a \doteq \rho_s/\rho_a \quad (\text{kg 水蒸气} /\text{kg 干空气})$$

式中，ρ_a 为水蒸气密度。

将式(1-1) 代入上式，可得

$$d = 622\varphi p_b/(p - \varphi p_b) \quad (\text{g/kg 干空气}) \tag{1-4}$$

式中，p 为空气压力（绝对压力）。

4. 露点

在一定压力下，降低未饱和湿空气的温度，使其达到饱和状态时的温度称作露点。实际上，露点就是未饱和湿空气中水蒸气分压 p_s 相对应的饱和温度。温度降到露点以下，湿空气中就会有水滴析出，降温去除湿空气中的水分就是利用此原理。

5. 压缩空气的相对湿度和露点

从式(1-4) 可知，当压缩空气压力 p 提高时，含湿量 d 将减小，因此加压也能去除空气中的水分。由式(1-1) 和式(1-3) 可推导出压缩空气相对湿度的计算公式为

$$\varphi' = \varphi p_b p'/p'_b p \quad (\%) \tag{1-5}$$

式中，p、p' 为压缩前、后空气的绝对压力，Pa；p_b、p'_b 为压缩前、后与其温度相对应的饱和水蒸气分压力，Pa；φ 为压缩前空气的相对湿度。

令 $\varphi' = 1$，则压缩后的饱和水蒸气分压力为

$$p'_b = \varphi p_b p/p \quad (\text{Pa}) \tag{1-6}$$

压力露点与大气压露点的换算关系如图 1-2 所示。

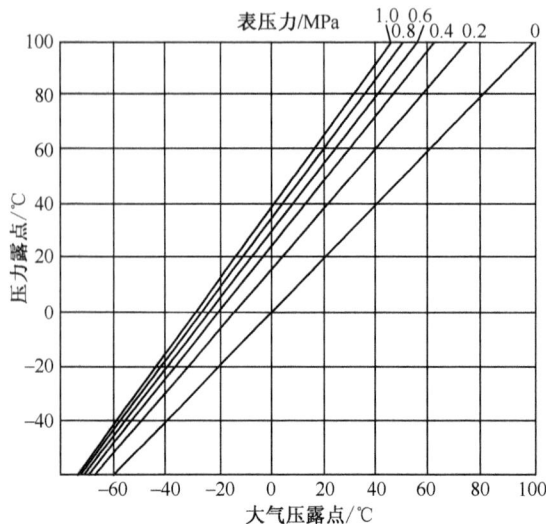

图 1-2　大气压露点与压力露点换算

1.2.2　压缩空气的污染

1. 污染源

空气污染一般是指空气中混入或产生某些污染物质，使空气的品质受到不良影响。污染物质多种多样，有粉尘、烟尘、液雾等。一切混入气体的物质都会引起污染。

压缩空气中杂质的主要来源有：

（1）由系统外部的大气中经压缩机等吸入的；

（2）由系统内部自发产生的；

（3）安装、装配或维修时混入的。

2. 污染的影响

空气的污染物按物质种类，可分为水分、油分和固体杂质。

（1）水分的影响。气流中混入水分后，会使气动元件等因生锈而动作迟缓，喷涂时因气动喷雾器中含有的水分而影响喷涂质量。在寒冷地区，水凝结后结冰会使管道及附件损坏，或使气流不能流通。此外，聚集在管道内的凝结水当达到一定量时，在气流压力的作用下，会对管壁形成水击现象，损坏管路。

（2）油分的影响。油蒸气聚集在储气罐中，形成易燃物甚至是爆炸混合物。另外，油分经高温氧化后形成的一种有机酸，会腐蚀金属设备。此外，食品、药品和微电子等行业对环境有特殊要求，应用于这些行业的气动设备若没有实施无油化以及空气净化处理后没有达到含油率的要求，油分将严重影响产品质量，降低产品品质。

（3）固体尘埃的影响。固体尘埃进入气动元件的可动部分后，会加速该部件的磨损，导致动作不良，功能下降，进而失效。颗粒大的固体尘埃沉积在管道内，减小了管道的通流截面积。

总之，空气中的污染物流经管道和元件会引起堵塞和锈蚀。杂质会加速元件磨损，缩短寿命，同时可能导致元件误动作。油气会使密封件老化，严重时会引起燃烧和爆炸，最终将影响气动自动化系统的安全性和可靠性。

1.2.3　空气的质量等级

随着机电一体化程度的提高，气动元件日趋精密，对压缩空气的品质要求也越来越高。气动元件本身的低功率，小型化，以及微电子、食品和制药等行业对作业环境的严格要求和污染控制，都对压缩空气的净化质量提出了更高的要求。

ISO 8573.1 标准已对压缩空气中的固体尘埃颗粒度、含水率（以压力露点形式要求）和含油率的要求划分了压缩空气的质量等级，见表 1-1（GB/T 13277—91《一般用压缩空气质量等级》等效采用 ISO 8573.1 标准）。

表 1-1　空气质量等级

等级	最大粒子		压力露点（最大值）	最大含油量
	尺寸/μm	浓度/(mg/m^3)	/℃	/(mg/m^3)
1	0.1	0.1	−70	0.01
2	1	1	−40	0.1
3	5	5	−20	1.0
4	15	8	+3	5
5	40	10	+7	25
6	—	—	+10	—
7	—	—	不规定	—

1.2.4　空气的净化处理

不同的气动装置，对压缩空气的质量要求是不同的，相应的空气净化装置也是不同的。质量低劣的空气会使优良的气动设备事故频繁，缩短使用寿命；而超出使用的要求，又会增加成本。所以应根据应用场合对空气质量的要求，来设置压缩空气净化装置。

压缩空气净化装置有主管道净化设备，包括后冷却器、各种大流量的过滤器（除水的分水过滤器、除焦油过滤器、除油过滤器和除臭过滤器等）、各种空气干燥器、排污器和储气罐等；还有支管道净化处理装置，包括各种小流量过滤器、排水器管。净化压缩空气，主要有物理方法和化学方法。

1.3　空气压缩站

1.3.1　空气压缩站的组成

空气压缩站（简称空压站）是气动自动控制系统的重要组成部分，它为气动设备提供满足要求的压缩空气动力源。空压站的主要组成装置有气压发生装置（空气压缩机，简称空压机）、储气罐和后冷却器。典型的空压站组成如图 1-3 所示。

1. 空压机

空压机是气压发生装置，是将机械能转换为气体压力能的转换装置。常见的空压机有活塞式空压机、叶片式空压机和螺杆式空压机三种。

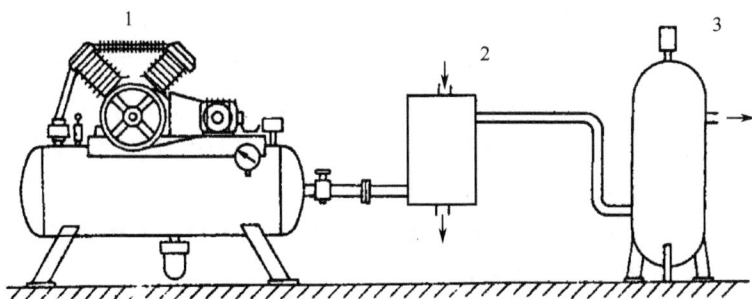

图 1-3 空压站组成示意图

1—空压机；2—后冷却器；3—储气罐

空压机的种类很多，按工作原理、结构形式及性能参数分类。

(1) 按工作原理分类。

可分为容积型空压机和速度型空压机。容积型空压机的工作原理是压缩空压机中气体的体积，使单位体积内空气分子的密度增加以提高压缩空气的压力。速度型空压机的工作原理是提高气体分子的运动速度以此增加气体的动能，然后将气体分子的动能转化为压力能以提高压缩空气的压力。

(2) 按结构形式分类（图 1-4）。

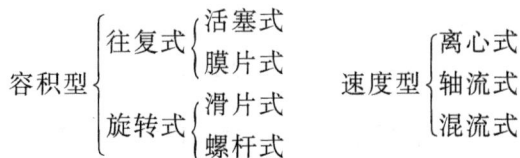

$$容积型\begin{cases}往复式\begin{cases}活塞式\\膜片式\end{cases}\\旋转式\begin{cases}滑片式\\螺杆式\end{cases}\end{cases}\qquad 速度型\begin{cases}离心式\\轴流式\\混流式\end{cases}$$

图 1-4 空压机按结构形式分类

(3) 按空压机输出压力大小分类。

低压空压机，(0.2～1.0)MPa；

中压空压机，(1.0～10)MPa；

高压空压机，(10～100)MPa；

超高压空压机，>100MPa。

(4) 按空压机输出流量（排量）分类。

微型，<1m³/min；

小型，1～10m³/min；

中型，10～100m³/min；

大型，>100m³/min。

2. 储气罐

储气罐的作用之一是用来储存一定量的压缩空气，调节空压机输出气量与用户耗气量之间的不平衡状况，保证连续、稳定的气流输出；作用之二是当出现空压机停机、突然停电等意外事故时，可用储气罐中储存的压缩空气实施紧急处理，保证安全；作用之三是减小空压机输出气流脉动，稳定空压站管道中的压力。此外，还能降低压缩空气温度，分离压缩空气中的部分水分和油分。

储气罐容积的确定，应从以下两个方面考虑。

(1) 当空压机或外部管网突然停止供气，储气罐中储存的压缩空气应保证气动系统工作一定时间。储气罐容积为

$$V \geqslant \frac{p_a}{p_1 - p_2} Q_{max} t \tag{1-7}$$

式中，p_a 为大气压力（绝对压力），MPa；p_1 为突然停电时气罐内的初始绝对压力，MPa；p_2 为气动系统允许最低工作绝对压力，MPa；Q_{max} 为气动系统的最大耗气流量，m^3/min，(ANR：指温度为20℃、相对湿度为65%、压力为0.1MPa 时空气的状态。按国际标准 ISO 8778，标准状态下的单位后面可标注(ANR))；t 为停电后气罐应维持的供气时间，min。

式 (1-7) 中的流量 (ANR) 是指在标准状态下的空气流量，与压缩空气流量的换算见式 (1-9)。

(2) 当气动系统用气量大于空压机的排气量时，应按式 (1-8) 计算储气罐容积

$$V \geqslant \frac{V_0 - Q_v t}{p_1 - p_2} p_a \tag{1-8}$$

式中，V_0 为气动系统在工作周期 t 内所消耗的自由空气体积，m^3；Q_v 为空压机或外部管网供给的自由空气流量，m^3/min；t 为气动设备和装置的工作周期，min；p_a 为大气绝对压力，MPa；p_1 为储气罐内气体绝对压力，MPa；p_2 为储气罐内气体允许降至的最低绝对压力，MPa。

取式 (1-7) 与式 (1-8) 计算出的最大容积为储气罐容积。

如图 1-5 所示，储气罐应装有安全阀、压力表，以控制和指示其内部压力，底部装有排污阀，并定时排放；储气罐属于压力容器，其设计、制造和使用应遵守国家有关压力容器的规定。

3. 后冷却器

后冷却器的作用是使温度高达 120～180℃ 的空压机排出气体冷却到 40～50℃，并使其中的水蒸气和油雾冷凝成水滴和油滴，以便对压缩空气实施进一步净化处理。

后冷却器有风冷式和水冷式两大类。风冷式是靠风扇产生的冷空气吹向带散热片的热空气管道，经风冷后的压缩空气的出口温度大约比环境温度高 15℃。

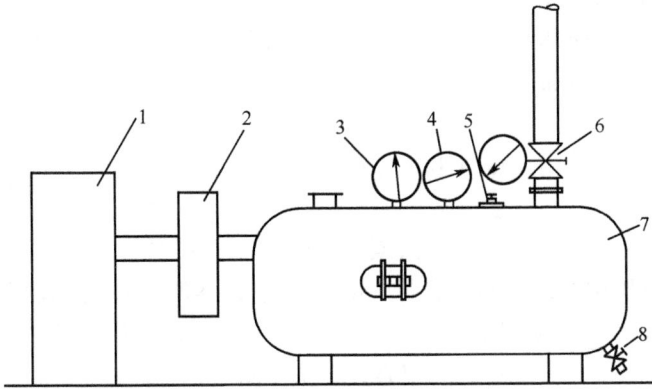

图 1-5　储气罐

1—压缩机；2—后冷却器；3—压力表；4—温度计；5—安全阀；6—截止阀；7—储气罐；8—排水口

水冷式是通过强迫冷却水沿压缩空气流动方向的反方向流动来进行冷却，如图 1-6 所示。压缩空气出口温度比环境温度高 10℃ 左右。

后冷却器上应装有自动排水器，以排除冷凝水和油滴等杂质。

1.3.2　空压站机组的选择

空压站机组的选择依据是根据气动系统的工作压力、流量以及安装地点周围的环保要求来选择的。

1. 输出流量

1）标准流量与有压流量换算

所谓标准流量是指在温度 20℃，大气压力

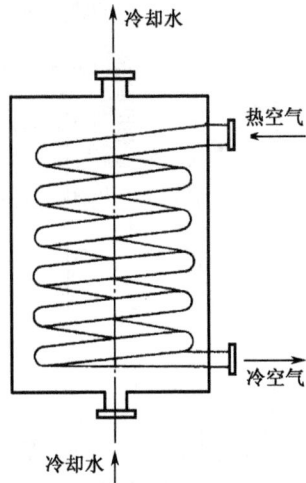

图 1-6　水冷式后冷却器

1.013×10^5 Pa，相对湿度 65% 的状态下的流量。标准流量也可看作自由流量。气动系统工作要求的压缩空气流量是在其工作压力状态下的流量，称为有压流量。需将两者进行换算，换算式

$$Q_{标} = \frac{p_{压}}{p_{标}} \frac{T_{标}}{T_{压}} Q_{压} \quad (\text{m}^3/\text{min}) \tag{1-9}$$

式中，$Q_{标}$ 为标准流量，m^3/min，（ANR）；$Q_{压}$ 为压力状态下的流量，m^3/min；$p_{压}$ 为绝对工作压力，Pa；$p_{标}$ 为标准状态下的空气压力，Pa，$p_{标} = 1.013 \times 10^5$ Pa；$T_{压}$ 为工作空气温度，℃，$T_{压} = (t+273)$ K；$T_{标}$ 为标准状态下的空气温度，℃，$T = 293$K。

2) 输出流量的确定

在确定空压站机组输出流量时，应以气动系统最大耗气量（标准流量）为基础，并考虑到气动设备和系统管道阀门的泄漏量，以及各种气动设备是否同时连续用气等因素。

空压站机组的输出流量可由式（1-10）确定，式（1-10）中的流量均为标准流量。

$$Q_c = k_1 k_2 k_3 Q \quad (\text{m}^3/\text{min})(\text{ANR}) \tag{1-10}$$

式中，Q_c 为空压站机组的输出流量，m^3/min，（ANR）；Q 为气动系统的最大耗气量，m^3/min；k_1 为漏损系数，$k_1 = 1.15 \sim 1.5$，气动元件多时取大值；k_2 为备用系数，$k_2 = 1.3 \sim 1.6$；k_3 为利用系数，参照图 1-7 选取。

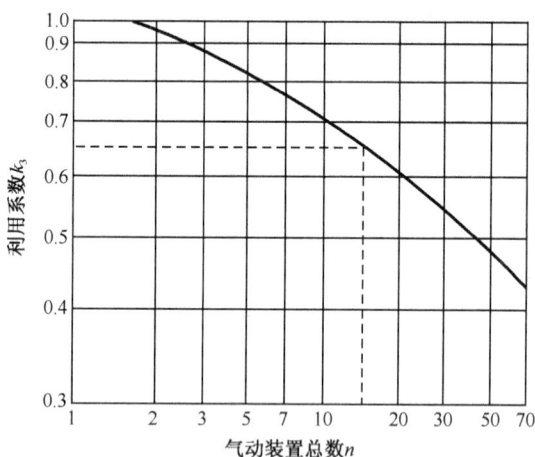

图 1-7　利用系数 k_3

k_1 是考虑气动元件、管接头等处的泄漏，尤其是气动元件等的磨损泄漏。k_2 是考虑系统中增添新的气动设备的可能，系数大小视具体情况而定。k_3 是考虑到多台气动设备不一定同时使用的情况，若同时使用，令 $k_3 = 1$。

2. 输出压力

$$p_c = p + \sum \Delta p \quad (\text{MPa}) \tag{1-11}$$

式中，p 为气动系统的工作压力，MPa；$\sum \Delta p$ 为气动系统总的压力损失。

气动系统的工作压力应理解为系统中各个气动执行元件工作的最高工作压力。气动系统的总压力损失除了考虑管路的沿程阻力损失和局部阻力损失外，还应考虑为了保证减压阀的稳压性能所必需的最低输入压力，以及气动元件工作时的压降损失。

1.4　空气净化处理装置

1.4.1　干燥器

1. 冷冻式空气干燥器

冷冻式空气干燥器的工作原理是，使湿空气冷却到其露点温度以下，使空气中水蒸气凝结成水滴并清除出去，然后再将压缩空气加热至环境温度输送出去。

图 1-8 为冷冻式空气干燥器的工作原理图。

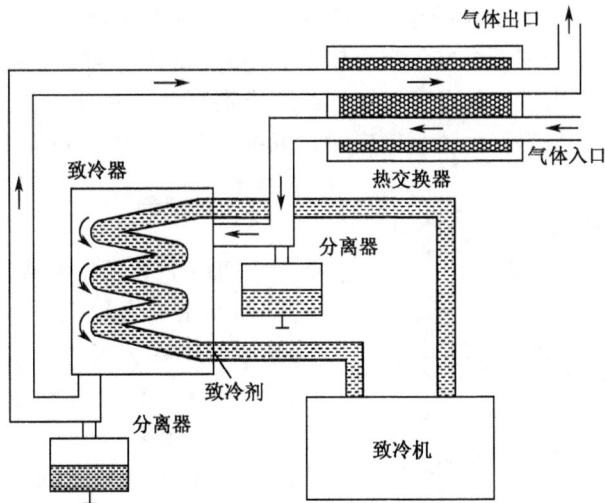

图 1-8　冷冻式空气干燥器工作原理图

进入干燥器的空气首先进入热交换器冷却，经初步冷却的空气中析出的水分和油分经分离器排出。然后，空气再进入致冷器，这使空气进一步冷却到 2～5℃，使空气中含有的气态水分、油分等由于温度的降低而进一步大量地析出，经分离器排出。冷却后的空气再进入热交换器加热输出。

在压缩空气冷却过程中，致冷机的作用是将输入的气态致冷剂压缩并冷却，使其变为液态，然后将致冷剂过滤、干燥后送入毛细管或自动膨胀阀中，使致冷剂变为低压、低温的液态输出到致冷器中。致冷剂进入致冷器冷却空气的同时，吸收了压缩空气的热量后转变为气态，然后再进入致冷机，重复上面的热交换过程。

冷冻式干燥器具有结构紧凑，使用维护方便，维护费用较低等优点，适用于空气处理量较大、露点温度不是太低的场合。

2. 吸附式空气干燥器

吸附式空气干燥器是利用具有吸附性能的吸附剂（如硅胶、活性氧化铝、分子筛等）吸附空气中水蒸气的一种空气净化装置。吸附剂吸附湿空气中的水蒸气后将达到饱和状态。为了能够连续工作，就必须使吸附剂中的水分再排除掉，使吸附剂恢复到干燥状态，这称为吸附剂的再生（亦称脱附）。吸附剂的再生方法有加热再生和无热再生两种。目前无热再生吸附式空气干燥器得到了广泛应用。

3. 膜式空气干燥器

湿空气从中空的分子膜纤维内部流过，空气中的水分透过分子膜向外壁析出，由此排除了水分的干燥空气得以输出。同时，部分干燥空气与透过分子膜外壁的水分一起排向大气，使分子膜能连续地排除湿空气中的水分。膜式空气干燥器输出流量较小。当需要大流量输出时，可将若干个干燥器并联使用。

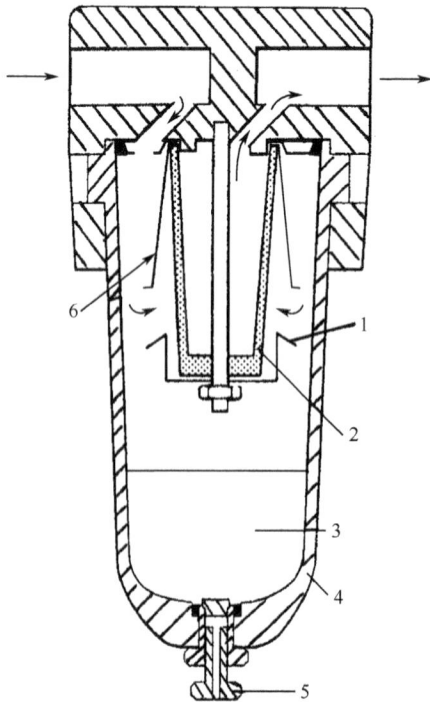

图 1-9　分水过滤器

1—挡水板；2—滤芯；3—闪凝物；
4—滤杯；5—排放螺栓；6—旋风挡板

1.4.2　过滤器

目前，广泛使用的是分水过滤，分水过滤器滤尘能力较强，它和减压阀、油雾器一起被称为气动三联件，是气动系统中不可缺少的辅助装置。

图 1-9 所示为一种分水过滤器结构图。分水过滤器的工作原理为：当压缩空气从过滤器的输入口流入后，气体及其所含的冷凝水、油滴和固态杂质由导流板（旋风挡板）引入滤杯中，旋风挡板使气流沿切线方向旋转，空气中的冷凝水、油滴和颗粒大的固态杂质等质量较大，受离心力作用被甩到滤杯内壁上，并流到底部沉积起来；然后，压缩空气流过滤芯，进一步清除其中颗粒较小的固态粒子，洁净的空气便从输出口输出。挡水板的作用是防止已积存的冷凝水再混入气流中。定期打开排放螺栓，放掉积存的油、水和杂质。

使用时，分水过滤器必须垂直安装，

并使排水阀向下，壳体上箭头所指为气流方向，切勿装反。需要特别强调的是，使用中必须经常放水，存水杯中的积水不得超过挡水板，否则水分仍将被气流带出，失去了分水过滤器的作用。应定期清洗或更换滤芯。

1.4.3 油雾器

油雾器在系统中的作用是将润滑油雾化，把雾化后的油雾全部随压缩空气输出，油雾粒径约为 $20\mu m$。

1）工作原理

图 1-10 所示为一种固定节流式普通型油雾器。压缩空气从输入口进入油雾器后，绝大部分经主管道输出，一小部分气流进入立杆 1 上正对气流方向的小孔 a，经截止阀 2 进入油杯的上腔 c 中，使油面受压。而立杆上背对气流方向的孔 b，由于其周围气流的高速流动，其压力低于气流压力。这样，油面气压与孔 b 压力间存在压差，润滑油在此压差作用下，经吸油管 4、单向阀 5 和油量调节针阀 6 滴落到透明的视油器 7 内，并顺着油路被主管道中的高速气流从孔 b 引射出来，雾化后随空气一同输出。

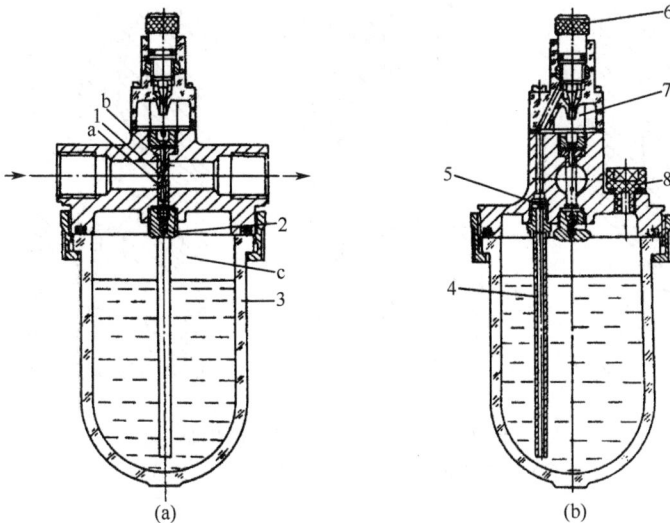

图 1-10 固定节流式普通型油雾器

1—立杆；2—截止阀；3—油杯；4—吸油管；5—单向阀；6—油量调节针阀；7—视油器；8—油塞

2）特点

固定节流式普通型油雾器有以下特点。

当空气流量变化时，如果不重新调整油量调节针阀的开度，则输出的油雾浓度将被改变。调整油量调节针阀的开度以改变滴油量，保持一定的油雾浓度。滴

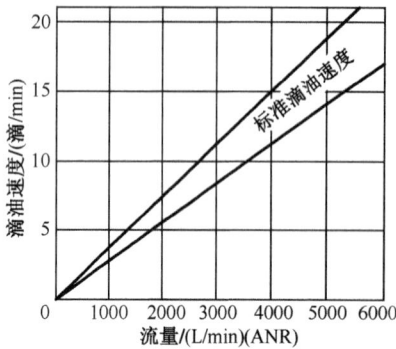

图 1-11　推荐滴油速度

油速度根据空气流速来选择，如图 1-11 所示。

能实现不停气加油。图 1-10 中的截止阀 2 保证了不停气加油的实施，如图 1-12 所示。

当没有气流输入油雾器时，阀中的弹簧把钢球顶起，封住加压通道，阀处于截止状态，如图 1-12(a) 所示。正常工作时，输入油雾器的压力气体经立杆上的孔 a（见图 1-10）推开钢球进入油杯，且设计时保证当钢球处于图 1-12(b) 所示的中间位置时，恰好处于受力平衡状态，截止阀处于打开状态。当进行不停气加油时，拧松油雾器加油孔的油塞（见图 1-10），使油杯中气压降至大气压，钢球由中间位置被压下，如图 1-12(c) 所示，使截止阀处于反向截止状态，压力气体无法进入油杯，确保油杯内的气压保持为大气压，油不会飞溅出去，从而实现不停气加油。

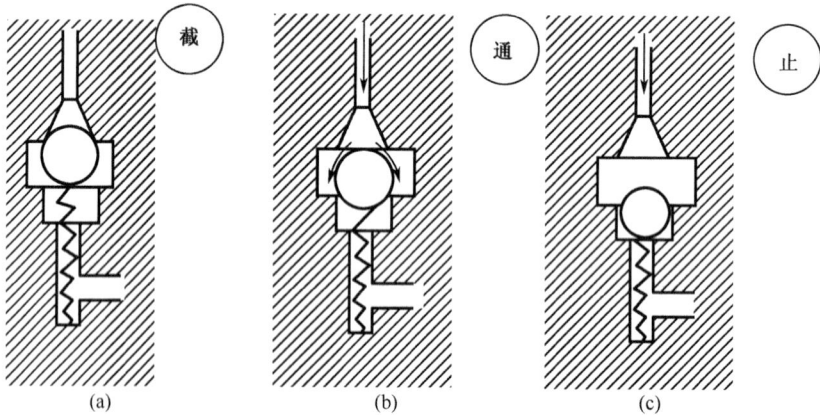

图 1-12　截止阀的三种工作状态
(a) 不工作状态；(b) 工作状态；(c) 加油状态

1.5　管道网络

1.5.1　管道设计

1. 管道直径计算

气源系统管道直径的大小是根据气动系统的流量和流速的要求，以及整个管路系统内气体压力损失的允许值来确定的。可根据压缩空气的最大流量及选定流速来计算管径，再用求得的管径和流速来验算压力降（即压力损失），使压力降在允许范围内；如超出允许范围，则需增大管径进行调整。

由流体力学连续性方程可推导出管径 D 的计算公式。

$$D = \sqrt{\frac{Q}{60\pi v}} \qquad (1\text{-}12)$$

式中，Q 为压缩空气的体积流量，m^3/min，（ANR）；v 为压缩空气在管内的流动速度，m/s。式（1-12）中，v 一般限制在 $8\sim10m/s$，最大不超过 $12m/s$。

2. 压力降校核

由黏性流体沿程阻力公式（即 Darcy 公式）可得压力降 Δp 的计算公式

$$\Delta p = \frac{1}{2}\rho v^2 \lambda \frac{l}{D} \qquad (1\text{-}13)$$

式中，ρ 为空气密度，kg/m^3；v 为管内空气流速，m/s；λ 为沿程阻力损失系数；l 为管路长度，m；D 为管路直径，m。

式（1-13）中，沿程阻力损失系数的影响因素很多，压降 Δp 的计算十分不便，在工程上一般利用图解法来确定 Δp。

3. 管道中流阻元件的影响

压缩空气在管道中流动的压力损失（压力降）不仅有因管道长度引起的沿程损失，还有因在管道中设置的 T 形管、弯管和各种阀门等流阻元件的存在而形成的局部损失。在管道系统的设计计算中，常常按损失能量（即压力损失）相等的观点把流阻元件的局部损失换算成等值长度的沿程损失，即将流阻元件换算成等值管长。

1.5.2　管道布置的基本原则

影响管道布置的主要因素除了前面提到的流量和压降要求外，还有对压缩空气的质量要求，以及安全性和经济性要求等。

1. 从供气压力要求来考虑

（1）普通气动设备大多采用不大于 0.8MPa 的压缩空气源，故一般按只有一种压力要求来处理。采用同一压力管道，用减压阀来满足用气设备的压力要求。

（2）当压缩空气有多种压力要求时，需分别处理：气动设备有多种压力要求且用气量都比较大时，采用多种压力管道供气系统，设置多种压力管网，分区供气；管路中多数设备为低压装置但有少数高压装置时，可采用管道供气与瓶装供气相结合的供气系统，管道供大量低压气，瓶装供少量高压气。

2. 从供气净化质量要求来考虑

根据各用气装置对空气质量的不同要求，分别设计成一般供气系统和清洁供气系统。若清洁供气用气量不大，可单独设置小型净化干燥装置来满足要求。

需要特别注意的是，从各种压缩空气净化处理设备和装置排出的油和水的混合物等污物，应设置统一管道排除处理，以防止造成新的环境污染。并应考虑将后冷却器的冷却水循环使用，节约用水。

管路应有 $1\%\sim2\%$ 的斜度以便排水，并在最低处设置排水器。分支管路及气动设备从主供气管路接出压缩空气使用时，必须在主供气管路的上方接出，以防止冷凝水流入气动设备（图 1-13）。

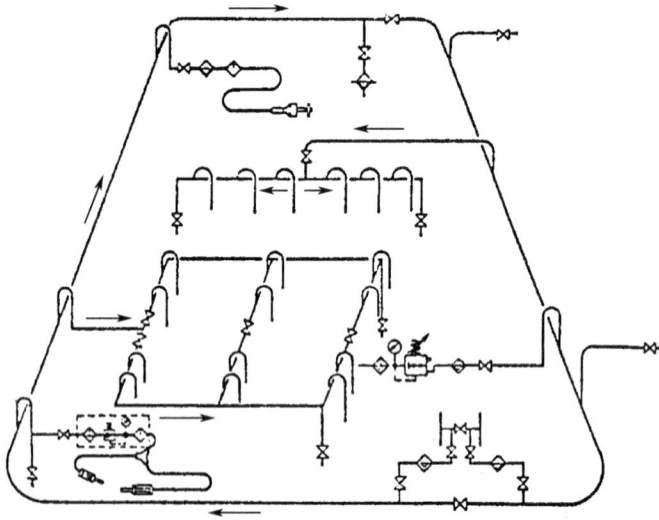

图 1-13 分支管路的接法

3. 从供气的可靠性和经济性要求来考虑

图 1-14 所示为三种管网供气系统。其中图 1-14（a）为单树枝状管网供气系统，此种系统优点是简单，经济性好，多用于间断供气；缺点是可靠性差。图 1-14（b）为单环状管网供气系统，其特点是可靠性高，压力稳定，阻力损失小，但投资较大。图 1-14（c）为双树枝状管网供气系统，与单树枝状管网相比较，实际上是拥有了一套备用管网，因此可靠性较好。

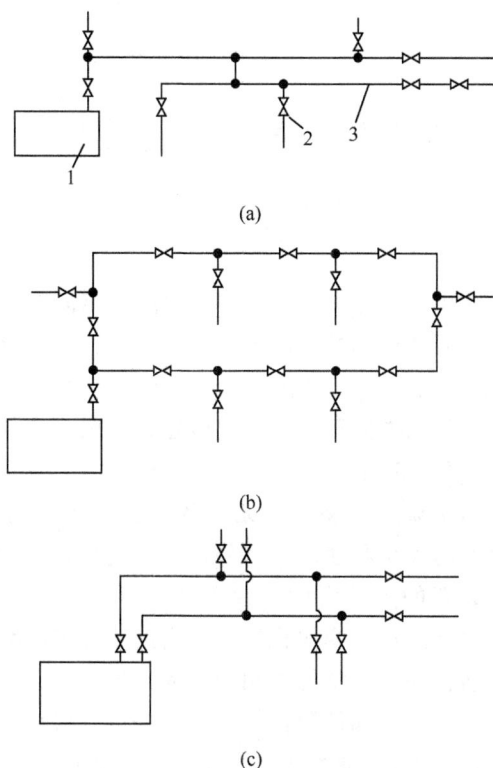

(a)

(b)

(c)

图 1-14　管网供气系统

(a) 单树枝状管网；(b) 单环状管网；(c) 双树枝状管网

1—压缩空气站；2—阀门；3—管道

思考题和习题

1-1　气动系统由哪些装置及元件组成？

1-2　气动系统对压缩空气的质量有些什么要求？

1-3　空气压缩机在气动系统中起何作用？如何选用？

1-4　压缩空气的净化装置和设备包括哪些？它们各起什么作用？

1-5　气动系统的管道布置应遵循哪些原则？如何选择管道的内径和壁厚？

1-6　依次说明气动三大件的名称及其用途。

1-7　简述分水滤气器的结构原理。它有哪些性能指标？

1-8　简述油雾器的工作原理。什么场合需要油雾器？什么场合不需要油雾器？

1-9　为什么气动系统要用消声器？消声器一般安装在什么地方？

1-10　气动系统如何选用管道及管接头？

第2章 气动执行元件

2.1 概　　述

在气动自动化系统中，气动执行元件是一种将压缩空气的能量转化为机械能，实现直线、摆动或回转运动的传动装置。气动执行元件有如下特点。

(1) 与液压执行元件相比，气动执行元件的运动速度快，工作压力低，适用于低输出力的场合。正常工作的环境温度也较宽，一般可在 $-20℃\sim80℃$（耐高温的可达 $150℃$）的环境下正常工作。

(2) 相对机械传动来说，气动执行元件的结构简单，制造成本低，维修方便，便于调节其输出力的大小和速度。另外，其安装方式、运动方向及执行元件的数目又可根据机械装置的要求由设计者自由选择，特别是由于制造技术的发展，气动执行元件已向标准化、模块化发展，借助于计算机数据传输技术发展起来的气动阀岛，使气动自动化系统的控制接线大大地简化，可靠性提高。这就为简化整个复杂机械的结构设计和控制提供了有利条件。譬如，已有精密气动驱动装置（气动坐标气缸）、气动手指等功能部件构成的标准气动机械手产品出售。

(3) 由于气体的可压缩性使气动执行元件在速度控制、抗负载影响等方面的性能劣于液压执行元件。当需要精确地控制运动速度，减小负载变化对运动的影响时，常需要借助气动-液压联合装置等来实现。

气动执行元件有三大类：产生直线往复运动的气缸，在一定角度范围内摆动的摆动马达（也曾称摆动气缸），以及产生连续转动的气动马达。本章主要讨论气缸。

气缸是气动自动化系统中使用最为广泛的一种执行元件。根据使用条件、场合的不同，其结构、功能和形状也不一样，种类繁多。

2.2 气　　缸

2.2.1 分类

要完全确切地对气缸进行分类是困难的，一般以气缸的结构特征来分类。但有的气缸名称又是按其用途来称呼的，如阻挡气缸，这是一种单作用气缸（弹簧复位），主要用于自动线输送带上，其活塞杆伸出时，阻挡输送带上工件移动，活塞杆退回时，工件即能通过。有的按外形来称呼，如矩形气缸。也有的按功能来称呼，如多位气缸。

1. 按结构分类

按结构分类如图 2-1 所示。

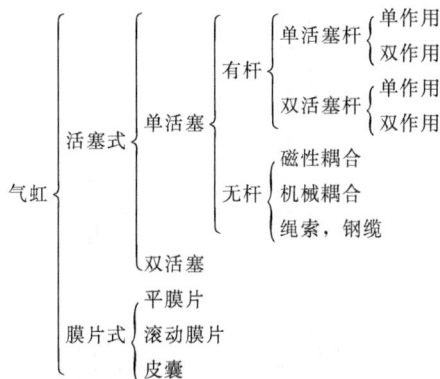

```
气虹 ┬ 活塞式 ┬ 单活塞 ┬ 有杆 ┬ 单活塞杆 ┬ 单作用
     │        │        │      │          └ 双作用
     │        │        │      └ 双活塞杆 ┬ 单作用
     │        │        │                 └ 双作用
     │        │        └ 无杆 ┬ 磁性耦合
     │        │               ├ 机械耦合
     │        │               └ 绳索，钢缆
     │        └ 双活塞
     └ 膜片式 ┬ 平膜片
              ├ 滚动膜片
              └ 皮囊
```

图 2-1　按结构分类

2. 按缸径分类

缸径 2.5～6mm 为微型气缸，8～25mm 为小型气缸，32～320mm 为中型气缸，大于 320mm 为大型气缸。

3. 按安装形式分类

按气缸的安装件是否可拆卸，可分为可拆式和整体式气缸两种。国际标准 ISO 6430 规定了缸径 32～320mm 整体式单活塞杆气缸的安装尺寸，ISO 6431 规定了缸径 2～320mm 可拆式单活塞杆气缸的安装尺寸，ISO 6432 规定了缸径 8～25mm 单活塞杆气缸的安装尺寸。图 2-2 所示为常用的气缸安装方式。

4. 按缓冲形式分类

为防止气缸活塞在行程终端撞击缸盖，一般都设有缓冲装置。气缸内设有缓冲装置的，称缓冲气缸；否则，就是无缓冲气缸。无缓冲气缸适用于微型气缸、小型单作用气缸和短行程气缸。通常所说的"缓冲"气缸是指气垫缓冲。

气缸的缓冲可分为弹性垫缓冲（一般为固定的）和气垫缓冲（一般为可调的）。弹性垫缓冲是在活塞两侧设置橡胶垫，或者在两端缸盖上设置橡胶垫，吸收动能，常用于缸径小于 25mm 的气缸。气垫缓冲是利用活塞在行程终端前封闭的缓冲腔室所形成的气垫作用来吸收动能的，适用于大多数气缸的缓冲。

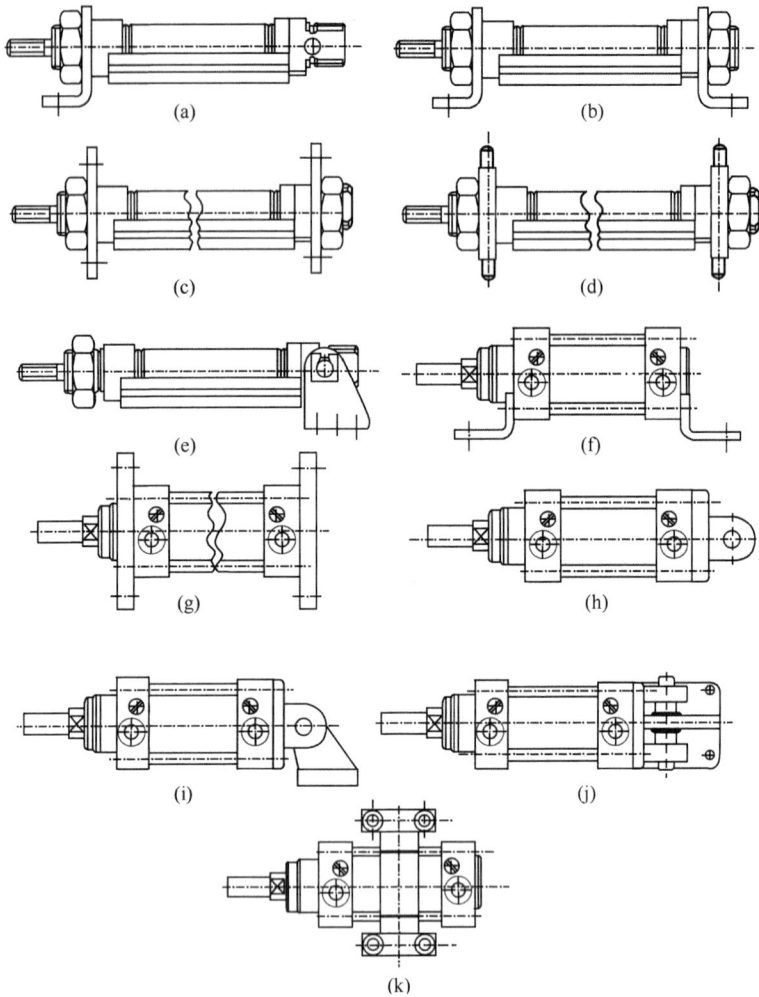

图 2-2　气缸安装方式

(a)、(b)、(f) —脚架型；(c)、(g) —前、后法兰型；(d) —轴销型；

(e)、(i)、(j) —球铰耳环型；(h) —耳环型；(k) —中间轴销型

5. 按驱动方式分类

驱动方式是指压缩空气作用在活塞端面上的方向，有单向作用气缸和双向作用气缸两种。

6. 按润滑方式分类

可分为给油气缸和无给油气缸两类。给油气缸使用的工作介质是含油雾的压缩空气，对气缸内活塞、缸筒等相对运动部件进行润滑。无给油气缸所使用的压

缩空气中不含油雾,是靠装配前预先添加在密封圈内的润滑脂使气缸运动部件润滑的。

使用时应注意,无给油气缸也可以给油使用;但一旦给油使用后,则必须一直给油使用,否则将引起密封件过快磨损。这是因为压缩空气中的油雾已将润滑脂洗去,而使气缸内部处于无油润滑状态了。

2.2.2　普通气缸

普通气缸是指在缸筒内只有一个活塞和一根活塞杆的气缸,有单作用气缸和双作用气缸两种。

1. 结构原理

(1) 双作用气缸。双作用气缸一般由缸筒、前后缸盖、活塞、活塞杆、密封件和紧固件等零件组成,图 2-3 所示为普通双作用气缸的结构原理图。

气缸缸盖上未设置缓冲装置的气缸称为无缓冲气缸,缸盖上设置缓冲装置的气缸称为缓冲气缸。图 2-3 所示为缓冲气缸。缓冲装置由节流阀、缓冲柱塞和缓冲密封圈等组成。当气缸行程接近终端时,由于缓冲装置的作用,可以防止高速运动的活塞撞击缸盖。

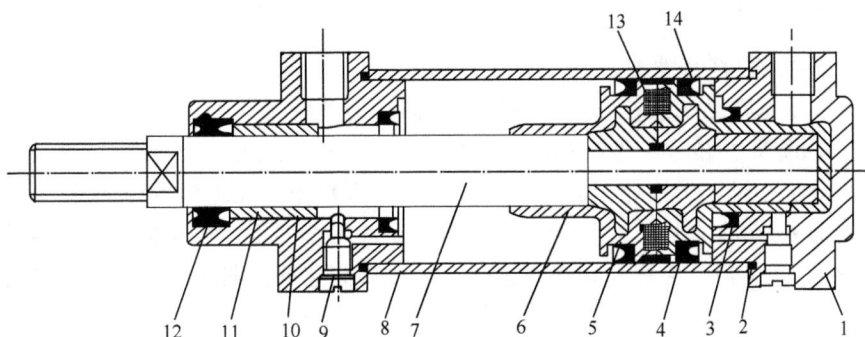

图 2-3　普通型单活塞杆双作用气缸

1—后缸盖;2—密封圈;3—缓冲密封圈;4—活塞密封圈;5—活塞;6—缓冲柱塞;7—活塞杆;
8—缸筒;9—缓冲节流阀;10—导向套;11—前缸盖;12—防尘密封圈;13—磁铁;14—导向环

(2) 单作用气缸。这种气缸在缸盖一端气口输入压缩空气使活塞杆伸出(或退回),而另一端靠弹簧、自重或其他外力等使活塞杆恢复到初始位置。图 2-4 所示为弹簧复位的单作用气缸,在活塞的一侧装有使活塞杆复位的弹簧,在另一端缸盖上开有呼吸用的气口。除此之外,其结构基本上和双作用气缸相同。图示单作用气缸的缸筒和前后缸盖之间采用滚压铆接方式固定。弹簧装在有杆腔内,气缸活塞杆初始位置处于退回的位置,这种气缸称为预缩型单作用气缸；弹簧装在无杆腔内，气缸活塞杆初始位置为伸出位置的，称为预伸型气缸。

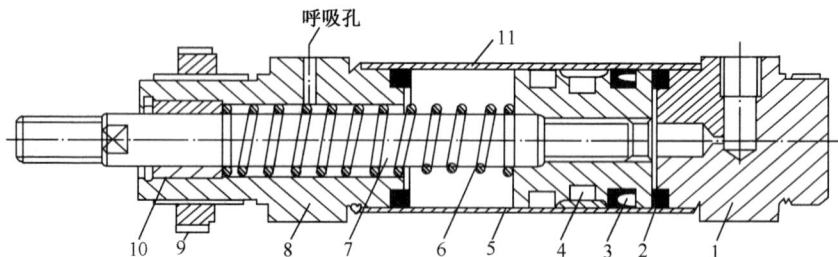

图 2-4　单作用气缸结构原理图

1—后缸盖；2—橡胶缓冲垫；3—活塞密封圈；4—导向环；5—活塞；6—弹簧；
7—活塞杆；8—前缸盖；9—螺母；10—导向套；11—缸筒

2. 密封

在气动元件中所采用的密封与液压缸相同，大致分为两类：动密封和静密封。类似缸筒和缸盖等固定部分所需的密封称为静密封，至于活塞在缸筒里做往复运动及旋转所需的密封称为动密封。密封结构可参考液压缸一章或相关专业书籍。

3. 工作特性

1）压力-位移特性

气缸活塞在运动过程中，腔室里的气体压力和活塞位移随时间变化的关系，称为气缸的压力-位移特性，如图 2-5 所示为双作用气缸的压力-位移特性。

初始状态时，气缸处于退的位置（指气缸活塞杆处在缩回的位置），无杆腔内的气压 p_A 为大气压，有杆腔内的气压 p_B 为工作气压。当换向阀切换换向后（图 2-5 中，点 1），无杆腔和气源接通，气体以高速向无杆腔快速充气，并很快

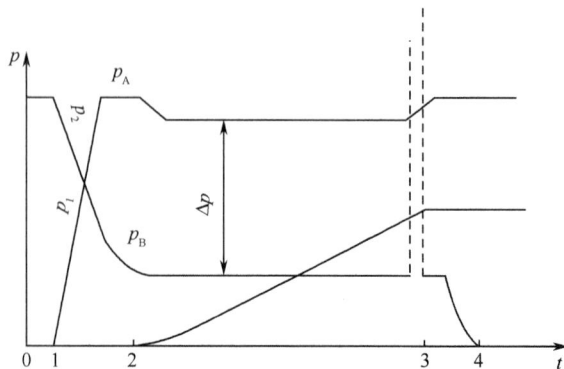

图 2-5　压力-位移特性

上升至气源压力；有杆腔开始向大气排气。当无杆腔和有杆腔的压力差 $p_A - p_B = \Delta p$，超过活塞启动的最小压差，活塞杆就开始运动（图 2-5 中，点 2）。由图可见，一旦活塞启动，无杆腔中的压力有所下降，主要原因是活塞和气缸内壁之间的摩擦阻力由静摩擦力变为动摩擦力而有较大的减小，活塞运动的起始段开始加速，如图 2-5 所示的位移 S 曲线。若活塞在运动过程中，负载保持恒定，那么活塞两侧的压力差使活塞杆匀速向前运动，直至行程终端（图 2-5 中，点 3），无杆腔压力再次急剧上升到气源压力，与此同时，有杆腔压力却快速下降至大气压（图 2-5 中，点 4）。

对于缓冲气缸来说，活塞运动进入到缓冲行程时，有杆腔的排气通路受阻，缓冲装置起作用，p_B 瞬时增大，如图 2-5 中的虚线所示，随后降至大气压。

图 2-5 所示为气缸典型的压力-位移曲线，实际上气缸两腔室的压力差大小、位移曲线的形状，与气缸的负载（外负载、摩擦阻力的总称）性质、大小及工作压力、缸径和行程等多种因素有关。

从以上叙述可知，气缸活塞运动的速度在运动过程中是变化的。若在换向阀和气缸之间的连接管路上串联速度控制阀，控制进排气口的流通能力，就可以调节活塞运动的速度。气缸水平安装时，速度的理论公式为

$$m \frac{\mathrm{d}v}{\mathrm{d}t} = p_1 A_1 - p_2 A_2 - F_f - F \tag{2-1}$$

式中，m 为运动部件的总质量，kg；v 为气缸活塞的运动速度，m/s；p_1 为气缸无杆腔的气体压力，Pa；p_2 为气缸有杆腔的气体压力，Pa；A_1 为气缸无杆腔侧活塞的有效面积，m^2；A_2 为气缸有杆腔侧活塞的有效面积，m^2；F_f 为可动部件的摩擦阻力，N；F 为作用在活塞杆上的轴向负载力，N。

建立了气缸运动的数学模型，利用相应的初始条件和边界条件，通过数值积分就能求得气缸的速度关系曲线 $v(t)$ 和位移曲线 $S(t)$。

2）速度特性

（1）气缸速度的概念。由上述讨论可知，气缸活塞在整个运动过程中，有杆腔和无杆腔不断地进行充气和排气，且空气介质有可压缩性，要使气缸活塞在全行程中保持等速运动是困难的。通常所说的气缸速度是指气缸活塞运动的平均速度，如普通气缸的速度为 50～500mm/s，就是气缸活塞在全行程范围内的平均速度。

（2）气缸的爬行。在气动自动化系统中，气缸的运动速度有时需要调节，而调节气缸速度最简单的方法是在气缸的进气口和排气口安装单向节流阀，这种方法又称为节流调速，如图 2-6 所示。其中，图 2-6（a）称为进气节流，图 2-6（b）称为排气节流。

值得注意的是，若采用图 2-6（a）所示的进气节流调速时，气缸容易产生

"爬行"现象，其原因是采用进气节流而导致进气流量少，排气流量大。若以活塞杆伸出为例，则此时气缸有杆腔内的气体压力很快降低，而无杆腔气体压力上升较慢，当有杆腔和无杆腔的压力差刚好克服各种阻力负载时，活塞就向前运动，但由于此时无杆腔容积变化增加较大，而供气流量不足，致使无杆腔中的空气压力又进一步下降，可能使活塞两侧的压力差所产生的作用力小于各种阻力负载，此时活塞就停止前进，直到无杆腔继续进气，活塞重新开始向前运动。这种使活塞产生"忽停忽走"或"忽快忽慢"的运动现象称为气缸的"爬行"，故通常在气缸的调速中一般不选用进气节流，而选用排气节流的方法。

3）气缸的"自走"

在气缸的运动过程中，当外界负载变化较大时，即使采用排气节流调速也难以使气缸速度平稳。这是因为负载变化时，空气介质有可压缩性，气缸两腔室中的压力差随之变化而引起平衡破坏，为了达到新的平衡，只能依靠两腔室中气体的膨胀或压缩来自行调节。例如，当外界负载突然变大时，气缸活塞杆不但不前进，反而后退；若负载突然减小时，则能引起气缸活塞向前冲。这种由于外界负载突然变化而引起气缸速度变化的现象称为"自走"。要消除气缸的"自走"现象，可借助于气-液阻尼缸解决。

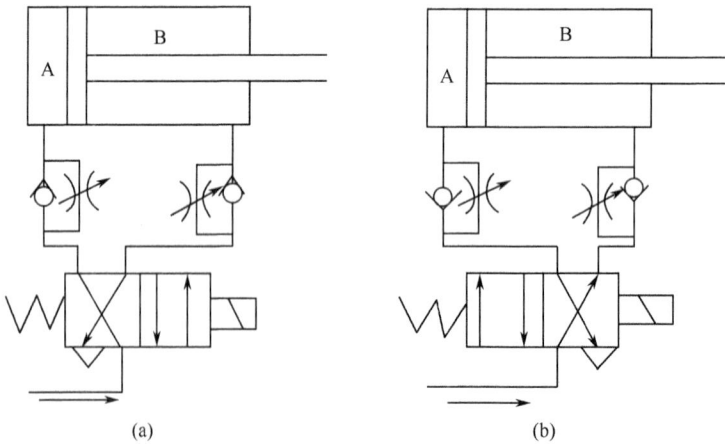

(a)   (b)

图 2-6　气缸的节流调速原理图

2.2.3　普通气缸的设计计算

1. 气缸的输出力

1）理论输出力

普通双作用气缸的理论推力为

$$F_0 = \frac{\pi}{4} D^2 p \tag{2-2}$$

式中，D 为缸径，m；p 为气缸的工作压力，Pa。

其理论拉力为

$$F_0 = \frac{\pi}{4}(D^2 - d^2)p \tag{2-3}$$

式中，d 为活塞杆直径，m，估算时可令 $d = 0.3D$。

普通单作用气缸（预缩缸）理论推力为

$$F_0 = \frac{\pi}{4}D^2 p - F_{t2} \tag{2-4}$$

其理论拉力为

$$F_0 = F_{t1} \tag{2-5}$$

普通单作用气缸（预伸缸）的理论推力为

$$F_0 = F_{t1} \tag{2-6}$$

其理论拉力为

$$F_0 = \frac{\pi}{4}(D^2 - d^2)p - F_{t2} \tag{2-7}$$

式中，D 为缸径，m；d 为活塞杆直径，m；p 为工作压力，Pa；F_{t1} 为单作用气缸复位弹簧的预紧力，N；F_{t2} 为复位弹簧的预压量加行程所产生的弹簧力，N。

2）实际输出力

气缸未加载时实际所能输出的力，受到气缸活塞和活塞杆本身的摩擦力影响，如活塞和缸筒之间的摩擦、活塞杆和前缸盖之间的摩擦，用气缸效率 η 表示。如图 2-7 所示。气缸的效率 η 与气缸的缸径 D 和工作压力 p 有关，缸径增大，工作压力提高，则气缸效率 η 增加。在气缸缸径增大时，在同样的加工条件、气缸结构条件下，摩擦力在气缸的理论输出力中所占的比例明显地减小了，即效率提高了。一般气缸的效率在 0.7～0.95。

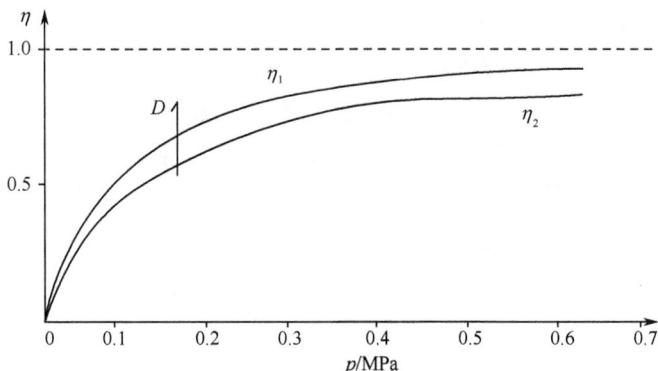

图 2-7　效率曲线

普通双作用气缸的实际输出推力为

$$F_e = \frac{\pi}{4} D^2 p \eta \tag{2-8}$$

实际输出拉力为

$$F_e = \frac{\pi}{4} (D^2 - d^2) p \eta \tag{2-9}$$

普通单作用气缸的实际输出推力为

$$F_e = \frac{\pi}{4} D^2 p \eta - F_t \tag{2-10}$$

2. 负载率 β

从对气缸的特性研究表明，要精确确定气缸的实际输出力是困难的。于是，在研究气缸的性能和选择确定气缸缸径时，常用到负载率 β 的概念。气缸负载率 β 的定义为

$$负载率\ \beta = \frac{气缸的实际负载\ F}{气缸的理论输出力\ F_0} \times 100\%$$

气缸的实际负载是由工况所决定的，若确定了气缸负载率 β，则由定义就能确定气缸的理论输出力 F_0，从而可以计算气缸的缸径。气缸负载率 β 的选取与气缸的负载性能及气缸的运动速度有关（见表 2-1）。

对于阻性负载，如气缸用作气动夹具，负载不产生惯性力的静负载，一般负载率 β 选取为 0.8。

对于惯性负载，如气缸用来推送工件，负载将产生惯性力的，负载率 β 的取值为

$\beta \leqslant 0.65$，气缸做低速运动，$v < 100\text{mm/s}$；

$\beta \leqslant 0.5$，气缸做中速运动，$v = 100 \sim 500\text{mm/s}$；

$\beta \leqslant 0.35$，气缸做高速运动，$v > 500\text{mm/s}$。

表 2-1　气缸的运动状态和负载率

阻性负载 (静负载)	惯性负载的运动速度 v		
	$<100\text{mm/s}$	$100\sim500\text{mm/s}$	$>500\text{mm/s}$
$\beta \leqslant 0.8$	$\beta \leqslant 0.65$	$\beta \leqslant 0.5$	$\beta \leqslant 0.35$

3. 缸径计算

由气缸带动的负载、运动状态及工作压力，就可以进行气缸缸径的计算和选用。缸径计算步骤如下。

（1）根据气缸带动的负载，计算气缸的轴向负载力 F，常见负载实例，如图 2-8 所示。

（2）由气缸的平均速度来选定气缸的负载率 β，如表 2-1 所示。气缸的运动速度越高，负载率应选得越小。

（3）若系统工作压力为 0.6MPa 时，气缸的工作压力计算时一般选为 0.4MPa。当然，系统工作压力低于 0.6MPa，计算时工作压力也作相应的调整。

（4）由气缸的理论输出力计算公式（见表 2-2）、负载率 β 及工作压力 p 即能计算缸径。由计算的缸径再圆整到标准缸径。

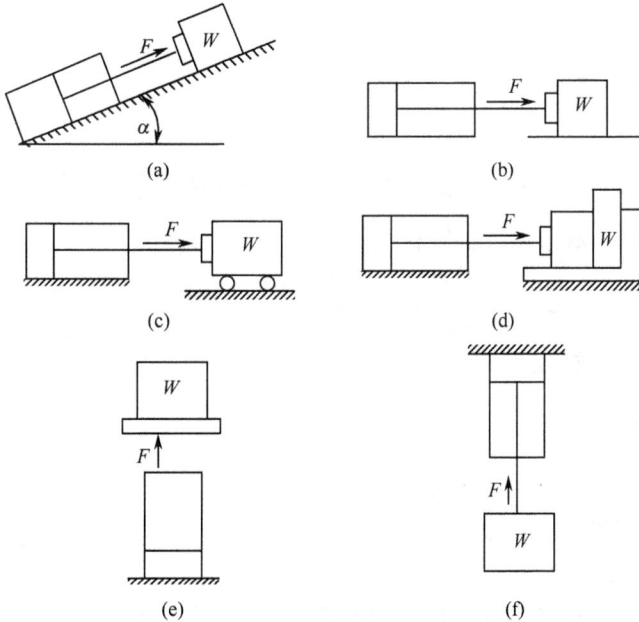

图 2-8 气缸轴向负载力

(a) 斜面；(b) 水平导轨；(c) 滚动；(d) 夹具夹紧；(e) 提升；(f) 气吊

表 2-2 气缸的理论输出力 F_0 计算公式

形式	双作用气缸	单作用气缸	
		预缩型	预伸型
推力	$\frac{\pi}{4}D^2 p$	$\frac{\pi}{4}D^2 p - F_{t2}$	F_{t1}
拉力	$\frac{\pi}{4}(D^2-d^2)p$	F_{t1}	$\frac{\pi}{4}(D^2-d^2)p - F_{t2}$
活塞杆直径 $d=0.3D$			

通常缸径计算到此结束，但若气缸的缓冲性能校核不符合要求，应重新选择缸径或采取外部缓冲措施，如液压缓冲缸、缓冲回路等，保证气缸缓冲。

例 2-1　气缸推动工件在导轨上运动，如图 2-8（b）所示。已知工件等运动件质量 $m=250\text{kg}$，工件与导轨间的摩擦系数 $\mu=0.25$，气缸行程 300mm，动作时间 $t=1\text{s}$，工作压力 $p=0.4\text{MPa}$，试选定缸径。

解　气缸的轴向负载力

$$F = \mu mg = 0.25 \times 250 \times 9.8 = 612.5(\text{N})$$

气缸的平均速度为

$$v = \frac{s}{t} = 300/1 = 300(\text{mm/s})$$

按表 2-8，选负载率 $\beta=0.5$。

理论输出力为

$$F_0 = \frac{F}{\beta} = 612.5/0.5 = 1225(\text{N})$$

由表 2-2 可得双作用气缸缸径为

$$D = \sqrt{\frac{4F_0}{\pi p}} = \sqrt{\frac{4 \times 1225}{\pi \times 0.4}} = 62.4(\text{mm})$$

故选取双作用气缸缸径为 63mm。

4. 耗气量

是指气缸往复运动时所消耗的压缩空气量，耗气量大小与气缸的性能无关，但它是选择空压机排量的重要依据。

1）最大耗气量 $Q_{\max}$

是指气缸活塞完成一次行程所需的耗气量，其计算式如下：

$$Q_{\max} = 0.047D^2 S \frac{p+0.1}{0.1} \frac{1}{l} \tag{2-11}$$

式中，$Q_{\max}$ 为最大耗气量，L/min，（ANR）；D 为缸径，cm；S 为气缸行程，cm；t 为气缸一次往复行程所需的时间，s；p 为工作压力，MPa。

2）平均耗气量

是由气缸内部容积和气缸每分钟的往复次数算出的耗气量平均值，其计算公式如下：

$$Q = 0.00157ND^2 S \frac{p+0.1}{0.1} \quad (\text{L/min})(\text{ANR}) \tag{2-12}$$

式中，N 为气缸每分钟的往复次数。

图 2-9 表示了耗气量与工作压力和缸径之间的关系。耗气量用单位行程（cm）的当量耗气量表示。

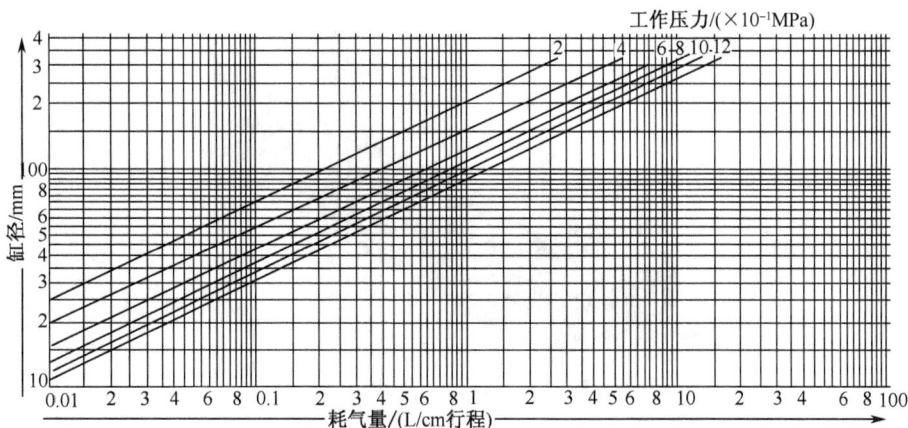

图 2-9　耗气量计算曲线图

例 2-2　有一缸径为 50mm 的普通型双作用气缸，缸径 20mm，行程 500min，工作压力 0.45MPa。求耗气量。

解　由表 2-9 确定，选定缸径处的横线与工作压力处直线之间的交点，然后确定耗气量，但所得的值必须乘以气缸行程（cm）。这里，对于无杆腔的耗气量近似为 0.09L/cm×50cm＝4.5L。对于有杆腔，计算耗气量时，还应用行程体积减去活塞杆的体积，若活塞杆直径为 20mm，其对应的耗气量应近似为 0.014L/cm×50cm＝0.7L。因此，有杆腔实际的耗气量为 3.8L，则对于一次往复行程气缸的总耗气量为 8.3L。

利用上述公式计算的耗气量仅为近似值，因为有时气缸内的空气并没有完全排放掉（特别是高速状况下），实际所需耗气量可能低于图上所读的数据。

2.2.4　标准气缸

标准气缸是指符合 ISO 6430、ISO 6431 或 ISO 6432 的普通气缸。例如，符合我国标准 GB 8103（国际标准 ISO 6431）、德国标准 DIN ISO 6431 等的气缸都是标准气缸。图 2-10 所示为一种 DNC 型标准气缸。

　1. 结构特点

这是一种特殊外形模块化系列气缸，能够派生多种结构，采用外观精美的铝型材作为缸筒，前后缸盖直接由螺钉固定于缸筒上。气缸的安装与连接件已标准化。

（1）缸筒上的型槽用来插入行程开关，不需安装支架，结构紧凑，降低成本。插入的行程开关是统一的尺寸，今后不管其规格如何，已不再需要其他的安装行程开关的形式，即使是非标准尺寸的气缸只要安上标准尺寸的型槽，就可以

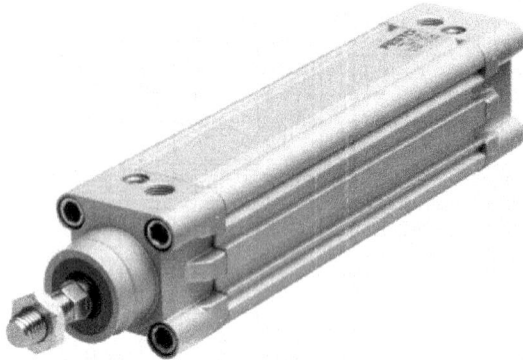

图 2-10　DNC 型标准气缸

插入行程开关。

（2）气缸设计有端点缓冲装置，保证了缓冲性能。除了气垫缓冲外，在两个端盖面上还设置了弹性橡胶垫。

（3）安装方式多样，有前端或后端直接安装，脚架安装，前后法兰安装，耳轴安装，双耳环安装，球铰耳环安装，球铰耳环支座安装等，且都已标准化。

2. 派生及特殊设计

（1）双端活塞杆结构，即普通型双活塞杆双作用气缸，活塞杆能向气缸两侧端盖伸出运动。

（2）耐热密封，可制成温度最高可达 150℃ 的耐热气缸。

（3）低速气缸。采用低摩擦密封，在排气节流、水平方向无负载、无爬行现象时的最低速度（工作气压 $p=0.6\mathrm{MPa}$）：缸径 32～50mm，$v_{\min}=8\mathrm{mm/s}$；缸径 63～100mm，$v_{\min}=5\mathrm{mm/s}$。

（4）防转气缸。活塞杆采用方形活塞杆，能防止转动。

（5）根据使用要求还可加长活塞杆外螺纹长度，加长活塞杆长度，活塞杆前端内螺纹等特殊设计。

2.2.5　变形气缸

变形气缸是指在普通气缸基础上发展的各种变形，有多位气缸、串联气缸、短行程气缸、阻挡气缸及双杆气缸等。

1. 多位气缸

这种气缸采用数个普通气缸串联的结构，通过设定各气缸的行程大小，控制气缸的动作，获得多个停止位置。

1）三位气缸

图 2-11 所示为三位气缸动作原理图。用两个缸径相同、行程不同的同类气缸串联组合构成。组合时应注意，前端气缸的行程必须大于后端气缸的行程，即 $s_2 > s_1$。当 4 个气口都未输入气压时，气缸处于零位，气缸活塞杆伸出位置为 0 位置；当 A 口输入气压、B 口排气时，气缸活塞杆伸出 s_1 处于 1 位置；当 C 口输入气压、D 口排气时，气缸活塞杆伸出 s_2 处于 2 位置。在 D 口、B 口输入气压，C 口、A 口排气时，气缸复位，即气缸活塞杆有 3 个伸出停止位置 0、$1(s_1)$ 和 $2(s_2)$。

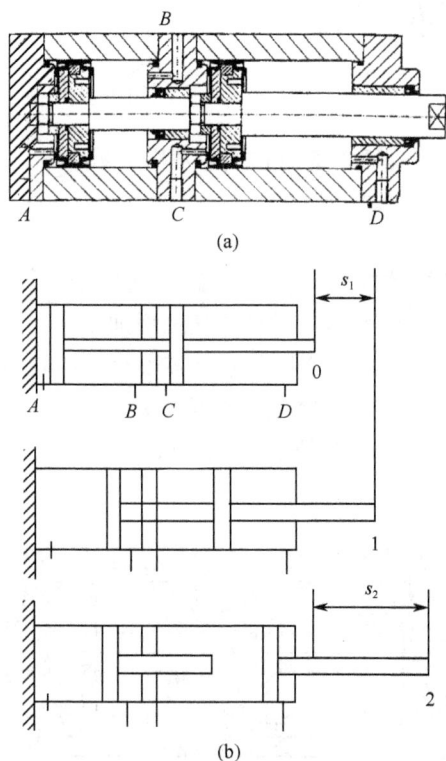

图 2-11　三位气缸动作原理图

2）四位气缸

图 2-12 所示为四位气缸动作原理图。由两个独立的普通缓冲气缸组成，中间用连接组件连接，且两个气缸活塞杆伸出方向相反，两个行程 s_1 和 s_2 是不相等的（若 $s_1 = s_2$，则为三位气缸）。在每个行程位置都可由挡块精确定位。使用时应注意，如果活塞杆一端固定，缸筒就会运动，所以气缸必须用柔性螺旋气管连接。对所有多位气缸而言，行程总长一般不应超过 2000mm。

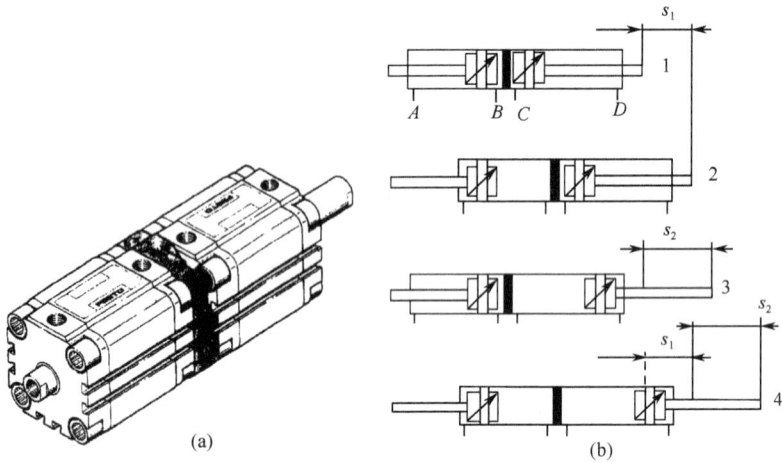

图 2-12　四位气缸动作原理图

2. 串联气缸

图 2-13 所示为串联气缸，又称增力气缸，通过 2 个、3 个或 4 个相同缸径和行程的气缸相互连接，使推力比一个普通气缸增加 2 倍、3 倍或 4 倍。其拉力相当于同缸径的单个气缸的拉力。串联气缸上需 2 个气接口。气缸活塞上装有一个永久磁环，构成磁性行程开关。行程开关可直接安装在最前面一级气缸筒的沟槽上。通常缸径为 25～100mm，行程至 150mm。

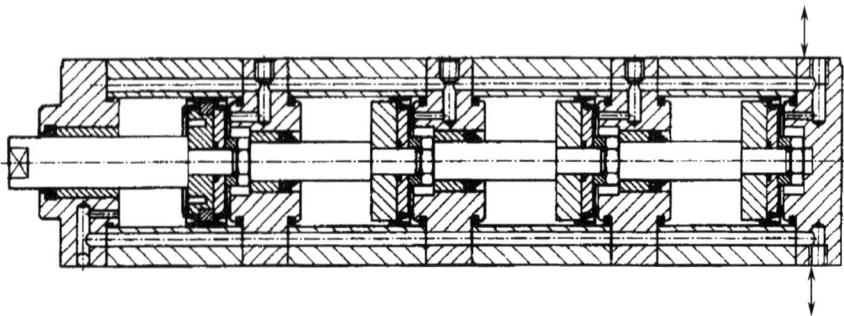

图 2-13　串联气缸

3. 短行程气缸

短行程气缸又称薄形气缸，或方形气缸。这种气缸结构紧凑，轴向尺寸比普通气缸短，如图 2-14 所示。活塞上采用 W 形密封圈（或组合 O 形密封圈），缸盖上没有气垫缓冲，只用弹性缓冲。缸盖与缸筒之间的连接有两种方法，采用弹簧卡环固定，或者用内六角螺栓固定。后者连接方法强度大，且无须专用弹簧钳装拆。

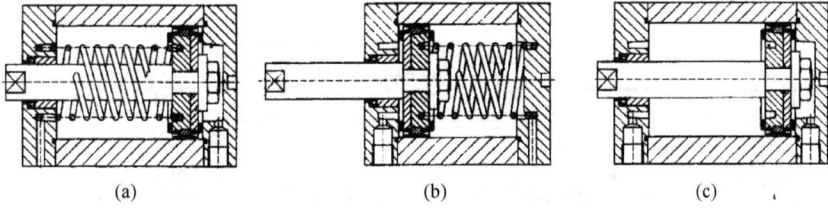

图 2-14　短行程气缸

(a) 单作用（预缩型）；(b) 单作用（预伸型）；(c) 双作用

这种气缸的缸壁较薄，占空间少，可利用气缸外壳直接用螺栓固定在安装面上，也可用安装附件安装。短行程气缸主要用于夹具和传送工件。

4. 阻挡气缸

阻挡气缸是一种伸出型单作用气缸，缸径在 20～80mm，行程 30mm。阻挡气缸能快速、简便地安装在输送线上，外伸的活塞杆可安全平稳地阻挡传输工件。当加压时，活塞杆退回气缸内，传输工件放行，等待下一个传输工件被阻挡，如图 2-15 所示。

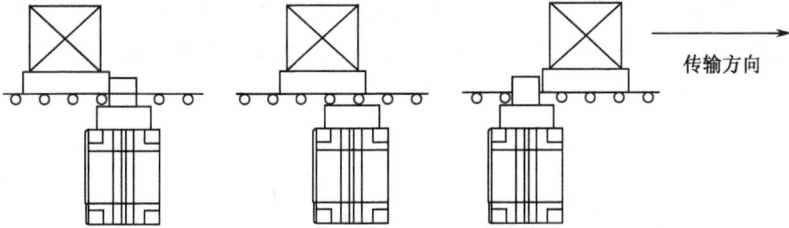

图 2-15　阻挡气缸的应用

2.2.6　无杆气缸

无杆气缸没有普通气缸的刚性活塞杆，它利用活塞直接或间接实现往复运动。这种气缸最大优点是节省了安装空间，特别适用于小缸径、长行程的场合。

无活塞杆气缸主要有机械接触式气缸、磁性耦合气缸、绳索气缸和钢带气缸 4 种。前两种无杆气缸在自动化系统、气缸机器人中获得了大量应用。通常，把机械耦合的无杆气缸简称为无杆气缸，磁性耦合的无杆气缸称为磁性气缸。这样既不会混淆，称呼又方便。

图 2-16 所示为无杆结构原理图。在气缸筒轴向开有一条槽，与普通气缸一样，在气缸两端设置空气缓冲装置。活塞带动与负载相连的滑块一起在槽内移动，且借助缸体上的一个管状沟槽防止其产生旋转。为了防泄漏及防尘需要，在

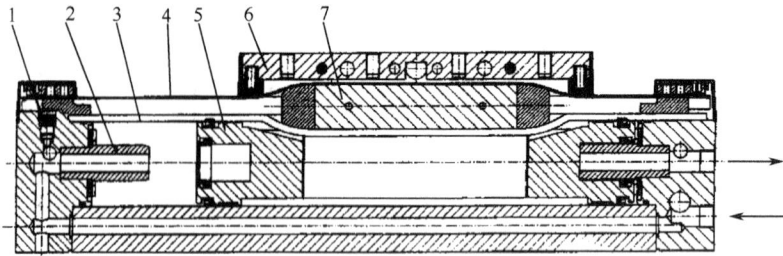

图 2-16　无杆气缸

1—节流阀；2—缓冲柱塞；3—密封带；4—防尘不锈钢带；5—活塞；6—滑块；7—管状体

开口部采用聚氨酯密封带和防尘不锈钢带，并固定在两端盖上。

　　这种气缸占据的空间小，不需要设置防转动机构。由于负载与活塞是由在气缸槽内运动的滑块连接的，因此在使用中必须考虑径向和轴向负载。

2.2.7　磁性气缸

　　图 2-17 所示为一种磁性耦合的无活塞杆气缸。在活塞上安装了一组高磁性的稀土永久磁环，磁力线通过薄壁缸筒（不锈钢或铝合金非导磁性材料）与套在外面的另一组磁环作用。由于两组磁环极性相反，具有很强的吸力。当活塞在两侧输入气压作用下移动时，则在磁力线作用下，带动缸筒外的磁环套与负载一起移动。在气缸行程两端设有空气缓冲装置。

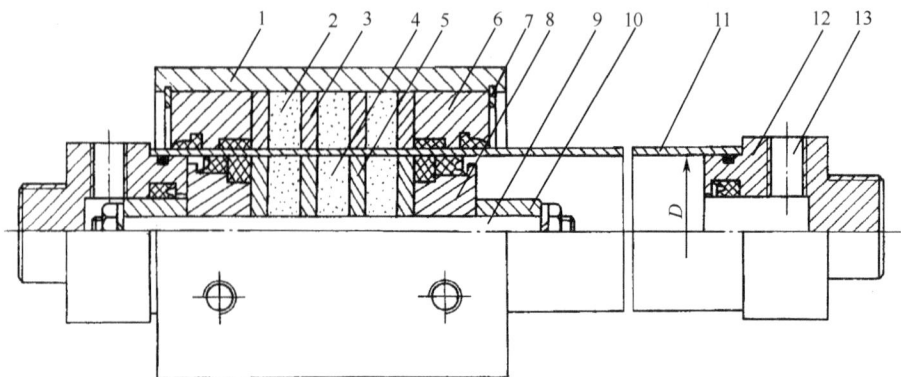

图 2-17　磁性无活塞杆气缸

1—套筒（移动支架）；2—外磁环（永久磁铁）；3—外磁导板；4—内磁环（永久磁铁）；5—内导磁板；
6—压盖；7—卡环；8—活塞；9—活塞轴；10—缓冲柱塞；11—气缸筒；12—端盖；13—进排气口

　　它的特点为：小型，重量轻，无外部空气泄漏，维修保养方便。当速度快、负载大时，内、外磁环易脱开，即负载大小受速度影响，且磁性耦合的无杆气缸中间不可能增加支承点，最大行程受到限制。

2.2.8　异形气缸

异形气缸是对气缸外形而言的，有扁平气缸、矩形气缸、多面安装气缸及螺纹气缸等几种。

1. 扁平气缸

图 2-18 为扁平气缸结构。气缸活塞和缸筒为扁平状，可抵抗一定的扭转力矩。

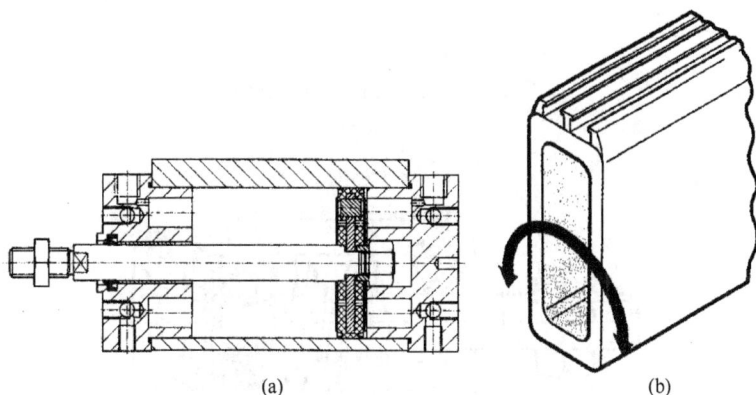

图 2-18　扁平气缸
(a) 结构；(b) 缸筒

扁平气缸其他特点有：

（1）所占安装空间小，如缸径 40mm 的扁平气缸，横截面安装尺寸仅为 77mm×30mm。

（2）有多种特殊设计，如双活塞杆扁平气缸、耐高温（150℃）扁平气缸、中空双活塞杆扁平气缸等。

（3）安装方式多样、灵活，有直接安装、脚架安装、法兰安装等方式。扁平气缸便于组合安装，如图 2-19 所示。

2. 螺纹气缸

图 2-20 所示为螺纹气缸，是一种单作用微型气缸，缸径 6～16mm，行程为 5mm、10mm、15mm。螺纹气缸由于整个缸体外表面都带有螺纹，因此可直接安装或带附件安装，适于各种不同的应用场合，如装在夹具、喷具以及阻挡机械上。

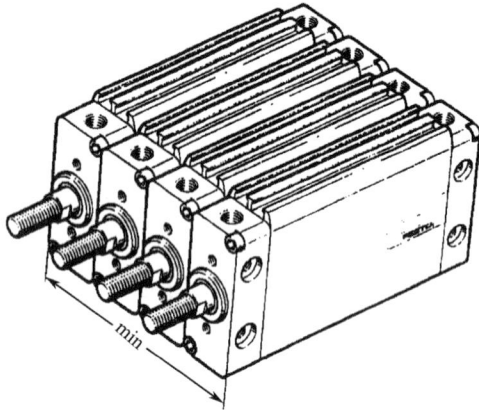

图 2-19　扁平气缸的组合安装

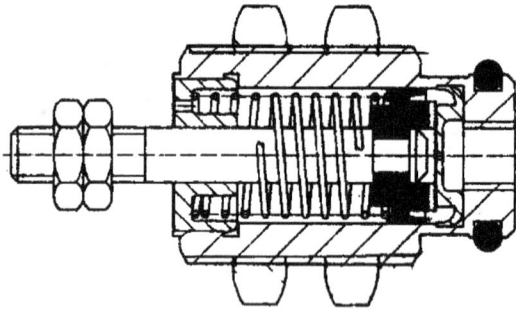

图 2-20　螺纹气缸

2.2.9　手指气缸

气动手指气缸能实现各种抓取功能，是现代气动机械手的关键部件。在抓取技术中，完善的功能和最佳的适应性是至关重要的。手指气缸的特点有：

（1）所有的结构都是双作用的，能实现双向抓取，可自动对中，重复精度高。

（2）抓取力矩恒定。

（3）在气缸两侧可安置无接触式行程开关检测。

（4）耗气量低，适合于含油雾的或不含油雾的压缩空气。

手指气缸主要有平行手指气缸、摆动手指气缸、旋转手指气缸和三点手指气缸等 4 种结构形式。

1. 平行手指气缸

图 2-21 所示为平行手指气缸，平行手指通过两个活塞工作。每个活塞由一个滚轮和一个双曲柄与气动手指相连，形成一个特殊的驱动单元。这样，气动手指总是轴向对心移动，每个手指是不能单独移动的。

如果手指反向移动，则先前受压的活塞处于排气状态，而另一个活塞处于受压状态。

2. 摆动手指气缸

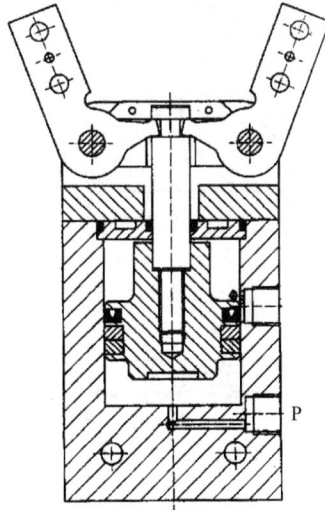

图 2-22 所示为摆动手指气缸，活塞杆上有一个环形槽，由于手指耳轴与环形槽相连，因而手指可同时移动且自动对中，并确保抓取力矩始终恒定。

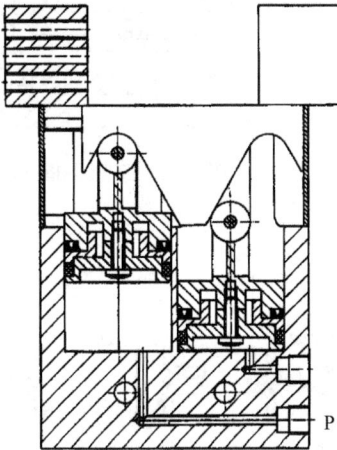

图 2-21　平行手指气缸　　　　图 2-22　摆动手指气缸

3. 旋转手指气缸

图 2-23 所示为旋转手指气缸，其动作是按照齿轮齿条的啮合原理进行工作的。活塞与一根可上下移动的轴固定在一起，轴的末端有三个环形槽，这些槽与两个驱动轮的齿啮合。因此，气动手指可同时移动并自动对中，齿轮齿条原理确保了抓取力矩始终恒定。

4. 三点手指气缸

图 2-24 所示为三点手指气缸，其活塞杆有一个环形槽，每个曲柄与一个气动

手指相连，活塞运动能驱动三个曲柄动作，因而可控制三个手指同时打开和合拢。

2.2.10　膜片气缸

膜片气缸是用橡胶或聚氨酯材料制成的膜片作为受压元件，结构上分为有活塞杆和无活塞杆两类，如图 2-25 所示。

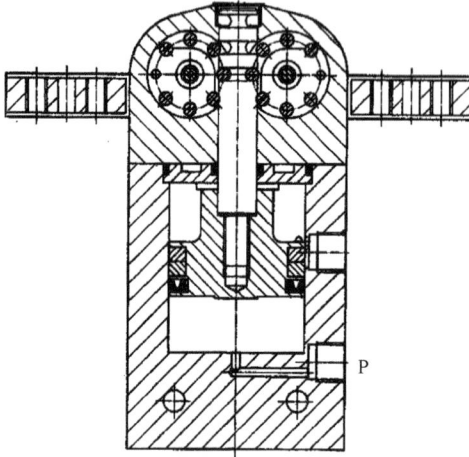

图 2-23　旋转手指气缸　　　　　　　　图 2-24　三点手指气缸

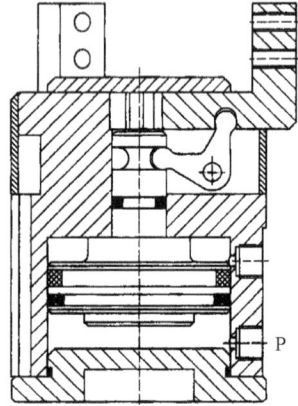

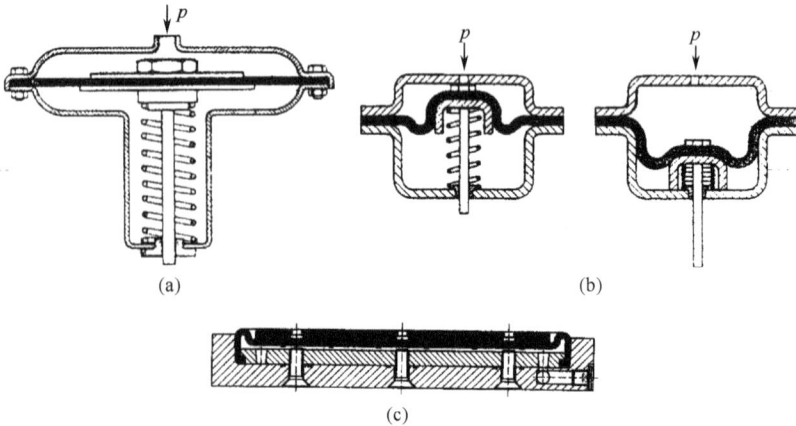

图 2-25　膜片气缸

图 2-25(a) 所示为一种膜片式单作用气缸，在冶金行业用作气动夹紧装置、气动调节系统中用作执行机构等，气缸行程在数十毫米。图 2-25(b) 所示为一种滚动膜片式单作用气缸，滚动膜片行程较大，达 200mm，无泄漏。图 2-25(c) 所示为一种膜片夹紧气缸，膜片既是受压元件，同时又用作行程和力的输出。

2.2.11　气囊式气缸

气囊式气缸（图 2-26）所示是在橡胶气囊两端安装了金属硬芯构成的无复位弹簧的一种膜片气缸。

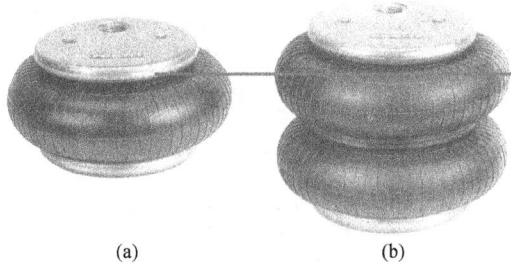

图 2-26　气囊式气缸
(a) 单式；(b) 双式

气囊式气缸的独特之处在其安装高度低，从而降低了整体的安装高度，省去了安装时的连接元件和连接机构。

气囊式气缸安装使用时应注意：

（1）气缸伸出时必须紧贴工件，或者在行程终端安装行程限位挡块；否则，气囊外壁会急剧变形。

（2）为使气缸复位，必须提供一个复位力。在大多数情况下，这个力是由气缸所支承物体的重量来提供的。

（3）工作过程中气囊外壁不得与其他物体接触。对负载定位时，必须使用上、下两个安装表面（硬芯），且保证横向不同心度在规定的范围内，即单气囊不超过 10mm，双气囊不超过 20mm。

（4）气囊式气缸的行程可以是弧形，只要偏转角不超过规定值（20°～30°），如图 2-27 所示。

（5）气囊式气缸拆缸前，必须把压缩空气排放掉。

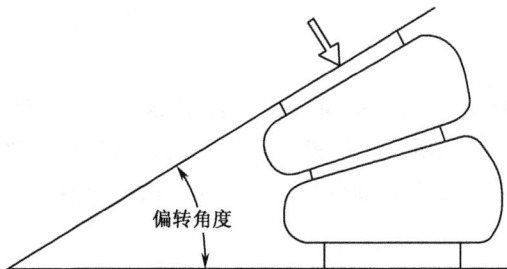

图 2-27　偏转角度

2.2.12　摆动马达

摆动马达是一种在小于360°范围内做往复摆动的气动执行元件。它将压缩空气的压力能转换成机械能，输出力矩使机构实现往复摆动。常用的摆动马达的最大摆动角度分别为90°、180°、270°三种规格。

摆动马达输出轴承受转矩，对冲击的耐力小，因此若受到驱动物体停止时的冲击作用，将容易损坏，需采用缓冲机构或安装制动器。

摆动马达按结构特点可分为叶片式、齿轮齿条式等。其中，除叶片式外，都带有气缸和转换为回转运动的传动机构。

2.3　气　马　达

2.3.1　概述

气马达是将压缩空气的能量转换成连续回转运动的气动执行元件，按结构形式分为叶片式、活塞式和齿轮式三类。

气马达和电动机相比，有如下特点。

(1) 工作安全。适用于恶劣的工作环境，在易燃、高温、振动、潮湿、粉尘等不利条件下都能正常工作。

(2) 有过载保护作用，不会因过载而发生烧毁，过载时气马达只会降低速度或停车，当负载减小时即能重新正常运转。

(3) 能够实现正反转。气马达回转部分惯性矩小，且空气本身的惯性也小，所以能快速启动和停止。只要改变进、排气方向，就能实现输出轴的正转和反转。

(4) 满载连续运转。由于压缩空气的绝热膨胀的冷却作用，能降低滑动摩擦部分的发热，因此气马达可在高温环境中使用。在长时间满载连续运转时，其温升较小。

(5) 功率范围及转速范围较宽。气马达功率小到几百瓦，大到几万瓦。转速可以从零到25000r/min或更高。

(6) 操纵方便，维修简单。

2.3.2　结构和原理

图2-28所示为叶片式气马达原理图。其主要由定子、转子、叶片及壳体构成。在定子上有进、排气用的配气槽孔。转子上铣有长槽，槽内装有叶片。定子两端盖有密封盖。转子与定子偏心安装。这样，沿径向滑动的叶片与壳体内腔构成气马达工作腔。

气马达工作原理同液压马达。压缩空气从输入口进入，作用在工作腔两侧的叶片上。由于转子偏心安装，气压作用在两侧叶片上产生转矩差，使转子按逆时

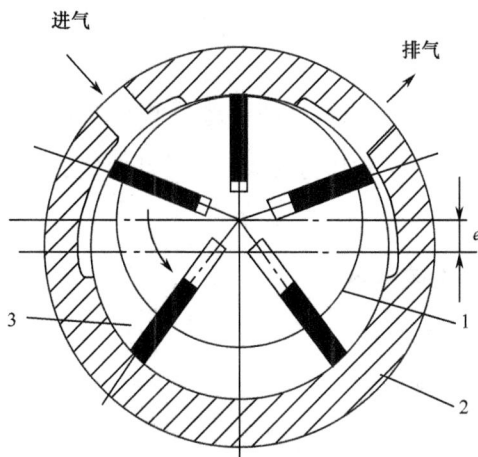

图 2-28　叶片式气马达
1—转子；2—定子；3—叶片；e—偏心距

针方向旋转。当偏心转子转动时，工作腔容积发生变化，在相邻工作腔产生压力差，利用该压力差推动转子转动。做功后的气体从输出口排出。若改变压缩空气输入方向，即可改变转子的转向。

由上述原理可知，叶片式气马达采用了不使压缩空气膨胀的结构形式，即非膨胀式工作原理。非膨胀式气马达与膨胀式气马达相比，其耗气量大，效率低，单位容积的输出功率大，体积小，重量轻。

叶片式气马达一般在中小容量、高速回转的范围使用，其耗气量较大，体积小、重量轻，结构简单。其输出功率为 0.1～20kW，转速为 500～25000r/min。另外，叶片式气马达启动及低速时的特性不好，在转速为 500r/min 以下的场合使用时，必须要用减速机构。叶片式气马达主要用于矿山机械和气动元件中。

2.3.3　特性

1. 基本特性

图 2-29 所示为叶片式气马达的特性曲线。该曲线是在一定的工作压力下，它的转速、转矩及功率都随外负载的变化而变化。

由特性曲线可知，叶片式马达具有软特性的特点。当外负载为零（即空转）时，此时转速达最大值 n_{max}，气马达的输出功率为零。当外负载转矩等于气马达最大转矩 M_{max} 时，气马达停转，转速为零。此时输出功率也为

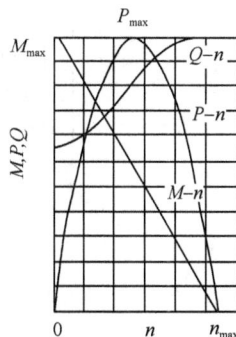

图 2-29　叶片式气马达特性曲线

零。当外负载转矩约等于气马达最大转矩的一半 $\left(\dfrac{1}{2}M_{\max}\right)$ 时，其转速为最大转速的一半 $\left(\dfrac{1}{2}n_{\max}\right)$，此时气马达输出功率达到最大值 $P_{\max}$。一般来说，这就是要求的气马达额定功率。在工作压力变大时，特性曲线的各值将随压力的改变而有较大的变化。

2. 工作特性与工作压力的关系

1）转速与工作压力的关系

气马达的转速与工作压力的关系，如图 2-30（a）所示，可用式（2-13）表示

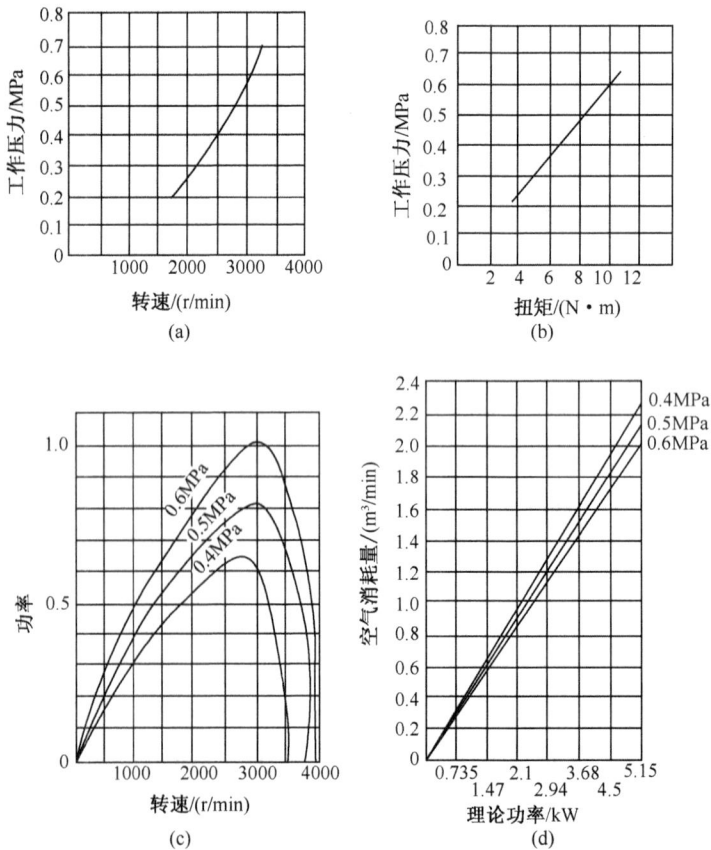

图 2-30　工作特性与工作压力的关系

（a）转速-工作压力曲线；（b）转矩-工作压力曲线；（c）功率-工作压力、
转速曲线；（d）理论功率-工作压力、空气消耗量曲线

$$n = n_0 \sqrt{\frac{p}{p_0}} \qquad (2\text{-}13)$$

式中，n 为实际工作压力下的转速，r/min；n_0 为设计工作压力下的转速，r/min；p 为实际工作压力，MPa；p_0 为设计工作压力，MPa。

2）转矩与工作压力的关系

气马达的转矩与工作压力的关系（图 2-30(b)）可用式（2-14）表示

$$M = M_0 \frac{p}{p_0} \qquad (2\text{-}14)$$

式中，M 为实际工作压力下的转矩，N·m；M_0 为设计工作压力下的转矩，N·m；p 为实际工作压力，MPa；p_0 为设计工作压力，MPa。

3）功率与工作压力的关系

功率与工作压力的关系，如图 2-30(c)、(d) 所示。

$$N = \frac{Mn}{9.54} \quad (\text{W}) \qquad (2\text{-}15)$$

式中，M 为转矩，N·m；n 为转速，r/min。

气马达的效率 η 为

$$\eta = \frac{N}{N_0} \times 100\% \qquad (2\text{-}16)$$

式中，N 为实际输出功率，W；N_0 为理论输出功率，W。

2.4　气缸的选择与使用

气缸的品种繁多，各种型号的气缸性能和使用条件不尽相同，且各生产厂家规定的技术条件也各不相同。合理地选择气缸，使气缸符合正常的工作条件，从而可获得满意的效果。这些条件有工作压力范围、工作介质温度、环境条件（温度等）及润滑条件。

2.4.1　气缸的选择

首先，根据对气缸的工作要求，选定气缸的规格：缸径和行程。按气缸的工作要求的行程加上适当余量，依此值选取相近的标准行程作为预选行程，以此进行轴向负载检验（压杆稳定性）、径向载荷及缓冲性能校核。

其次，还应考虑：环境条件（温度、粉尘、腐蚀性等），安装方式，活塞杆的连接方式（内外螺纹、球铰等）及行程发信方法。

1. 缸径和行程

关于气缸缸径、气缸行程的选择与液压缸相似，这里不再重复。

2. 工作压力

这里讨论气缸的工作压力如何确定。

通过气源净化处理系统章节内容的讨论已知，空压机输出压力 p_0 是由气动装置的工作压力和所有的管路阻力损失所决定的，即

$$p = p_0 - \sum \Delta p_i \qquad (2\text{-}17)$$

1）空压机的输出压力 p_0

若已建立了空压站，则空压机的输出压力为定值。此时，可以储气罐显示的最低压力（空压机调定的压力下限、系统流量最大时）为空压站（机）的输出压力 p_0。

2）压力损失

全部的压力损失应包括管路的阻力损失及元器件的压降。一般在一定的工况下，管路阻力损失为定值，是不变的，而元器件的压降是变化的，特别是主管道过滤器、无热再生干燥器等元器件的压降是随着使用时间的延长而增大的，且压降较大，如主管道过滤器可达 0.07MPa。

通常，在压缩空气进入气动装置前都设置气动三联件（过滤、减压、油雾），从气源管路通过分歧管，从压力表上显出的压力即为气动三联件的输入压力（一次压力）p_1。为保证减压阀能正常工作，输入压力应高于输出压力 0.1MPa。

若忽略了气动三联件至气缸之间的压力损失（管路、换向阀等），可以把减压阀输出压力 p_2 看作是气缸的工作压力 p（即系统工作压力），但必须使各元器件的管路无明显泄漏。

2.4.2　安全规范

气缸使用的工作压力超过 1.0MPa，或容积超过 450L 应作为压力容器处理，遵守压力容器的有关规定。气缸使用前检查各安装连接点有无松动。操纵上应考虑安全联锁。进行顺序控制时，应检查气缸的工作位置。当发生故障时，应有紧急停止装置。工作结束后，气缸内部的压缩空气应予以排放。

2.4.3　工作环境

1. 环境温度

通常规定气缸的环境工作温度为 5～60℃。气缸在 5℃ 以下场合使用时，有时会因压缩空气中所含的水分凝结给气缸动作带来不利影响。此时，要求空气的露点温度低于环境温度 5℃ 以下，防止空气中的水蒸气凝结。同时要考虑在低温

下使用的密封件和润滑油。另外，在低温环境中的空气会在活塞杆上冻结。若气缸动作频率较低时，可在活塞杆上涂润滑脂，活塞杆上也不会结冰。

在高温使用时，可选用耐热气缸。同时注意，高温空气对行程开关、管件及换向阀的影响。

2. 润滑

气缸通常用油雾润滑，应选用推荐的润滑油，使密封圈不产生膨胀、收缩的影响，且与空气中的水分混合不产生乳化。

3. 接管

气缸接入管道前，必须清除管道内的脏物，防止杂物进入气缸。

2.4.4　安装操作注意事项

1. 活塞杆径向载荷

气缸活塞杆承受轴向力，气缸所承受的径向载荷应在允许范围内。安装时应防止工作过程中承受附加的径向载荷。图 2-31 所示为用固定式气缸来驱动做圆弧运动的气动机构，尽管在连接部件上开有长形孔，连接销随着摆动臂的运动，不断移动其位置，使其与活塞杆的轴线相吻合，但是，除去摆动臂与活塞杆成直角的位置以外，连接销推动的是一个斜面，活塞杆上将产生垂直方向的径向力。此时应该校核气缸的径向载荷是否允许。

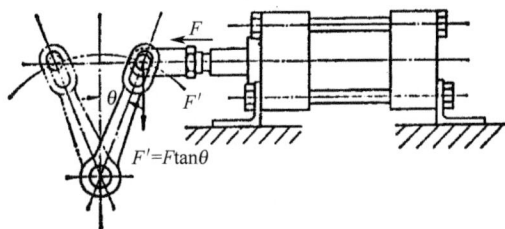

图 2-31　活塞杆受径向负载的安装

2. 活塞的运动速度

气缸运动速度一般为 $50 \sim 500 \mathrm{mm/s}$。对高速运动的气缸，应选择通径大的进气管道；对于负载变化的场合，可选用速度控制阀或气-液阻尼缸；要求行程末端运动平稳无冲击时，应选用带缓冲装置的气缸；对于大惯性负载，在气缸行程末端要另外安装液压缓冲器及设计减速缓冲回路。

3. 速度调整

气缸安装完毕后进行空载，往复几次，检查气缸动作是否正常。然后连接负载进行速度调节：首先将速度控制阀开启在中间位置，随后调节减压阀的输出压力，当气缸接近规定速度时，即可确定为工作压力，然后用速度控制阀进行微调。缓冲气缸在开始运行前，先把缓冲节流阀拧在节流量较小的位置，然后逐渐调大，直到得到满意的缓冲效果。

2.4.5　维护保养

（1）使用中应定期检查气缸各部位有无异常现象，各连接部位有无松动等，轴销、耳环式安装的气缸活动部位定期加润滑油。

（2）气缸检修重新装配时，零件必须清洗干净，特别需要防止密封圈剪切、损坏，注意唇形密封圈的安装方向。

（3）气缸拆下长时间不使用时，所有加工表面应涂防锈油，进、排气口加防尘堵塞。

思考题和习题

2-1　气缸的进气口节流调速和排气口节流调速各有什么特点？

2-2　气缸的"自走"现象是怎么产生的？怎么才能消除？

2-3　膜片气缸、无杆气缸与活塞式气缸相比较，各有什么特点？

2-4　气马达与液压马达相比较，有些什么特点？什么是气马达的软特性？

第3章 气动控制元件

3.1 概 述

3.1.1 分类

在气动控制系统中，控制元件是控制和调节压缩空气的压力、流量、流动方向与发送信号的重要元件，利用它们可以组成各种气动控制回路，使气动执行元件按设计要求完成各种动作，实现对力或力矩、速度或转速、运动方向、动作顺序等的控制。气动控制元件一般按功能和用途进行分类，具体可分为压力控制阀、流量控制阀、方向控制阀三大类。此外，还有通过改变气流方向和通断以实现各种逻辑功能的气动逻辑元件和射流元件等。

3.1.2 气动控制元件的特点

与液压阀相比较，气动控制元件有如下特点。

1）使用的能源

气动元件和装置可用空压站集中供气，根据使用要求，各控制点用减压阀调节各自的工作压力。

液压阀都有回油口，便于油箱收集用过的液压油。气动控制阀可以通过排气口直接把压缩空气向大气排放。

2）对泄漏的要求

液压阀和气动控制阀两者对泄漏的要求根本不同。液压阀对向外的泄漏要求严格，除采用间隙密封的阀以外，原则上不允许泄漏，而气动阀内部泄漏有导致事故的危险。对气动管道来说，允许有少许泄漏；而液压管道的泄漏将造成压力明显下降。采用液压的场合可设预防压力泄漏的压力补偿回路；而采用气动的场合要避免泄漏造成的压降，除防止泄漏外，没有别的办法。

3）润滑要求

液压阀的工作介质一般为矿物油，具有自润滑功能，而气动阀的工作介质为压缩空气，空气中常含有水分，无润滑性。因此，气动阀本身需要外加润滑，阀的零件应选择不易受水腐蚀的材料，或者采取必要的防锈处理。

4）压力范围

气动阀的工作压力范围比液压阀低。对气动阀来说，一般要求它具有承受比工作压力高的耐压强度，而对其冲击强度的要求比耐压强度更高。若气动阀在超过最高容许压力下使用，往往会发生严重事故。

5）使用特点

一般气动阀比液压阀结构紧凑，重量轻，易于集成安装，阀的工作频率高，使用寿命长。气动控制阀向低功率、小型化方向发展，已出现功率只有 1W 甚至 0.5W 的低功率电磁阀，与微机和 PLC 可编程控制器直接连接，特别是最新出现的阀岛，适用于气动工业机械手、复杂的装配生产线等场合。

3.1.3　阀的结构特性

与液压系统相比，气动控制系统中的各种控制阀的结构更具有多种多样性，有截止式、膜片式、平板式、小球式、旋塞式、滑柱式、滑块式等。实际上，所有的阀类结构都能分解成包含阀孔的固定阀体（阀座）和阀芯两部分。阀体上的孔口被阀芯覆盖。当阀芯从孔口上移开时，空气就通过孔口产生流动。从阀芯相对于阀座开闭运动来分，阀的结构基本上可以分为两大类，即截止式和滑阀式两类。

截止式气动阀在结构上是阀芯沿着阀座轴向移动，对阀门通道起着开关作用，只控制进气和出气，截止式阀无论处于关闭或开启状态，在阀芯上始终有气压力作用（背压）。其特点是阀芯的工作行程小、密封性好，但工作中因背压而使操纵力相对大些。

滑阀式气动阀，也称为滑柱式气动阀。在结构上是利用圆柱状的阀芯在圆筒形阀套内轴向移动来实现对各阀口之间的连通或切断的控制。只要稍微改变阀套或滑柱（阀芯）的尺寸、形状就能实现多种机能。这种结构容易设计成多位多通阀。滑阀的密封方式有两类：一类是采用金属对金属的间隙密封，另一类是采用弹性密封件来进行密封。采用间隙密封的滑柱式结构，一般阀芯与阀套之间的间隙只有几微米，阀在工作时有微量空气泄漏；采用弹性密封的阀，只要密封件不产生磨损或破坏就不会有空气泄漏。滑阀式气动阀具有换向行程较长、阀芯受力平衡、操纵力相对较小等特点。

结构上与液压阀所不同的一类气动阀是同轴截止式气动阀。它结合了截止式和滑阀式两种结构的特点，如图 3-1 所示，阀流路之间的密封是截止式结构。这样，阀的换向行程短，易于提高阀的工作频率，且又易实现多位多通路阀的功能。该阀具有以下特点。

（1）阀的换向行程短。同轴截止式阀的阀芯换向如同滑阀式一样，左右移动，但实际上各通路之间的通断是截止式结构。因此，阀开启的时间短，易于提高阀的工作频率；流量性能好，轴向尺寸小。

（2）受力平衡。如同滑阀式阀，阀芯（滑柱）受力是平衡的。容易实现多位多通路阀的功能。

（3）密封性能较好。采用截止式阀的密封原理，但结构上必须保证两组密封面同时密封，否则会引起泄漏。图 3-1 所示位置，P 和 A、B 和 S 相通，必须使 P、B 和 A、R 之间无泄漏。

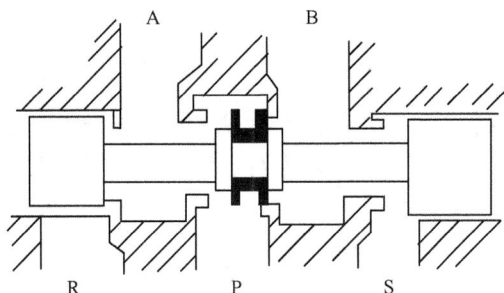

图 3-1　同轴截止式阀

（4）操纵力小。由于没有背压作用，阀换向的操纵力较小。

3.2　压力控制阀

气压传动不同于液压传动。在液压传动中，每个装置上一般都自带液压源（液压站）；而在气动控制系统中，一般来说是由空气压缩机先将空气压缩，储存在储气罐内，然后经管道输送给各气动装置使用。而储气罐的空气压力往往比每台气动装置所需要的压力高，并且其压力值波动也较大，因此需要用减压阀（调压阀）将其压力减到每台装置所需要的压力，并使减压后的压力稳定在需要的值上。对于低压控制系统（如射流系统、气动测量），除用减压阀减压外，还需精密减压阀或定值器得到压力更低、精度更高的气源压力。

气动控制系统中的压力控制阀可分为以下三类：第一类是减压阀和定值器，这类压力阀起降压和稳压作用，当输入压力在一定范围内改变时，能保持输出压力不变；第二类是安全阀和限压阀，这类压力阀在气动系统中起限压安全保护作用，当管路中压力超过允许压力时，安全阀可实现自动排气，使系统的压力下降，保证系统的工作安全；第三类是顺序阀和平衡阀，这类阀可根据气路压力不同进行某种控制，如有时在气动装置中不便于安装行程阀而要依据气压的大小来控制两个以上的气动执行机构的顺序动作。所有的气动压力控制阀都是利用空气压力和弹簧力相平衡的原理来工作的。图 3-2 所示为气动压力控制阀的详细分类。

3.2.1　减压阀

减压阀又称调压阀，在气动系统中的作用为：将供气气源较高的压力减到每台装置所需要的压力，并保证减压后的压力值稳定。减压阀按调压方式可分为直

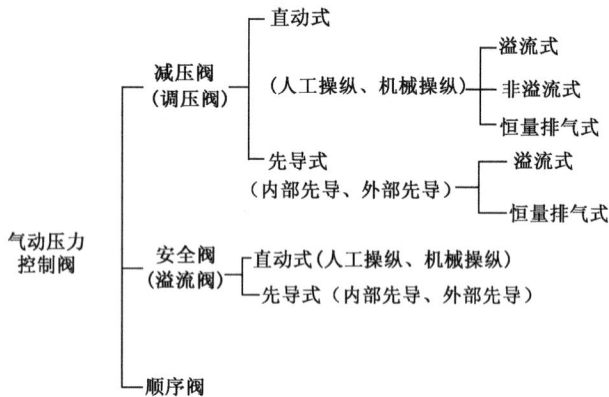

图 3-2　气动压力控制阀的分类

动式和先导式两大类。直动式减压阀，利用手柄直接调节调压弹簧来改变其输出压力；先导式减压阀是使用预先调整好压力的空气来代替调压弹簧来调节输出压力的。

1. 直动式减压阀的结构及工作原理

图 3-3 所示为溢流式直动减压阀的结构图，其典型的特点是，阀在减压工作过程中经常从溢流孔排出少量的气体。其工作原理为：阀处于工作状态时，有压力 p_1 的气体进入减压阀输入端，经阀口 10 的节流减压后输出，压力 p_2 的大小可由调压弹簧 2、3 进行调节。顺时针旋转旋钮 1，压缩弹簧 2、3 及膜片 5 使阀芯 8 下移，阀口 10 的开度增大，使输出压力 p_2 增大；若逆时针旋转旋钮 1，将减小阀口 10 的开度，输出压力 p_2 则随之减小。

若 p_1 瞬时升高，p_2 将随之升高，使膜片气室 6 内压力也升高，在膜片 5 上产生的推力相应增大。此推力破坏了原来力的平衡，使膜片 5 向上移动，有少部分气体流经溢流孔 12、排气孔 11 排出。在膜片 5 上移的同时，因复位弹簧 9 的作用，使阀芯 8 也向上移动，进气阀口 10 的开度减小，节流作用增大，使输出压力 p_2 下降，直到达到新的平衡为止，输出压力基本上又回到原数值上。相反，若输入压力 p_1 瞬时下降，膜片 5 下移，进气阀芯 8 随之下移，进气阀口 10 开度增大，节流作用减小，使输出压力基本上又回到原来的数值上。

逆时针旋转旋钮 1，使调压弹簧 2、3 放松，气体作用在膜片 5 上的推力大于调压弹簧的作用力，膜片向上弯曲，靠复位弹簧的作用关闭进气阀口 10。再旋转旋钮 1，进气阀芯 8 的顶端与溢流阀座 4 将脱开，膜片气室 6 中的压力气体便经溢流孔 12、排气孔 11 排出，使阀处于无输出状态。

综上所述，溢流式减压阀的工作原理为：靠进气口的节流作用减压，靠膜片

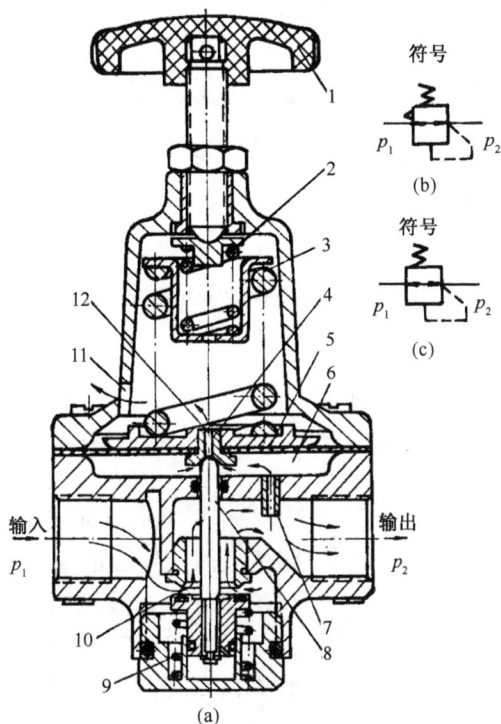

图 3-3　直动式减压阀

(a) 溢流式减压阀结构；(b) 溢流减压阀符号；(c) 不带溢流减压阀的符号

1—调节旋钮；2、3—调压弹簧；4—溢流阀座；5—膜片；6—膜片气室；

7—阻尼管；8—进气阀芯；9—复位弹簧；10—进气阀口；11—排气孔；12—溢流孔

上力的平衡作用和溢流孔的溢流作用稳压，调节旋钮可使输出压力在一定范围内任意改变。

2. 直动式减压阀溢流口的结构

直动式减压阀按溢流口的结构形式可分为溢流式、恒量排气式和非溢流式三种形式，如图 3-4 所示。

图 3-4(a) 所示为溢流式结构，它有稳定输出压力的作用，当阀的输出压力超过调定值时，气体能从溢流口排出，维持输出压力不变。但由于经常要从溢流孔排出少量气体，在介质为有害气体的气路中，为防止工作场所的空气受污染，应选用非溢流式结构。

图 3-4(b) 所示为恒量排气结构，它与液压溢流阀的工作原理相似，只是溢流阀座略有不同，其上面开有固定的小孔。此阀在工作时，始终有微量的气体从溢流阀座上的小孔排出，使阀口常处于微开启状态，防止了减压阀在低流量时阀

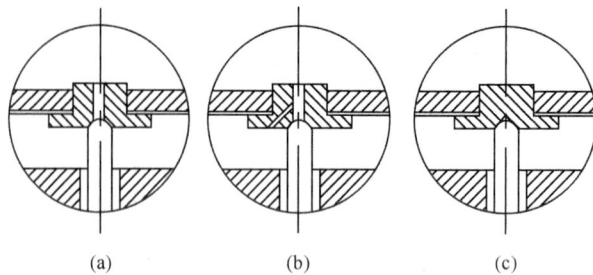

图 3-4　减压阀的溢流结构

(a) 溢流式；(b) 恒量排气式；(c) 非溢流式

口容易出现的咬死现象，从而也就提高了减压阀在小流量输出时的稳压性能，流量特性极大地提高。因此，该阀适用于输出压力调节精度要求高的场合。其缺点是始终存在耗气。

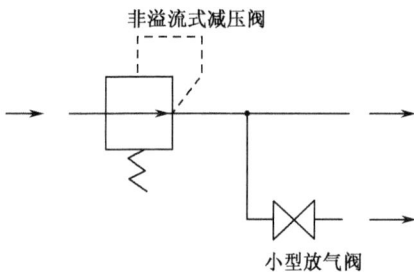

图 3-5　非溢流式减压阀的使用

图 3-4(c) 所示为非溢流式结构，它与溢流式的区别就是溢流阀座上没有溢流孔。使用非溢流式减压阀时，需要安装一个旁路阀，当需要降低输出压力时，打开旁路阀排出部分气体，直至达到新的调定值，如图 3-5 所示。

3. 先导式减压阀的结构和工作原理

当减压阀的输出压力较高或配管口径很大时，用调压弹簧直接调压，则弹簧的刚度势必过大，流量变化时，输出压力的波动就较大，并且阀的结构尺寸也会很大。为了解决这些问题，则可采用先导式减压阀。

先导式减压阀的工作原理与直动式的基本相同。先导式减压阀所用的调压气体是由小型的直动式减压阀供给的。若将小型直动式减压阀装在主阀内部，则称为内部先导式减压阀；若将小型的直动式减压阀装在主阀外部，则称之为外部先导式减压阀。

图 3-6 所示为内部先导式减压阀的结构原理图，它与直动式减压阀相比，增加了由喷嘴 4、挡板 3、固定节流孔 9 及气室 B 所组成的喷嘴挡板放大环节。当喷嘴与挡板之间的距离发生微小变化时，就会使 B 室中的压力发生很明显的变化，从而引起膜片 10 有较大的位移，去控制阀芯 6 的上下移动，使进气阀口 8 开大或关小。由于喷嘴挡板在工作范围内灵敏度较高，该阀提高了对阀芯控制的灵敏度，即提高了阀的稳压精度，可将压力气体减压至 $0 \sim 0.16 \text{MPa}$ 和 $0 \sim 0.5 \text{MPa}$ 所需要的压力值，并保持稳定。

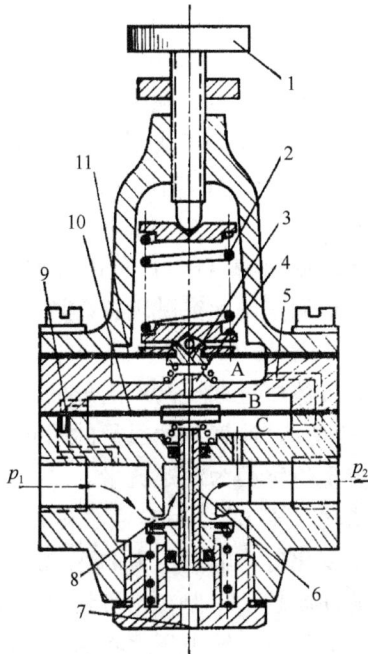

图 3-6　内部先导式减压阀

1—旋钮；2—调压弹簧；3—挡板；4—喷嘴；5—孔道；6—阀芯；7—排气口；8—进气
阀口；9—固定节流孔；10、11—膜片；A—上气室；B—中气室；C—下气室

图 3-7 所示为外部先导式减压阀的主阀，主阀的工作原理与直动式相同。在主阀的外边还有一个小的直动式减压阀（未画出），该小阀与主阀的控制口相连接，通过小阀来控制主阀实现减压。此类阀适用于通径在 20mm 以上，以及距离在 30m 以内、高处、危险处、调压困难的场合。

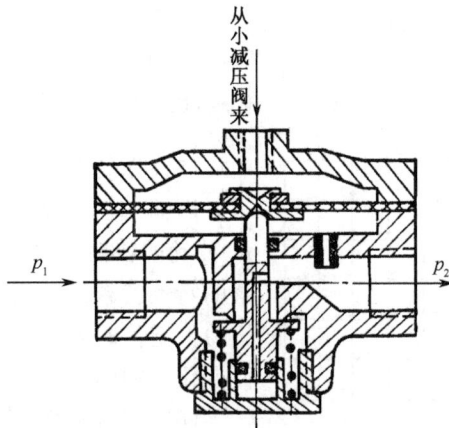

图 3-7　外部先导式减压阀

4. 减压阀的主要技术指标

减压阀的主要技术指标有输入压力、调压范围、额定流量、压力特性、流量特性和溢流特性。这些技术指标是选择和使用减压阀的重要依据。

(1) 输入压力 p_1。气压传动中的工作压力在 $0 \sim 1 \text{MPa}$，所以一般规定减压阀的最大输入压力为 1MPa。

(2) 调压范围。它是指减压阀输出压力 p_2 的可调范围，在此范围内要求达到规定的精度，能连续稳定地调整，无突跳现象。调压范围主要与调压弹簧的刚度有关，调压范围一般为 $0.1 \sim 0.6 \text{MPa}$。

(3) 额定流量。为限制气体流过减压阀所造成的压力损失过大，规定气体通过阀通道内的流速在 $15 \sim 25 \text{m/s}$。计算各种通径的阀允许通过的流量，并对这些流量加以规范化而得到的流量值称其为额定流量。

(4) 流量特性。它是指输入压力 p_1 一定时，输出压力 p_2 随输出流量的变化而变化的特性。当流量发生变化时，输出压力的变化越小越好。一般输出压力越低，它随输出流量的变化波动就越小，但在小流量时，输出压力的波动较大，而当实际流量超出规定的额定流量时，输出压力将急剧下降。如图 3-8 所示。

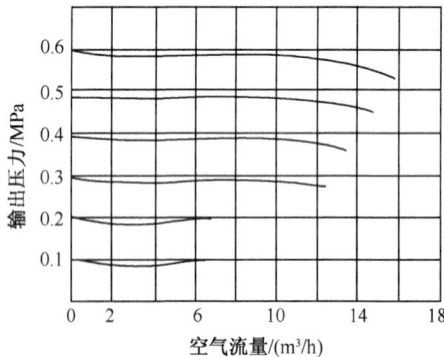

图 3-8　流量特性曲线

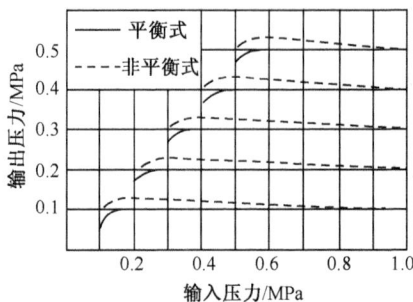

图 3-9　压力特性曲线

(5) 压力特性。它是指流量为定值时，因输入压力 p_1 波动而引起输出压力 p_2 波动的特性。输出压力波动越小，减压阀的特性就越好。输出压力必须低于输入压力一定值时才基本上不随输入压力变化而变化，如图 3-9 所示。

(6) 溢流特性。它是指阀的输出压力超过调定值时，溢流阀口打开，空气从溢

流口流出，减压阀通过溢流口的溢流流量与
输出口的超压压力（输出压力的调定值与溢
流口即将开启时的输出压力值之差）之间的
关系，如图 3-10 所示。特性曲线上的 a 点为
减压阀的输出压力调定值，b 点为溢流口即
将打开时的输出压力。

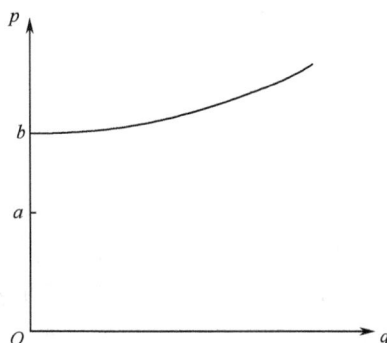

3.2.2　溢流阀（安全阀）

　　溢流阀和安全阀在结构和功能方面相类
似，有时可以不加以区别。它们的作用是当
气动回路和容器中的压力上升到超过调定值

图 3-10　溢流特性曲线

时，能自动向外排气，以保持进口压力为调定值。溢流阀和安全阀的工作原理是
相同的，实际上，溢流阀是一种用于维持回路中空气压力恒定的压力控制阀；而
安全阀是一种防止系统过载、保证安全的压力控制阀。

　　按溢流阀（安全阀）的结构不同可分为直动式和先导式，按工作阀芯的结构
可分为活塞式、球阀式、膜片式等。其工作原理都是靠弹簧提供控制力，调节弹
簧预紧力，即可改变溢流压力（或安全压力）的大小。膜片式溢流阀（安全阀）
和先导式溢流阀（安全阀）的压力特性较好、动作灵敏；但它们的最大开启力比
较小，即流量特性较差。

　　图 3-11 所示为活塞式溢流阀（安全阀）的结构。其工作过程是，气源压力
p_s 作用在活塞 A 上，当压力超过由弹簧调定的溢流压力（安全压力）值时，活
塞 A 被顶开，一部分压缩空气即从阀口排入大气；当气源压力低于调定值时，

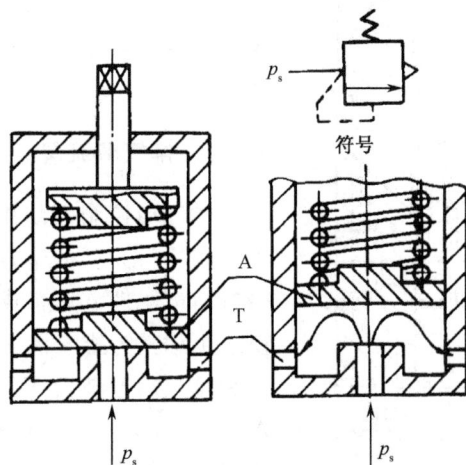

图 3-11　溢流阀（安全阀）

弹簧驱动活塞下移，关闭阀口。

3.3　流量控制阀

3.3.1　流量控制原理

　　在气压传动系统中，经常要求控制气动执行元件的运动速度、控制信号的延迟时间、控制缓冲气缸的缓冲能力、控制油雾器的滴油量等，这都是要靠调节压缩空气的流量来实现的。凡是用来控制气体流量的阀，统称为流量控制阀。流量控制阀的工作原理与液压流量阀的相同，都是通过改变阀的通流截面积的大小来实现流量的控制，其节流口的形式有针阀式、三角槽式和圆柱斜切式。从流体力学的角度看，流量控制是在管路中制造一种局部阻力，改变局部阻力的大小，就能控制流量的大小。实现流量控制的方法有两种：一种是固定的局部阻力装置，如毛细管、孔等；另一种是可调节的局部阻力装置，如节流阀。

　　气动系统中常用的流量控制阀主要有节流阀、单向节流阀、排气节流阀、行程节流阀、先导式速度控制阀等。

3.3.2　先导式速度控制阀

　　图 3-12 所示为先导式速度控制阀。当阀的控制口 Z 无信号输入时，气流沿 A→B 流；当 Z 口输入控制信号后，活塞在控制气压作用下，通过阀杆将单向阀打开，使气流沿 A→B 方向自由通过。但阀处于反向流动（B→A）状态时，不管 Z 口有无信号，气流总是从 B→A 自由通过。先导式速度控制阀可用来实现气缸的两种速度运动。

3.3.3　排气节流阀

　　在气动控制系统中，排气节流阀不仅能控制执行元件的运动速度，而且因其常带有消声器件，具有减少排气噪声的作用，所以也称其为排气消声节流阀。图 3-13 所示为排气消声节流阀的结构原理，气流从 A 口进入阀内，调节节流口 1 处的通流截面积来调节排气流量，由消声套 2 减少排气噪声。

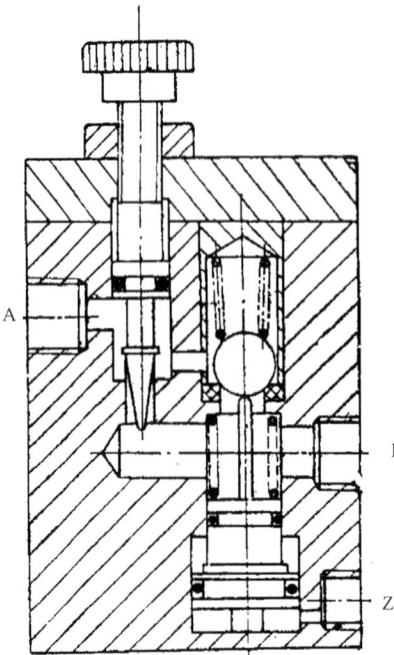

图 3-12　先导式速度控制阀

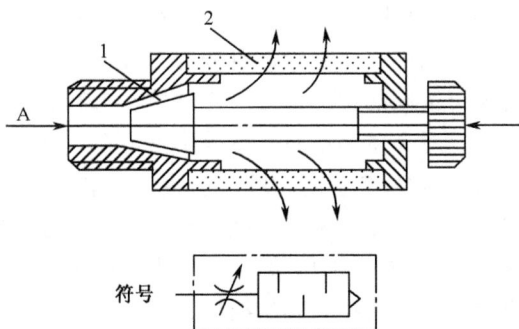

图 3-13　排气节流阀
1—节流口；2—消声套

　　排气节流阀实际上是节流阀的一种特殊形式，常安装在换向阀和执行元件的排气口处，起单向节流作用，如图 3-14 所示。由于其结构简单，安装方便，能简化回路，所以在气动控制系统中广泛采用。但需要注意的是，排气节流阀对换向阀会产生一定的背压，对有些结构的换向阀而言，此背压对换向动作的灵敏性可能产生影响。

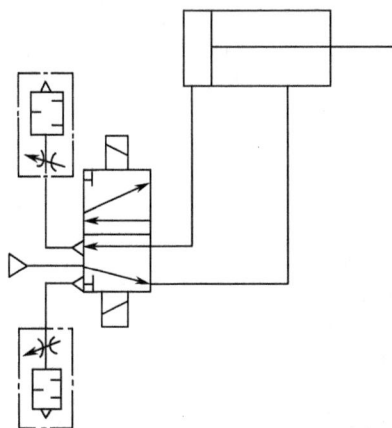

图 3-14　排气节流阀的应用

3.4　方向控制阀

　　气动控制系统中的方向控制阀与液压控制系统中的方向控制阀的作用和功能相同，只不过它是用来控制压缩空气的流动方向和气流通断的。
　　气动方向控制阀按其作用特点可分为两大类，即单向型控制阀和换向型控制阀。按阀芯结构不同可分为滑阀式（又称为滑柱式、柱塞式）、截止式（又称为提动式)、平面式(又称为滑块式)、旋塞式和膜片式,其中以滑阀式和截止式应用较多。按阀的通口数和阀芯工作位置数可分为二位二通、二位三通、三位五通等。气动方向控制阀还可按阀的密封形式分为硬质密封和软质密封,其中软质密封因制造容易、泄漏少、对介质污染不敏感等优点,在气动方向控制阀中被广泛采用。按阀的连接方式分为管式连接、板式连接、集装式连接和法兰连接等几种。若按控制方式则可分为电磁控制式、气压控制式、机械控制式、人力控制式和时间控制式等,详细分类如图 3-15 所示。其中,电磁控制式、机械控制式、时间控制式等与相应的液压方向控制阀的结构、原理及分类基本相同。以下主要介绍人力控制式和气压控制式方向阀。

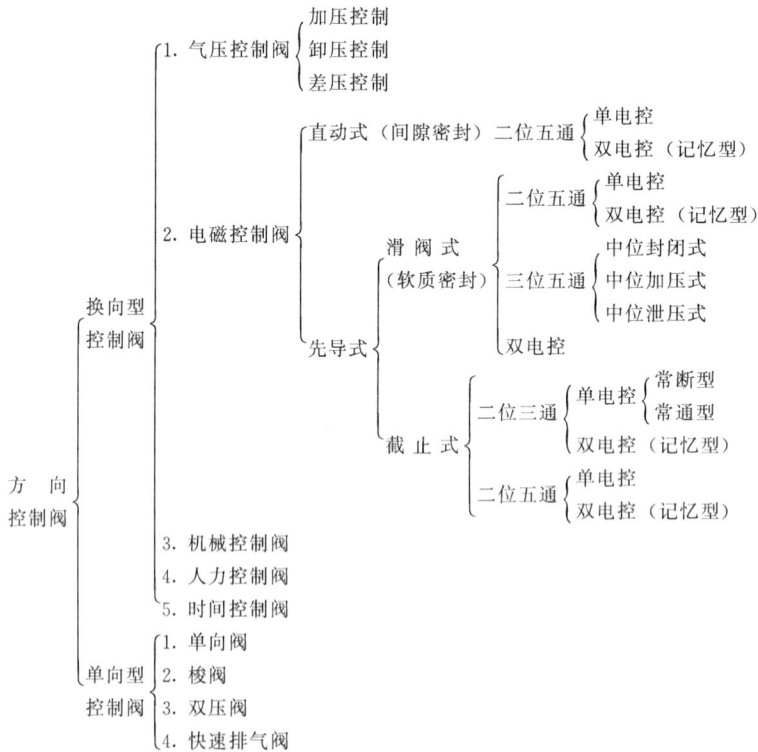

方向控制阀
- 换向型控制阀
  - 1. 气压控制阀
    - 加压控制
    - 卸压控制
    - 差压控制
  - 2. 电磁控制阀
    - 直动式(间隙密封)——二位五通
      - 单电控
      - 双电控(记忆型)
    - 先导式
      - 滑阀式(软质密封)
        - 二位五通
          - 单电控
          - 双电控(记忆型)
        - 三位五通
          - 中位封闭式
          - 中位加压式
          - 中位泄压式
        - 双电控
      - 截止式
        - 二位三通
          - 单电控
            - 常断型
            - 常通型
          - 双电控(记忆型)
        - 二位五通
          - 单电控
          - 双电控(记忆型)
  - 3. 机械控制阀
  - 4. 人力控制阀
  - 5. 时间控制阀
- 单向型控制阀
  - 1. 单向阀
  - 2. 梭阀
  - 3. 双压阀
  - 4. 快速排气阀

图 3-15　方向控制阀的分类

3.4.1　人工控制阀

人工控制阀在手动、半自动和自动控制系统中得到广泛应用。在手动控制系统中,一般用人控阀直接操纵气动执行机构;在半自动和自动控制系统中,多用作信号阀。实际上,人控阀除了头部操纵结构和要求操纵灵活外,其阀芯结构基本上和机控阀相同,按其操纵方式可分为手动阀和脚踏阀两类。

　　人控阀应安装在便于操作的地方，以防止操作者长期操作或站立引起疲劳，操纵力不宜过大。为防止误操作，通常需要增加安全装置，脚踏阀应装有防护罩。

　　图 3-16 所示为手动阀的操纵头部结构。有按钮式（图 3-16(a)）、蘑菇头式（图 3-16(b)）、旋钮式（图 3-16(c)）、拨动式（图 3-16(d)）、锁定式（图 3-16(e)）等。图 3-17 所示为推拉式手动阀的工作原理图。向上拉起阀芯，P 与 B、A 与 T_1 相通；将阀芯压下，则 P 与 A、B 与 T_2 相通。

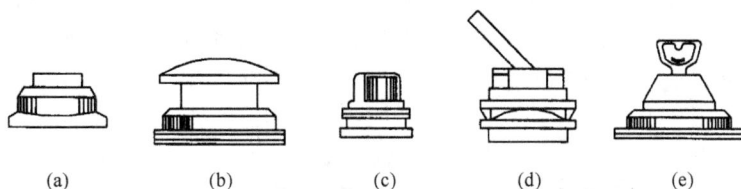

(a)　　　　　(b)　　　　　(c)　　　　　(d)　　　　　(e)

图 3-16　手动阀的操纵头部结构

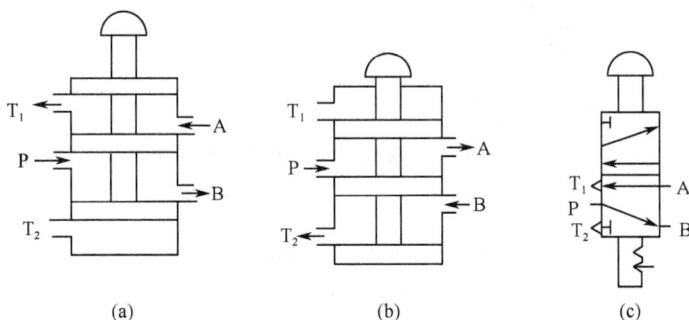

(a)　　　　　　　　　(b)　　　　　　　　　(c)

图 3-17　推拉式手动阀的工作原理图

　　旋钮式、锁式、推拉式等操作具有定位功能，即使操作力卸除后仍能保持阀的工作状态不变。图形符号上的缺口数便是表示有几个定位位置。手动阀除弹簧复位外，也有采用气压复位的，其好处是阀具有记忆性，即不加气压信号，阀能保持原位而不复位。

3.4.2　气控阀

　　气压控制换向阀是利用气体压力使主阀芯运动而使气流改变方向的。在易燃、易爆、潮湿、粉尘大、强磁场、高温等恶劣工作环境下，利用气体压力控制阀芯的动作比利用电能产生电磁力来控制要更加安全可靠。气压控制换向阀按控制方式不同可分成加压控制、卸压控制、差压控制和时间控制等方式，按主阀的结构不同又可分为截止式和滑阀式两种主要形式。滑阀式气压控制换向阀的结构和工作原理与液动换向阀的基本相同。

1. 加压控制换向阀

加压控制是指加在阀开闭件上的控制信号压力值逐渐上升，当气压增加到阀芯的动作压力时，主阀芯换向。它有单气控和双气控两种方式。

图 3-18 所示为单气控截止式换向阀的工作原理图，该阀为二位三通换向阀。图 3-18(a) 所示为控制口 K 无控制压力信号时的状态，阀芯在弹簧与 P 腔气压作用下，使 P 与 A 断开，A 与 T 接通，阀处于排气状态。当 K 口有控制压力信号时，如图 3-18(b) 所示，阀芯在控制压力的作用下向下移动，则 P 与 A 连通，A 与 T 断开，阀处于进气工作状态。

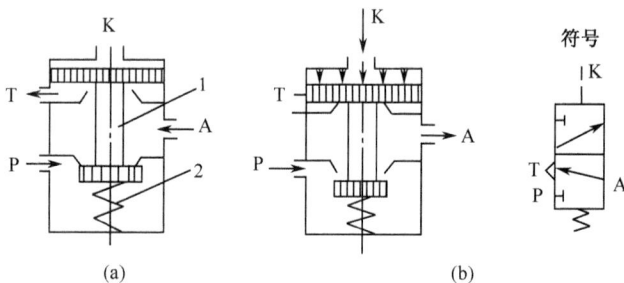

图 3-18 单气控截止式换向阀的工作原理图
1—阀芯；2—弹簧

图 3-19 所示为二位三通单气控截止式换向阀的结构图。当 K 口无信号时，A 与 T 相通，阀处于排气状态；当 K 口有信号输入后，压缩空气进入活塞 9 的右端，使阀芯 5 左移，P 与 A 接通。图中所示为常断型阀，如果 P、T 交换则该阀变为常通型阀。

利用截止式换向阀可以组合成像滑阀式换向阀所具有的二位三通、二位四通、三位五通等多种功能的换向阀，与滑阀式换向阀相比，截止式换向阀还具有以下特点：

1) 阀芯工作行程短

截止阀的阀芯只需要移动很小的距离即能使阀完全开启，如图 3-20 所示的两种截止换向阀的阀芯结构形式，当阀芯与阀座间的过流面积与阀座内的通流截面积相等时，阀就能完全打开。显然，根据几何关系可推算出阀芯位移 l 只要达到阀座孔径 D 的 1/4 时，就可使阀完全开启。所以，截止式换向阀的启闭时间短、通流能力强、流量特性好、结构紧凑，适用于大流量场合。

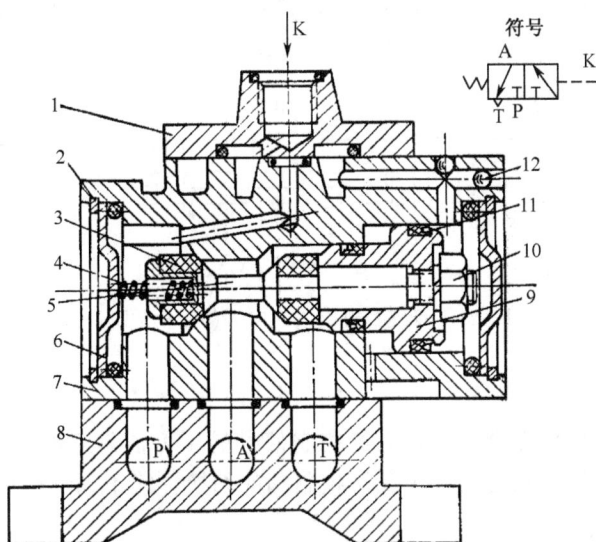

图 3-19　二位三通单气控截止式换向阀的结构

1—气控接头；2—挡圈；3—密封圈；4—弹簧；5—阀芯；6—端盖；7—阀体；8—阀板；
9—活塞；10—螺母；11—Y 形密封圈；12—钢球

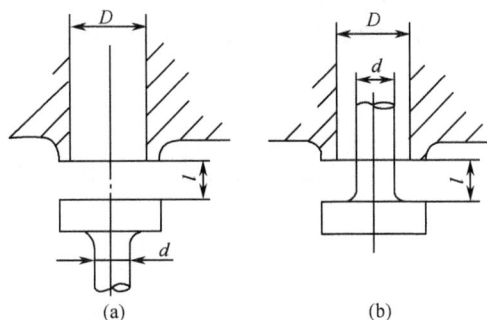

图 3-20　截止式换向阀的阀芯结构形式

（a）阀芯在阀座外；（b）阀芯在阀座内

2）密封性好

截止式换向阀一般采用软质密封，且阀芯始终有背压，所以关闭时密封性好，气体的泄漏量小；但换向力较大，换向时冲击力也较大，不宜用在灵敏度要求较高的场合。

3）抗污染性能好

抗粉尘及抗污染的能力强，因而对气体的过滤精度要求不高。

图 3-21 所示为双气控滑阀式换向阀的工作原理图，该阀是二位五通换向阀。

当控制信号 K_1 存在、K_2 不存在时，阀芯停在右端，P、B 接通，A、T_1 接通；而当控制信号 K_2 存在、K_2 不存在时，阀芯停在左端，则 P、A 接通，B、T_2 接通。

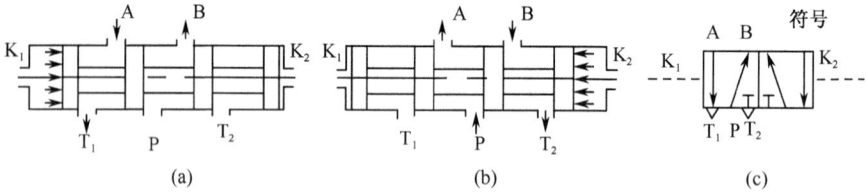

图 3-21　双气控滑阀式换向阀的工作原理图

2. 卸压控制换向阀

卸压控制是指加在阀开闭件上的控制信号的压力值是逐渐下降的控制方式，当压力降至某一值时阀便切换。卸压控制阀的切换性能不如加压控制阀好。

3. 差压控制

差压控制是利用阀芯两端受气压作用的有效面积不相等，在气压作用力的差值作用下使阀芯动作而换向的控制方式。差压控制阀的阀芯靠气压复位，不需要复位弹簧。图 3-22 所示为二位五通差压控制换向阀符号，当 K 无控制信号时，P 与 A 相通、B 与 T_2 相通；当 K 有控制信号时，P 与 B 相通、A 与 T_1 相通。

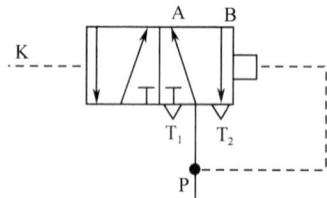

图 3-22　二位五通差压控制换向阀

4. 延时控制

延时控制的工作原理是利用气流经过小孔或缝隙被节流后，再向气室内充气，经过一定的时间，当气室内的压力升至一定值后，再推动阀芯动作而换向，从而达到信号延迟的目的。

图 3-23 所示为二位三通延时阀，它由延时部分和换向部分两部分组成。其工作原理为：当 K 无控制信号时，P 与 A 断开，A 与 T 相通，A 腔排气；当 K 有控制信号时，控制气流先经可调节流阀对气室充气。由于节流后的气流量较小，气室中气体的压力增长缓慢，经过一定时间后，当气室中气体压力上升到某一值时，阀芯移动换位，使 P 与 A 相通；当控制信号消除后，气室中的压力气

体经单向阀迅速排空，阀芯在弹簧的作用下复位。调节节流阀开口大小，可调节延时的长短。这种阀的延时在 0～20s，若再附加气室，延时时间还可延长。它常被用于易燃、易爆等不允许使用时间继电器的场合。

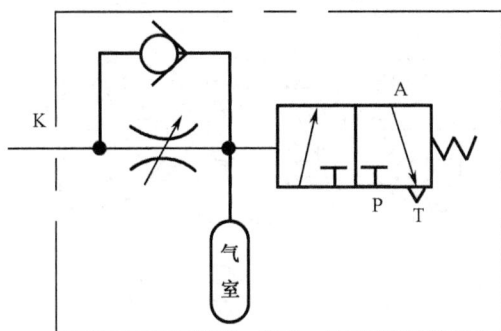

图 3-23　延时控制换向阀

图 3-24 所示为延时换向阀在压注机上的应用回路。按下手动阀 A，气缸下压工件，工件受压时间的长短则由 B、C、D 组成的延时阀控制。

3.4.3　单向型控制阀

单向型控制阀只允许气流沿一个方向流动。在气动系统中主要包括单向阀、梭阀、双压阀和快速排气阀。其中，单向阀结构、原理与液压单向阀基本相同。气动控制系统中具有特点的单向型控制阀有梭阀、双压阀和快速排气阀。

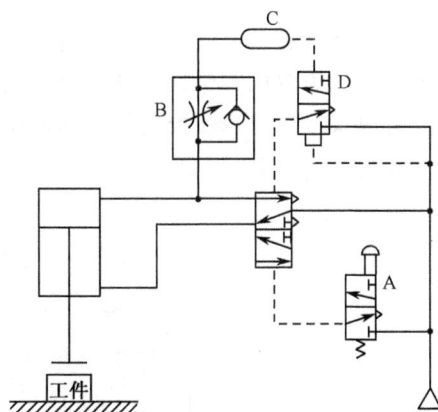

图 3-24　延时换向阀的应用

1. 梭阀

梭阀相当于两个单向阀组合而成，其作用相当于"或门"逻辑功能。图3-25所示为梭阀的结构，它的工作原理与液压梭阀相同。梭阀有两个进气口 P1 和 P2，一个出口 A。其中 P1、P2 都可以与 A 口相通，但 P1 与 P2 不相通。P1 和 P2 中的任一个有信号输入，A 都有输出。若 P1 和 P2 都有信号输入，则先加入侧(P1＝P2)或信号压力高的一侧（P1≠P2）的气信号通过 A 输出，另一个则被堵死。仅当 P1、P2 都无信号输入时，A 才无信号输出。梭阀在启动系统中应用广泛，它可将控制信号有次序地输入控制执行元件，常见的手动与自动控制的并联回路中就会用到梭阀。

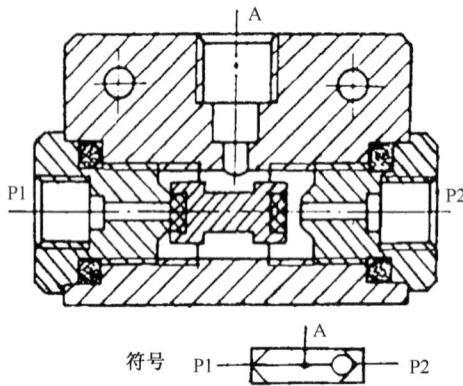

符号　　P1 ──▷○── P2

图 3-25　梭阀结构

2. 双压阀

双压阀也相当于两个单向阀的组合结构形式，其作用相当于"与门"。图 3-26 所示为双压阀结构，它有两个输入口 P1 和 P2，一个出口 A。当 P1 或 P2 单独有输入时，阀芯被推向另一侧，A 无输出。只有当 P1 和 P2 同时有输入时，A 才有输出。当 P1 与 P2 输入信号压力不等时，压力低的通过 A 输出。

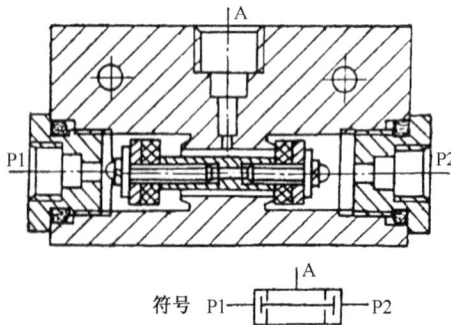

符号　　P1 ──┤├── P2

图 3-26　双压阀结构

图 3-27 所示为梭阀和双压阀的实际应用实例。

3. 快速排气阀

快速排气阀简称快排阀，图 3-28 所示为快速排气阀的结构及实际应用。该阀有三个阀口 P、A、T，P 接气源，A 接执行元件，T 通大气。当 P 无压缩空气输入时，执行元件中的气体通过 A 使阀芯左移，堵住 P、A 通路，同时打开 A、T 通

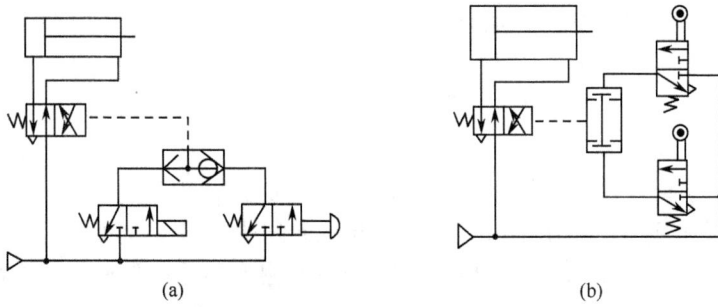

图 3-27　梭阀和双压阀的实际应用

（a）梭阀的应用；（b）双压阀的应用

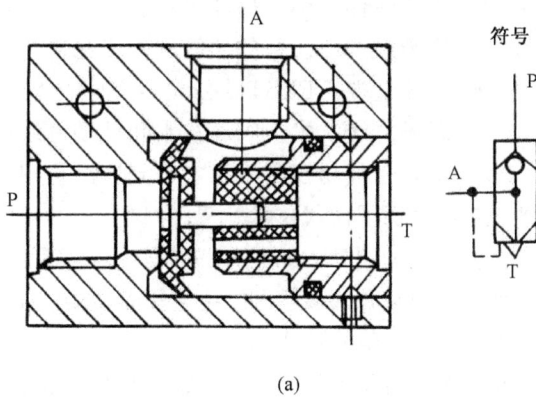

(a)

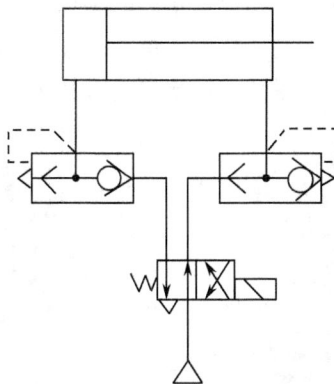

(b)

图 3-28　快速排气阀

（a）快排阀结构；（b）快排阀的应用

路，气体通过 T 快速排出。快速排气阀常用于换向阀和气缸之间，使气缸的排气不用通过换向阀而快速排出，从而加快了气缸往复运动速度，缩短了工作周期。

3.5　阀　　岛

"阀岛"一词译自德语的 "Ventilinsel"，英文译为 "Valve Terminal"。阀岛技术是由著名的德国气动厂家 FESTO 公司最先发明并引入应用的。一台完整的自动控制设备中有许多信息流和能量流，这些信息和能量的传递与传输都是靠各类传感器、控制器、能量转换单元、执行机构及操作和显示器等来实现的。因此，它们之间必然离不开大量的接口，如控制器与传感器以及操作和显示单元之间的接口，控制器与能量转换单元之间的接口，能量转换单元与执行机构之间的接口。所以，如何简化接口的硬件结构，提高可靠性，从而在自控系统中可靠地实现更多的信息流和能量流传递，使设备的功能进一步完善，运行可靠性的进一步提高，这就得到人们的高度重视。FESTO 公司自 20 世纪 80 年代后期最先推出了阀岛技术并率先引入现场总线技术。阀岛技术和现场总线技术相结合，使两者的技术优势得到充分发挥，在气动控制系统中得到广泛应用。

从阀岛的出现到现在已经历了两代技术。

第一代阀岛为带多针接口的阀岛，如图 3-29 所示。可编程控制器的输出信号、输入信号均通过一根带多针插头 2 的多股电缆 1 与阀岛连接，而由传感器输出的信号则通过电缆 3 连接到阀岛的电信号输入口 4 上。因此，可编程控制器与气动阀、传感器输入电信号之间的接口简化为只有一个多针插头和一根多股电缆。与常规方式实现的控制系统比较可知，采用多针接口的阀岛后，系统不再需要接线盒 5。同时，所有电信号的处理、保护功能（如电信号的极性保护、光电隔离、防水等）都已在阀岛上实现。显然，通过采用多针接口的阀岛使得系统的设计、制造和维护过

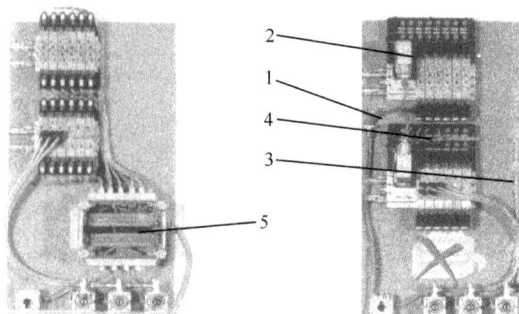

图 3-29　带多针接口的阀岛

1—多股电缆；2—多针插头；3—电缆；4—电信号输入口；5—接线盒

程大为简化。在阀岛上安装的电磁阀可以是单电控，也可以是双电控，同时其尺寸、功能覆盖面极广。

带多针接口阀岛的特点为：①各种阀已根据用户提出的要求集中安装于阀岛上，其气源口、排气口已连接妥当；②阀的电控信号已连接到一个统一的多针插座上；③电控信号输入和输出口的电路保护、防水措施等都已集成于阀岛上；④可以与目前市场上最常见的多接头输入/输出方式的可编程控制器结合使用，即对可编程控制器的接口形式无特殊要求（如现场总线形式）；⑤阀岛的气动、气控组件的功能都已测试、检验完毕。

用户需要完成的工作为：①只需将阀的输出口连接到对应的气动执行机构上；②将带多针插头的多股电缆与可编程控制器的输入/输出口连接。

第二代阀岛技术发展成为带现场总线的阀岛。第一代阀岛虽然使设备的接口大为简化，但仍需要一定的接线工作量，即用户必须根据设计要求自行将可编程控制器输出、输入口与来自阀岛的电缆进行连接。而且该电缆随着控制回路的复杂化而加粗，也随着阀岛与可编程控制器距离的增大而加长。为克服这一缺点，出现了带现场总线的第二代阀岛，如图3-30所示。

图 3-30　带现场总线的阀岛

这种阀岛带有一个总线输入口和一个总线输出口，这样当系统中有多个带现场总线阀岛或其他带现场总线设备时，可以由近至远串联连接。与第一代阀岛相比，带现场总线的阀岛与外界的数据交换只需通过一根两股或四股的屏蔽电缆实现。这大幅度节省了接线时间，而且由于连线的减少使设备所占的空间减小，设备的维护更为方便。

以阀岛、现场总线形式实现的气-电一体化适应了目前自控技术的发展趋势，为自控系统的网络化、模块化提供了有效的技术手段，从而得到了广泛的应用。与此同时，该项技术正朝着以下几个重要的方向迅速发展。

1）可编程阀岛

鉴于模块式生产已成为目前令人关注的发展趋势，同时注意到单个模块以及许多简单的自动装置往往只有10个以下的执行机构，于是出现了一种集阀、可编程控制器以及现场总线为一体的可编程阀岛，即将可编程控制器集成在阀岛上。图3-31(a)所示为带有西门子公司可编程控制器的SF50型可编程阀岛，图3-31(b)所示为带有FESTO公司可编程控制器的SF3型可编程阀岛。

2）模块式阀岛

模块式阀岛的基本结构为：①控制模块位于阀岛中央。控制模块有三种基本方式，即多针接口型、现场总线型和可编程序型；②各种尺寸、功能的电磁阀位于右侧，每两个或一个电磁阀装在带有统一气路、电路接口的阀座上。阀座的次

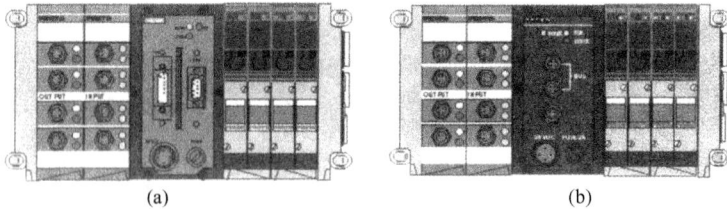

图 3-31　可编程阀岛

(a) SF50 型可编程阀岛；(b) SF3 型可编程阀岛

序可以自由确定，其数量也可以自由增减；③各种电信号的输入、输出模块位于左侧，提供了完整的电信号输入、输出模块。图 3-32 所示为模块式阀岛。

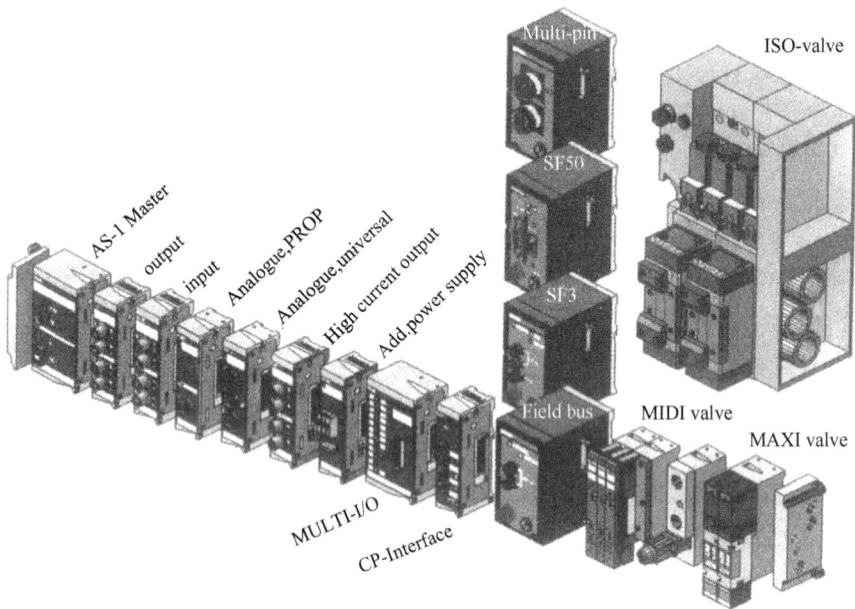

图 3-32　模块式阀岛

3）紧凑型阀岛（CP 阀岛）

紧凑型阀的外形很小，但输出流量非常大，即其体积/流量特别大，这是紧凑型阀与微型阀的区别之处，如 14mm 厚度的 CP 阀可提供 800 L/min 的大流量。图 3-33 所示为由紧凑型阀岛为核心，以分散控制为策略、以 CAN 型现场总线为联网接口方式的整体系统结构。

阀岛技术一出现即得到工业界的普遍欢迎，其应用已极为广泛，目前已广泛用于汽车焊接自动生产线、医疗器械及药品生产、自动包装机械等。图 3-34 所

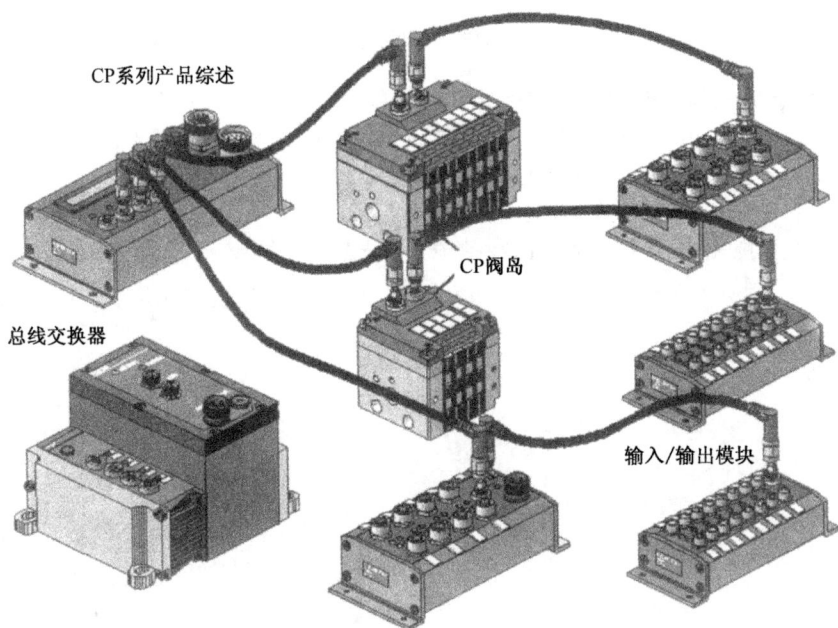

图 3-33　紧凑型阀岛系统结构

示为用于生产电机的自动线，在该生产线上使用了 5 套模块式 MI-DI/MAXI 阀岛。每个阀岛上装有 8 个电磁阀，同时总共有 100 个传感器的输入信号以及控制、操作信号通过阀岛输入给可编程控制器。

图 3-34　用于生产电机的控制线

思考题和习题

3-1　气动控制阀与液压控制阀有何异同点？

3-2　气动减压阀的工作原理如何？其溢流结构形式有几种？各有何特点？

3-3　试比较气动减压阀与液压减压阀的异同之处。

3-4　排气节流阀有何特点和作用？一般安装在什么地方？

3-5　气控换向阀的气控形式有几种？各有什么特点？

第4章 气动辅助元件

4.1 转 换 器

与其他自动控制装置一样，在气动控制系统中，也有发信、控制和执行部分，其控制部分的介质都是气体，而信号传感部分和执行部分则不一定全用气体，可能用电、液等，这样，各部分之间有时就需要能源转换装置，即转换器。转换器是一种信号界面装置，可以把不同能量形式的信号进行转换，在气动系统中最常用的转换器是气-电间的转换装置。

4.1.1 气-电转换器

气-电转换器是一种将气信号转换成电信号的装置，它的基本工作原理是利用弹性元件在气压信号作用下产生的位移来接通或断开电路，输出电信号。气-电转换器用的弹性元件有橡胶膜片、金属膜片（膜盒）、弹簧管、波纹管等。

气-电转换器有高压和低压之分。

1. 高压气-电转换器

高压气-电转换器也叫压力继电器，可以接受较高的气压信号压力（≥0.01MPa）。图 4-1 所示为膜片式高压气-电转换器，图中件 2 是微动开关，它有两对金属触头，触点②和③组成一组常开触头，触点①和③组成一组常闭触头，通过不同触点间的断开与闭合即发出电信号。当气压信号进入后，压力作用

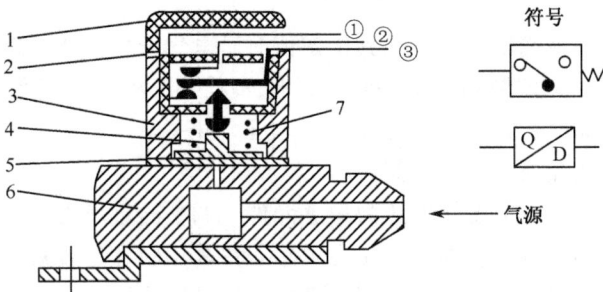

图 4-1 高压气-电转换器

1—上盖；2—微动开关；3—本体；4—顶头；5—膜片；6—底座；7—弹簧

在膜片 5 上，使之向上弯曲，克服弹簧力，推动顶头向上移动，触点①与③断开，②与③闭合。当气压消失时，在弹簧的作用下，各触头恢复到原状。

2. 低压气-电转换器

低压气-电转换器可接收的气体信号压力较低（＜0.01MPa）。图 4-2 所示为低压气-电转换器的结构，图中硬芯 3 和焊片 1 分别是两个触点，平时常断。当有一定的压力信号输入后，膜片 2 向上弯曲，带动硬芯 3 和限位螺钉 11 接触，即与焊片 1 接通，发出电信号。气压信号消失后，膜片带动硬芯复位，电信号消失。

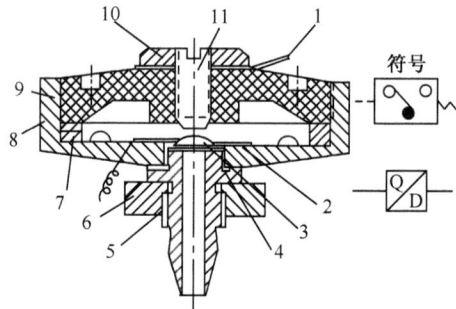

图 4-2　低压气-电转换器

1—焊片；2—膜片；3—硬芯；4—密封垫；5—接头；6、10—螺母；

7—压圈；8—外壳；9—盖；11—限位螺钉

气-电转换器的选用主要根据工作电压、输出电流、功率、气体压力等的大小来选择。高压气-电转换器常用于控制储气罐内气体压力、气动夹具的安全保护等方面；低压气-电转换器常用于信号显示（如指示灯），或将电信号输给功率放大装置，再去带动电的执行机构。

4.1.2　压力开关

压力开关是一种当输入压力达到给定值时，电气开关接通，发出电信号的装置，常用于需要压力控制和保护的场合。例如，空压机排气压力和吸气压力保护，有压容器（如气罐）内的压力控制等。压力开关除用压缩空气外，还用于蒸汽、水、油等其他介质压力的控制。

压力开关由感受压力变化的压力敏感元件、调整给定压力大小的压力调整装置和电气开关三部分构成。通常，压力敏感元件采用膜片、膜盒、波纹管和波登管等弹性元件，也有用活塞的。敏感元件的作用是感受压力大小，将压力转换为位移量。除此以外，敏感元件趋于采用压敏元件、压阻元件，其体积小，精度高，能直接将压力转换成电信号输出。

图 4-3 所示为 PE 型可调压力开关，当输入 X 口的压力达到给定值时，膜片驱动微动开关动作，而有电信号输出。给定压力在 0.1～1.2MPa 无级可调。

根据微动开关的不同连接形式，微动开关可用作常开电触点、常闭电触点和常开/常闭电触点。出厂时，压力开关的上限压力设定为 (0.6±3%) MPa，下限压力设定为 (0.48±3%) MPa，顺时针旋转调节螺钉可增加设定的上限和下限值。旋转保护帽下的六角螺母，也可调节压力开关的迟滞值，但设定的下限压力值保持不变，如图 4-3(b) 所示。

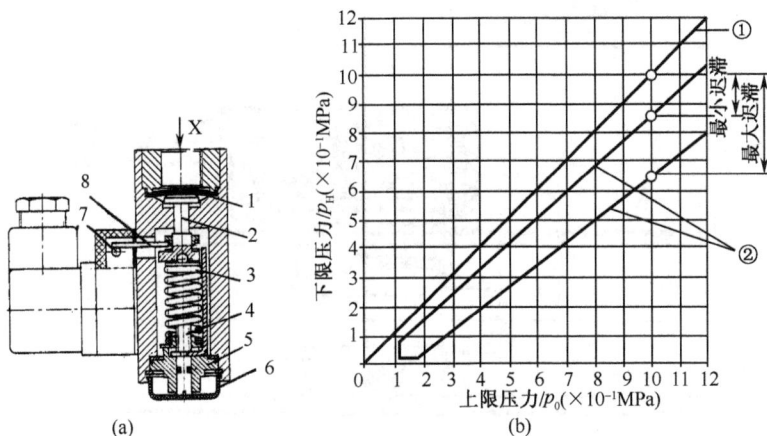

图 4-3　可调压力开关

(a) 结构；(b) 迟滞调节性能

1—膜片；2—推杆；3—弹簧；4—调节螺钉；5—六角螺母；6—保护帽；7—微动开关；8—连杆

①—上限压力；②—下限压力

4.1.3　磁性开关

磁性开关又称行程开关，是指直接安装在缸筒上能检测带有永久磁环的气缸活塞位置的一种转换元件。

以往，气缸行程位置的检测是在活塞杆上设置挡块用行程机控阀来发信的。这种方法给装置设计、制造和安装带来诸多不便。而用磁性开关使位置检测方便，结构紧凑。磁性开关已成为气缸的标准配件，供使用中选配。

用于气缸发信的磁性开关有三种：电子舌簧式行程开关、气动舌簧式行程开关和电感式行程开关。

1) 电子舌簧式行程开关

图 4-4 所示为电子舌簧式行程开关，内装有舌簧片、保护电路和指示灯，被合成树脂塑封在盒子内。当行程开关进入磁场（如气缸活塞上的永久磁环）时，

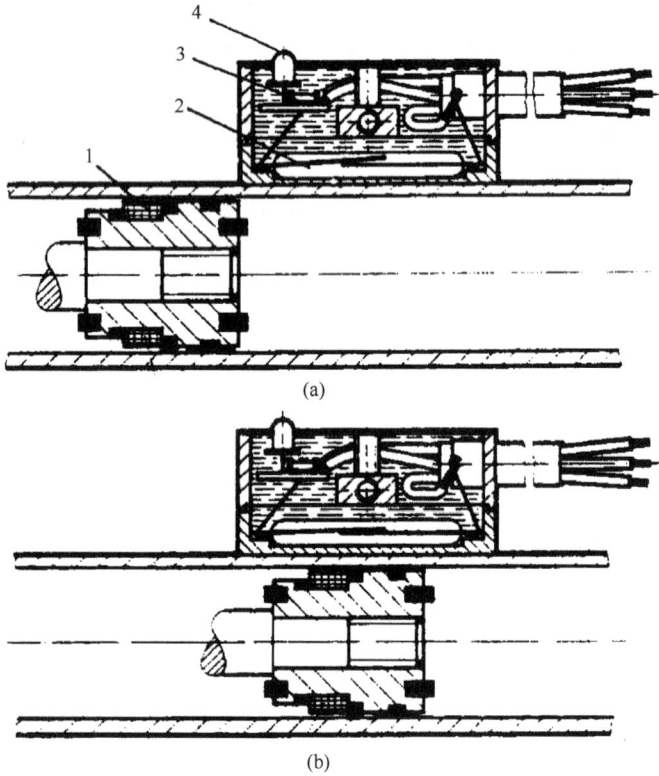

图 4-4　电子舌簧式行程开关

（a）开关断开；（b）开关接通

1—永久磁环；2—舌簧片；3—保护电路；4—指示灯

触点闭合，行程开关输出一个电控信号。

2）气动舌簧式行程开关

图 4-5 所示为一种气动舌簧式行程开关，其原理相当于一个喷嘴挡板，开关里的舌簧片将输入信号 P 口的气流关断。当信号开关进入磁场时，舌簧片被吸合打开，气流接通，从 P 口流向 A 口输出。

3）电感式行程开关

图 4-6 所示为一种非接触式电感行程开关，它由一个带铁磁性屏蔽层谐振电路线圈组成。行程开关进入磁场（如气缸活塞上的永久磁环）时，屏蔽层内的磁场强度达到饱和，因此谐振电路的电流发生变化。此电流的变化经放大器转化为输出信号。

(a)

(b)

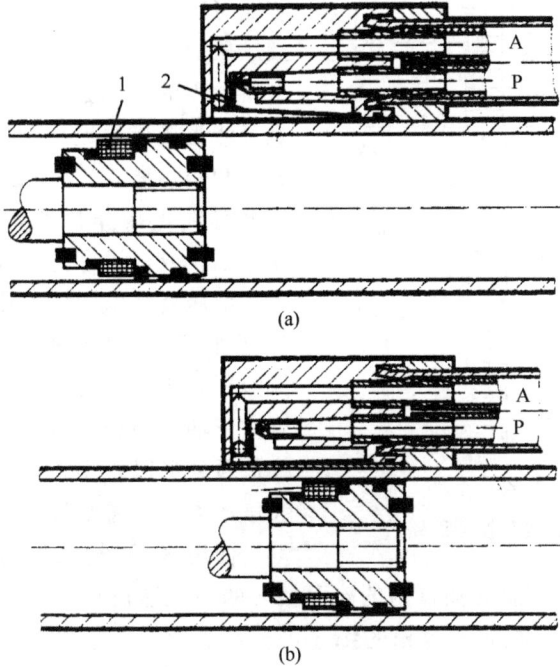

图 4-5 气动舌簧式行程开关

（a）舌簧片将 P 口气流切断；（b）舌簧片打开，气流从 P 口流向 A 口

1—永久磁性；2—舌簧片

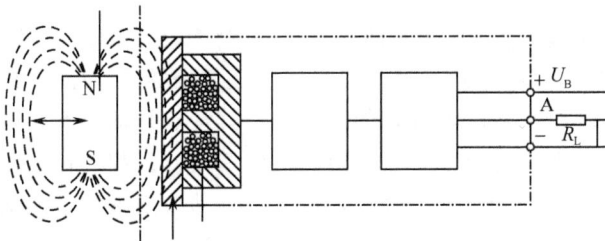

图 4-6 电感式行程开关

4.2 气-液元件

气压控制系统中，常用的气-液元件主要有气-液转换器、气-液阻尼缸和气-液增压缸等。

4.2.1 气-液转换器

气动系统中常常使用气-液阻尼缸或气-液增压缸作为执行元件，以求获得平稳的速度，需要一种把气压信号转换成液压信号的装置，这就是气-液转换器，

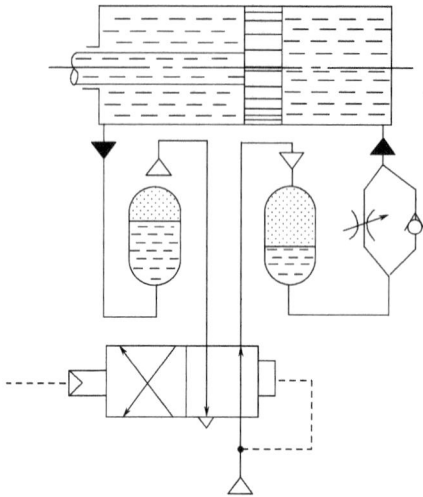

图 4-7   气-液转换器回路

它能将空气压力转换成同样大小压力的液压压力。

常用的气-液转换器有两种：一种是气液直接接触或带活塞、隔膜式（隔离式和非隔离式），即在一筒式容器内，压缩空气直接作用在液面（多为液压油）上，或通过活塞、隔膜作用在液面上，推压液体以同样的压力输出至系统（液压缸等）；另一种是换向阀式，即气控液压换向阀，该结构因气液不接触，可防止油气混合，且输入较低压力的气控信号就可以获得较高的液压输出，放大倍数大，但需要另配液压油源。

使用气-液转换器时应注意，气缸的负载率应小于 50%，转换器内的液面上升的最大速度应低于 200mm/s，储油量不应少于工作液压缸有效容积的 1.5 倍，给油量以不超过转换器容积的 80% 为原则。除隔离式结构外，储油筒应直立安置，下面为油液，上面为空气。图 4-7 所示为气-液转换器的应用。

4.2.2   气-液阻尼缸

气缸采用的工作介质是可压缩的空气，其特点是动作快，但速度不易控制，当负载变化较大时，容易产生"爬行"或"自走"现象；而液压缸采用的工作介质是压缩性非常小（可忽略不计）的液压油，其特点是动作不如气缸快，但速度易于控制，即使负载变化较大，也不容易发生"爬行"和"自走"现象。如果取长补短，把两者巧妙结合形成组合缸，这就是气动控制系统中的气-液阻尼缸。

气-液阻尼缸按其结构可分为串联式和并联式两种。

图 4-8 所示为串联式气-液阻尼缸。它实际上是用一根活塞杆将气缸和液压缸串联在一起。两缸之间用隔板隔开，防止气体与油液互窜。活塞杆的输出力是气缸的推力（或拉力）与液压缸的阻力之差。而液压缸本身并不用油泵供油，只是由气缸活塞所带动，利用液压油的不可压缩性，起一种阻尼、调速作用。应该指出的是，在液压缸的进出口处所接的单向阀和节流阀都是液压元件，其结构与工作原理与气动元件中的单向阀、节流阀相似。对图示气缸，当气缸活塞左行时，带动液压缸活塞一起运动，液压缸左腔排油，单向阀关闭，液压油只能通过节流阀排入液压缸的左腔内。调节节流阀开度，控制排油速度，就能调节气-液阻尼缸的运动速度。

　　串联式气-液阻尼缸的缸体较长，加工与安装要求较高，并要求注意防止两缸间的窜气问题。

　　串联式气-液阻尼缸，如按气缸与液压缸的相对位置不同又有液压缸在前和液压缸在后之分，当液压缸在气缸之后时，如图 4-8 所示，液压缸两端作用面积不等，工作过程中需要储油和补油，油杯较大。如果将液压缸放在气缸前，则液压缸活塞两端都有活塞杆，活塞做往复运动时，液压缸前腔和后腔没有补油问题，这样油杯可做得很小，只需够补足泄漏即可，甚至可以省去油杯而定期补油。

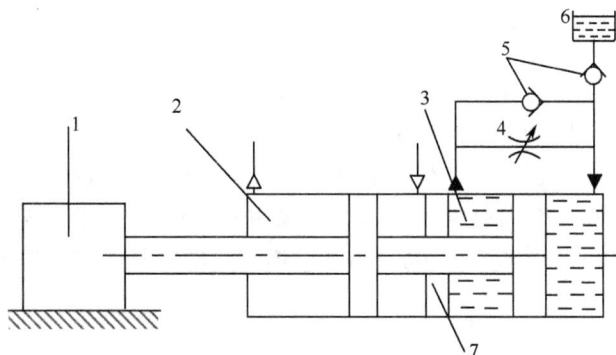

图 4-8　串联式气-液阻尼缸

1—负载；2—气缸；3—液压缸；4—节流阀；5—单向阀；6—油杯；7—隔板

　　图 4-9 所示为并联式气-液阻尼缸，缸体长度短，结构紧凑，调整方便，消除了两缸之间的窜气现象；但由于气缸和液压缸安装在不同轴线上，安装时应注意消除附加的力矩。

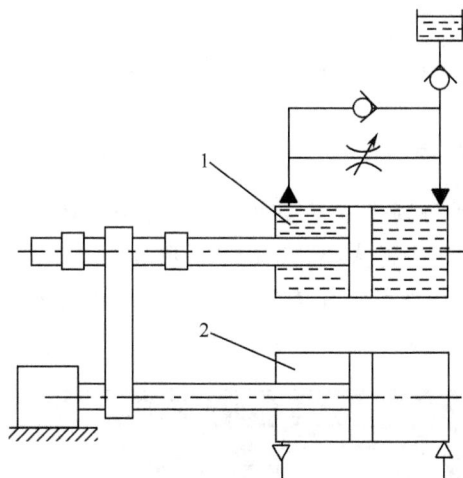

图 4-9　并联式气-液阻尼缸

1—液压缸；2—气缸

4.3 缓 冲 器

在气动控制系统中，经常发生振动和冲击现象。例如，高速运动的气缸在行程末端会产生很大的冲击力。若气缸本身的缓冲能力不足时，为避免撞坏气缸盖及设备，应在外部设置缓冲器，吸收冲击能。设置了液压缓冲器，能增加系统输出，延长系统使用寿命，使系统处于最优工作状态，并能降低噪声。

4.3.1　自调式液压缓冲器

图 4-10 所示为一种自调式液压缓冲器，当外负载作用在活塞杆上，活塞右移使油液流经溢流阀和节流阀的组合装置排出时，作用在活塞杆上的大部分的冲击能量转化为热量，使外负载得到缓冲。只要不超过缓冲器许用能量的限制，对各种冲击的缓冲可进行自行调节。缓冲速度可达 3m/s，工作频率为 1Hz（承受最大许用负载的一半时间）。活塞杆可通过内置压缩弹簧回到初始位置。

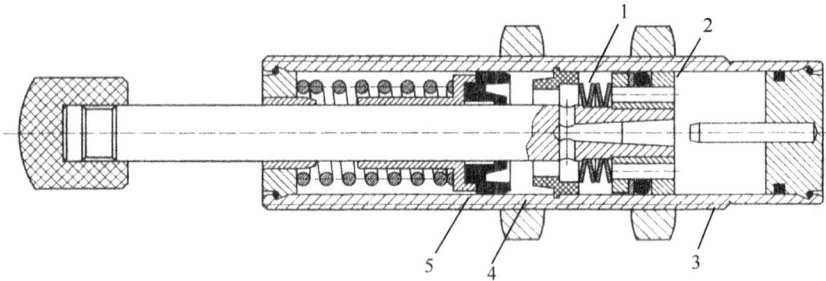

图 4-10　自调式液压缓冲器
1—溢流阀；2—节流阀；3—高压腔；4—低压腔；5—活塞

4.3.2　可调式液压缓冲器

图 4-11 所示为一种可调式液压缓冲器，拧转调节环就可调节内置的压力控制阀（溢流阀）的开启压力的大小。它的缓冲原理是，当活塞杆在冲击负载作用下，大部分冲击能量在油液经过压力控制阀排出时转化为热量，使油液温度升高，然后逸散于空气中。

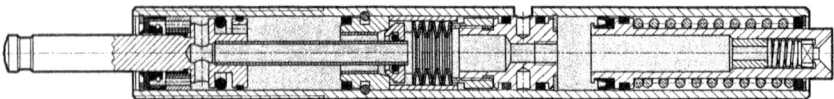

图 4-11　可调式液压缓冲器

4.4　消　声　器

气动控制系统与液压控制系统不同，它没有回收气体的必要。因此，在气动系统中，压缩空气经换向阀向气缸等执行元件供气，动作完成后，又经换向阀向大气直接排放。由于阀内的气路十分复杂且又十分狭窄，压缩空气以近声速的流速从排气口排出，空气急剧膨胀和压力变化产生高频噪声，声音十分刺耳。排气噪声与压力、流量和有效面积等因素有关，阀的排气压力为 0.6MPa 时可达 100dB 以上。而且，执行元件速度越高，流量越大，噪声也越大。此时，就要用消声器来降低排气噪声。

4.4.1　对消声器的基本要求

消声器是一种允许气流通过而使声能衰减的装置，能够降低气流通道上的空气动力性噪声。对消声器的基本要求有：

（1）具有较好的消声性能，即要求消声器具有较好的消声频率特性。

（2）具有良好的空气动力性能，消声器对气流的阻力损失要小。

（3）结构简单，便于加工，经济耐用，无再生噪声。

在设计和选择消声器时，应合理选择通过消声器的气流速度。对集中空调系统，通过的气流速度可取≤6m/s，对一般系统宜于 6~10m/s，对工业鼓风机或其他气动设备可取 10~20m/s，对高压排空消声器则可大于 20m/s。

4.4.2　阀用消声器

目前使用的消声器种类繁多，但根据消声原理不同，有阻性消声器、抗性消声器和阻抗复合式消声器及多孔扩散式消声器。

阀用消声器通常用多孔扩散式消声器，用于消除高速喷气射流噪声，消声材料用铜颗粒烧结而成，也有用塑料制成的。设计要求消声器的有效流出面积大于排气管道面积。阀用消声器的消声效果按标准规定，公称通径 6~25mm 不小于 20dB，公称通径 32~50mm 为≥ 25dB。

图 4-12 所示为消声器结构，阀用消声器一般用螺纹连接方式直接拧在阀的排气口上。如图 4-13 所示，对于集装式连接的控制阀，消声器安装在底板的排气口上，在自动线中也有用集中排气消声的方法，把每个气动装置的控制阀排气口，用排气管道集中引入用作消声的长圆筒中排放，长圆筒用钢管制成，内部填装玻璃纤维吸声材料。这种集中消声的效果好，能保持周围环境的宁静。

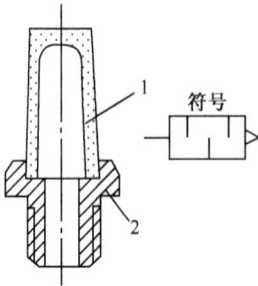

图 4-12　消声器
1—消声套；2—连接螺纹

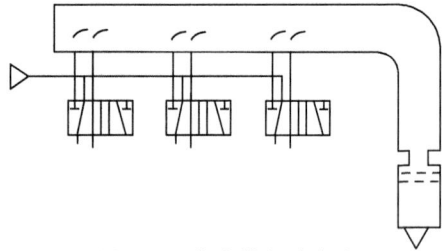

图 4-13　集中排气消声法

思考题和习题

4-1　什么是气-电转换器？

4-2　常用的气-液元件有哪些？气-液阻尼缸的连接形式主要有几种？各有何特点？

4-3　消声器在气动系统中有何作用？对消声器有何基本要求？

4-4　缓冲器在气动系统中有何作用？

第5章 真空元件

5.1 概　　述

气动控制系统中的气动元件，包括气源发生装置、执行元件、控制元件及各种辅件，都是在高于大气压力的气压作用下工作的，这些元件组成的系统称为正压系统。而以真空压力为动力，作为实现自动控制的技术，已广泛应用于电子元器件组装、汽车装配、轻工食品机械、医疗器械、包装机械、印刷机械、塑料制品机械以及自动生产线上的各种机械手。例如，包装机械中包装纸的吸附、送标贴标，印刷机械中的纸张输送，玻璃的搬运等。总之，对于任何具有较光滑表面的物体，特别是一些不太适合夹紧的非金属物体和微型精密器件，如集成电子元件的输送，都可以采用真空吸附来完成各种动作要求。

在真空压力下工作的相关元件，统称为真空元件。它包括了真空发生装置（真空泵和真空发生器）、真空阀（真空压力阀、流量阀和方向阀）、真空执行元件（真空吸盘）、真空辅件（真空过滤器、消声器、真空计、真空压力表开关和管件接头）等。

真空系统一般由真空发生器、吸盘、真空阀及辅助元件组成。而有些元件在正压系统和真空系统中是能通用的，如管件接头、过滤器和消声器，以及部分控制元件。

图 5-1 所示为采用真空泵的真空回路系统。图 5-1(a) 所示为用两个二位

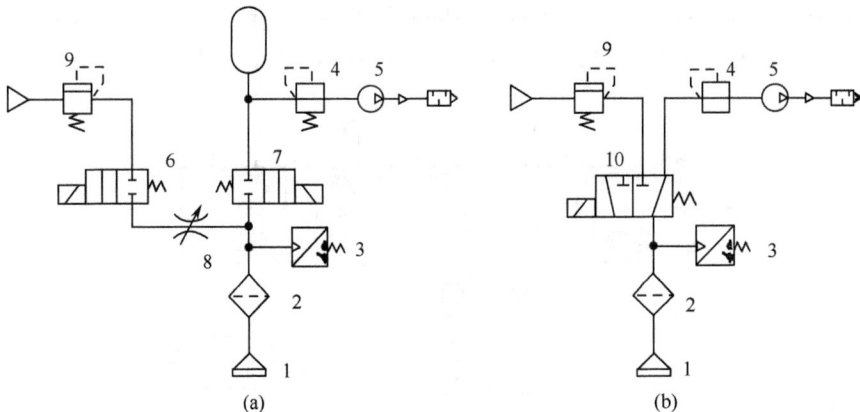

图 5-1　真空回路系统

1—吸盘；2—真空过滤器；3—压力开关；4—真空减压阀；5—真空泵；6—真空破坏阀；7—真空电磁阀；8—节流阀；9—减压阀；10—电磁阀

二通阀（6、7）控制真空泵 5，完成真空吸起和真空破坏的回路。当真空电磁阀 7 通电且阀 6 断电时，真空泵 5 产生的真空使吸盘 1 将工件吸起；当真空电磁阀 7 断电且阀 6 通电时，压缩空气进入吸盘，真空被破坏，压力气体将工件与吸盘分离。图 5-1(b) 所示的真空系统是采用一个二位三通阀控制的。当电磁阀 10 断电时，真空泵产生的真空使吸盘 1 将工件吸起；当电磁阀 10 通电时，压缩空气将工件吹离吸盘。

5.2　真空发生器

真空泵和真空发生器统称为真空发生装置。真空泵用于需要大规模连续真空负压的真空系统，真空发生器则适用于间隙工作、真空抽吸流量小的真空系统。真空发生器结构简单，无可动机械部件，使用寿命长，体积小，重量轻，安装使用方便，瞬时开关特性好，无残余负压，真空度可达 88kPa，并且在同一输出口可使用负压或交替使用正负压。在各类机械及装置的真空控制系统中，主要还是采用真空发生器作为真空压力源。

5.2.1　真空发生器的工作原理

真空发生器主要是利用文丘里原理产生负压而形成真空的，图 5-2 所示为真空发生器的工作原理图。它由工作喷嘴 1、接收管 3、混合室 2 和排气室等组成，供气口为 P，排气口为 T，真空口为 A。压缩空气通过收缩的喷嘴 1 后，从喷嘴内喷射出来的射流将会卷吸混合室 2 的静止气体和它一起向前流动，于是在射流的周围形成一个低压区，吸气室 4 内的气体便被吸进来，与主射流混合后，经接收管另一端的排气室流出。若在喷嘴两端的压差达到一定值时，气流达声速或亚声速流动，于是在喷嘴出口处，即接收室内可获得一定的负压。

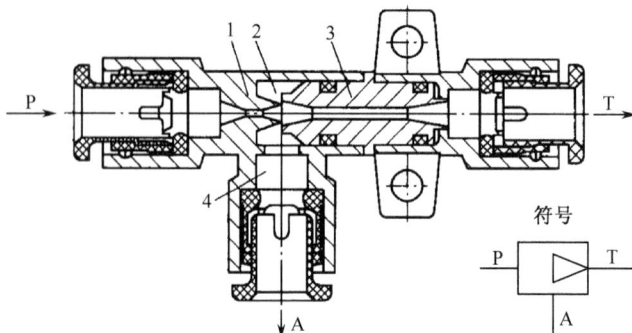

图 5-2　真空发生器工作原理

1—工作喷嘴；2—混合室；3—接收管；4—吸气室

5.2.2 真空发生器的主要性能

1. 耗气量

真空发生器的耗气量是指提供给喷嘴的流量，它由工作喷嘴直径决定，并且还与供气压力有关。同一喷嘴直径，其耗气量随供气压力的增加而增加。喷嘴直径是选择真空发生器的主要依据，喷嘴直径越大，抽吸流量和耗气量就越大，真空度越低；反之，抽吸流量和耗气量越小，真空度就越高。喷嘴直径一般在 0.5~3mm。图 5-3 所示为真空发生器耗气量与工作压力之间的关系。

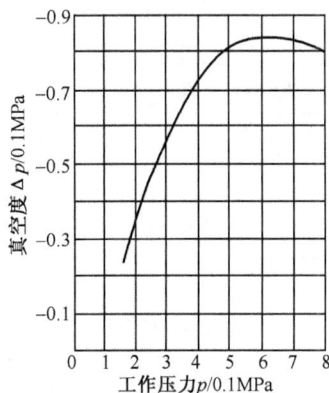

2. 真空度

所谓真空度就是低于当地大气压力的压力值。图 5-4 所示为真空发生器的真空度特性曲线。由图可见，当超过曲线最大值时，即使增加工作压力，真空度非但没有增加反而会下降。真空发生器产生的真空度最大可达 88kPa。建议实际使用时，真空度可选定在 70kPa，工作压力在 0.5MPa 左右。

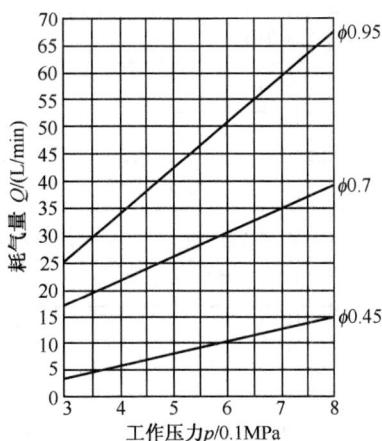

图 5-3　耗气量与工作压力之间的关系　　　图 5-4　真空度特性曲线

3. 抽吸时间

抽吸时间是表示真空发生器的一个动态指标，它是指在工作压力为 0.6MPa 时，抽吸 1 升容积空气所需时间。显然，抽吸时间与真空度有关。在一定的工作压力下，抽吸时间长短决定于流经抽吸通道的抽吸流量的大小。若已知抽吸流量，同样可以求得抽吸时间。

4. 真空发生器与真空泵的性能比较

表 5-1 为真空发生器与真空泵的性能比较及其应用场合。

表 5-1　真空发生器与真空泵的性能比较及其应用场合

项目	真空泵		真空发生器	
最大真空度	可达 101.3kPa	能同时获得大值	可达 88kPa	不能同时获得大值
吸入量	可以很大		不大	
结构	复杂		简单	
体积	大		很小	
质量	重		很轻	
寿命	有可动件,寿命较长		无可动件,寿命长	
消耗功率	较大		较大	
价格	高		低	
安装	不便		方便	
维护	需要		不需要	
与配套件复合化	困难		容易	
真空的产生和解除	慢		快	
真空压力脉动	有脉动,需设真空罐		无脉动,不需设真空罐	
应用场合	适合连续、大流量工作,不宜频繁启停,适合集中使用		需供应压缩空气,宜从事流量不大的间歇工作,适合分散使用	

5. 真空发生器的应用

图 5-5 所示为采用三位三通的联合真空发生器控制真空吸附和真空解除的回路。

当三位三通电磁阀 4 的电磁铁 1YA 通电时,真空发生器 1 与真空吸盘 7 接通,压力真空开关 6 检测真空度并发出信号给控制器,吸盘 7 将工件吸起。

当三位三通电磁阀的两个电磁铁都不通电时,吸盘保持真空吸着状态。

当三位三通电磁阀 4 的电磁铁 2YA 通电时,压缩空气进入真空吸盘,真空被破坏,压缩空气使吸盘与工件脱离。压缩空气吹脱工件的力的大小可由减压阀 2 设定,流量由节流阀 3 设定。

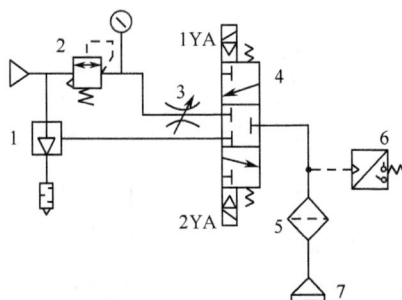

图 5-5　采用真空发生器的真空回路

1—真空发生器；2—减压阀；3—节流阀；4—真空电磁换向阀；

5—过滤器；6—压力开关；7—吸盘

5.3　真 空 吸 盘

真空吸盘是真空系统中的执行元件，用于将表面光滑且平整的工件吸起并保持住，柔软又有弹性的吸盘可确保不会损坏工件。

5.3.1　结构

图 5-6 所示为常用吸盘的结构。通常吸盘是由橡胶材料与金属骨架压制而成的。橡胶材料有丁腈橡胶、聚氨酯和硅橡胶等，其中硅橡胶吸盘适用于食品工业。图 5-7 所示为常见的真空吸盘形式。

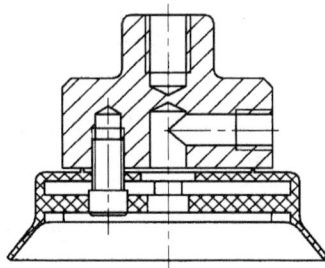

图 5-6　真空吸盘结构

真空吸盘的安装是靠吸盘上的螺纹直接与真空发生器或者真空安全阀、空心活塞杆及气缸相连。

5.3.2　性能

真空吸盘的外径称为公称直径，其吸持工件被抽空的直径称为有效直径。一般真空吸盘公称直径有 8mm、15mm、30mm、40mm、55mm、75mm、100mm 和 125mm 等规格。

真空吸盘的理论吸力为

$$F = \frac{\pi}{4} D_e^2 \Delta p_u \quad (N) \tag{5-1}$$

式中，Δp_u 为真空度，kPa；D_e 为真空吸盘的有效直径，m。

这样，若已有一个真空吸盘，只要设定真空度，就可计算吸盘的理论吸力。图 5-8 所示为真空吸盘的理论吸力与真空度之间的关系。

图 5-7 真空吸盘的常见形式

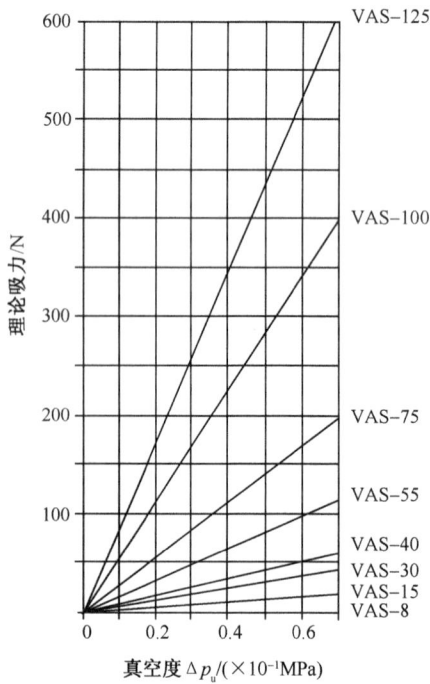

图 5-8 理论吸力与真空度之间的关系

　　吸盘的实际吸力应考虑被吸物体的质量、搬运过程中的速度、加速度、振动和晃动的影响，并还应留出足够的余量，以保证吸吊的安全。

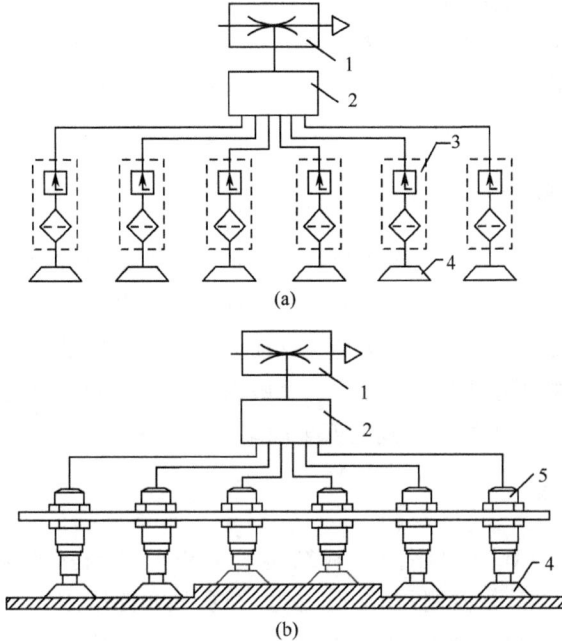

(a)

(b)

图 5-9　多个真空吸盘的真空系统

1—真空发生器；2—分配器；3—真空安全阀；4—吸盘；5—高度调整件

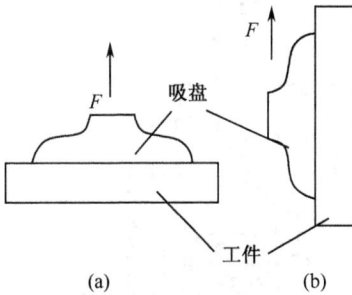

(a)　　　　　(b)

图 5-10　真空吸盘的安装位置

　　对于面积大、很重、带振动的吸吊物体，通常采用多个吸盘同时进行吸吊。图 5-9 所示为多个真空吸盘的真空系统。

　　真空吸盘使用时应该注意吸盘的安装位置，如图 5-10 所示，水平安装位置和垂直安装位置两者吸持工件时受力状态是不同的。图 5-10(a) 中，吸盘水平安装时，除了要吸持住工件负载，应该考虑吸盘移动时因工件的惯性力对吸力的影响。图 5-10(b) 中，吸盘垂直安装时，吸盘的吸力必须大于工件与吸盘间的摩擦力。

5.4　其他真空元件

5.4.1　真空电磁阀

　　真空电磁阀与普通电磁阀在结构、工作原理方面没什么两样，区别仅在于密封。气动元件的密封有两种方式，即弹性密封和唇形密封。若采用唇形密封结构的普通电磁阀，那肯定是不能用于真空系统的，除非将唇形密封圈拆下反装。一般采用弹性密封结构的阀是可以用于真空系统的。

采用截止式阀芯结构的阀，若阀芯和阀座开闭件之间有弹性密封垫（圈），则截止式同样可用作真空阀。上述情况同样适用于手控阀、机控阀、气控阀和电磁阀。

5.4.2 真空安全阀

真空安全阀能确保在一个吸盘失效后，仍维持系统的真空不变。图 5-9 所示的多个真空吸盘的真空系统中，如果有一个或几个吸盘密封失效，将影响系统的真空度，导致其他的吸盘都不能吸持工件而无法工作。但是，如果使用真空安全阀，则可以避免这种情况发生，即当一个吸盘失效或不能密封时，其他吸盘的真空度不受影响。图 5-11 所示为真空安全阀结构原理图。

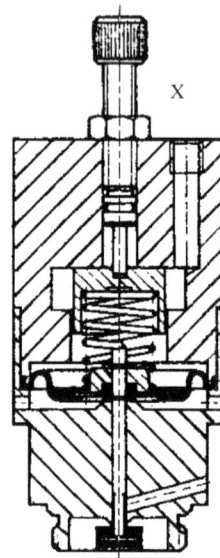

5.4.3 真空顺序阀

图 5-12 所示为真空顺序阀，其结构、动作原理与压力顺序阀相同，只是用于负压控制，压力控制口 X 在上方，调节弹簧压缩量可调整控制压力（真空度）。只要 X 口的真空度达到真空顺序阀的设定值，则与其相连的阀动作。

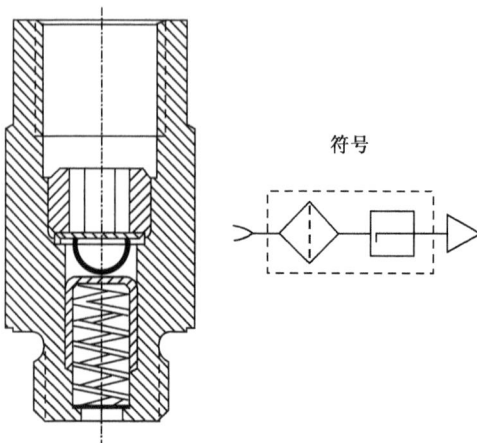

图 5-11　真空安全阀　　　　图 5-12　真空顺序阀

图 5-13 所示为真空顺序阀应用实例。图中，真空顺序阀的 X 口与真空发生器 U 口相连。启动手动阀向真空发生器供给压缩空气即产生负压，对吸盘进行抽吸。在吸盘内真空度达到调定值时，真空顺序阀打开，阀 5 动作有输出，使阀 6 换向，气缸活塞杆伸出。

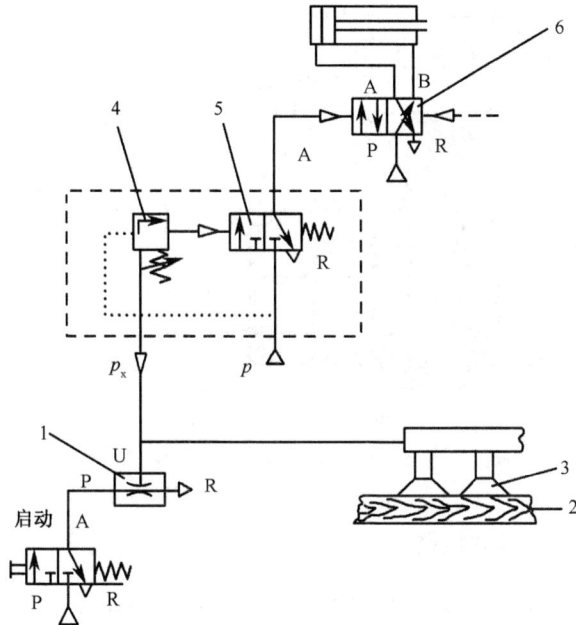

图 5-13　真空顺序阀的应用实例

1—真空发生器；2—工件；3—吸盘；4—真空顺序阀；5—基本阀；6—控制阀

5.4.4　真空减压阀

真空系统中，压力管路上的减压阀使用正压系统中的减压阀（如图 5-1 中的元件 9）。而真空管路上的减压阀则要使用真空减压阀（如图 5-1 中的元件 4）。图 5-14 所示为真空减压阀的结构。真空口接真空泵，输出口接负载用的真空罐。

当真空泵工作后，真空口的压力降低。顺时针旋转手轮 3，设定弹簧 4 被拉伸，膜片 1 上移，带动给气阀 2 的阀芯抬起，则给气孔 7 打开，输出口与真空口接通，输出真空压力通过反馈孔 6 作用于膜片下腔。当膜片处于力平衡时，输出真空压力便达到一定值，且吸入一定流量。当输出口真空压力上升时，膜片上移，阀的开度加大，则吸入流量增大。当输出口真空压力接近大气压时，吸入流量达到最大值；反之，当吸入流量逐渐减小至零时，输出口真空压力逐渐下降，直至膜片下移，给气口被关闭，真空压力达到最低值。手轮松开，复位弹簧推动给气阀，封住给气口，则输出压力和设定弹簧室都与大气相通。

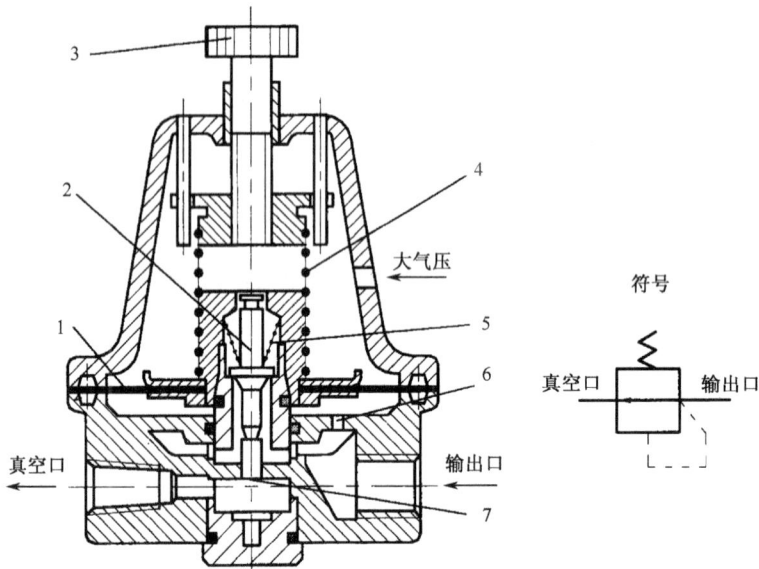

图 5-14　真空减压阀

1—膜片；2—给气阀；3—手轮；4—设定弹簧；5—复位弹簧；6—反馈孔；7—给气孔

5.4.5　真空气-电信号转换器

用于真空的气-电信号转换器结构、工作原理与普通气-电信号转换器是一样的，只是控制口的真空信号吸上膜片（而不是压下膜片），驱动微动开关动作，有电信号输出。

真空压力开关是真空系统中常有的真空气-电信号转换器，它是用于检测真空压力的开关。当真空压力未达到设定值时，开关处于断开状态；当真空压力达到设定值时，开关处于接通状态，发出电信号，控制真空吸附机构动作。在真空系统中，真空压力开关一般用作系统的真空度控制、确认吸盘有无工件、工件的吸着和脱离确认。

真空压力开关按功能分，有通用型和小孔吸着确认型；按电触点的形式分，有无触点式（电子式）和有触点式（磁性舌簧开关式）。

图 5-15 所示为小孔吸着确认型真空压力开关的工作原理图。图中 S_4 表示吸着孔口的有效面积，S_2 表示可调针阀的有效截面积，S_1 和 S_3 是吸着确认型开关内部的孔径，$S_1 = S_3$。

当未吸着工件时，S_4 较大，调节针阀，即改变 S_2 大小，使压力传感器两端的压力平衡，即 $p_1 = p_2$；当吸住工件后，$S_4 = 0$，出现压差（$p_1 - p_2$），压力传感器即可检测出此压差，得到相应的信号。

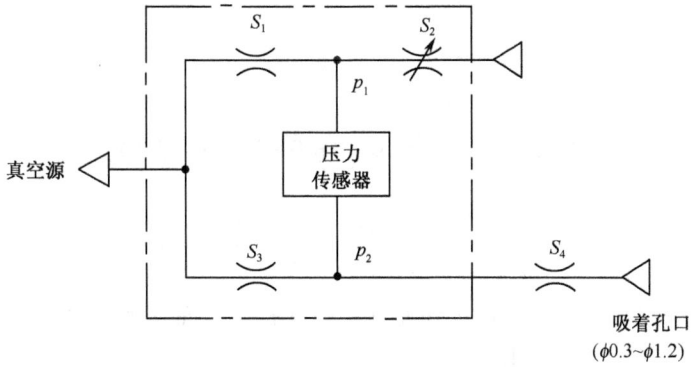

图 5-15 小孔吸着确认型真空压力开关的工作原理图

思考题和习题

5-1 真空系统有何作用？它一般由哪些元件组成？

5-2 真空发生器的工作原理是什么？它有哪些性能指标？

5-3 多真空吸盘系统中为什么要设置真空安全阀？

第6章 气动程序控制系统

6.1 引 言

由于气动技术本身的特点，促使它在程序控制方面发挥了优势，在自动生产线和机器人中获得广泛应用。

气动控制方式通常采用程序控制，这种程序控制系统要求按照预先给定的程序进行工作，其输出不能随负载干扰及环境的变化而作出快速的响应，通常工作在低频范围内。

本章主要讨论气动程序控制系统的分析与设计，也就是讨论如何按照给定的生产工艺（程序），使各控制阀之间的信号按一定的规律连接起来，实现执行元件（气缸）的动作，即程序控制回路的设计。设计程序控制回路有多种方法，本章只介绍 X/D 线图法，X/D 线图法是国内普遍使用的一种设计方法。

从控制信号来说，气动程序控制回路有气控回路和电控回路两种。设计方法以气控回路为例说明，同样也适用于目前工厂中仍广泛使用的继电器电控回路的设计。近来已日趋普遍的 PLC 控制也是一种电控的程序控制，但另有独特的设计方法，故不在本书中讨论。

6.2 气动常用回路

任何复杂的气动控制回路都是由一些特定功能的基本回路和常用回路组成的。在气动自动化系统分析、设计前，先介绍一些气动基本回路和常用回路，了解回路的功能，熟悉回路的构成和性能，便于气动控制系统的分析、设计，以组成完善的气动控制。应该说明的是，在选用其中一些回路时，应根据设备工况、工艺条件仔细分析、比较后采用，不要照搬。

6.2.1 操作回路

1. 启动及停车回路

在自动程序回路中，常常需要用手动阀启动或停车。只有给出启动信号后，系统才能自动工作。通常，程序的第一个动作是在启动信号和控制信号进行逻辑"与"运算后才能实现。如图 6-1 所示，只要按动手动阀 1 接通气源，程序就开始不停地循环工作；若再按手动阀 2 切断气源（如图示位置），则一直到程序的最后节拍停车。图 6-1(b) 是用常记忆的启动按钮代替上述阀 1 和记忆元件。

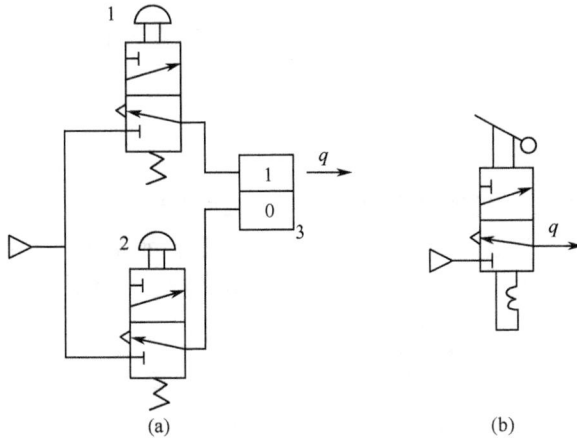

图 6-1　启动及停车回路

(a) 逻辑回路；(b) 手动阀

1、2—二位三通阀；3—双稳记忆元件

2. 手动/自动操作回路

在自动顺序控制回路中，有时为了维护、检查及调试需要，对每个执行元件实施手动操作，这就要采用手动/自动两用操作回路，如图 6-2(a) 所示。回路中的梭阀相当于实现"或门"逻辑功能。

图 6-2(b) 所示的手动/自动操作回路，采用手动转阀进行手动/自动动作转换，分别向行程阀、逻辑控制回路及手动按钮阀供气，实现回路的自动控制和手动操作之间的联锁，保证气缸动作和安全工作。

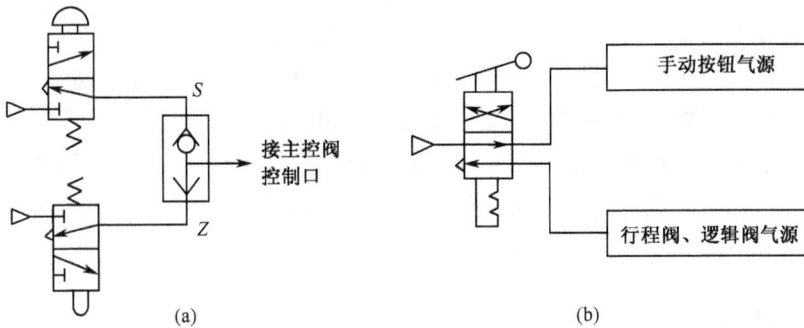

图 6-2　手动/自动操作回路

(a) 并用回路；(b) 互锁回路

6.2.2　安全保护回路

在气动设备中，为了保护操作者的人身安全和设备的正常运转，常采用安全保护回路。

1. 过载保护回路

图 6-3 所示为典型的过载保护回路，当气缸活塞杆在伸出途中遇到障碍使气缸过载时，活塞杆就立刻退回，实现过载保护。在图示回路中，若活塞杆伸出途中遇到障碍，则气缸无杆腔压力升高，顺序阀 2 打开，阀 3 换向，气缸立即退回。

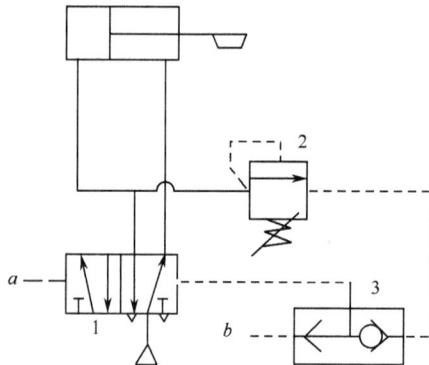

图 6-3　过载保护回路
1—二位五通阀；2—顺序阀；3—梭阀

2. 气压降低保护回路

图 6-4 所示为一种气压突然降低时的保护回路，其作用是当系统的压力突然降低至工作安全范围以下时，保护人员和设备的安全。

如图示位置，管路内的工作气压在正常工作压力范围内，顺序阀 1 打开，气控阀 2 切换，气缸处于退回的状态。操作手动阀 4，气缸前进，操作手动阀 3，气缸退回。若在气缸前进途中工作气压突然降低到正常工作压力以下，则顺序阀关闭，气控阀 2 复位，手动阀 4 的气源失压，主控阀 5 的 A_1 端气压经阀 4 排气，气缸立刻退回。

3. 双手操作回路

用两个二位三通阀串联的"与门"逻辑回路，就构成了一个最常用的双手操作回路，如图 6-5(a) 所示，二位三通阀可以是手动阀或者脚踏阀。可以看出，只有当双手同时按下二位三通阀时，主控阀才能换向，而只按下其中一只三通阀

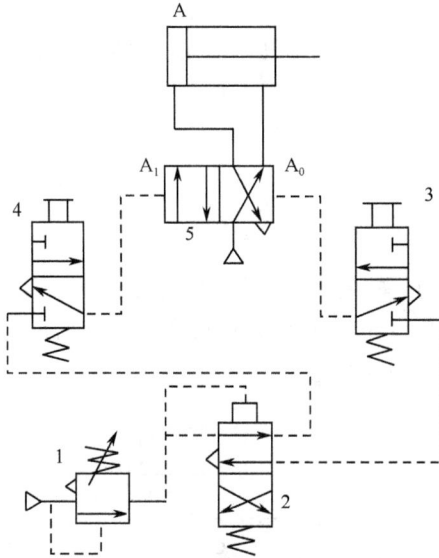

图 6-4　气压降低保护回路

1—顺序阀；2—气控阀；3、4—手动阀

时主控阀不切换，从而保证了只有用两只手操作才是安全的。

　　但是，如果其中一只三通阀已经按下或者一个阀的弹簧失灵而不能复位时，此时只要单独按下另一只三通阀气缸也能动作，显然这就不够安全。

　　图 6-5(b)所示为一种可靠性高的双手操作回路，只有同时按下两个手动阀时，主控阀才能切换。如果其中一个因某种原因不能复位时，按下另一个并不能使气缸动作。

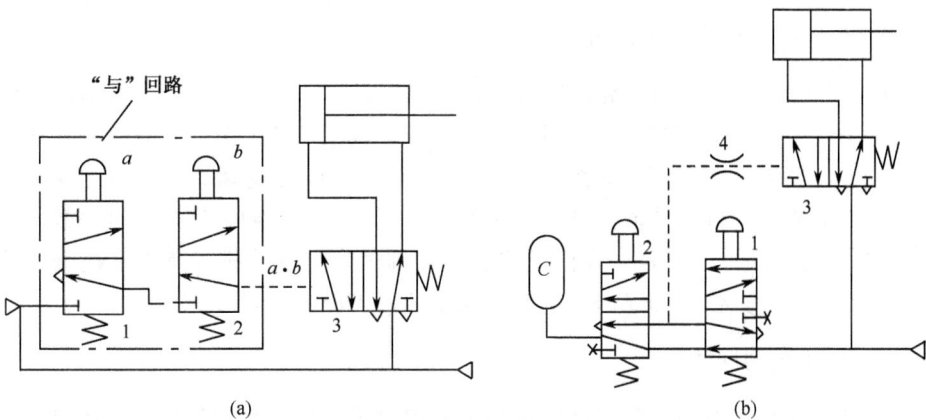

(a)　　　　　　　　　　　　　　　　　　　(b)

图 6-5　双手操作回路

(a) 双手操作回路；(b) 高可靠性双手操作回路

1、2—手动阀；3—气控阀；4—节流阀

如图 6-5 所示位置，工作开始，气室已充满压缩空气。操作时，只要两个手动阀不同时按下，气室就与大气接通排气，不能使主控阀切换。只有双手同时按下手动阀，由于气室中已预先充满压缩空气，则空气经节流阀 4 使气控阀 3 换向。

6.2.3 速度控制回路

1. 单作用气缸的速度控制回路

图 6-6 所示为单作用气缸的速度控制回路，图 6-6(a)所示为对活塞杆的伸出和退回进行速度控制，图 6-6(b)所示为对活塞杆的伸出进行速度控制，图6-6(c)所示为对活塞杆的退回进行速度控制。

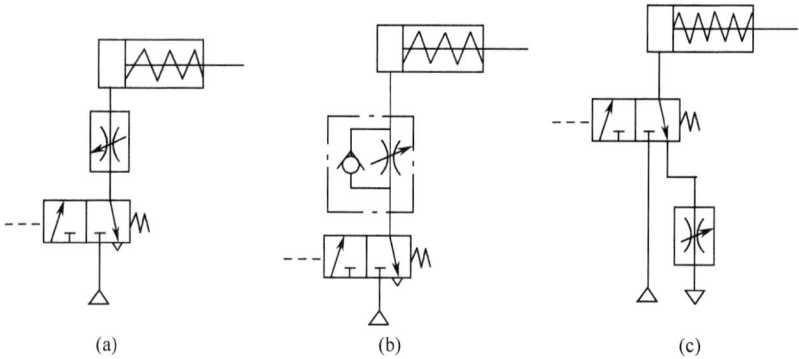

(a)　　　　　　　　　(b)　　　　　　　　　(c)

图 6-6　单作用气缸的速度控制回路

(a) 活塞杆伸出和退回的速度控制；(b) 活塞杆伸出的速度控制；(c) 活塞杆退回的速度控制

2. 双作用气缸的速度控制回路

图 6-7 所示为双作用气缸的速度控制回路，图 6-7(a) 所示为采用单向节流阀实现排气节流的速度控制，一般采用带有旋转接头的单向节流阀直接拧在气缸的气口上，安装使用方便。如图 6-7(b) 所示，在两位五通阀的排气口上安装了排气消声节流阀，调节节流阀开度实现气缸背压的排气控制，完成气缸往复速度的调节。如图 6-7(c) 所示，在两位四通阀的排气口上安装排气消声节流阀的速度控制，此时气缸伸出和退回的速度是相同的，不能分开调节。

6.2.4 位置控制回路

气动自动化系统中的气动执行机构一般都停留在两个终端位置上，如果要求执行机构在行程的某个位置上停下，则要求气动回路具有位置控制的功能。但由于空气具有压缩性，因而气动定位精度比液压低，通常对于定位精度不是很严的场合，可采用单纯的气动位置控制；而要求定位精度较高的场合，则要采取机械

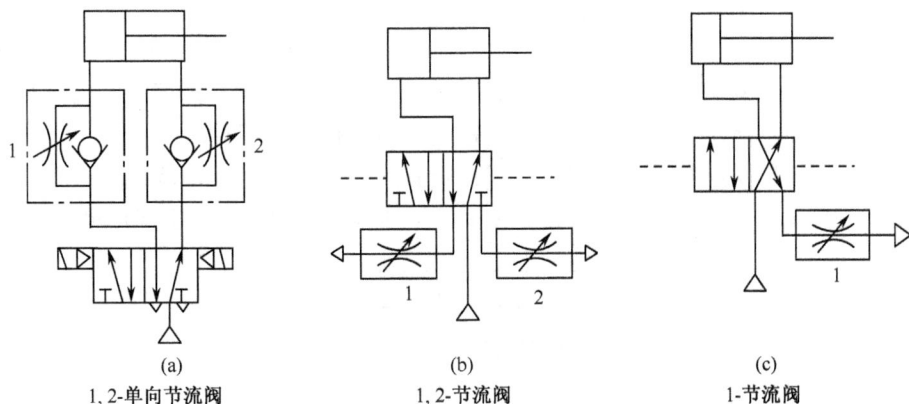

|（a）|（b）|（c）|
|1, 2-单向节流阀|1, 2-节流阀|1-节流阀|

图 6-7 双作用气缸的速度控制回路

定位或气-液联动等措施。

1. 三位阀位置控制回路

图 6-8 所示为采用三位阀的位置控制回路，其中图 6-8（a）所示为采用中间封闭型三位阀的回路，因空气的可压缩性，气缸的定位精度较差。这种回路及阀内不允许有任何泄漏。图 6-8（b）所示为采用中间加压型三位阀的回路。当阀处于中间位置时，由于双出杆气缸，使活塞两侧保持了力平衡，活塞即停留在行程的任意位置。图 6-8（c）所示为控制单杆气缸的回路，需要安装减压阀来获得活塞两侧力的平衡。中间加压型三位阀位置控制回路适用于缸径小而要求在行程中途很快停止的场合。图 6-8（d）所示为采用中间卸压型阀的回路。它适用于需外力自由推动活塞移动的场合，以及为了安全操作，在停止位置时排出气缸腔室内空气的场合，其缺点是活塞运动的惯性较大，停止位置不易控制。

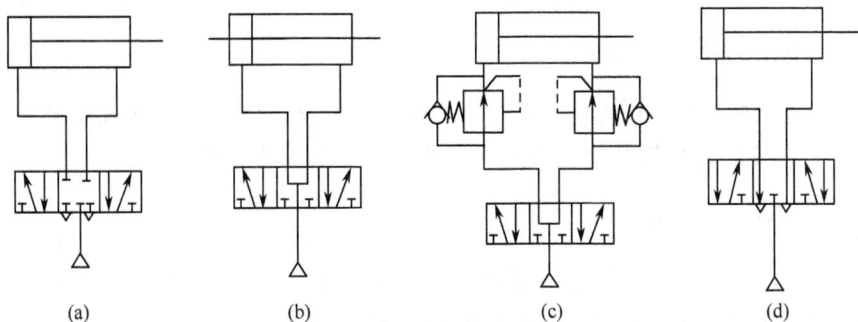

图 6-8 采用三位阀的位置控制回路

（a）中间封闭型；（b）中间加压型（双出杆气缸）；（c）中间加压型（单出杆气缸）；（d）中间卸压型

2. 多位缸位置控制回路

多位缸位置控制回路的特点是控制部分或全部活塞伸出或退回，实现多个位置控制。图 6-9 所示为多位缸位置控制回路，由二位三通阀 V_1、V_2、V_3 通过梭阀 V_6、V_7 控制换向阀 V_4、V_5，使气缸两活塞退回，如图所示位置。当阀 V_2 动作时，两活塞杆一个伸出，一个退回；阀 V_3 动作时，两活塞杆全部伸出。

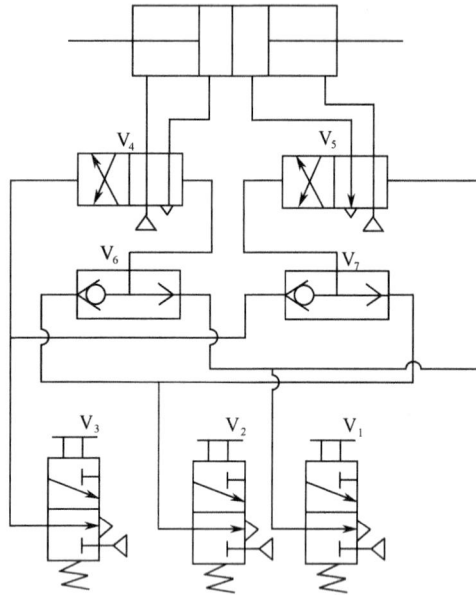

图 6-9　多位缸位置控制回路

6.2.5　同步动作回路

1. 刚性连接的同步回路

图 6-10 所示为两个气缸活塞杆用连杆或齿轮齿条刚性连接的同步回路，能得到可靠同步，但两缸的布置受到一定的限制，结构稍复杂。

2. 气-液转换的同步回路

图 6-11 所示为采用气-液转换的同步回路，缸 A 的前腔与缸 B 的后腔管路相连，内部注入液压油。同时缸 A 的后腔和缸 B 的前腔通过两只单向节流阀 V_1、V_2 与换向阀 V_3 相连。只要保证 B 缸无杆腔和 A 缸有杆腔有效面积相等就可实现两缸同步。使用中应注意防止液压油的泄漏或者油中混入空气，否则将破坏同步动作，因此要经常打开气堵放气并补充油液。

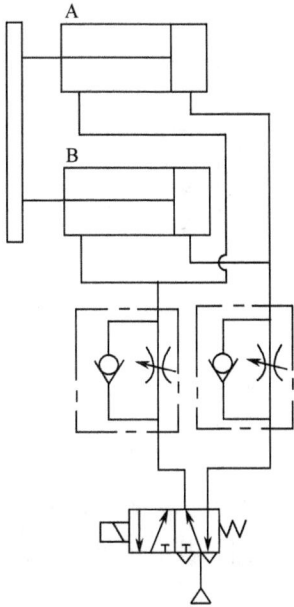

图 6-10　刚性连接的同步回路　　　　　图 6-11　气-液转换的同步回路

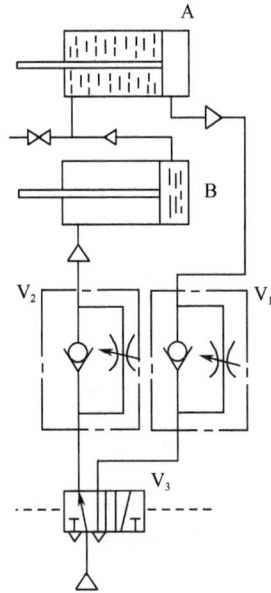

6.3　气动逻辑控制回路

6.3.1　概述

　　在气动自动化系统中，执行元件是按照预定的程序进行动作的。编程的依据是工艺过程，因此执行元件的动作对应着一定的工艺过程。执行元件往往是按一定的顺序动作的，有时也要求几个执行元件同时动作。在以后的程序控制回路的设计中可以知道，执行元件在动作过程中产生的各种信号需要进行一定的综合和加工，形成需要的控制信号，去控制执行元件动作。信号的综合和加工就是逻辑运算，具有逻辑功能的气动元件称为逻辑元件。

6.3.2　逻辑回路

　　1."是"回路

　　"是"回路是没有输入时无输出，有输入信号时有输出的回路。在气动自动化系统中，"是"回路主要用于信号的整形放大，如图 6-12 所示。一个常断型二位三通阀就能实现"是"回路，输出函数为 $S=X$。

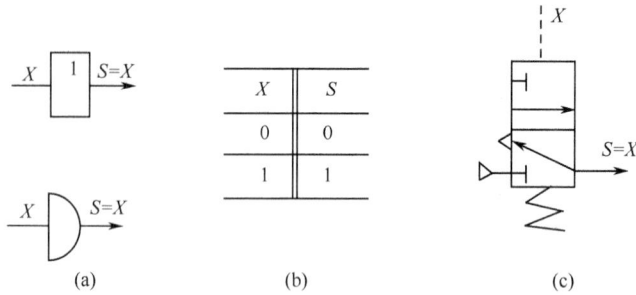

图 6-12　"是"回路

（a）逻辑符号；（b）真值表；（c）阀门元件

2．"非"回路

"非"回路是没有输入信号时有输出，有输入信号时没有输出的回路。如图 6-13 所示，一个常通型二位三通阀就能实现"非"回路，其输出函数为 $S = \overline{X}$。

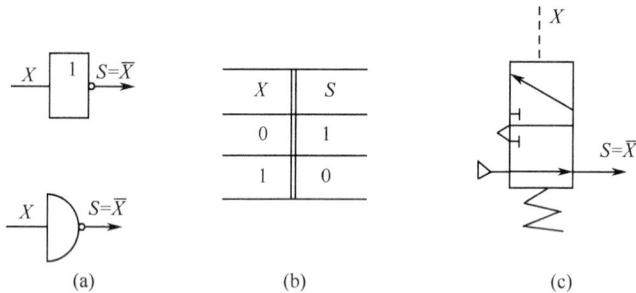

图 6-13　"非"回路

（a）逻辑符号；（b）真值表；（c）阀门元件

3．"与"回路

只有当所有输入信号都存在时才能输出。两个输入信号的"与"回路如图 6-14所示，其输出函数为 $S = XY$。用二位三通阀和双压阀都能实现"与"回路。

4．"或"回路

"或"回路中，只要有一个输入信号存在时，回路就有输出。两个输入信号的"或"回路如图 6-15 所示，其输出函数为 $S = X + Y$。用二位三通阀和梭阀都能实现"或"回路。

如果一个元件有恒定的供气源，则此元件称为有源元件。"是"回路和"非"

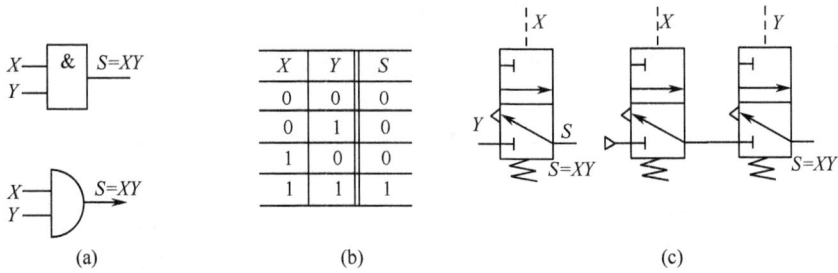

图 6-14　"与"回路

(a) 逻辑符号；(b) 真值表；(c) 阀门元件

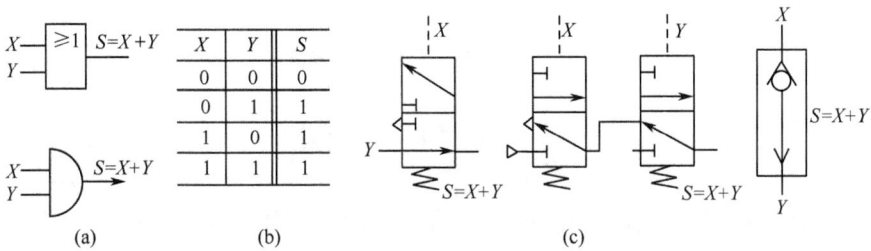

图 6-15　"或"回路

(a) 逻辑符号；(b) 真值表；(c) 阀门元件

回路中的二位三通阀都是有源元件。没有供气源的元件称为无源元件，图 6-15 中的梭阀就是一个无源元件构成的"或"回路。

有了上述基本逻辑回路，其他"与非"、"或非"、"同或"、"异或"、"蕴含"等相对复杂的逻辑功能也可以组合实现。如图 6-16 所示的"与非"回路，输出函数为 $S = \overline{XY}$ 。

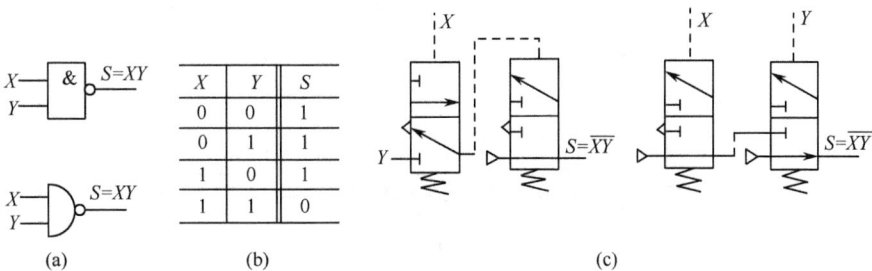

图 6-16　"与非"回路

(a) 逻辑符号；(b) 真值表；(c) 阀门元件

6.3.3　延时回路

气动程序控制中常用的延时回路有两种：延时接通和延时断开。

图 6-17 所示为接通型延时回路。调整节流阀的开度就可获得不同的延时 t。若将图中的二位三通阀换成常通型的，即可构成断开型延时回路。

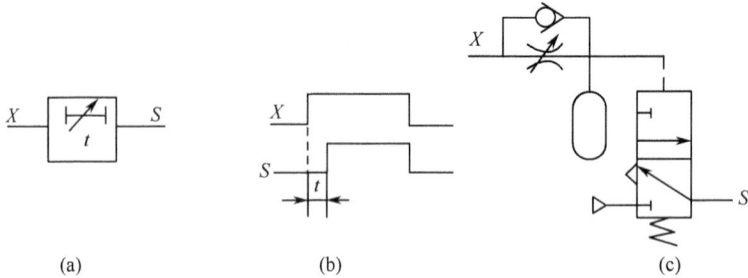

(a)　　　　　　　　　(b)　　　　　　　　　(c)

图 6-17　延时回路

(a) 逻辑符号；(b) 波形图；(c) 阀门元件

6.4　程序控制回路

所谓程序控制是指控制对象的各个执行元件动作是根据生产过程中的位移、时间、压力、温度和液位等物理量变化，按照预先规定的顺序动作的一种控制方式。程序控制分为行程程序控制、时间程序控制和混合程序控制三种，图 6-18 所示为程序控制框图。

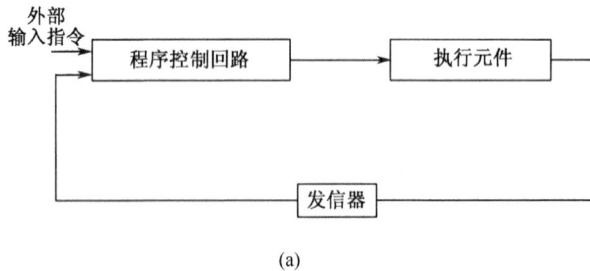

(a)

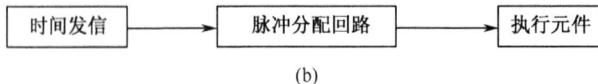

(b)

图 6-18　程序控制框图

(a) 行程控制；(b) 时间控制

6.4.1　行程程序控制

图 6-18(a) 所示为行程程序控制框图，它是一个闭环控制系统。行程程序控

制是一种只有在前一个执行机构动作完成后才允许下一个程序动作进行的自动控制方式。

行程程序控制系统包括行程发信器、程序控制回路及执行机构等几部分。行程发信器中用得最多的是行程阀。此外，各种气动位置传感器以及液位、温度、压力等传感器也用作行程发信器。程序控制回路可以用各种气动控制阀构成，也可用气动逻辑元件构成。常有的气动执行机构有气缸、气马达、气液缸、气-电转换器以及气动吸盘等。

行程程序控制的优点是结构简单，维护容易，动作稳定，特别是当程序运行中出现故障时，整个程序动作就能停止而实现自动保护。

6.4.2　时间程序控制

图 6-18（b）所示为时间程序控制框图，它是一个开环控制系统。时间程序控制是一种执行机构的动作顺序按时间顺序进行的自动控制方式。时间发信装置发出的时间信号，通过控制回路按一定的时间间隔使相应的执行机构产生顺序动作。

时间发信装置有机械式（凸轮式、码盘式）、气动式（如环形分配器）以及由电子元件、电气元件组成的电气式三种。这是一种开环控制回路，只要程序动作一开始，不管程序规定的执行机构动作是否正常，都要不停地发出时间控制信号，后一个执行机构依旧动作，可能发生故障。

6.4.3　混合程序控制

混合程序控制是在行程程序控制系统中包含了某些时间信号的一种控制方式，实质上是把时间信号看作行程信号处理的一种行程程序控制。

在许多工业过程控制场合，只要采用适当的发信方式，也可以把压力、温度和液位等信号当作行程信号看待。为此，本章主要讨论行程程序控制系统的设计。

行程程序控制设计的任务是，设计出由气动元件组成的满足工艺流程要求的气动控制回路，其中还应包括行程发信、速度控制、手动/自动转换、安全联锁等功能。

6.5　程序设计方法

6.5.1　基本单元

气动行程程序控制系统中常用的执行元件有气缸、气马达等。行程程序回路的基本单元是由单活塞杆双作用普通气缸、二位三通常断式机控阀（发信器）和双气控二位四通换向阀组成的换向回路，如图 6-19 所示。这是为了讨论问题简便而作的规定。实际上，基本单元的气缸可以是单作用的及其他各种气缸，换向阀可用二位五通的及三位阀，以及气控的、电控的和单控阀，具体元件由实际控制回路决定。

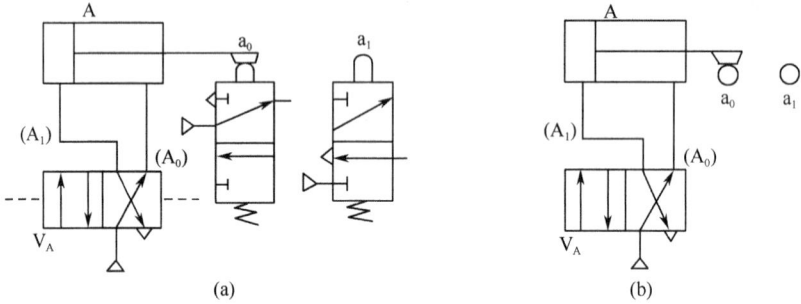

图 6-19　基本单元

在回路设计中规定，用大写字母 A、B、C 等表示气缸，下标 1、0 表示气缸伸出和退回的两种动作状态。例如，A_1 表示气缸 A 活塞杆处于伸出状态，A_0 表示气缸 A 活塞杆处于退回状态。同时，A_1、A_0 也表示换向阀（在控制回路中称为主控阀）V_A 的对应输出端。

同样，用带下标 1、0 的小写字母 a、b、c 等分别表示相应的气缸活塞杆伸出或退回到终端位置时所碰到的行程阀。例如，用 a_1 表示气缸 A 伸出时碰到的行程阀，用 a_0 表示气缸 A 退回到终端位置所碰到的行程阀；同时也用来表示 a_1、a_0 行程阀发出的信号。行程阀发出的信号称为原始信号。

6.5.2　程序表示方法

行程程序可用程序框图来表示气缸按对象的操作要求所完成的动作顺序。例如，某自动钻床的送料、夹紧和钻孔三个动作，用三个气缸作为执行元件来完成，其程序框图如图 6-20 所示。

根据以上规定，自动钻床的程序框图又可简化，如图 6-21 所示。

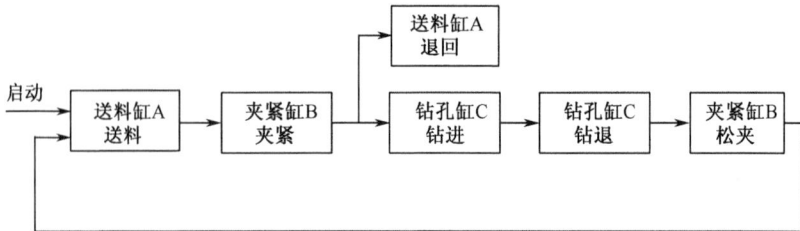

图 6-20　自动钻床的程序框图

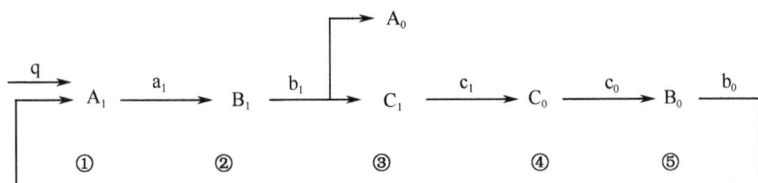

图 6-21　自动钻床的程序简化框图

程序中的每一次动作称为一个节拍（或一个工步），如图 6-21 所示的程序有 5 个节拍，即①～⑤。

如图 6-21 所示的程序框图可进一步省略图中的箭头和信号，于是，自动钻床的工作程序可写成

$$A_0$$
$$A_1 B_1 C_1 C_0 B_0$$

对于全自动控制或半自动控制，程序中必须要引入一个启动信号 q。一般启动信号 q 放在第一节拍，和程序最后一个节拍发出的行程信号逻辑"与"后命令第一节拍动作。

以后主要讨论的是全自动控制程序。

6.5.3　障碍信号

例 6-1　设计程序 $A_1 B_1 A_0 B_0$ 的控制回路。

在已知工作程序后，若按程序把各行程阀的输出信号直接送到控制下一步动作的主控阀控制口，就可构成控制回路了，如图 6-22 所示。程序 $A_1 B_1 A_0 B_0$ 的气控回路如图 6-23 所示。

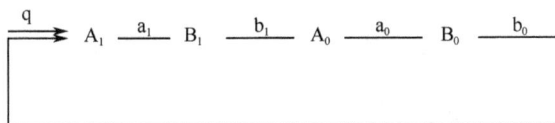

图 6-22　程序 $A_1 B_1 A_0 B_0$

对照工作程序分析这个回路的动作可知，气控回路的动作是正常的。

例 6-2　设计程序 $A_1 A_0 B_1 B_0$ 的气控回路。

若仍按上述方法，根据程序连接各个行程阀的输出信号和主控阀的控制口，如图 6-24 所示的气控回路。但这个回路是无法正常工作的。

回路中各元件的初始状态如图所示，气缸为 A_0、B_0。

回路的初始状态是 A_0、B_0。启动 q 后，信号 $q \cdot b_0$ 使主控阀 V_A 换向，实现程序动作 A_1，活塞杆伸出发出信号 a_1。按工作程序要求，信号 a_1 应命令 A_0 动作，

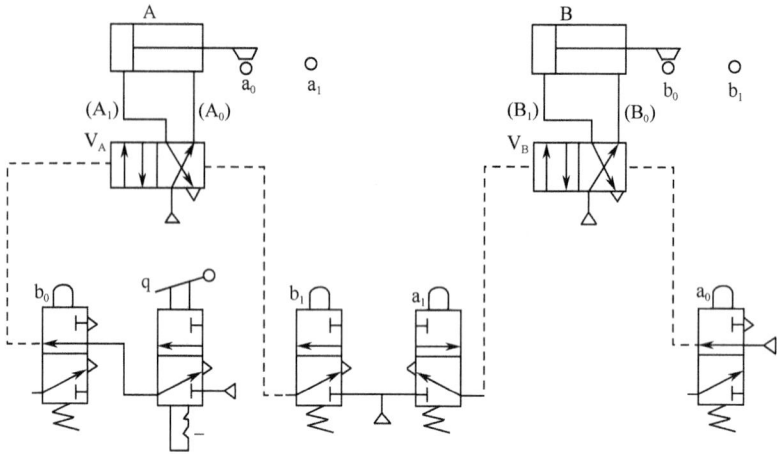

图 6-23　程序 $A_1 B_1 A_0 B_0$ 的气控回路

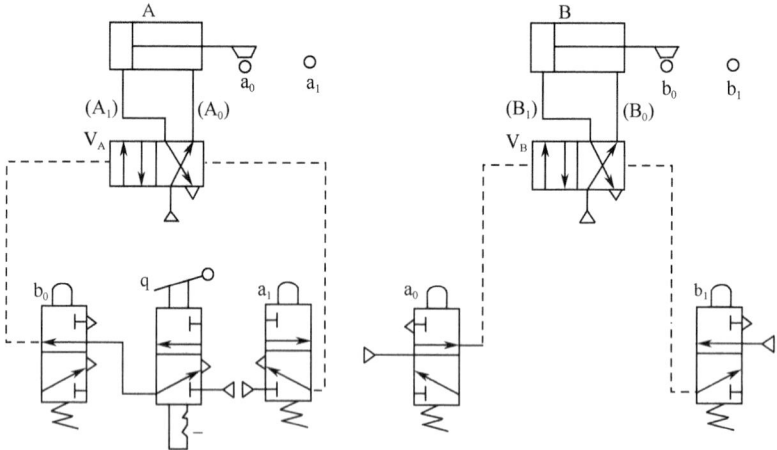

图 6-24　程序 $A_1 A_0 B_1 B_0$ 的气控回路

即缸 A 的主控阀 V_A 换向复位。但此时信号 $q \cdot b_0$ 仍保持（因 B_0 状态保持），故在缸 A 的主控阀 V_A 的两个控制口上同时作用了 a_1 和 b_0 两个相互矛盾的信号，使缸 A 无法动作。由于信号 b_0 的存在，阻碍了 A_0 的动作，称信号 b_0 为障碍信号。

　　同样，要缸 B 实现 B_0 动作时，在主控阀 V_B 的两个控制口上也作用了两个相互矛盾的信号 b_1 和 a_0，信号 a_0 阻碍了 b_1 对主控阀的切换，a_0 也是障碍信号。

　　在气动程序控制回路中，障碍信号有三种类型：Ⅰ型障碍信号、Ⅱ型障碍信号和滞消障碍信号。

1. Ⅰ型障碍信号

　　在一个工作程序中，每个气缸只往复一次的程序称为单往复程序。在单往复程序中，若在某个主控阀的两个控制口上同时存在两个相互矛盾的输入信号，则称该障碍信号为 I 型障碍信号。

2. II 型障碍信号

若一个工作程序中有气缸做两个以上的往复动作，则称这种程序为多缸多往复程序。在这种程序中，可能存在一个多次出现的信号在不同节拍分别命令不同的气缸动作，或者分别命令同一个气缸的两个相反动作引起的障碍，这个信号称为 II 型障碍信号。在多缸多往复程序中，可能既存在 I 型障碍信号，又存在 II 型障碍信号。

3. 滞消障碍信号

滞消障碍信号只可能存在于有两个气缸同步动作的程序中，一般情况下滞消障碍能自行消失，无须排除。

6.5.4　障碍信号的判别

判别程序中是否存在障碍有多种方法，这里介绍用 X/D 线图法和区间直观法来判别障碍信号。

1. X/D 线图法

X/D 线图是程序中的信号状态和动作状态用线图表示的一种简称。X/D 线图法就是按照已知的程序，把各个行程阀发出的原始信号的状态和气缸的动作状态用线图表示出来，由此线图就能判别有无障碍信号，并从线图中找出按程序要求命令主控阀换向的执行信号。

1）X/D 线图格式

X/D	1	2	3	4	执行信号
	A_1	B_1	B_0	A_0	
$a_0(A_1)$ A_1					
$a_1(B_1)$ B_1					
$b_1(B_0)$ B_0					
$b_0(A_0)$ A_0					

图 6-25　信号/动作方格图

　　按照程序画出方格图，如图 6-25 所示（程序 $A_1B_1B_0A_0$）。在方格图上方的方格里自左向右按程序的顺序填入节拍号，在其下面一行里填入节拍的动作顺序，最左边一列按程序填入气缸动作及行程阀的原始信号。例如，第一列中，A_1 动作是由原始信号 a_0 命令的，记为 $a_0(A_1)$。相应的气缸动作 A_1 也填在同一横格里。最右边一列填入经排除障碍后的执行信号，即能直接加在主控阀控制口完成程序规定动作的信号。执行信号用带 "*" 号的原始信号表示，也可用相应的带 "*" 号的主控阀输出信号（即气缸动作状态）表示。该列执行信号的作用在行程程序设计中介绍。

　　在方格图下方留有几行空格，这是为排除障碍时引入辅助信号用的。注意，必须把每一个原始信号与其相应的动作写在同一横格内；如果一个原始信号同时命令两个气缸动作，则要分别填写在两格里。

　　2）画动作状态线（D 线）

　　气缸的动作状态线按程序顺序用粗实线画在每个横行里，如图 6-26 所示。它从纵横大写字母相同、下标相同的方格画起，一直画到字母相同、下标不同的方格，即 "同号开始，异号终止"。两个相反的动作线之和占满全部节拍，最末节拍应与起始节拍闭合。动作线开始的第一节拍是动作的进行段，其后是该动作的保持段。图 6-26 中，A_1 动作占了三个节拍，A_0 动作占了一个节拍，于是缸 A 动作线（A_1、A_0）共占满四格。A_1 动作线所处的第 1 节拍表示缸 A 正在做伸出运动，第 2、3 节拍表示缸 A 保持在 A_1 状态。

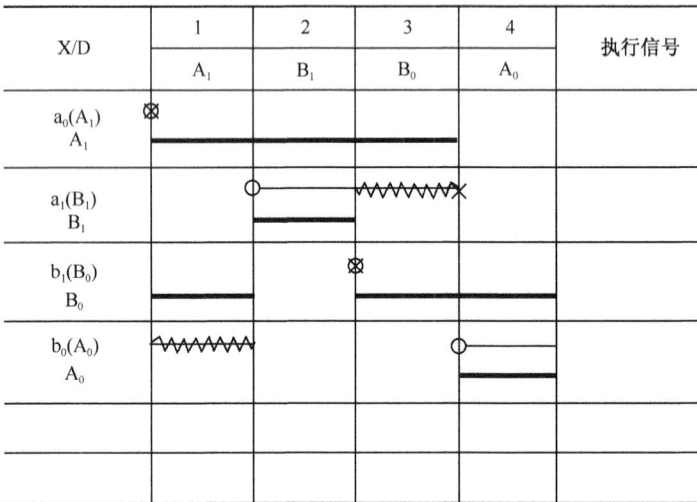

图 6-26　程序 $A_1B_1B_0A_0$ 的 X/D 线图

　　3）画原始信号线（X 线）

　　原始信号是指气缸动作结束后，相应的行程阀直接输出的信号，在 X/D 线图中用细实线表示。原始信号线从所命令的动作线起点开始，一直画到该信号同名动作线的终点。它的长度应该与同名动作线的保持段等长。图 6-26 中，信号 $a_1(B_1)$ 从第 2 节拍开始画起，直到第 3 节拍 A_1 动作线的终点结束。规定信号线的起点用小圆"○"表示，终点用"×"表示。如果终点与起点重合，用符号"$\otimes$"表示，说明这是个脉冲信号。如图 6-26 中的 $b_1(B_0)$ 信号线在同名动作 B_1 完成后（即发出 b_1）开始，而后就是 B_0 动作，B_1 动作无保持段，信号 b_1 立即消失，故 $b_1(B_0)$ 是脉冲信号。

4）X/D 线图的说明

在 X/D 线图中，各节拍之间的纵线实际上就是主控阀的切换线。如图 6-26 中，节拍 1、2 之间的纵线是主控阀 A_1 动作转换为 B_1 动作的切换线。B_1 动作是由 A_1 动作到达终点前发出的信号 a_1 控制的。这个终点前，在气动装置上表现为气缸 A 活塞杆上的凸块刚要压下机控阀顶杆开始到顶杆全部被压下的一段行程。在 X/D 线图上表示为信号 a_1 的小圆圈在纵线上"出头"，也刚好是主控阀 B_1 的切换时间。最后节拍右面的纵线与第 1 节拍左面的纵线实际上是同一根线。因此，X/D 线图可看作是圆柱表面上的方格图在平面上的展开。

X/D 线图中每一节拍的纵列既表示程序进行的时刻，又表示程序所处的位置。从图上可以清楚地表示出所有气缸和行程阀在程序中任一时刻的状态。如图 6-26 所示的第 2 节拍表明，缸 A 保持 A_1，行程阀 a_1 正处在发信状态。缸 B 在信号 a_1 的控制下活塞杆正处在伸出过程中，并在行程终端压上行程阀 b_1 发出信号 b_1，此信号 b_1 命令缸 B 做第 3 节拍的 B_0 运动。由于 B_1 动作刚一结束就出现 B_0 动作，因此 B_1 发出的信号 b_1 只能是个脉冲信号。这样，用 X/D 线图就可检查回路的可靠性和正确与否。

图 6-26 所示的第 1 节拍的第一个动作 A_1，是由启动阀 q 和信号 a_0 逻辑"与"得到的脉冲信号命令的。只要有信号 q 就可实现一个周期的动作，这是个半自动程序控制。若启动阀用带定位机构的手动阀，它的输出是长信号，那么程序就能实现全自动控制。

X/D 线图上能准确地显示回路处于静止状态（最末节拍的终端）时每个控制元件和执行元件的状态。据此，就能迅速而正确地绘制控制回路，或检查已绘制的回路的正确性。

利用 X/D 线图不但可以找出障碍信号，判断障碍信号的类型，而且还可以找出排除障碍信号的方法。

5）判别障碍信号

在 X/D 线图中，凡是信号线长于所控制的动作线的都存在 I 型障碍。信号线长出部分称作障碍段，用锯齿线标出。从图 6-26 可见，信号 $b_0(A_0)$ $a_1(B_1)$ 存在障碍，是 I 型障碍信号。由此可见，信号存在的时间大于所控制的动作时间就存在着 I 型障碍。

2. 区间直观法

这是一种快速判别障碍的方法，可以直接从已知工作程序判别出障碍信号。

在任何一个程序中的每个气缸的动作，都是受上一个气缸动作终端的行程阀发出的信号命令动作的。因此，每个气缸对其下一个动作的气缸来说是发令缸，而对其上一个动作来说它又是受令缸。有了发令缸和受令缸的概念后，下面介绍用区间直观法判别程序的障碍信号。

若程序中在发令缸 A 的往复区间 $[A_1 \cdots A_0]$（简称 A_{10} 区间）或复往区间 $[A_0 \cdots A_1]$（简称 A_{01} 区间），存在其受令缸 B 完成一次往复（或复往）动作（不一定是连续往复），则程序中原始信号 a_1（或 a_0）是 I 型障碍信号。

例 6-3　判别程序 $A_1 B_1 B_0 A_0$ 的障碍信号。

在发令缸 A_1（对 B_1 而言）的往复区间 A_{10} 内有受令缸 B_1（对 A_1 而言）的往复动作 B_1 和 B_0，所以 A_1 动作发出的信号 a_1 是障碍信号，记为 $[a_1]$，如图 6-27 所示。同样，发令缸 B_0（对 A_0 而言）的复往区间 B_{01} 有受令缸 A_0（对 B_0 而言）的往复动作 A_0 和 A_1，所以 B_0 动作发出的信号 b_0 为障碍信号 $[b_0]$。用区间直观法判别程序 $A_1 B_1 B_0 A_0$ 的障碍信号为 a_1 和 b_0，与用 X/D 线图法判别障碍的结果是一致的。

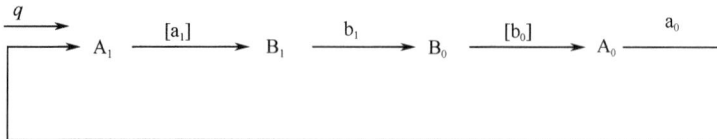

图 6-27　程序 $A_1 B_1 B_0 A_0$ 的障碍信号

6.5.5　障碍信号的排除方法

I 型障碍信号的排除方法，如图 6-28 所示。

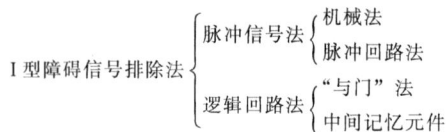

图 6-28　I 型障碍信号的排除方法

1. 脉冲信号排障法

采用机械活络挡块或单向滚轮杠杆式机控阀，使得气缸在一次往复动作中只发出一个脉冲信号，把存在障碍的长信号缩短为脉冲信号，如图 6-29 所示。

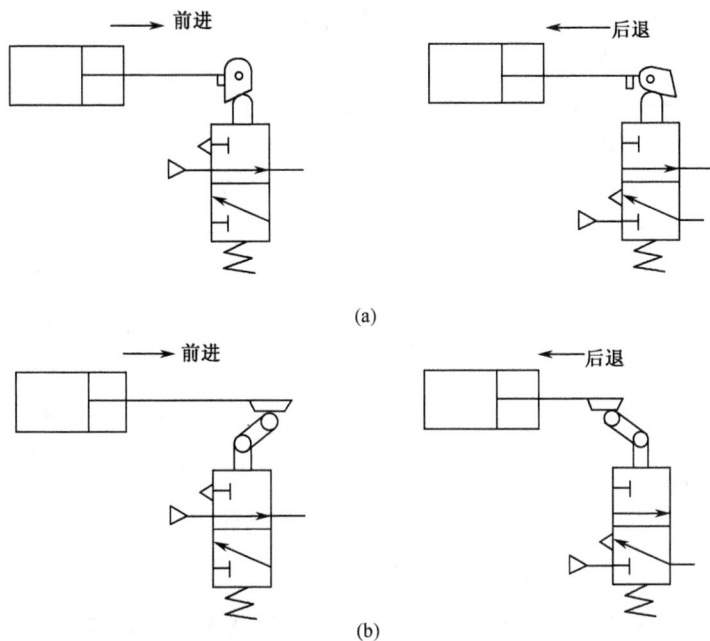

图 6-29　脉冲信号排障法之一

(a) 采用活络挡块发脉冲信号；(b) 采用可通过式机械阀发脉冲信号

这种方法排除障碍信号结构简单，但靠它发信的定位精度较低，需要设置固定挡块来定位，特别是气缸行程较短时不宜采用。

图 6-30 所示为采用脉冲阀或脉冲回路排除 I 型障碍的方法。

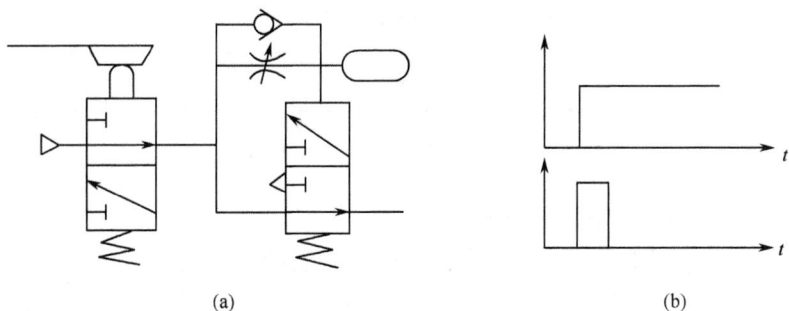

图 6-30　脉冲信号排障法之二

(a) 脉冲阀；(b) 脉冲信号

2. 逻辑回路法

逻辑回路具有信号处理和转换的作用。利用逻辑回路排除障碍信号的常用方法有逻辑与门排障法和引入中间记忆元件排障法两种。

　　1）逻辑与门排障法

　　逻辑与门排障法是选择一个已有的原始信号作为制约信号 x，与存在障碍的原始信号 e 作为逻辑与门的两个输入，通过逻辑与运算的输出信号是既保存了原始信号 e 的执行段，又排除了障碍段的新的执行信号 Z，其逻辑表达式 $Z^* = x \cdot e$。图 6-31 所示为逻辑与门排障原理图。

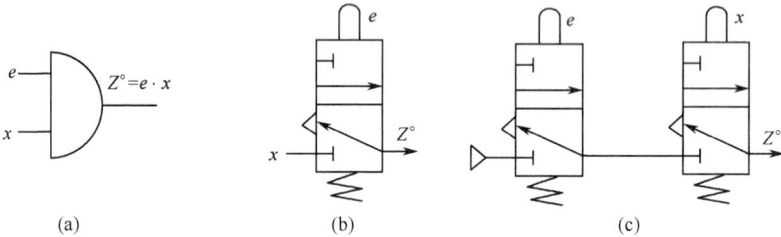

图 6-31　逻辑与门排障原理图
(a) 排障逻辑式；(b) 逻辑与门排障；(c) 逻辑与门排障

　　用逻辑与门排障的制约信号 x 可以借助 X/D 线图选取，如图 6-32 所示。制约信号 x 的起点必须在障碍信号 e 出现以前的节拍里，终点必须落在障碍信号 e 的障碍段前。逻辑与门的输出信号 Z 作为执行信号是无障碍的。

X/D	1	2	3	4	5	6	7	8	9
e		○			WWWW		×		
x		○		×					
Z°		○		×					

图 6-32　选取制约信号的 X/D 线图

　　2）引入中间记忆元件排障法

　　若在 X/D 线图中找不到可用来排除障碍的制约信号时，可用引入的中间记忆元件的输出作为制约信号 x，与存在障碍的原始信号 e 作为逻辑与门的输入，通过逻辑与运算的输出信号作为执行信号 Z。

　　中间记忆元件的输出 K_R^S 的置位信号和复位信号 R 可在程序的 X/D 线图上选取。置位信号 S 的起点应在障碍信号的起始点之前，终点应选在障碍信号的无障碍段之间；复位信号 R 的起点应选在障碍信号的无障碍段上，其终点应选在置位信号 S 的起点之前，即信号 S、R 的选取，对记忆元件来说不能引起新的障碍存在。借助 X/D 线图选取中间记忆元件 K 的置位信号 S、复位信号 R 的方法，如图 6-33 所示。

X/D	1	2	3	4	5	6	7	8	9
e				○———	——————	∿∿∿	∿∿×		
S		○———	——×						
R					○———	————	————	——×	
K_R^s		○———	————	—×					
eK_R^s				○——×					

图 6-33　选取中间记忆元件的 X/D 线图

引入中间记忆元件排除障碍的逻辑原理和气控回路，如图 6-34 所示。引入的中间记忆元件采用有记忆的双气控二位三通或二位四通（五通）换向阀来实现。

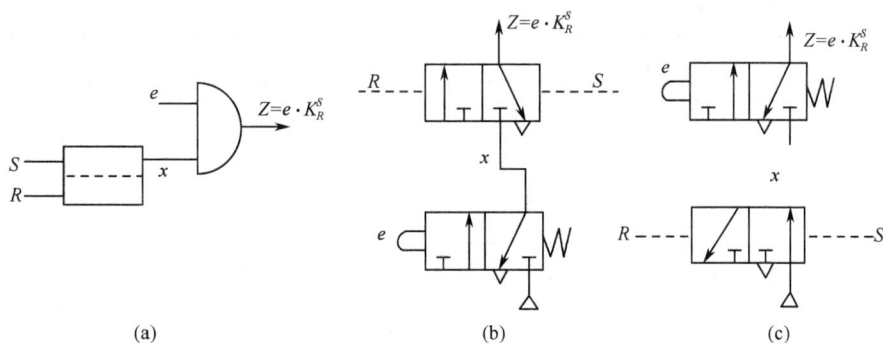

图 6-34　引入中间记忆元件排障原理及气控回路

例 6-4　画出程序 $A_1B_1C_0B_0A_0C_1$ 的气控原理图。

首先绘制程序 $A_1B_1C_0B_0A_0C_1$ 的 X/D 线图，如图 6-35 所示。由图可见，原始信号 $a_1(B_1)$、$b_0(A_0)$ 存在障碍。在 X/D 线图上可找到 $a_1^*(B_1)$ 有三个执行信号：①$a_1^*(B_1) = c_1a_1$；②$a_1^*(B_1) = a_1\overline{c_0}$；③$a_1^*(B_1) = a_1K_{c_0}^{c_1}$。

同样，$b_0^*(A_0)$ 也有三个执行信号：①$b_0^*(A_0) = b_0c_0$；②$b_0^*(A_0) = b_0\overline{c_1}$；③$b_0^*(A_0) = b_0K_{c_1}^{c_0}$。其他执行信号就是原始信号。

画出程序 $A_1B_1C_0B_0A_0C_1$ 的逻辑控制原理图，如图 6-36 所示，图中增设的一个中间记忆元件 K 输出用作制约信号。

由逻辑控制原理图就能画出用气动逻辑元件、方向控制阀组成的各种气动控制回路。如图 6-37 所示。对于简单的气控回路可以不画逻辑控制原理图，而直接从 X/D 线图绘制气控回路图。

X/D	1	2	3	4	5	6	执行信号	
	A_1	B_1	C_0	B_0	A_0	C_1	双控	单控
$c_1(A_1)$ A_1							$c_1^*(A_1)=q\cdot c_1$	$c_1^*(A_1)=K_{b_0}^{ac_1}$
$a_1(B_1)$ B_1							$a_1^*(B_1)=a_1K_{c_0}^{c_1}$ c_1a_1 $a_1\bar{c_0}$	$a_1^*(B_1)=a_1\cdot\bar{c_0}$
$b_1(C_0)$ C_0							$b_1^*(C_0)=b_1$	$b_1^*(C_0)=K_{a_0}^{b_1}$
$c_0(B_0)$ B_0							$c_0^*(B_0)=c_0$	
$b_0(A_0)$ A_0							$b_1^*(A_0)=b_0K_{c_1}^{c_0}$ b_0c_0 $b_0\bar{c_1}$	
$a_0(C_1)$ C_1							$a_0^*(C_1)=a_0$	
c_1a_1								
b_0c_0								

图 6-35　程序 $A_1B_1C_0B_0A_0C_1$ 的 X/D 线图

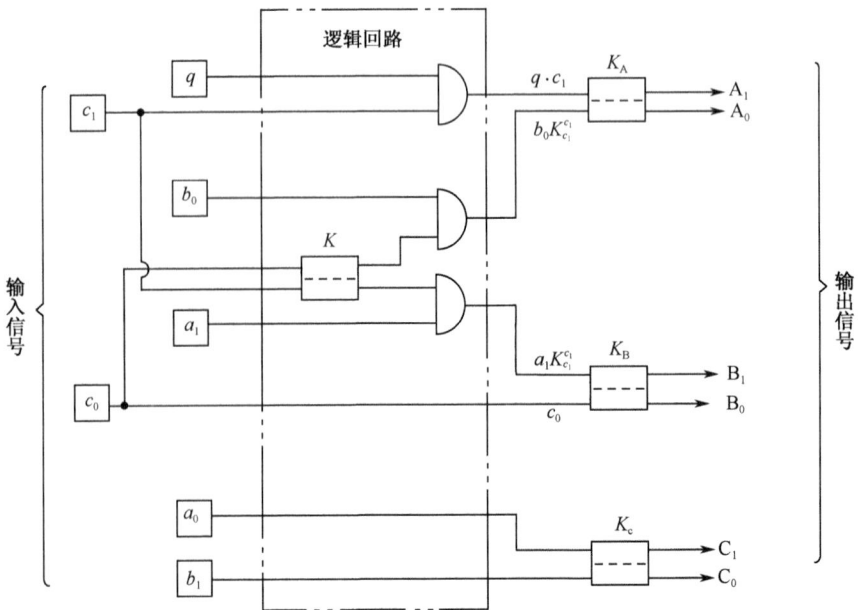

逻辑回路

q　　$q\cdot c_1$　K_A　→ A_1 → A_0

c_1　　$b_0K_{c_1}^{c_1}$

b_0

K

a_1　　$a_1K_{c_1}^{c_1}$　K_B　→ B_1

c_0　　c_0　→ B_0

输入信号　　输出信号

a_0

b_1　　K_c　→ C_1 → C_0

图 6-36　程序 $A_1B_1C_0B_0A_0C_1$ 的逻辑控制原理图

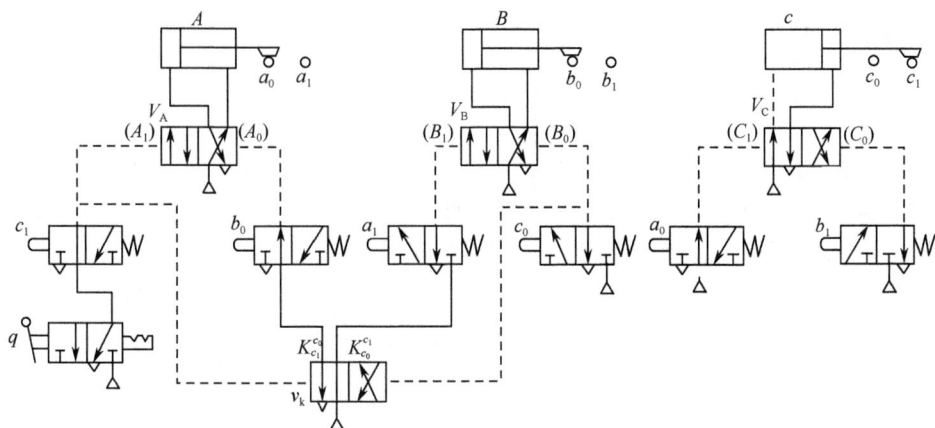

图 6-37　程序 $A_1 B_1 C_0 B_0 A_0 C_1$ 的气控回路

6.6　电-气程序控制

电-气控制的气动系统在自动化应用中是相当广泛的。电-气控制的特点是响应快，动作准确。在气动自动化系统中，电-气控制主要是控制电磁阀的换向。本节主要介绍有关电-气控制的基本知识，以及常用的电-气回路及程序回路设计。

6.6.1　电-气控制的基本知识

1. 触点

电-气控制电路的接通和断开是由各类电器的触点来完成的，如电磁阀的通电和断电就是由行程开关的触点来完成的。电路中的触点有常开触点和常闭触点两类。常开触点在原始状态时是断开的，加了外力后它才闭合，这种触点也称为动合触点。与之相反的是常闭触点或动断触点。

2. 继电器

控制继电器是一种当输入变化到某一定值时，其触头即接通或断开的交、直流小容量控制的自动化电器。在气动自动化技术中用得最多的是中间继电器与时间继电器两种。中间继电器的作用是通过它进行中间转换，增加控制回路数或放大控制信号。其线圈电流有交流与直流两种。时间继电器用于各种生产工艺过程或设备的自动控制中，以实现通电或断电延时。

6.6.2 电-气逻辑回路

1. 是门电路（通断电路）

是门电路是一种简单的通断电路，能实现是门逻辑功能。图 6-38 所示为是门电路，按下按钮，1-1 电路导通，继电器线圈励磁，其常开触点闭合；2-2 电路导通，指示灯亮。若放开按钮，则指示灯熄灭。

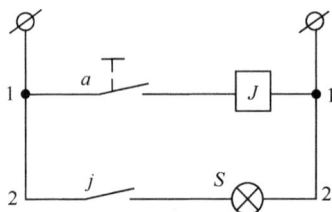

图 6-38　是门电路　　　　　　　　　图 6-39　或门电路

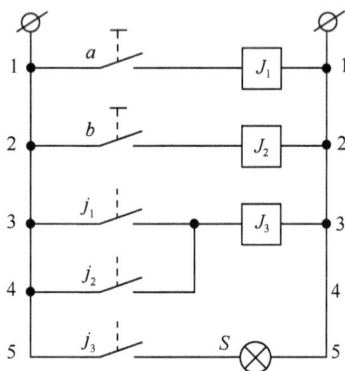

2. 或门电路（并联电路）

图 6-39 所示的或门电路就是并联电路。由图可见，只要在两个手动按钮中有一个按下去，就能使 3-3 电路的继电器线圈 J_3 励磁，j_3 触点吸合，指示灯亮，即 $S=a+b$。

3. 与门电路（串联电路）

图 6-40 所示的与门电路就是串联电路。由图可见，只有在两个开关都被按下去，1-1、2-2 电路导通，将触点 j_1、j_2 闭合，使 3-3 导通，继电器线圈 J_3 励磁，j_3 触点吸合，才能使指示灯亮，即 $S=a \cdot b$。

4. 记忆电路（自保持电路）

图 6-41 所示的记忆电路也叫自保持电路，当有信号 a 时，J 励磁，其动合触点 j 吸合，指示灯亮。若信号 a 消失，由于 2-2 电路中有触点 j 动合接通，故中间继电器线圈能自保持而继续励磁，指示灯继续亮着。只有当有信号 b 时，1-1 电路断开，J 线圈消磁，2-2、3-3 电路中触点 j 断开释放，指示灯熄灭；当信号 b 消失时，指示灯仍旧熄灭。由于 2-2 电路中的继电器触点 j 是与并联的，当有信号 a 时，则 2-2 和 3-3 电路中的两触点闭合，即使信号 a 消失，2-2 电路

中的触点已将信号"记忆"了。

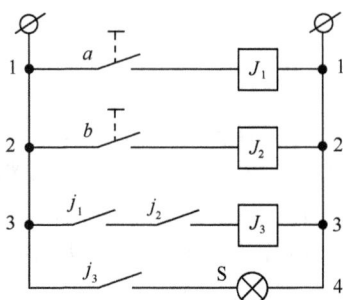

图 6-40　与门电路

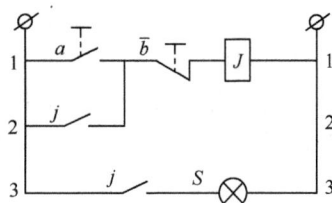

图 6-41　记忆电路

5. 延时电路

电气的延时电路与气动的延时回路在原理上基本相同，图 6-42 所示为两种延时电路。

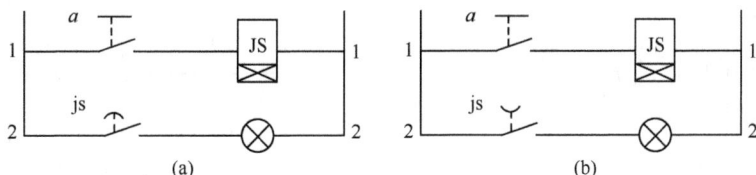

图 6-42　延时电路

（a）延时闭合；（b）延时开启

6.6.3　典型的电控气动回路

1. 电控气动回路图说明

电-气控制的气动回路图应将电-气控制部分和气动部分分开画，两张图上的文字、符号应一致，以便对照。电-气回路图画法说明如下。

以左、右两条平行线表示电源线。在两线中间，由上而下画出继电器线圈、触点等电器元件的图形符号表示的电-气回路。开关、检测器及触点等画在左侧，继电器线圈、电磁铁及指示灯等画在右侧。

一般，动力线画在回路图的上半部，控制回路画在下半部。对于复杂的回路，可将动力回路和控制回路分开画。控制回路按机械操作或动作的顺序依次画出。电-气回路中元器件的符号都要用动作前的原始状态，或者未加操作力的状态来表示。为了便于读图和维护，接线要加上线号，横列要编列号，在继电器右侧要标上触点位置的列号。在列号的右侧还可以写上动作简要说明。

2. 典型回路

图 6-43 所示为单电控操纵的单缸连续往复运动回路，通过对其动作说明，有助于理解一般电控气动回路的工作原理。初始位置时，行程开关 a_0 被压下，触点闭合。按下启动按钮 q 后，J_1 构成自锁电路，3-3 触点 j_1 闭合，J_2 作用，实现自锁。同时 5-5 触点 j_2 闭合，电磁阀 YA 得电，气缸前进（a_0 断开），至终点压下 a_1，3-3 触点 $\overline{a_1}$ 断开，4-4、5-5 触点 j_2 断开，YA 失电，气缸后退（$\overline{a_1}$ 闭合），至终点压下 a_0，气缸又前进，连续往复。若按下停止按钮 t，J_1 自锁解除，此时气缸活塞杆无论处于什么位置，都将退回至初始位置停止。

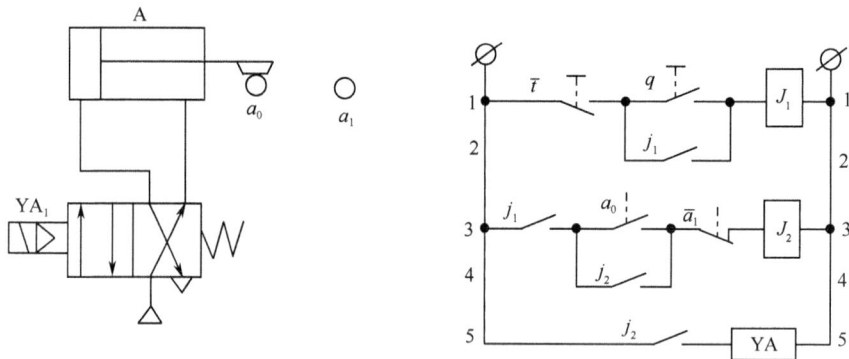

图 6-43　连续往复运动回路

6.6.4　电控气动程序回路的设计

1. 电-气程序回路的说明

用电控换向阀操纵气缸动作时，阀可采用直动式电磁阀或先导式电磁阀，供电电源有交流或直流。采用双电控直动式电磁阀时应特别注意，两侧电磁线圈不能同时得电，以防烧毁线圈。为此必须设置互锁保护电路，使两线圈不可能同时得电。其他类型的电磁阀一般无此要求。但是作为主控阀，只要是双控，一般都已要求不得同时得电，再加上互锁保护，当然是可以的。

在电-气程序回路中，主控阀有时采用双电控换向阀，而更常见的是全部采用单电控换向阀作为主控阀。这是因为用继电器能方便地实现中间记忆。

为了使控制电路具有失电保护措施，单电控电磁阀的零位输出状态（电磁阀的零位就是断电时阀的输出状态），应是系统的初始状态。若要求在突然停电情况下保持当时的工作位置，则应采用双控电磁阀。

X/D 线图法同样适用于电控气动程序回路的设计。根据 X/D 线图的执行信号或逻辑原理图画出电路图。电路图表示系统启动前（即 X/D 线图中程序最后节拍末了时刻）的状态。由于电-气系统图形符号只能表示元器件一个位置（即弹性复位元件的零位），它不同于气动图形符号，所以特别要注意中间继电器通断信号的选择及继电器电路的画法。

2. 电-气控制回路

例 6-5　设计程序 $A_1A_0B_1B_0$ 的电气控制回路。

图 6-44 所示为程序 $A_1A_0B_1B_0$ 的 X/D 线图。由图中的执行信号就可画出电-气控制回路。本例中主控阀选单控换向阀，VA 是弹簧复位的，VB 是气压复位的，两者功能是一样的。相应的单控执行信号 $A_1^* = qb_0K_{a1}^{b1}$，$B_1^* = a_0K_{b1}^{a1}$。

X/D	1	2	3	4	双控执行信号	单控执行信号
	A_1	A_0	B_1	B_0		
$b_0(A_1)$ A_1					$A_1^*=qb_0K_{a_1}^{b_1}$	$qb_0K_{a_1}^{b_1}$
$a_1(A_0)$ A_0					$A_0^*=a_1$	
$a_0(B_1)$ B_1					$B_1^*=a_0K_{b_1}^{a_1}$	$a_0K_{b_1}^{a_1}$
$b_1(B_0)$ B_0					$B_0^*=b_1$	

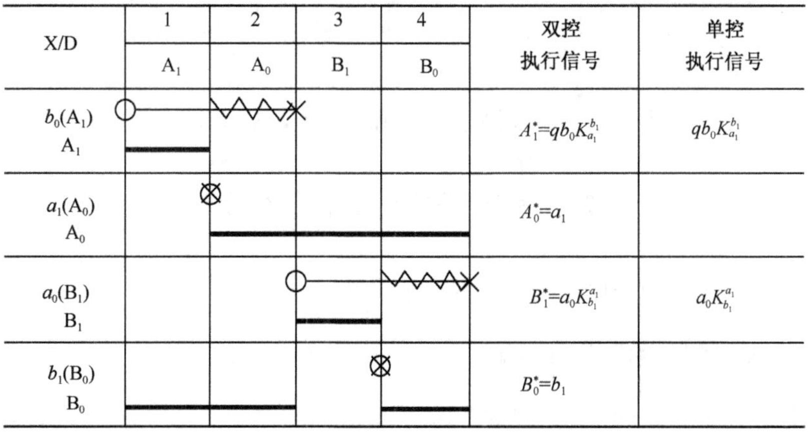

图 6-44　程序 $A_1A_0B_1B_0$ 的 X/D 线图

图 6-45 所示为程序 $A_1A_0B_1B_0$ 的电-气控制回路。要注意记忆信号 K 的中间继电器电路的画法。图中，J_2 画的是 $K_{b_1}^{a_1}$ 而不是 $K_{a_1}^{b_1}$，因为 $K_{a_1}^{b_1}$ 在系统启动前不论电源接通与否，它的触点 j_2 总是断开的，而 $\overline{j_2}$ 总是闭合的。在 YA_1 电路中，b_0 和 $\overline{j_2}$ 是闭合的（接通电源这种状态不变）。只要操作启动开关 q，便立即产生 A_1 动作，继而程序连续运行下去。反之，如果画成 $K_{a_1}^{b_1}$，在启动 q 之前它是断开的，即使按下 q，程序也不能运行。关键在于 $j_2 = K_{b_1}^{a_1}$ 中，沿节拍顺序，a_1 在先，b_1 在后。图 6-45 中，SZ 是手动/自动转换开关，S 是手动位置，Z 是自动位置，SA、SB 是手动开关。

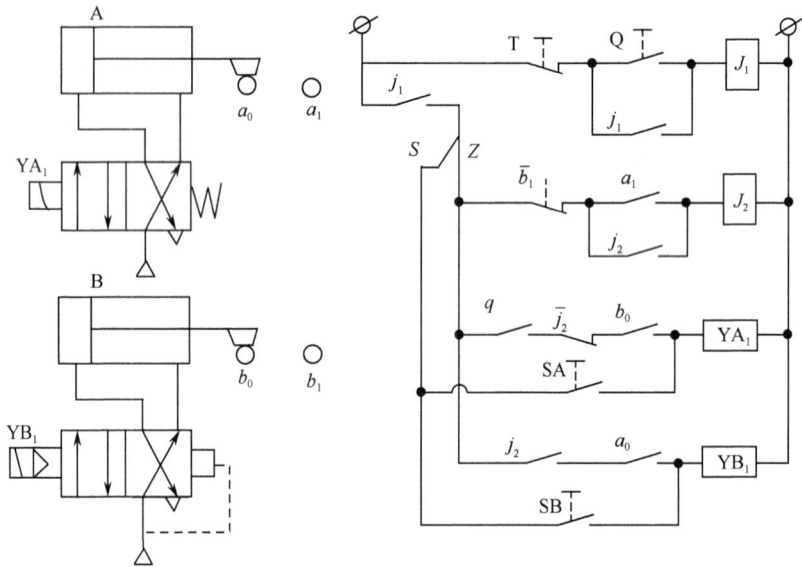

图 6-45　程序 $A_1 A_0 B_1 B_0$ 的电气控制回路

6.7　气动程序控制系统设计

本节仅讨论气动程序系统设计的一般步骤。

6.7.1　了解工况和明确设计依据

在设计以前，必须了解主机或气动设备的工艺过程、动作循环、空间位置、结构、主要技术要求及自动化程度等内容。同时还要了解工作现场的温度、湿度、工件物料的状态，有无腐蚀性、可燃性、易爆性，对防振、防尘的要求，了解动力源的情况（包括有无空压站），最高和最低供气压力及管网供气流量变动范围等内容。

在调研的基础上，对工况进行分析，明确设计依据，包括：分析负载的性质和大小，是恒定的还是变化的以及振动及冲击等情况；分析运动性质，是直线运动，还是摆动或回转运动，确定运动速度和变化范围；要明确行程大小、动作定位精度、运动的平稳性和动作时间，一个工作循环总的时间和各动作的先后顺序；元件的安装空间、安装方法（单个安装，还是集成安装）以及与气动机构之间的连接形式；还要进一步分析所要求的控制形式，是行程控制、时间控制还是混合程序控制，在分析的基础上初步拟定工作顺序框图，注意各动作之间的联锁关系。

6.7.2　方案的选择

在比较分析的基础上，要确定控制技术方案，是采用气动、液压，还是机械、电-气来实现设备规定的工作内容。这要从传动、控制、适应性、生产条件、使用性能、维护及经济性等诸方面进行认真分析比较，作出技术经济分析，参考同类机型，从中择优选定。

6.7.3　系统设计

气动系统一般由动力回路（即通常所称的传动系统）和控制回路两部分组成。

1. 动力回路的设计

目前气压传动系统设计和液压传动系统设计一样，多用经验法，也就是根据设计要求，选用气动常用回路组合，然后分析是否满足要求，如果不能满足要求，则需另选回路或元件，直到满足为止。

具体的设计步骤概括如下：

（1）根据设计要求确定执行元件的数量，分析机械部分运动特点，确定气动执行元件的种类（气缸、摆动马达及气动马达）。

（2）依据输出力的大小、速度调整范围、位置控制精度及负载的特点、运动规律等决定常用回路。将这些回路综合并和执行元件连接起来。

（3）经反复分析、论证，使选用的各回路能满足传动要求，再考虑安全、维护、安装以及元件的标准化和通用化等条件对综合的动力回路进行整理，对原回路（包括元件）作必要的部分改动，以便使系统达到适用、可靠和经济的要求。

2. 控制回路的设计

程序控制回路的设计在本章前几节已详细叙述了，这里只列出设计步骤。

（1）由工艺过程列出工作程序；

（2）用 X/D 线图法或区间直观法判断障碍，消除障碍，写出执行信号表达式；

（3）画出逻辑原理图；

（4）选择控制方式，拟定是气控还是电控；

（5）画出气控回路或电控回路。

3. 综合动力回路和控制回路

在设计气动回路时，应考虑各种可能发生的事故，首先考虑在发生事故时，能保证人员的安全，并使设备的损坏程度最小。有关事项参见国家标准 GB 7932《气动系统通用技术条件》。在系统综合时，要考虑到系统停电、紧急故障停车，以及重新启动后的安全保护措施。

储气罐内压力应高于用气设备所需工作压力。要保证停电后一段时间里，储气罐内储存的气体足够维持工作一个时期，用来排除故障，或经手控阀控制整个系统复位，以确保安全。

气控回路中要设置紧急停止按钮及复位手动按钮，必要时也可增加自锁保护装置或互锁回路，以保证事故发生时紧急停车，从而避免事故扩大和排除故障后重新启动的需要。

在系统综合时还要考虑气动系统与机械、电气、液压等系统的相互联系和相互制约。

4. 确定执行元件，计算耗气量

根据设备对运动的要求，以及和机械部分的连接方式，确定执行元件的结构形式和安装形式。在确定结构形式时要注意以下几个问题：

（1）根据驱动力大小，负载性质和速度，可以计算气缸缸径和活塞杆直径。

（2）根据运动速度，以及调节范围等，确定是否设缓冲装置。

（3）按要求定出行程，最后计算出耗气量。

5. 选择控制元件和辅助元件

控制元件的选择要注意下述各点：

（1）工作压力；

（2）流量、空气泄漏量；

（3）介质温度和环境温度；

（4）寿命；

（5）安装尺寸和连接方式。

除此以外，不同种类的控制元件应考虑各自的特性，如选择减压阀时要考虑到调压范围和稳压精度。选用流量阀除了注意流通能力外，还要根据调速范围和调整精度来选阀的通径和型号。换向阀要注意阀的机能、电-气特性、换向时间及工作频率等性能参数。空气过滤器除按流量确定通径外，还要特别注意到过滤精度，即使使用普通的软管，也要注意最小弯曲半径和工作环境温度等。

6. 空气管路设计

（1）根据系统各区段间的流量，计算输气管的直径。经验算后再最后确定管径。

（2）压力损失的验算。为保证系统正常工作，必须保证总压降不超过允许值，即

$$\sum \Delta pL + \sum \Delta p\xi \leqslant \left[\sum \Delta p \right] \tag{6-1}$$

式中，$\sum \Delta pL$ 为系统总的流程损失，MPa；$\sum \Delta p\xi$ 为系统总的局部压力损失，MPa；$\sum \Delta p$ 为允许压力损失，MPa。

一般取：流水线，$<0.01\text{MPa}$；车间内，$<0.05\text{MPa}$；厂区，$<0.08\text{MPa}$。

7. 选择空压机

确定空压机的额定排气量和排气压力。

8. 绘制非标准件、部件及设备图纸

按制图标准绘制图纸，零件图要详尽，装配图要完整，并注明技术要求。

9. 设计管路并绘制管路

管路网络设计中除了要注意安全性和经济性外，还应注意的问题是，空气管路不应产生新的污染，尽量减小管路内的残留水分。压缩空气管路一般涂以蓝色标记，有气液管线涂橙黄色。

10. 编写技术文件

内容主要有下述几项。
（1）元件明细表；
（2）标准件明细表和外购件明细表；
（3）易损件图册；
（4）系统安装调整技术说明书；
（5）气动设备使用维护说明书。

思考题和习题

6-1　要求气缸活塞杆左右换向，可以任意位置停止，并且左右速度可调。试绘出气控回路图。

6-2　试用一个单电控二位五通阀、一个单向节流阀和一个快速排气阀，设计出一个可使

双作用气缸慢进快退的控制回路。

6-3　夹具上有两个气缸 A 和 B，工艺要求这两个气缸不能同时动作，为防止意外，请设计一个互锁回路，来保证有一个气缸动作的时候另一个气缸不能动作。

6-4　试用阀门元件构造一个函数为 $S = \overline{X+Y}$ 的"或非"回路和函数为 $S = \overline{XY} + XY$ 的"异或"回路，并写出其真值表。

6-5　试判别程序 $A_1 A_0 B_1 C_1 B_0 C_0$ 的障碍信号，并写出用逻辑回路法排除障碍信号后的执行信号。

6-6　参照例 6-5 的电控制方式，设计程序 $A_1 A_0 B_1 B_0$ 的气控原理图。

6-7　参照例 6-4 的气控制方式，设计程序 $A_1 B_1 C_0 B_0 A_0 C_1$ 的电控原理图。

参 考 文 献

曹建东，龚肖新. 2006. 液压传动与气压技术. 北京：北京大学出版社

成大先等. 2002. 机械设计手册：第4、5卷. 第4版. 北京：化学工业出版社

何存兴，张铁华. 2000. 液压传动与气压传动. 第2版. 武汉：华中科技大学出版社

姜继海，宋锦春，高常识. 2002. 液压与气压传动. 北京：高等教育出版社

雷天觉. 1998. 新编液压工程手册. 北京：北京理工大学出版社

李贤. 1996. 液压传动与控制. 重庆：重庆大学出版社

刘延俊. 2006. 液压与气压传动. 第2版. 北京：机械工业出版社

刘忠伟. 2005. 液压与气压传动. 北京：化学工业出版社

明仁雄. 2007. 液压与气压传动学习指导. 北京：国防工业出版社

王积伟，章宏甲，黄谊. 2005. 液压与气压传动. 第2版. 北京：机械工业出版社

王积伟. 2006. 液压与气压传动习题集. 北京：机械工业出版社

许福玲，陈尧明. 2005. 液压与气压传动学习指导与习题集. 北京：机械工业出版社

许福玲，陈尧明. 2007. 液压与气压传动. 第3版. 北京：机械工业出版社

张光函，田淑君等. 1999. 流体传动与控制. 成都：成都科技大学出版社

左健民. 2005. 液压与气压传动. 第3版. 北京：机械工业出版社

附录 液压与气压传动常用图形符号

（摘自 GB/T 786. 1－2001 参照 ISO 1219－1977）

附表-1 基本符号、管路及连接

名称	符号	名称	符号
工作管路		管端连接于油箱底部	
控制管路		密闭式油箱	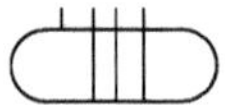
连接管路	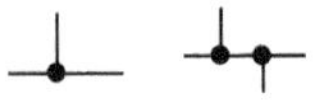	直接排气	
交叉管路		带连接排气	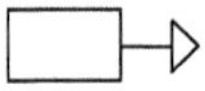
柔性管路		带单向阀快换接头	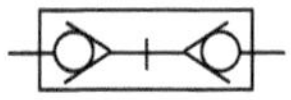
组合元件线		不带单向阀快换接头	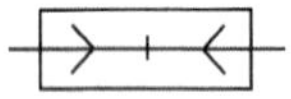
管口在液面以上的油箱	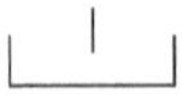	单通路旋转接头	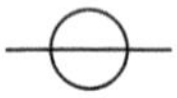
管口在液面以下的油箱	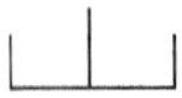	三通路旋转接头	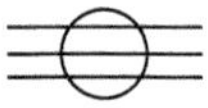

附表-2 控制机构和控制方法

名称	符号	名称	符号
按钮式人力控制	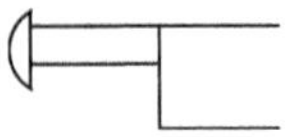	单向滚轮式机械控制	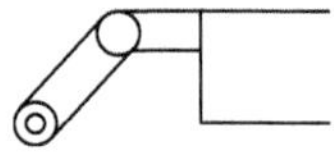
手柄式人力控制	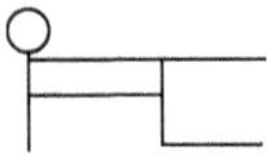	单作用电磁控制	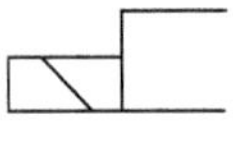 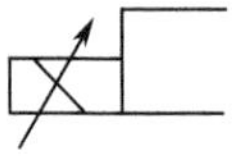
踏板式人力控制	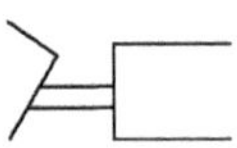	双作用电磁控制	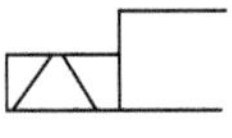 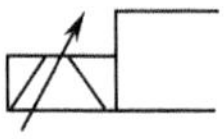

续表

名称	符号	名称	符号
顶杆式机械控制	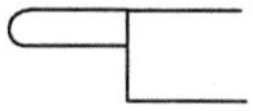	电动机旋转控制	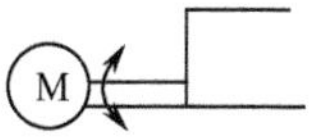
弹簧控制		加压或泄压控制	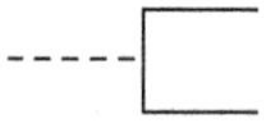
滚轮式机械控制	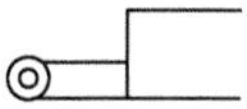	内部压力控制	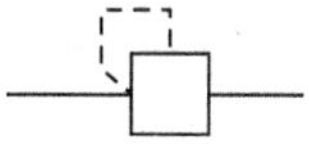
外部压力控制	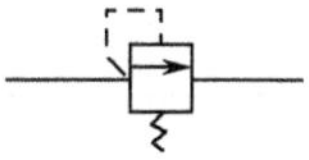	电-液先导控制	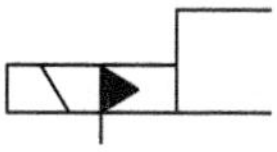
气压先导控制	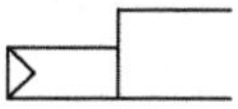	电-气先导控制	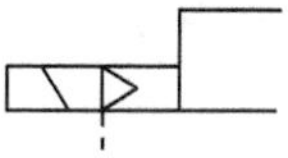
液压先导控制	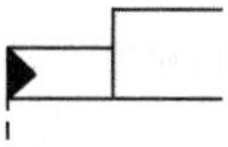	液压先导泄压控制	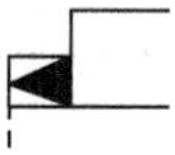
液压二级先导控制	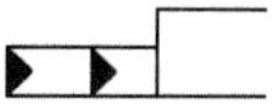	电反馈控制	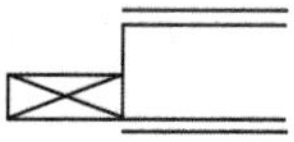
气-液先导控制	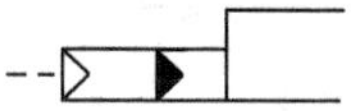	差动控制	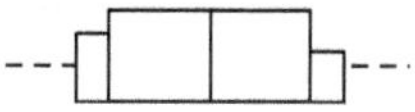

附表-3　泵、马达和缸

名称	符号	名称	符号
单向定量液压泵	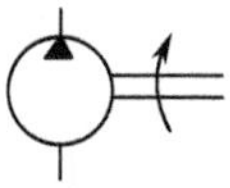	定量液压泵-马达	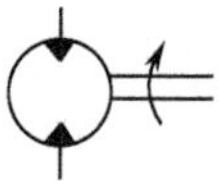
双向定量液压泵	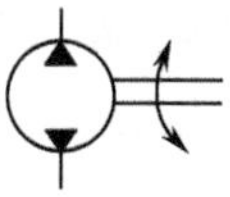	变量液压泵-马达	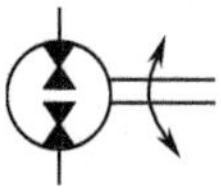
单向变量液压泵	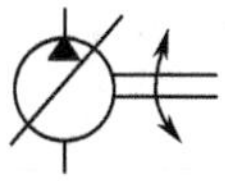	液压整体式传动装置	
双向变量液压泵	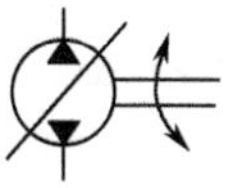	摆动马达	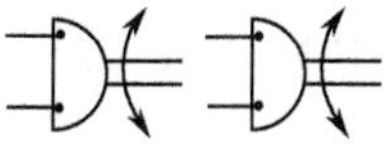

续表

名称	符号	名称	符号
单向定量马达	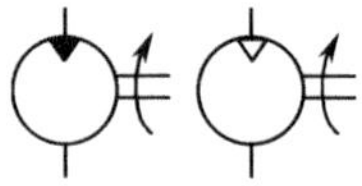	单作用弹簧复位缸	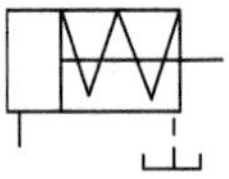
双向定量马达	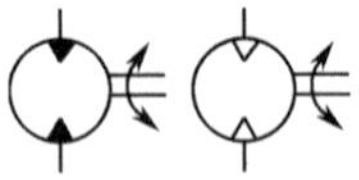	单作用伸缩缸	
单向变量马达	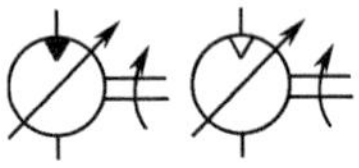	双作用单活塞杆缸	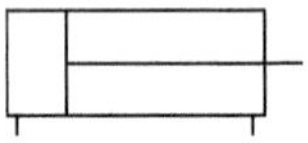
双向变量马达	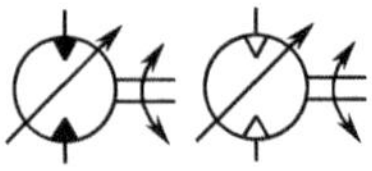	双作用双活塞杆缸	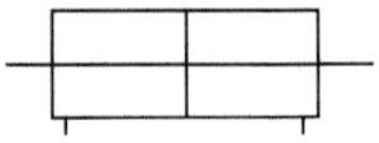
单向缓冲缸	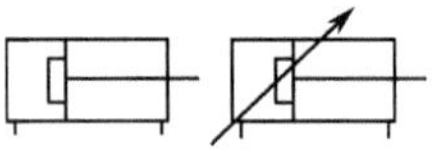	双作用伸缩缸	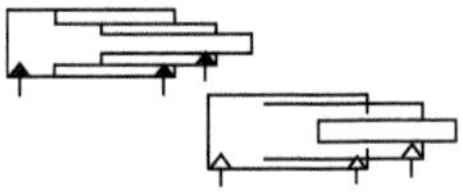
双向缓冲缸	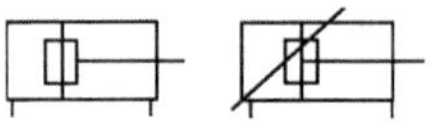	增压缸	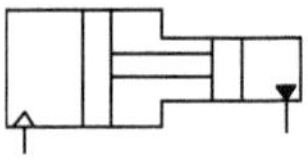

附表-4　控制元件

名称	符号	名称	符号
直动型溢流阀	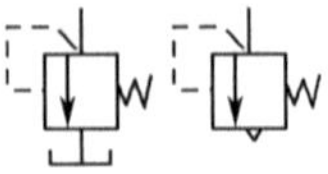	溢流减压阀	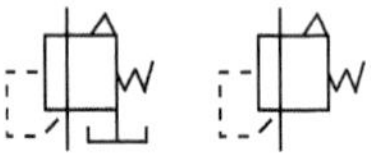
先导型溢流阀	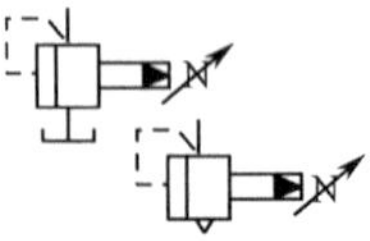	先导型比例电磁式溢流阀	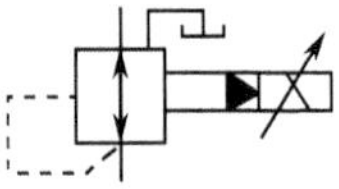
先导型比例电磁式溢流阀	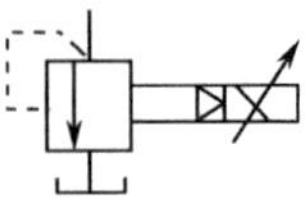	定比减压阀	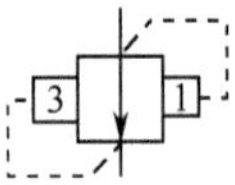
卸荷溢流阀	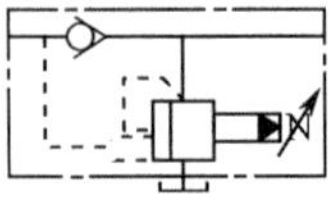	定差减压阀	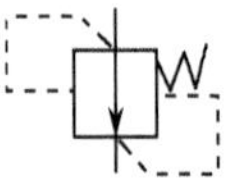

名称	符号	名称	符号
双向溢流阀		直动型顺序阀	
直动型减压阀		先导型顺序阀	
先导型减压阀		单向顺序阀（平衡阀）	
直动型卸荷阀		集流阀	
制动阀		分流集流阀	
不可调节流阀		单向阀	
可调节流阀		液控单向阀	
可调单向节流阀		液压锁	
减速阀		或门型梭阀	
带消声器的节流阀		与门型梭阀	

名称	符号	名称	符号
调速阀		快速排气阀	
温度补偿调速阀		二位二通换向阀	
旁通型调速阀		二位三通换向阀	
单向调速阀		二位四通换向阀	
分流阀		二位五通换向阀	
三位四通换向阀		四通电液伺服阀	
三位五通换向阀			

附表-5　辅助元件

名称	符号	名称	符号
过滤器		气罐	
磁芯过滤器		压力计	
污染指示过滤器		液面计	
分水排水器		温度计	
空气过滤器		流量计	

续表

名称	符号	名称	符号
除油器		压力继电器	
空气干燥器		消声器	
油雾器		液压源	
三联件		气压源	
冷却器		电动机	
加热器		原动机	
蓄能器		气-液转换器	